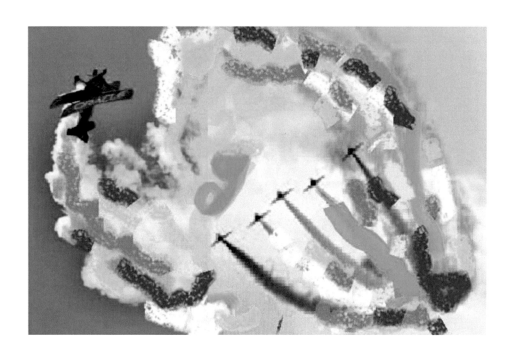

그림 1 (본문 81면) | 엔진 Accessory: Engine Bypass an 옆에 항공기에 필요한 Accessory가 부착되어 있다.

그림 2 (본문 124면) | PFD, ND

PFD

ND   ND

그림 3 (125면) | Pitch and Yaw Bar, FD

Flight Director

좌 선회 항공기의 Flight Director 형태

그림 4 (본문 129면) | EICAS(Upper, Lower Display)

Upper Display

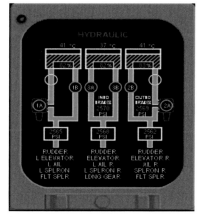

Lower Display

그림 5 (본문 130면) | Airbus 320 ECAM Display

그림 6 (본문 173면) | PFD와 ND에 나타나는 Windshear 경고

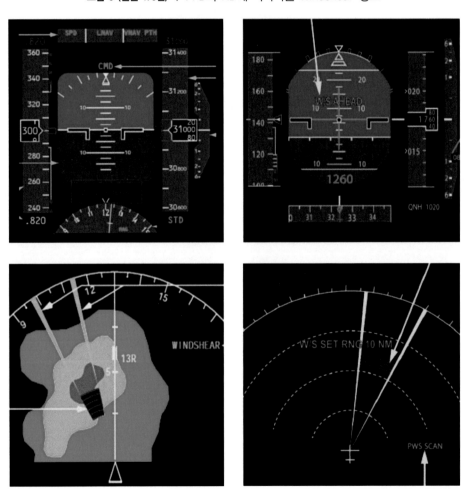

그림 7 (본문 177면) | ND에 Display 된 ECHO

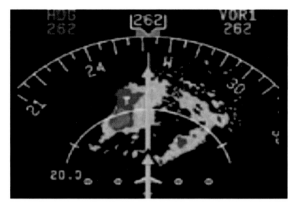

Radar에 잡힌 Echo

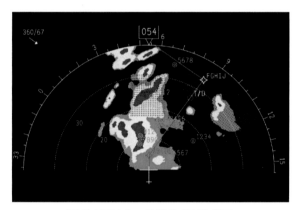

ND에 나타난 Echo(붉은색 실선은 항로)

그림 8 (본문 180면) | B-737 TCAS Display(사다리꼴 밖으로 기동해야 함)

ND

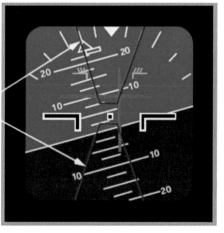

PFD

그림 9 (본문 207면) | Clear Air Turbulence

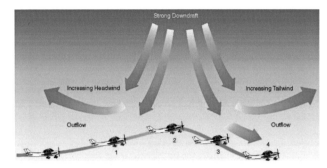

CAT 구름

CAT 발생 원리

CAT에 진입한 객실

그림 10 (본문 392면) | 종계기로 사용되고 있는 WAAS Receiver

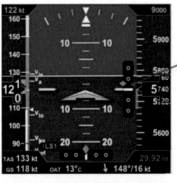

▶ Vertical Deviation
Indicator (VDI) in ILS
or GPS WAAS

그림 11 (본문 408면) ㅣ Cell(Echo): 레이더에 잡히는 구름이나 CB 형태의 강수 대

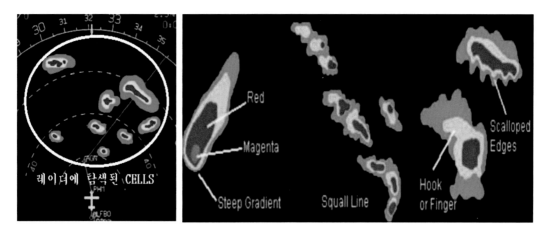

그림 12 (본문 410면) ㅣ 여러 가지 Cell 형태

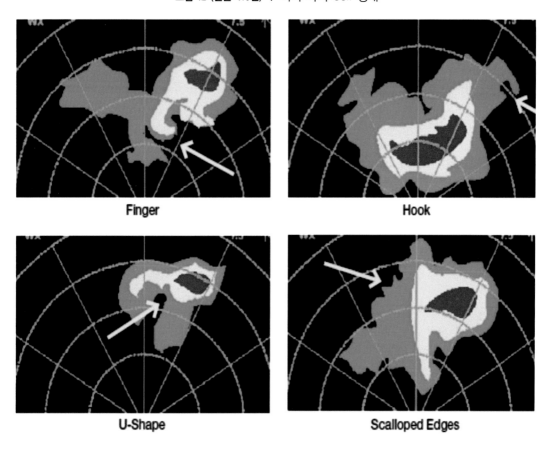

민간항공조종사 운항입문지침서

민간항공조종사
운항입문지침서

Civil Airline Pilot's
Instrument Flying Guide

| 송기준 지음 |

도서출판 동인

비행은 창조가 아니라 모방이다.

비행은 절차나 기술을 새롭게 만드는 과정이 아닙니다.
비행은 기존에 잘 만들어져 있는 절차를 상세히 알고 좋은 비행기술을 흉내 내는 일입니다.
누가 빨리 흉내를 잘 내고 잘 따라하느냐 이것이 비행을 잘하느냐 못하느냐의 차이이기도 합니다.

-저자 송기준-

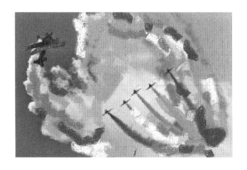

| 지침서의 주요 서술 Point

1. 민간항공조종사는 누가 될 수 있는가?
2. 민간항공조종사가 되려면 어떠한 과정을 거쳐야 하고 교육비는 얼마나 들며 기간은 어느 정도 소요되는가?
3. 민간항공조종사의 급여와 복지는 어떠한가?
4. 민간항공조종사 개인관리는 어떻게 해야 되는가?
5. 민간항공조종사의 해외 취업은 어떻게 이루어지고 가능한가?
6. 민간항공사에서 운용하는 항공기 기본구조는 어떠한가?
7. 민간항공사에서 출퇴근과 비행근무는 어떻게 이루어지는가?
8. 항공기 지상 활주, 이륙, 순항, 착륙, 주기 중 안전 운항을 위한 유의사항은?
9. 항공기 에너지 관리(Energy Management)란 무엇이며 무엇을 어떻게 관리하는 것인가?
10. 민간항공의 기본기종에서 Manual 착륙과 측풍착륙기법은?
11. 민간항공기 공항 접근은 어떻게 하며 정밀접근과 비 정밀접근의 종류와 방법, 안전착륙을 위한 접근 기술은?
12. 조종사가 꼭 알아야 할 착륙 접근에 대한 여러 가지 사항과 지식(예: GS, LOC의 Deviation에 대한 해석, PAPI와 GS과의 관계, ILS False Capture 등)
13. 조종사가 어려움을 겪고 있는 특정 공항의 Circling과 Visual 착륙 조작에 대한 상세 설명
14. 미래에 수행해야 할 차세대 접근(GBAS, SBAS, WAAS, LAAS) 형태 및 착륙에 관한 개관, 전망
15. 조종사가 알아야 할 필수/주요 항공용어(50여 개)의 정의와 유의사항

제1장

조종사 되는 길,
조종사의 신상과 개인관리

미래의 조종사

오늘날 우리가 살고 있는 이 지구는 어느 한 지방 혹은 지역사회에서 걸어 다녔던 시절의 '촌(村)'이라는 아주 좁은 의미로 표현되고 있다. 이 넓은 지구가 시골의 한 지역에 사는 사람들처럼 가까워졌고 그만큼 긴밀한 교류가 이루어지고 있음을 의미한다. 그것이 가능하도록 지구촌을 연결해주는 가장 빠른 교통수단은 단연 항공기라고 확언할 수 있겠다. 항공기가 출현하면서 지구촌은 시간의 혁명을 맞이하게 되었고 미래에는 순간 시·공간 이동도 가능할지 모르는 상상 속의 동화 같은 시대가 도래할 것이다.

이렇게 항공기 발전이 인류가 생각하는 만큼 이루어진다면 미래의 지구촌은 어떻게 변하게 될까? 현재 한국에서 가장 멀다는 지구 반대편의 큰 도시인 브라질 상파울루에 가려면 통상 미국의 로스앤젤레스를 경유하여 가게 된다. 그렇게 경유하게 될 때 비행시간만 거의 24시간이 걸린다.

작금 선진국에서는 현재 운항하고 있는 항공기보다 4-5배나 빠른 비행체를 개발하고 있다. 만약 이런 비행체가 현실화되어 여객을 싣고 비행하는 시기가 오면 지구촌의 거리는 더욱 좁혀질 것이며 가까운 장래에 상파울루까지는 아마도 5-6시간이면 도착하게 될 것이다. 서울에서 아침 먹고 뉴욕에서 점심 먹고 개인 비즈니스를 한 후 파리에서 포도주를 겸한 저녁식사를 할 수 있는 날이 올 것이다.

그리고 미래의 항공 산업 분야도 다음과 같이 발전하게 될 것이다.

1. 현재의 항공기보다 더 안전하고 지능적인 기능성 항공기가 나타날 것이다.
2. UFO처럼 수직이착륙 혹은 짧은 활주로에서도 이착륙이 가능할 것이다.
3. 음속의 10배 정도 빠른 극초음속 항공기가 개발될 것이다.
4. 전천후 그리고 어떠한 악 기상 상황에서도 이착륙할 수 있게 개발될 것이다.
5. 항공기가 소형화되고 전기나 태양열 혹은 수소에 의하여 구동되는 항공기가 출현할 것이다.
6. 도심에서는 소인승 개인 항공기가 일반 자동차와 같이 공중도로를 날아다니고 각 국가 간의 도심은 다수가 탈 수 있는 극 초음속기를 운영할 것이다.

7. 우주선을 조종하는 조종사가 필요한 것처럼 지능화된 컴퓨터로 제어하고 항공기를 운항하기 위해서 그리고 항공기의 증가에 따라 조종사의 수요는 더욱 증가할 것이며 자동차의 경우처럼 성별 영역이 없어질 것이다.

8. 극초음속기는 공기 저항이 거의 없는 성층권 이상의 고고도를 날 것이다.

9. 성층권 위를 나는 조종사를 우주조종사라 하며 별도의 우주조종사 자격증이 주어질 것이다. 항공기는 자동화가 되겠으나 비상시를 대비한 Monitor 요원인 조종사를 계속 필요로 할 것이다.

10. 우주조종사는 일반 조종사 중에서 선발하여 요즈음의 우주조종사처럼 별도의 특수 훈련 과정을 이수하여야 할 것이다.

항공기에 의하여 더욱 가까운 이웃이 된 미래의 지구촌은 주민 생활이 향상되고 인간의 삶의 방향이 즐기고 모험하고 여행하는 것을 선호하게 되어 여객의 수는 10배 이상 커질 가능성이 있다. 특히 중국과 인도, 동남아 그리고 아프리카와 중남미 국가들의 경제 성장과 인생에 대한 새로운 자각은 여객의 수를 더욱 급증시킬 것이다. 특히 중국은 최근에 활주로 100개 이상을 새로 개장하면서 항공기 수와 여객의 수가 급증하여 조종사의 블랙홀이 되고 있다.

이러한 미래의 환경에서 성별 영역이 없는 최고의 직업군이 조종사가 되지 않을까 생각해본다. 상업용 항공기를 조종하는 미래의 조종사는 우주조종사가 될 것이다. 그리고 항공기가 소형화됨에 따라 자가용 항공기가 증가하여 오늘날의 자동차와 같이 항공기 개인면허시대가 올 것이다.

제2절
우주조종사가 되는 길

조종사가 되는 길은 여러 가지가 있지만 수많은 생명을 책임져야 하는 안전책임자가 되어야 하기 때문에 일반 기업체나 여타의 자격증을 취득하는 과정보다 더욱 엄격하고 공부도 많이 해야 하며 경험도 많이 쌓아야 한다. 조종사가 되려면 그리고 조종사가 되면 그동안 못하였던 공부를 조종사 직업을 그만둘 때까지 계속하여야 하고 많은 생명이 조종사의 손에 달려있기에 꾸준하고 부단한 노력하여야 한다. 공부가 싫다면 조종사 직업은 다시 고려되어야 할 것이다. 현재 한국에서 민간항공기 조종사가 되는 길은 크게 세 가지가 있다.

첫째, 공군에서 조종사가 되어 경험을 쌓고 자격증을 취득한 후에 전역을 하여 민간항공사에 취업하는 방법.

둘째, 주요 항공사가 운영하는 대학의 항공운항학과 또는 대학부설 비행훈련원을 거치거나 혹은 항공사 프로그램에 의하여 자격증을 취득 후 입사하는 방법.

셋째, 각 개인별로 국내나 해외 비행학교를 다니면서 항공기 기본 운항 자격증을 획득하여 민간 항공사에 입사하는 방법.

그렇다면 공군에서 비행기를 조종한 사람이 아닌데도 민항조종사가 될 수 있을까? 답변은 YES. 누구나 꿈을 가지고 있는 사람은 조종사가 될 수 있다. 그럼 지금부터 조종사가 되는 길에 대하여 알아보자.

1. 공군에서 조종사 자격취득 후 민간항공사 입사

공군조종사가 되는 방법은 다음 4가지가 있다.

1) 공군 사관학교 졸업 후 조종사 자격을 획득하여 민간항공사에 입사

공군 조종사가 되는 첫 번째 방법이 공군사관학교에 진학하는 것이다. 사관학교에 입학하면 생도생활과 정규대학교육, 군사전문교육을 통해 공군 정예 장교로 양성된다. 사관학교를 졸업한 생도는 조종사가 되기 위한 비행훈련에 입과할 수 있다. 세부적인 사항은 공군 사관학교 모집 요강에 나와 있다.

2) 학군장교(ROTC)로 임관해 공군조종사가 되는 길

공군 ROTC 과정은 한국항공대, 한서대, 한국교통대에 개설돼 있다. 대학교 1, 2학년 때 ROTC에 지원하면 졸업 후 공군소위로 임관되고 이후 비행훈련을 통해 공군 조종사로 양성된다.

3) 공군조종 장학생이 되는 길

대학교 1, 2, 3, 4학년 대학생을 대상으로 선발하여 임명됨과 동시에 졸업 시까지 공군에서 장학금을 제공한다. 조종 장학생으로 선발되면 졸업 후 12주간 공군 학사 사관후보생 훈련 즉 기본군사훈련을 받고 소위로 임관된다.

4) 대학 졸업 후 학사장교가 되어 공군조종사가 되는 길

통상 공군사관 후보생(Air Force Officer Training School)이라고 부르나 줄여서 사후 혹은 OCS(Officer Candidate School)라고 하는 과정에 입과하여 학사 장교로 임관과 함께 조종사가 되는 과정을 밟게 된다. 임관 후에 조종사가 되기 위한 비행훈련을 받게 된다. 이 제도는 공군 정책에 따라 변하기도 한다.

위의 네 가지 공군조종사가 되는 길은 공통적으로 공군 장교로 임관되어 공식적인 비행훈련을 받는 것이다. 비행훈련을 받기 전까지 건전한 신체가 유지되어야 하고 신체검사기준을 통과해야만 한다. 신체검사 기준은 공군사관학교 생도나 조종사 모집요강을 보면 자세히 상세히 나와 있다. 또한 학사장교 출신들은 일정한 학점도 이수하여야 한다. 조종 장학생이 되면 대학교 다니는 기간 동안 공군으로부터 장학금을 받게 된다. 하지만 만약 조종사가 되지 못하여 특정 계약기간 복무를 하지 못하면 일반 특기 장교로 장학금을 받은 연수만큼 장교 근무 기간에 더하여진다. 따라서 복무기간이 최대 7년 이상이 될 수도 있다. 공군에서 조종사가 되는 방법에 대하여 조금 더 자세히 알아보자.

1) 공군 사관학교

사관학교를 졸업 후 조종사 되는 과정을 알아보자.

(1) 공군 사관학교를 입학하고 졸업하는 과정은 생략하기로 한다. 공군사관 학교는 특차로 선발하고 학과 시험을 보며 학과시험에 통과한 학생에 대하여 체력검사, 신체검사 면접 등을 거쳐 최종 선발한다. 4년 학사 이수 후 졸업을 하고, 소위로 임관이 되면서 모두 비행훈련에 입과할 자격을 갖게 된다. 이때 비행훈련에 입과하려면 정밀 신체검사에 합격을 하여야 한다. 비행훈련은 초등, 중등, 고등 비행단계를 거쳐 수백시간의 비행과 학술 교육을 통하여 일정한 수준의 점수를 획득하여야만 한다.

(2) 모든 과정에서 평가를 하여 일정한 수준에 도달하지 못하면 중간에 그만두어야 한다. 비행훈련 과정에서 솔로비행을 나가지 못하면 도태된다. 초기에 일정한 횟수까지는 교관과 동승하여 비행하다가 교관 없이 혼자 단독 비행을 해야 한다. 홀로 비행을 한다고 하여 솔로비행(SOLO FLIGHT)이라 한다.

(3) 입문교육, 기본교육, 고등교육 3단계의 과정에서 매번 솔로비행을 해야 하며 솔로비행을 하기 위하여 비행 평가를 하는 데 반드시 이 평가를 통과하여야 다음 비행과정을 진행할 수 있다. 만약 이 과정에서 평가에 합격하지 못하고 솔로비행을 나가지 못한다면 중도에 과정을 접어야 된다. 그렇게 되면 별도의 특기를 받아 일반장교로 근무를 하게 된다. 따라서 조종사가 되기 위해서는 계속 피나는 노력을 기울여야 한다.

(4) 좀 더 자세히 설명하면 조종사가 되기 위한 첫 단계인 비행교육 입문 과정에서는 약 3개월 동안 비행에 관한 기초적인 교육을 받는다.

① 훈련은 비행에 필요한 기초지식이 담겨 있는 이론교육을 시작한다.

② 이론교육 후 최근 KAI에서 개발한 KT-100 훈련기로 기본비행 훈련을 3개월 동안 비행교관이 동승하여 기초 조작법과 이·착륙 능력을 가르친다.

③ KC-100 나라온은 대한민국 최초의 국산 민간항공기로 한국항공우주산업(KAI)이 미국연방항공청(FAA)의 형식승인기준에 부합되게 개발한 국내 최초의 4인승 민간항공기다. 2011년 7월 하순 공군 제3훈련 비행단에서 초도비행에 성공했다. 정식 명칭 KC-100인 '나라온'은 '날아'를 소리 나는 대로 읽은 '나라'와 100이란 뜻의 순 우리말 '온'을 조합한 말로 100% 완벽하게 날아오른다는 의미다.

④ 3개월의 입문과정을 마친 학생들은 다음 과정으로 약 8개월간의 비행교육 기본과정에 들어간다. 국산훈련기 KT-1으로 본격적인 비행교육에 돌입한다. 비행교육 기본과정에서는 이착륙 훈련과 기상이 좋지 않을 때 비행계기에만 의존하여 비행하는 계기비행 등을 배운다.

KT-1

KT-100

　⑤ 기본과정을 수료한 학생들은 마지막 관문으로 9개월 동안 고등과정 교육을 받는다. 고등과정은 '시뮬레이터 훈련'이 포함되어 있다. 실제 항공기 상황과 똑같은 시뮬레이션으로 교육을 진행한다. 고등과정 훈련에서는 초음속 항공기인 T-50을 이용한다. 조종사는 공중 특수기동, 고등계기 비행, 편대비행, 야간비행 등을 배운다. 2년간의 비행교육을 성공적으로 이수하면 초음속 항공기로 조국의 영공을 지키는 대한민국 공군의 최정예 전투기 조종사로 탄생된다.

T-50 항공기

　⑥ 조종사가 된 후 계약서에 서명한 의무 복무기관을 채워야 전역을 할 수 있고 민간항공회사에 입사할 수 있다. 현재 사관학교 출신 조종사 의무 복무기간은 15년이다. ROTC나 조종장학생, 학사 장교 조종사는 13년이나 최근에 기간을 조정중이다. 이 13년과 15년은 그다지 길다고 생각되지 않는다. 왜냐하면 일반 대학교 졸업하고 비행학교에 들어가 교육을 받고 조종사가 되려면 3-4년이 걸리고 비용도 많이 들기 때문이다. 하지만 공군에서의 비행교육은 의무 복무기간이 중복되어 있고 조종 교육을 받으면서 장교 봉급과 비행 수당을 받기 때문이다.

　⑦ 통상 임관 후 대위 이상이 되면 상당한 보수를 받게 된다. 조종사로서 많은 경험과 기술을

쌓고 그리하여 최고의 대우를 받으면서 민간항공에 입사할 수 있고 또한 여타 일반회사보다 나은 대접을 받는 13년, 15년의 의무 복무기간은 결코 긴 세월이 아니고 투자할 수 있고 감내할 수 있는 매력적인 기간이다.

⑧ 고등비행이 끝나고 빨간 머플러를 둘렀다면 또 다시 전투 임무 수행을 위한 특별 전투 임무를 받아야 한다.

⑨ 조종사는 연 1회 신체검사를 받아야 되고 신체에 결함이 없어야 된다. 그리고 2년에 한 번씩 항의원에서 정밀종합검진을 받아야 한다. 또한 정기적으로 한 번씩 항공생리 보수교육을 받고 통과해야 전투조종사 자격을 유지할 수 있다.

⑩ 전투비행대대에서도 전투비행 능력을 유지하기 위하여 거의 매일 비행을 하며 전투 능력과 계기비행능력을 향상시키기 위하여 특별교육을 받는다.

⑪ 이렇게 전역 전까지 수천 번의 이착륙을 통하여 어떠한 상황에서도 착륙할 수 있는 능력을 보유하고 더불어 공간지각능력과 계기비행능력을 지니고 있기 때문에 현재 대한민국의 모든 민간항공 회사는 군 출신 조종사를 선호하고 있다. 위에서 언급한 장점 외에 다음과 같은 이점이 있기 때문이다.

Ⓐ 경험이 풍부한 조종사를 단기간에 많이 받아들일 수 있다.
Ⓑ 조종사 양성을 위한 별도의 교육비나 기간이 최소화된다.
Ⓒ 조종사 이직 시 회사에 미치는 영향을 최소화할 수 있다.

⑫ 하지만 군에서 나오는 조종사 숫자는 한정적이기 때문에 연간 필요한 조종사를 충원하기 위하여 항공사 자체 양성기관을 운영하고 있다.

민간 조종사 양성 과정으로는 일반 대학의 항공운항학과와 항공대 부설 비행훈련원과 울진, 초당 비행훈련원 등이 있다. 최근에는 여러 비행훈련원이 무안 비행장에서 40여 대의 항공기를 운영하면서 조종사 기본과정을 훈련하고 있다. 조종사가 되기 위해서는 무엇보다도 조종사로서의 신체적 조건이 필요하며 조종사 훈련과정을 무사히 마치고 면허를 취득하게 되면 자격은 확보하게 된다. 그렇지만 민간항공사에서는 비행 기술, 지식이 풍부하고 경험이 많은 조종사를 요구하고 있기 때문에 또 다른 스펙을 쌓아야 하며 입사 경쟁률이 심하다. 하지만 일단 민간항공사에 선발되어 조종사가 되면 초기부터 평균 7,000만 원이 넘는 고액의 연봉을 받는다. 그래서 직업에 대한 만족도가 높으며 앞으로 전망이 밝은 직업이라 하겠다. 조종사 연봉에 대해서는 별도로 언급을 하겠다.

2) 학군 조종사

우리가 ROTC라고 말하는 학군 조종사에 대하여 살펴본다.

(1) 아무나 원한다고 쉽게 ROTC 학군조종사가 되는 것은 아니다. 전투조종사가 되기 위해서는 복잡한 신체검사를 통과할 수 있는 신체와 건강, 평점 3.0 이상의 성적, 그리고 장교후보생으로서 각종 자질이 필요하다.

(2) 이 세 가지 평가를 통과하면 공군 교육 사령부에서 가입교 훈련을 받게 된다. 대학교 1학년과 2학년 때는 장교로서의 기본훈련을 하기(夏期) 방학기간 동안 몇 주간 받는다. 그리고 2학년부터 3학년까지는 비행이론에 대해 공부하고 4학년이 되면 비로소 비행훈련에 들어가게 된다. 1년의 비행훈련을 통해 솔로비행 과정을 마치고 평가에 합격해야 비로소 기초과정을 마치게 된다. 이때 반드시 기준 비행시간을 채우고 솔로비행을 해야 국토부 이론 시험을 치를 자격이 주어진다.

(3) 국토부 이론시험을 통과하면 자가용 항공기 기본 면장을 취득하게 된다. ROTC 과정이 끝나면 공군소위로 임관이 되고 전투조종사가 되기 위한 비행훈련 과정을 모두 이수하면 영광스러운 '빨간 마후라'를 목에 두르게 된다.

3) 공군 조종 장학생

(1) 공군조종 장학생은 공군의 지원 자격과 절차에 의거하여 대학 1, 2, 3학년 재학생이면 누구나 지원할 수 있고 병무청에 지원원서를 내면 된다. 세부적인 모집 전형자격과 지원자격, 기타 여건은 공군 홈페이지를 확인하면 된다.

(2) 선발된 장학생은 졸업 시까지 등록금 전액을 지원받고 졸업 후 비행교육 과정을 거치게 된다. 단 2, 3학년은 전 학년 평균성적이 100점 기준으로 70점 이상이어야 한다.

(3) 공군에서 대학 등록금 전액을 지급해주니 학비 걱정도 없고, 다른 젊은 친구들처럼 취직 걱정, 군대 걱정할 필요도 없다. 조종 장학생은 그리 높은 성적을 요구하지 않지만 학점은 일정 수준 이상을 유지해야 한다.

(4) 단, 조종 장학생이 되려면 하계 특별교육을 받아야 한다. 이때 정기적인 신체검사와 학년별 비행동기(動機) 강화교육, 신체검사를 받는다. 만약 몸 관리를 잘못하게 되어 신체검사에 불합격이 되면 장학생 자격이 박탈된다. 그리고 나중에 공군에 입대하여 장학생 자격을 받은 연수만큼 더 복무를 하여야 한다. 비행동기 교육은 조종사 교육 현장체험 프로그램이다.

(5) 2학년 때는 C-130을 탑승하고, 항공기 생산 공장, 비행단을 견학하며, 3학년 때는 지상학술 교육 소개, 시뮬레이터 탑승체험을 한다. 4학년 때는 경비행기 비행절차 교육과 비행체험이 있다.

(6) 졸업 후에 군에 입대하여 진주 교육사령부에서 일반 사관후보생들과 함께 14주간의 기본군사훈련을 받는다. 훈련이 끝나면 소위 계급장을 달고 공군장교가 된다. 본격 조종사가 되기 위한 훈련은 지금부터다. 먼저 전투조종사로 복무하기 위한 정밀 신체검사를 받는다.

(7) 이때 신체적 결함이 발견되어 신체검사에 통과하지 못하면 별도 특기를 받아 일반 장교로 복무해야 한다. 비행훈련은 ROTC 과정과 유사하게 기초 비행 이론부터 꼼꼼하게 받는다. 훈련은 전투 조종사로서 필요한 공수훈련, 항공생리, 생환훈련도 받는다. 공수훈련은 특전사요원이 받는 공중낙하 훈련이다. 고공환경과 무산소 상태에서의 인간 생리에 대하여 훈련을 받으며, 생환훈련은 적지나 민가가 없는 고립된 지역에 탈출하였을 때 살아 돌아오는 훈련을 강도 높게 받는다. 이러한 훈련이 종료되면 비로소 비행교육이 수행된다.

4) 학사장교, 공군사관후보생(Air Force Officer Training School) 과정

마지막으로 네 번째, 공군 조종사가 될 수 있는 대학 졸업 후 학사장교, 공군사관 후보생(Air Force Officer Training School) 과정을 보자.

(1) 지원자격은 공군 홈페이지에 상세히 설명되어 있다. 이 과정에 선발이 되면 앞에서 설명한 조종사 장학생 과정을 그대로 받게 된다. 우리가 여기에서 꼭 알아두어야 할 사항은 아래와 같다.

(2) 공군 사관학교 출신도 신체검사 그리고 여러 훈련과정에서 소정의 과정을 이수하지 못하면 전투 조종사가 될 수 없다. 이 사항은 ROTC 조종 장학생, 사후 출신에게도 동일하게 적용된다. 만약에 조종사가 되는 과정에서 탈락하게 되면 조종사가 되지 못하고 일반장교로 복무해야 한다.

(3) 조종 장학생이 꼭 알아두어야 할 두 번째 사항으로 복무기간이다. 예를 들자면 3년간 장학생으로 장교가 되어 조종사가 아닌 다른 특기를 받았다면 장교 기본 복무 연수에 장학생 혜택을 받은 연수를 추가하여 더 복무를 해야 된다.

(4) 조종사가 되지 못하면 상당기간 동안 더 복무를 하게 되니 반드시 이것을 알고 자신의 나이와 능력 등을 충분히 생각하여 지원할 것을 권유한다. 장교로서 공군에 계속 근무를 하고 싶은 자에게는 적극적으로 권하고 싶다.

(5) 공군장교 대위의 봉급은 일반 공무원 5-6급에 해당한다. 군인 봉급이 같은 근무연수라도 공무원보다 더 세다. 요즈음 수많은 젊은이들이 7-9급 공채에 응시하는 것을 보면 보통 청년들에게는 매력이 있는 직업이기도 하다. 만약 조종사가 될 수 없는 인성을 가졌다고 판단되면 일반 장교로서 20년 동안 근무하게 되면 군인연금을 받을 수 있고 또한 장교 복무 중 석사, 박사 과정을 공부한다고 하면 공군에서 지원을 받게 되므로 이러한 과정을 거치면서 자신의 능력도 쌓고 공군에 봉사를 더할 수 있는 길도 있다.

(6) 솔직히 말하자면 모두가 조종사가 될 수 있는 것은 아니다. 비행조종이란 공부를 열심히 한다고 하여도 노력을 많이 한다고 하여도 한계가 있는 사람이 있다. 이 장(章) 뒤에서 조종사 인성에 대하여 몇 가지 언급하겠다. 자신을 알고 돌아보아 자신이 조종사로서 적합한지 빨리 아는 것도 대단히 중요하다.

2. 항공사 운영 민간 조종사 양성과정

주요 항공사가 운영하는 대학의 항공운항학과 또는 대학부설 비행훈련원을 거치거나 혹은 항공사 프로그램에 의하여 자격증을 취득 후 입사하는 방법에 대하여 살펴보자.

1) 항공사 민간 경력 조종사 채용

(1) 여러 항공사마다 민간 경력 조종사 채용을 확대하는 등 채용방식도 바뀌고 있다. 아시아나항공은 최근 300시간 이상의 비행경력을 가진 조종사를 모집해 평균 경쟁률 10대 1을 기록하였으며 최종 십여 명을 선발했다. 이중 90% 이상이 해외에서 개인적으로 조종사 면허를 획득한 후 조종사 모집에 응시하였다.

(2) 대한항공도 기존에 일반 대졸자를 신입으로 뽑아 비행교육원과 해외파견 등을 통해 자체적으로 인력을 양성하던 방식에서 벗어나 최근에는 에어라인 1,000시간 이상의 비행 경력을 가진 사람이면 누구라도 지원할 수 있게 했다.

(3) 대한항공과 아시아나항공은 조종사를 자체 양성하는 체제를 가지고 있었다. 1980년대 시작된 이 제도는 2010년대 들어와 많은 변질이 되어 수행되고 있다. 변질된 사유는 민간항공사에서 양성한 조종사들이 기장이 된 후 혹은 기장이 되기 전 타 항공사로 이직을 해버리기 때문이다. 조종사 양성 과정에서 일부 지원한 양성비용을 회수하기 위하여 1억이 넘는 비용을 변제하도록 하였지만 역부족이다. 새로운 회사에서 조종사가 이 비용을 변제하고도 훨씬 좋은 대우를 받을 수 있기 때문에 조종사들의 유출은 계속 이어지고 있다.

(4) 민간항공사는 이에 대한 대체 방법으로 1,000시간의 비행경력을 요구하였으며 모든 비행훈련을 수행하는 데 드는 비용을 자신이 부담하도록 하였다. 이 과정이 항공대에 세워진 APP(Airline Pilot Program) 과정이다.

(5) 아시아나항공은 최근에 제트면장이 있는 조종사를 모집하고 있다. 주로 각 항공대와 연계하여 자비로 미국에 가서 국내에서 가지지 못한 면장을 취득하고 지원자를 입사시키고 있다. 초기 비행 자격을 획득하기 위한 비용은 개인이 부담하여야 하며 입사 후 일정기간 복무를 해야 한다. 두 항공사 모두 개인이 훈련비용을 부담하고 자격을 획득한 후에 입사하지만 입사 후에 별도의 과정과 해기종 자격을 위한 훈련비를 복무기간과 연계하여 배상하도록 규정을 만들었다. 이직을 막기 위한 수단이다. 만약에 입사할 때 서약한 일정 기간 이전에 퇴사를 하게 되면 훈련비를 상환하도록 하는 조건을 만들어 시행하고 있다. 이때 별도의 훈련이란 제트 자격을 받는 훈련과 항공사에서 실제 비행에 투입하기 위한 항공기 기종의 기종자격을 받는 훈련이다. 어느 회사 조종사는 훈련비 상환에 대하여 법에 호소

하고 있는 중이다.

(6) 조종사의 입장에서 볼 때 기종자격 훈련은 회사가 임무를 부여하기 위한 직무교육과 동일하니 훈련비 상환이 과도하고 비용 산정도 정도를 벗어나게 설정되어 있다고 주장을 하고 있다. 법의 명확한 중립적 판단을 기대해 본다.

(7) 두 항공사 이외에 건설교통부가 외화 낭비를 방지하기 위하여 수년 전 설립한 울진훈련원에서 자격을 취득한 후에 몇 개의 민간항공사에 지원할 수 있다. 한 차수 통상 10여 명의 조종사가 자격을 취득하게 되는데 그중에서 몇 명만이 에어부산, 제주에어, T'WAY, EASTAR에 입사를 하고 있다. 진에어는 1,000시간 경력 조종사를 선호하고 있으며 모두 자회사의 방침에 따라 조종사를 선발하고 있다. 최근 에어부산에서는 부기장 입사개선책에 의거하여 특정 항공학과의 우수학생 조종사를 사전에 입사 예약하여 수료 후 입사시키고 있으며, 1,000시간 경력을 쌓은 비행교관 경력 조종사도 선호하고 있는 경향이다.

울진 훈련원을 수료하게 되면 훈련원에서 면장을 취득한 조종사에게 각자 원하는 회사를 선택하게 한 후에 각 해당 항공사에 지원 원서를 내게 한다. 항공사는 울진 훈련원에 와서 지원자의 비행 능력을 평가 후에 합격 여부를 정하게 된다. 통상 한 회사에서 1-2명을 선발하고 나머지 조종사는 차기를 기약하여야 한다.

정규 민간항공조종사가 되는 길

1

정규 민간항공조종사라는 것은 Low Cost 회사가 아닌 대한항공, 아시아나항공 조종사를 말한다. 특히 대한항공의 조종사가 되는 방법은 현재로서는 세 가지 길이 있다. 제일 먼저 군에서 의무복무를 하고 입사한 경력 조종사, 그리고 1,000시간 이상의 경력조종사, 마지막으로 자체 양성 프로그램에 의거하여 항공대학교에 위탁 교육을 받는 APP(Airline Pilot Program) 과정 수료 조종사가 있다.

2

항공사 하나를 선택하라고 하면 독자들은 어느 회사를 택할 것인가? 필자는 정규 민간항공조종사가 되는 것을 제1 목표로 삼을 것을 권고하고 싶다. 급여, 교육 체계, 투자, 복지 등 모든 면에서 정규항공회사가 앞서고 있기 때문이다. 따라서 먼저 대표적으로 대학졸업자가 지원할 수 있는 대한항공에서 운영하고 있는 APP 과정에 대하여 상세히 알아보자. 대한항공이 항공대학에 위탁한 과정이 모든 비행교육의 표준절차이며 우리나라의 비행교육과정도 이에 준하여 만들어졌기 때문이다.

1) 서류전형

서류전형에서는 지원자의 응시자격 충족 여부를 확인하는 단계로, 대학졸업 여부, 공인 영어성적 확인, 기초적인 지원자의 신상 등을 확인한다. 경력 조종사의 경우 비행시간과 출신 비행교육원 등을 점검한다. 현재 대한항공은 APP 과정 모집에 울진이나 기타 훈련원에서 기본 면허 취득 과정(170시간)을 이수한 조종사를 모집하여 플로리다의 비행교육원에 위탁 교육을 시키고 있다.

2) 일반지식/필기적성검사

서류전형을 통과한 지원자를 대상으로 물리, 수학을 포함한 일반상식의 필기시험과 직무적성검사 등으로 비행적성을 검사한다.

3) 영어구술/1차 면접

일반지식/적성검사 전형단계를 통과한 지원자 대상으로 외국인과 간단한 대화를 통해 영어 회화 능력을 평가하고, 1차 면접을 실시한다. 최근에는 영어구술 시험방법이 다양해지고 있어 영어 회화 능력이 중요한 평점의 대상이 된다. 왜냐하면 비행훈련의 대부분을 미국에서 영어로 받아 영어로 교육하는 것을 이해하지 못하면 비행을 할 수 없고 면허취득 과정을 수료할 수 없기 때문이다. 그래서 일차적으로 영어 회화 능력이 제일 중요하다.

4) 신체검사/비행적성

지원자의 신체검사와 비행적성 TEST를 수행한다.

(1) 신체검사

항공법에서 정한 신체검사 기준뿐만 아니라 항공사 자체의 신체기준에 통과하지 못하면 모든 것이 수포로 돌아간다. 따라서 신체검사 기준을 사전에 알고 대한항공 APP 과정에 지원할 것을 추천한다. 대한항공의 조종훈련생 신체검사는 일반적으로 정밀하고 기준이 까다로우며 세부검사 종목이 많다. 조종훈련생 신체검사는 김포공항에 위치한 대한항공 건물 내의 대한항공 의료원에서 수행된다. 여기서 신체검사에 대하여 좀 더 세밀히 알아보자. 모든 비행교육 과정의 신체검사 기준이 거의 이정도 수준이라고 생각하면 어떠한 신체검사라도 통과할 수 있어 대한항공의 신검 내용을 살펴본다. 신체검사 결과 적합여부 판단은 신검 병원에서 판단하는 것이 아니라 검사결과를 국토부가 인가한 항공우주의학협회에 보내면 적합여부를 결정하여 역으로 보낸다. 신체검사를 종목별로 크게 나누어보면, 혈액, 소변, X-ray 초음파, 심전도/운동부하, 뇌파, 시력, 안압, 청력/청각, 혈압, 신장/체중, 폐활량 등을 검사한다. 특별히 정신분석검사도 수행하고 있다.

① 정신 분석 검사는 설문지에 수백 가지 설문을 하여 현재의 정신 상태를 평가한다. 예를 들어 질문의 한 가지를 소개한다면 "밤에 잘 때 누가 자신을 해치려 하고 있다"라는 항목을 설문지 끝까지 이와 유사한 질문을 여러 개 만들어 중간 중간에 질문을 함으로써 일괄적인 진술을 하고 있는지 어떤지를 보고 당시의 정신 상태를 파악하는 정신 심리 평가를 수행한다. 지루한 문답을 해야 하지만 끝까지 함정에 빠지지 말아야 하며, 자기주장이 너무 강해도 문제가 된다.

② 응시하기에 앞서 미리 검사를 받고 싶다면 몇 개의 종합병원에서 검사를 대행하고 있으니 검사해 보는 것도 좋을 듯하다. 검사비용은 15만 원 안팎이다.

(2) 면접과 비행적성 검사

대한항공 임원들이 개인적으로 여러 가지를 질문한다. 여기서 받는 질문에 답변을 조리 있게 해야 한다. 대한항공 이익에 반하는 답변을 한다면 그 결과는 여러분이 상상할 수 있을 것이다. 비행 적성 검사는 실제 Simulator를 탑승하게 하여 기본적인 비행을 시킴으로써 판단한다. 어떤 종류의 SIM'인지 알아보고 미리 기본 비행에 대한 컴퓨터 조작을 해보는 것도 대단히 중요하다. 그런데 이 적성 검사는 매우 중요하다. 이 검사에서 조종사가 되는 것을 고려해 보아야 한다는 판정이 나오면 조종사가 되려는 꿈은 심각하게 생각하여야 한다. 많은 지원자들이 돈을 헛되이 쓰고 중간에 그만두 어야 하기 때문이다. 비행교육 비용은 중도에 그만두더라도 거의 되돌려 받을 수 없다.

5) 훈련과정

(1) 대한항공 조종훈련생의 교육과정은 총 3단계로 구성되어 있다. 항공대학교에 있는 비행훈련 원에서의 기초 지상학술교육과 미국에서의 초등 및 중등 비행교육을 받고 조종면장을 획득하게 된다.

(2) 항공대학교 비행훈련원에서는 미국에 가기 전 기본적인 영어와 비행 이론을 가르친다. 이때 몇 번의 비행도 하게 된다. 이 과정에서 수백만 원의 교육비가 들어간다.

(3) 그런 다음 미국의 플로리다 주에 있는 비행학교에서 기본 면허를 취득하기 위하여 초등, 중등 비행 과정을 받게 된다. 이 과정에서 많은 훈련생이 끝까지 이수하지 못하고 중간에 그만두게 된다. 영어 구사능력이 떨어진다든가 비행 감각이 좋지 못하여 솔로비행을 나가지 못한다든가, 비행 중 규 정위반을 하였을 때는 최종까지 수료하지 못하고 중도에 그만두게 된다.

(4) 상당한 조종사들이 좀 더 수월한 다른 주(洲)의 비행학교에 들어가 면허를 취득하여 국내에 들어오지만 대한항공에는 들어갈 수 없다.

(5) 어렵고 힘든 과정을 수료하고 난 후 일시 귀국을 한 후에 이번에는 1,000시간 비행 경험을 쌓기 위하여 미국의 민간항공 Charter(전세기) 항공사나 교관과정을 들어가 다시 1년여 비행해야 한 다. 2015년 플로리다 비행훈련원을 방문한 대한항공 회장의 지시에 의거 비행학교에서 교관과정으로 1,000시간을 충족하는 조종사를 우선적으로 입사하도록 지시를 하였다. 이때 교관과정을 이수하게 되면 계기비행 자격증, 쌍발기 자격증, 교관 자격증을 획득할 수 있다. 다만 비자기간, 날씨가 변덕이 심하고 학생 입과 시점이 유동적이라 기간이 더 걸릴 수 있다.

(6) 교관과정은 Charter 항공기를 타는 것보다 저렴하고 여러 자격증을 획득할 수 있으며 영어구 사 능력 향상, VFR 장주 비행능력이 향상되는 이점이 있다. 앞서 말한 우선적 입사 특혜로 2015년

이후로 교관지원자가 몰리고 있다.

(7) 이렇게 훈련을 마치고 비행 1,000시간을 쌓고 들어오면 또 다시 입사 시험이 있다. 대한항공에서는 정식 조종사 모집 공고를 내므로 여기에 응모하여야 한다. 이때 이미 에어라인에서 1,000시간을 탑승한 조종사도 같이 모집하게 된다. 여기에 응모하게 되면 일차적으로 서류전형이 있고 서류전형에 합격한 조종사에 대하여 간단한 시험과 구술이 있다. 면접과 시험에 통과한 조종사는 제주도에 가서 비행 적성검사를 받게 된다.

6) 비행적성검사

(1) 제주도 비행훈련원에 있는 시뮬레이터를 이용한 비행적성검사는 조종 훈련생 전형에만 있다. 경력조종사 지원자는 JTS라는 제트 항공기 시뮬레이터로 신입 조종사 지원자와는 다른 유형의 검사를 받는다. 결과는 신체검사와 비행 적성 검사를 통합하여 결과를 발표한다. 회사에서 제주도 왕복항공권을 제공하며 하루에 한 조씩, 약 8명 정도가 검사 당일 비행기를 타고 비행훈련원에 가서 검사를 받는다. 비행훈련원에 도착하면 평가관으로부터 시뮬레이터 조작요령에 대하여 약간의 설명을 듣는다. 시뮬레이션 조작에 필요한 고도계(Altimeter), 자세계(Attitude Indicator), 방향지시계(Heading Indicator)에 대한 설명과 평가받게 될 조작의 종류에 대하여 평가관이 설명을 해준다.

(2) 평가관의 설명이 끝나면 훈련원에 있는 3개의 시뮬레이터 중 가장 간단한 종류인 단발프로펠러 항공기 시뮬레이터로 비행을 하여 평가를 받게 된다. 첫 번째 응시자가 시뮬레이터 조종석에 앉고 두 번째 응시자는 뒷좌석에서 시뮬레이터 조작에 대하여 지켜볼 수 있으며 나머지 대기자는 강의실에 남아 순번을 기다린다. 각 응시자는 조종간을 잡고 평가관의 설명에 따라 잠깐 연습을 하고 실제 평가에 들어간다. 평가관은 조종석의 뒤쪽에 있는 컴퓨터로 시뮬레이터를 통제하고 동시에 응시자의 시뮬레이터 조작결과가 컴퓨터에 나타나는 수치를 보고 평가하고 결과를 통보해준다. 이러한 여러 가지 평가를 거친 후에 최종 입사 가능자를 발표한다. 전형자 모두가 합격하지는 못하고 일부 응시자가 탈락하게 된다.

7) 기초 지상학술교육

(1) 다음은 미국의 비행훈련원에 가기 전 항공대학교에서 받는 기초 지상 학술 교육에 대하여 알아보겠다. 기초 지상학술교육은 항공대학교 비행교육원에서 약 12주 동안 진행되며 항공 기초학술과 지식을 배양하는 기간으로, 이 과정을 통해 조종훈련생들은 비행훈련 시작 전에 필히 알아야 할 전문지식과 항공영어를 배우게 된다. 그리고 3급 조종사 신체검사 증명서(Medical Certificate)를 발급받는데, 이 증명서(Certificate)가 곧 학생조종사 면허(Student Pilot License)다. 훈련생들은 개인 숙소에

서 생활하며 출퇴근을 해야 한다. 기숙사가 없고 개인적으로 출퇴근해야 하며, 교육 과정에 대한 비용을 지불해야 한다. (650만 원)

(2) 기초 지상학술교육은 총 460시간으로 구성되어 있다. 항공계기, 항공기 계통, 추진 장치, W/B(Weight and Balance), 항공기상, 항공생리, 항공역학, FAR(Federal Aviation Regulation 미국 연방 항공 규정), ATC(Air Traffic Control) 레이더통신 무선항법장비 비행계획, 항공기 구조, 공중항법, 항공기 성능, 영어 등 총 16과목으로 구성되어 있다.

(3) 모든 항공교통관제교신(ATC)이 영어로 이루어지고 또한 기초학술과정 종료 후 미국 플로리다 주 FLIGHT SAFETY ACADEMY 비행학교에서 본격적인 비행훈련 과정에서는 외국인 교관에게 교육을 받아야 하므로 기초학술과정은 영어 과정이 30%를 차지하고 있고 영어로 수업을 진행한다. 각 과목이 끝나면 간단한 테스트를 받는다.

8) 초등 및 중등비행과정

미국 플로리다 주의 Vero Beach에 위치한 FLIGHT SAFETY ACADEMY에서 1년여 기간 동안 초등비행과정과 중등비행과정을 이수하게 된다. 초/중등비행과정은 자가용조종사 면허(PPL: Private Pilot License) 과정을 이수하여 조종사가 되기 위한 최초면허를 획득한다. 중등과정에서는 계기 비행증명(IFR: Instrument Flight Rules)과 사업용조종사 면허(CPL: Commercial Pilot License) 과정으로 이루어져 지상학술교육(Ground School)을 받고 총 250시간을 비행하게 된다. 이중 단발 Engine(Single Engine) 항공기 비행시간이 약 200여 시간이고 나머지는 Multi Engine 항공기 비행시간이다. 따라서 이 과정에서 계기 비행자격증과 사업용 조종사 면허증 그리고 단발과 다발항공기 조종 면허를 취득한다.

9) 지상학술교육(Ground School)

210시간의 지상학술 교육을 받게 된다. 비행을 수행하기 전에 일부 교육을 받고 비행훈련을 진행하면서 수료과정까지 계속 학술교육을 받게 된다.

10) 자가용조종사 면허(PPL: Private Pilot License) 과정

(1) PPL 과정은 자가용조종사 면허과정을 취득하는 과정으로 조종훈련생이 항공기의 기본적인 항공역학을 공부하게 되며 실제 비행을 통하여 비행조작 기술을 습득하는 과정이다. 이 과정에서 시계비행(VFR: Visual Flight Rule) 절차와 비행 기술을 습득한다.

(2) 단발 왕복 훈련기인 세스나 항공기와 모의비행 훈련장치(Simulator)를 이용하여 조종훈련을 수행한다. 이 과정 총 30시간을 탑승하게 되면 SOLO(단독) 비행을 하여야 한다. 만약 이때 솔로비행

을 못하게 되면 과정에서 도태된다. 총 220여 회 이상을 비행하고 250시간을 채우게 되면 이 과정을 수료하게 되고 자가용조종사 면허(PPL: Private Pilot License)를 취득하게 된다.

(3) 자가용조종사(PPL) 과정은 모의 비행훈련 10시간, 실제비행훈련 약 90시간을 탑승한다. 비행교육은 담당 비행 교관과 탑승을 원칙으로 하나 훈련원 사정이나 조종사의 비행능력 검증을 위하여 때로는 타 교관과 바꿔 타기도 한다. 이 과정에서 10시간 정도의 단독비행(Solo Flight)을 하는데, 5시간은 기동(Maneuver) 비행을, 5시간은 크로스컨트리(Cross Country) 비행을 한다. 크로스컨트리 비행이란 혼자서 여러 지역을 비행하면서 최종적으로 모 공항에 귀환하는 비행으로 조종사에게 비행에 대한 자신감을 부여하기 위한 것이다. 이렇게 비행훈련을 받은 후 소정의 평가를 받게 된다. 면허취득을 위한 시험은 필기시험과 구두시험, 실기시험으로 나누어진다.

(4) 필기시험은 연방항공규정(FAR: Federal Aviation Regulation), 기상(Weather), 항공역학, 항법(Navigation), 계기(Instrument), 비행계획(Flight Plan) 등의 과목을 치르며, 100점 만점에 70점이 합격 점수이다. 구술시험은 미국 FAA의 심사관에게 받는다. 약 두 시간 가량 진행된다. 실기시험은 몇 가지 공중 기동 과목을 통해 평가를 받는다. 심사기준은 각 공중기동에서 고도 100피트 내, Heading 10도 내, 속도 10Kts 내외의 오차범위를 지켜야 통과할 수 있다.

11) 계기비행증명(IFR: Instrument Flight Rules) 과정

(1) 계기비행증명(IFR) 과정은 구름이 낮게 끼었다든가 혹은 안개가 끼어 가시거리가 현저히 줄어든 악기상이고 외부 시각 참조물이 없는 상황에서 조종석에 있는 계기만을 이용하여 항공기를 조종하고 항법을 수행하는 기술을 습득하는 과정이다. IFR은 면허는 아니며 조종사가 소지하고 있는 자격증에 추가로 부여받는 자격(Rating)이다. 하지만 IFR 자격이 없는 조종사는 VFR(시계비행) 방법으로만 비행을 하여야 한다. 현재 민간항공사(Airline)에서 이루어지는 모든 비행은 시계비행(VFR)이 아닌 계기비행(IFR)이므로 반드시 필요한 자격이다.

(2) IFR 비행교육 진행은 훈련 조종사가 앉아 비행하는 Cockpit(조종석)에 앞이 안 보이도록 후드(Hood: 천으로 만든 가림막)를 씌운 채 계기만 보고 비행하며, 비행 차트(Chart)를 참조하여 항로를 찾고 착륙하려는 공항에 접근하고 착륙 직전까지 비행하는 훈련 방법이다. IFR 훈련 과정은 또 다른 단발 피스톤 훈련기와 전용 모의 비행훈련 장치를 이용하여 훈련한다.

(3) IFR 과정의 진행은 학술교육 약 210시간, 모의비행훈련(Simulator) 22시간 실제비행훈련 약 110시간을 이수한 후에 역시 평가를 통과하면 계기비행증명(FAA IFR)을 취득하게 된다. 자격취득은 필기시험과 구두시험, 실기시험으로 나누어진다. 과목과 기준은 PPL 시험과 거의 같으나 단지 수준이 좀 더 높다.

12) 곡예비행(Acrobatic Flight)

계기비행증명 자격(IFR rating) 취득이 끝나면 시타브리아(Citabria)라는 곡예비행기(Aerobatic Airplane)를 타고 곡예기동을 5회 정도 수행한다.

13) 사업용조종사 면허(CPL: Commercial Pilot License) 과정

(1) CPL(사업용조종사) 과정은 상기한 PPL과 IFR을 혼합한 과정이며 기존에 요구하던 비행기술 수준보다 더 높은 것이 차이점이다. 훈련비행기도 한 단계 높은 쌍발 피스톤기인 Beachcraft Duchess 사의 BE76를 조종하게 된다. CPL 과정은 대략적으로 학술교육 약 150시간, 실제비행훈련 약 40시간, 모의비행훈련 12시간을 이수하면 사업용조종사(FAA CPL) 면허와 다발기(Multi-Engine) 면장을 취득한다.

(2) 면장취득을 위한 심사는 필기시험과 구두시험, 실기시험을 나누어진다. 과목은 동일하나 심사기준이 좀 엄격하고 비행오차 요구량이 더 작아진다. 실기시험의 경우 고도 50피트, Heading 5도, 속도 5Kts 내외의 오차범위를 준수하여야 한다.

14) 조종면장 전환

(1) 한국에서 민간조종사로서 비행을 하려면 미국 FAA 면장을 국내 면장으로 전환하여야 한다. 이때 다시 소정의 시험과 구술시험 그리고 개인적으로 영어자격 인 벌리츠(Berlitz) 시험을 치르고 합격해야 면장을 국내용으로 바꿀 수 있다. 이때 비행실기시험을 치르고 평가도 받아야 한다. FAA영어자격을 국내 영어 자격으로 1회에 한하여 전환할 수 있다.

(2) 미국에서 Single Engine과 Multi Engine 면허를 받아왔다면 기본적으로 두 면허에 대하여 전환하여야 하지만 현재 Single Engine 면허만 전환하면 Multi Engine까지 면허를 교부해주고 있다. 따라서 미국 면장을 받아온 사람은 여러 비행학교에 알아보고 면장 전환 과정에 새롭게 입과하여야 한다. 보통 5-10회 정도를 실제 비행하고 심사관에게 심사를 받게 된다. 이 과정을 받으려면 추가적인 경비가 소요된다. 300-500만 원까지 생각해야 될 것이다.

(3) 또한 외국 면장이 있는 사람은 필기 과목 중에서 항공법 한 과목만 보면 된다. 필기시험은 100점 만점에 70점 이상(국토부 시행)이다. 필기시험에 통과하면 구술시험을 치르는데 항공대 교수, 대한항공, 아시아나항공 기장 등으로 이루어진 시험관을 상대로 1대 1로 약 30여 분간 질문과 답변을 한다. 이때 사전 준비를 하지 않으면 탈락할 수 있다. 조종면장 전환은 해외에서 자격을 취득한 자가 대한민국에서 조종활동을 하려면 반드시 이 과정을 거쳐야 한다. 이 과정은 중국에 취직이 되어 비행 시에는 중국면장으로 바꾸어야 한다.

(4) 영어 벌리츠 테스트는 언어구사 능력평가로 필기시험과 구술시험이 있다. 필기시험은 주로 듣기 평가로 TOFEL처럼 듣고 정답을 고르는 문제를 풀어야 하고 구술시험은 시험관과 일대일 대화를 주고받는다. 대화의 주제는 국토부 홈페이지 영어자격 시험에 나와 있다. 시험을 보기 전에 사전에 공부를 하는 것이 합격의 지름길이다. LEVEL 4 이상 받아야 한다. 구술문제와 평가 기준 등은 국토부 홈페이지에 자세히 나와 있다. (제1장 7절 참조)

15) 대한항공 입사 후 비행훈련

입사 후에는 대한항공 빌딩에서 한 달 이상 일반적인 회사원으로서 갖추어야 할 덕목에 대하여 교육을 받는다.

(1) 제트 항공기 Citation 과정: 입사 교육이 끝난 조종사는 지상 교육을 2주 받은 후 정석 훈련원에 들어가 2개월여 민간항공기로 비행할 기본 교육을 받는다.

Citation Aircraft

실제 비행은 2회이며 주로 Simulator를 이용하여 (총12회) 비행을 한다. 이곳 과정에서 주로 연습할 내용은 비상절차와 CRM이다. CRM은 그동안 비행훈련을 받을 때는 혼자서 비행을 하기 때문에 별로 강조되지 않았지만 민간항공기에서는 항시 기장과 부기장이 동시 조종석에 앉아 비행을 하기 때문에 두 사람의 협동(Coordination)이 잘 이루어져야 한다. 비행훈련은 주로 비상 발생 시 혹은 비정상적인 상황이 일어났을 경우에 어떻게 두 조종사가 협동하여 상황에 대처하고 항공기를 안착시키느냐는 과정을 연습하게 된다. (CRM: 제6장 참조)

(2) OE(Operational experience) 과정 (한정자격증명 참조)

① Citation 과정이 끝나면 비로소 자기가 탑승할 항공기에 배정이 되어 이 항공기를 운항할 수 있는 자격증을 획득하여야 한다. 그것을 기종 자격증이라 한다. 이 과정에 입과하면 역시 지상학술 한 달 이상, 그리고 Simulator 수십 회를 받고 이 과정에서 평가에 합격을 하여야 실제 비행을 하면서

손님을 태우는 비행 현장에 투입될 수가 있다. 비행은 60시간 60 LEG(한번 이착륙하는 비행) 수를 충족해야 한다. 이때 국내선뿐만 아니라 여러 외국 노선을 경험하게 된다. 대한항공에서 첫 기종 배정은 B-737이다. 후일 Airbus 레오기 종이 들어오게 되면 B-737 항공기와 Airbus 레오가 초기 기종으로 될 가능성이 높다.

　　② OE 과정에서도 평가를 받고 이에 합격하여야 대망의 민간 조종사로서 LINE(비행현장)에 나가 비행을 할 수 있고 조종사가 목표로 하는 정상적인 조종사로서의 급여를 받을 수가 있다. 지금까지 수많은 과정을 거치고 평가를 받고 합격하면서 자격증을 취득한 이유는 바로 이 OE 과정 입과를 위한 것이다. 이 과정을 반드시 성공리에 수료하여야 민간항공조종사로서 임무를 수행할 수 있는 것이다. 따라서 입과자는 Simulator 훈련부터 모든 역량을 쏟아 부어 반드시 자격증을 받도록 심혈을 기울여야 할 것이다.

국내 조종사 양성학교/조종유학

1. 울진 비행학교

1) 정부에서 설립한 울진 비행학교에 대하여 간단히 알아보자. 세부 내용은 울진 비행교육원 홈페이지를 열어보면 자세한 과정을 알 수가 있다. 원래 이 비행훈련원은 정부에서 외화낭비를 방지하기 위하여 설립하였으며 현재 교육비 중 일부를 지원해주고 있다.

2) 한국항공대와 한서대 한국항공전문학교가 울진비행학교에 각각 비행교육원을 열었다. 하지만 최근에 한서대는 태안에 있는 비행교육원에서 기본자가용 과정을 운영하고 사업용 과정은 미국에 비행교육원을 설립하여 훈련을 하고 있다. (PPP 과정이라 하고 비행, 비용, 기간 등이 대한항공 APP 과정과 유사하다.) 따라서 한서대 비행교육원은 울진 비행학교에서 철수하였다. 한서대는 최근 미국에 전문 훈련원을 설립하여 비행교육을 수행하고 있다. 한서대 항공학과는 2학년부터 비행훈련을 하고 있으며 이때부터 학비도 연간 2,000만 원 정도를 내고 있다. 하지만 젊은 나이에 항공면장을 취득하고 군과 각 항공사와 계약을 맺고 있으며 취직이 다른 경로보다 월등하게 잘 이루어지고 있어 이 항공학과를 선호하고 있다.

3) 지원 자격은 항공조종사 신체검사에 합격하고 군필을 하여야 하며 TOEIC 700점 이상을 획득하여야 한다. 비행훈련 모든 과정은 대한항공이 항공대학교에 위탁하여 운영하는 과정인 미국 훈련원에서 훈련하는 프로그램과 대동소이하다.

4) 울진 비행학교에서 운영하고 있는 과정은 다음과 같다.

(1) 사업용 과정 통합 과정(자가용+사업용+다발)과 경력 사업용 통합과정, 비행교관 인턴 양성 과정, 타임 빌드 업(Time Build Up: 비행시간 쌓는 과정) 과정 등이다. 교육시간과 훈련기간을 살펴보면 다음과 같다. 세부적인 내용은 홈페이지를 확인하기 바란다.

과 정	기 간	교 육 시 간		
		학 과	비 행	SIMULATOR
신규 사업용 통합과정 (자가용+계기+사업용+다발)	15개월	559시간	170시간	30시간
경력 사업용 통합과정 (표준화+계기+사업용+다발)	8개월	359시간	115시간	30시간
비행교관 인턴 양성과정	6개월	135시간	40시간	
타임 빌드업 과정	6개월	80시간		

* 기간은 기상상황과 여러 가지 변수에 따라 차수마다 달라짐.

(2) 울진 비행학교에서 면허를 취득하였을 때 정부기관의 도움으로 Low Cost 항공사에 취업을 할 수 있는 길이 트였다. 최근에는 한 항공사에서 1-2명씩 울진 훈련원을 수료한 조종사를 선발하기도 하였다.

2. 초당대학교 콘도르 비행교육원 운영

1) 최근에 초당대학교는 항공운항과를 설립하고 무안국제공항을 베이스로 이착륙 전용비행장을 갖춰 대한민국 국토교통부 지정 전문교육기관으로 콘도르 비행교육원을 운영하고 있다.

2) 현재 항공조종인력양성을 위한 기본과정을 포함 여러 가지 과정을 운영하고 있다. 최근에는 아시아나, 에어부산과 MOU(협정)를 맺고 에어서울과도 추진 중에 있다. 그리고 본격적인 조종사 양성을 위하여 항공기를 추가 도입하고 교수진도 강화하였다. 앞으로 유망한 교육기관이 될 전망이다.

3) 기본과정으로 210시간(실제비행 190시간, 모의비행 20시간)의 운항 실습을 수행하고 있으며 자가용조종사면장(PPL), 계기비행증명(IFR), 사업용 조종사 면장(CPL)을 취득하도록 과목을 운영하고 있다. 이외에 취업연계를 위하여 다발 한정 과정(Multi Engine Rating), 조종교육증명과정(Certified Flight Instructor Course), 경력추가과정(Time Build up Course) 군조종사를 희망하는 사람을 위한 군조종사 과정 등을 운영하고 그 밖에도 취업 활성화를 위한 다양한 프로그램들을 운영하고 있다.

4) 자가용조종사과정은 자가용조종사 자격 취득을 목표로 단독비행과 장거리 비행능력 배양하기 위해 비행실습 50시간, 모의비행 5시간, 이론교육 180시간으로 구성되어 있다. 계기비행한정과정은 계기비행한정 취득을 목표로 항법장비 조작 능력을 배양하기 위해 비행실습 80시간, 모의비행 15시간, 이론교육 150시간으로 구성되어 있다.

5) 사업용조종사과정은 사업용조종사 자격 취득을 목표로 계기 장거리 야외 기동능력을 배양하기 위해 비행실습 60시간, 이론교육 180시간을 운영한다.

6) 초당대학교는 콘도르비행교육원을 대학의 성공적인 항공특성화 및 국내 조종인력양성을 목표로 양질의 조종사를 양성하려 힘쓰고 있다. 현재 항공기는 총 8대(단발7대, 다발1대)이며 추가로 3대를 2017년 4월경 도입할 예정이다. 향후 지속적으로 교육생 수요를 창출하여 그 수요에 따라 항공기를 추가 도입할 예정이다. 또한 이착륙 전용 비행장을 보유하고 있어 양질의 이착륙 집중훈련이 가능하도록 교육훈련시설 최적화에도 최선을 다하고 있다.

7) 교육진행 과정 및 진로

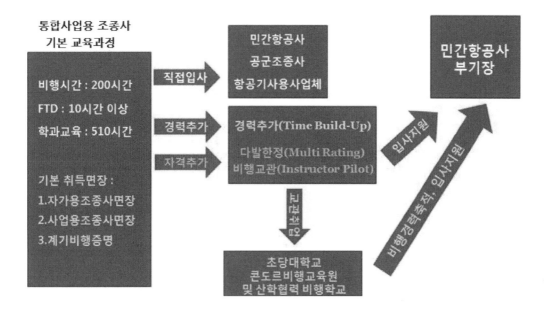

DA40NG 단발

DA42NG 쌍발

3. 민간항공사 입사 후 교육

1) 민간항공사에 입사하였다고 바로 조종사로서 임무에 투입되는 것이 아니다. 앞서 대한항공 조종사가 되는 과정에서 소개한 것처럼 입사 과정과 OE 과정에 입과하여 교육을 마쳐야 한다. 대한항공은 자체 프로그램에 의거하여 JET 항공기와 기종자격 면허를 받고서 OE 과정에 입과하여 수료가 되어야 비로소 조종사가 된다.

2) 아시아나는 아예 Jet 자격을 소지한 조종사로 최근에 바꾸었다. 이때 통상 1년 정도가 소요된다. 한편 울진 비행학교를 졸업하여 항공사에 입사를 하게 되면 OJT 기간을 거쳐 JET 자격증을 받아야 한다.

3) 제주에어에서는 자체 항공기로 자격증을 받도록 과정을 운영하였으나 최근에 개인이 자격증을 받아오는 방법으로 전환할 예정이며, 외국에 가서 자격증을 획득하도록 하는 항공사도 있다. 이때 약 2,000만 원의 추가적인 교육비가 소요되며 이 자격증이 있어야만 항공사에서 비행임무를 수행할 수 있다. 어느 항공사는 앞에서 언급한 교육비를 입사 전에 요구하기도 한다. 이 교육비는 JET 항공기 자격과 해기종(기종) 자격증 획득을 위한 것으로, 예를 들자면 B-737, A-320 비행자격증을 획득하게 되는 경비이다.

4. 항공조종유학 절차

이번에는 개인적으로 외국에 유학을 가서 비행자격증을 획득하는 방법을 알아보도록 한다. 항공유학을 가기 전에 반드시 다음 사항을 확인하는 것이 좋다.

1) 항공유학을 하기 전에 자신이 비행 임무를 수행할 수 있는 신체 요건이 되는지를 알고 확인해야 한다.

왜냐하면 아무리 조종사 면허를 많은 돈을 들여 획득하였다 하더라도 신체검사에 통과되지 못하여 신체검사 합격 증명이 없으면 어느 항공사에서도 조종임무를 수행할 수 없기 때문이다. 항공유학을 결정하기 전에 자신이 항공임무에 적합한지 국토부에서 인정한 국내 지정대학병원(제1장 5절 참조)에서 항공종사자 신체검사를 받아보고 완전한 신체를 가졌을 때에 유학하는 것을 적극 추천한다. 특히 미국에 가더라도 조종교육을 시작하기 전 FAA 신체검사가 있다. 역시 이 검사에 통과되어야 자격증을 받을 수가 있다.

2) 영어구사 기본 능력을 확보하여야 한다.

어떤 유형의 항공유학이라도 원활한 교육훈련을 위하여 실질적인 영어 기본 구사능력을 확보하여야 한다. 특히 미국이나 영어권 대학으로 항공유학을 결정하였다면 각 대학별로 외국인 학생에게 요구하는 TOEFL 점수를 취득하여야 한다. TOEFL 점수를 요구하지 않는 대학은 대부분 학생유치를 위한 편법을 적용하는 것이기 때문에 나중에 문제소지가 발생할 수 있으니 주의해야 한다. TOEFL 점수를 포함한 입학서류를 구비하여 미국대학 입학허가(I-20)가 나오더라도 대학별로 영어수업 능력을 점검하는 Test를 통과해야 한다. 따라서 형식적인 TOEFL 점수보다 더 중요한 것은 대학 수업을 따라가는 데 필요한 영어 회화와 같은 실질적인 영어기본능력을 유학을 떠나기 전에 갖추어야 한다. 모든 교육이 영어로 이루어지고 특히 항공분야의 항공영어는 비행 임무 수행 때 반드시 자유롭게 구사할 수 있어야 하기 때문에 영어 구사 능력은 필수적이다.

3) 본인의 학과 성적을 알고 진학 가능한 학교를 선택해야 한다.

만약에 미국에 간다면 미국 대학 입학 자격에 맞아야 한다. 고교 내신 성적과 SAT를 보아야 하는지 확인해야 한다.

4) 외국 유학을 하였을 경우 국내 항공사 취업할 때 4년제 대학학위를 요구하므로 학위를 취득할 수 있는 대학에 진학해야 한다.

국내 항공사들은 기본적으로 4년제 학사학위 소지자를 원하기 때문에 4년제 학위를 취득할 수 있는 대학으로 진학을 추천한다. 미국에는 조종사 자격증만 취득할 수 있는 800여 개의 비행학교와 학위도 함께 받을 수 있는 140여 개의 대학이 조종사 전문교육을 실시하고 있기 때문에 신중한 검토를 하여 대학을 선택할 것을 추천한다. 특히 자격과 학위를 함께 받을 수 있는 일부 커뮤니티 칼리지나 주립대학은 항공에 특화된 전문교육기관이 아니기 때문에 가능하다면 전문성을 인정받는 항공대학을 선택하는 것이 바람직하다. 4년제 학위가 있더라도 비행학교보다는 항공대학에서 교육을 받았다는 사실만으로도 항공사 취업에 유리한 조건이 될 수가 있다.

5) 항공사 입사를 위한 여러 자격증 획득을 계획하여야 한다.

미국이나 모든 외국 항공유학 교육기관에 입학하면 일반 지상 교육(Ground school)과 함께 비행훈련(Flight training)을 병행하게 된다. 민간항공사에 취업하기 위해서는 이 교육훈련과 병행하여 자가용자격과 계기비행증명, 사업용 자격과 Multi Engine 증명까지 모두 취득하여야 한다. 한국 내의 조종사가 되기 위한 필수 자격증은 별도로 설명을 하겠다. 최근에는 민간항공사에서 경력 조종사를 요구하고 있다. 경력직 조종사가 되기 위해서는 몇 가지 길이 있다. 그중 한 가지 방법이 비행훈련원의 교관이 되는 것이다. 교관이 되기 위해서는 교관 선발 자격에 합격이 되어야 하고 별도의 교육을 받아야 한다. 이때 교육비도 개인이 부담을 해야 한다. 또 한 가지 방법은 개인항공사에 입사하여 교육을 받고 비행시간을 쌓아가는 것이다. 개인항공사에 입사하여 비행교육을 받을 경우 소정의 교육비를 지불하여야 한다. 현재 여러 민간항공사가 경력조종사를 모집하고 있어 앞으로 민간항공조종사가 되려면 이 두 과정을 주목하여야 할 것이다. 이 두 과정을 마치게 되면 민간항공사에서 요구하는 모든 자격증을 취득할 수가 있다.

6) 군 병역 문제는 반드시 해결되어야 한다.

대한민국 성인 남자는 군대 병역 문제를 해결해야 항공사 취업이 가능하다. 만약 외국에서 4년제 대학학위를 취득하고 조종사 자격증을 소지하고 있다면 공군 학사 장교 조종사 모집에 응시하는 것도 생각할 필요가 있다. 군대 문제도 해결되고 조종사로서 경력도 쌓아 현재 조종사 주 공급처가 되고 있는 공군 조종사 출신으로서 민간항공사에 취업이 가능하기 때문이다.

7) 민간항공사 취업문제

몇 개국에서 받은 조종사 면허는 전 세계에서 인정을 해주지만 그렇지 못한 나라도 있다. 따라서 국가를 선정할 때에 이것도 신중히 고려해야 할 요소이다. 현재 미국(FAA 자격증)이나 몇 개의 영어권에서 인정한 조종사 자격증은 전 세계 글로벌 항공사에 입사할 수 있는 자격증이 된다. 미국에서 FAA 자격증을 획득하였다면 미국이나 영어권에 취업하면 되지 않겠느냐고 반문할 수 있다. 그런데 바로 이점이 문제가 된다. 미국에서 면허를 받았다고 하더라도 미국에 취업이 되려면 바늘구멍을 통과하여야 한다. 미국 민간항공사는 아예 저등급 조종사는 받지 않는다. 이들이 미국 민간항공조종사가 되려면 개인 Charter 항공사에서 수천시간의 경험을 쌓아야 하고 쌓았다 하더라도 또 하나의 난관이 앞에 가로막혀 있다. 바로 인종차별이다.

미국 민간항공사는 미국 공군의 전투 조종사 출신이라고 하여도 대한항공 조종사처럼 수천 시간의 경험을 요구하여 기장 승급이 입사 10년이 되어서야 가능하다. 그리고 9.11 사태 이후 유색인종은 민간항공조종사가 될 기회가 많이 없어졌다. 이것이 한국인으로 미국에 가서 학위까지 받고 조종면허를 가지고 있는 조종사로서의 미국 민간항공 취업에 관한 현주소임을 외국 유학하는 조종사 지원자는 확실히 알고 있어야 한다. 이러한 제한은 현재 영어권 내에서 암암리에 적용되고 있다. 겉으로는 인종차별을 하지 않는다는 슬로건을 내걸고 있지만 9.11 사건과 2014년 말레이시아 항공기 실종 사건,

2015년 독일 부조종사의 자살 비행으로 더욱 문은 좁아지고 있는 것이 사실이다. 따라서 국내 취업이나 그래도 문이 넓은 중국이나 동남아 항공사의 조종사 문을 두드리는 것이 유일한 희망이 되고 있다.

요즈음 Low Cost 항공사의 조종사 수요가 제법 된다고 하더라도 그 숫자는 얼마 되지 않는다. 항공사마다 연간 대략 10-20명 정도만 뽑고 있기 때문에 6개 항공사를 다 합해도 100명 정도밖에 되지 못하고 있다. 참고로 조종사 면허를 가지고 있으나 취업을 못한 조종사의 숫자가 3,000명이란 말이 떠돌고 있다. 이를 증명하기라도 하는 듯 최근 모 항공사에 10여 명 모집에 400여 명의 조종사가 응모를 하였다는 풍문이 있기도 하다. 에어서울 부기장 모집에도 같은 정도의 입사 경쟁이 있었다고 한다. 따라서 위에서 언급한 여러 가지 항목에 대하여 조종사가 되려는 지원자는 검토하고 따지고 판단하여야 한다.

8) 비용

외국에 유학하는 비용 이외에 비행을 하고 면허증을 획득하는 과정에 추가적인 비용이 든다. 이외에 기숙사 비용, 그리고 방학하였을 때 한국을 드나드는 항공여비 등을 합하면 보통의 재력을 가진 사람이 도전해보기에는 한계를 넘어갈 수가 있다. 여기에 드는 비용은 푼돈이 아니고 한꺼번에 수천만 원씩 부담해야 하는 능력이 있어야 한다. 어떻게 보면 허탈해지기도 한다. 다행히 어느 외국 대학은 장학금을 지불하는 곳도 있다. 집안의 경제력을 고려하여 신중히 선택해야 한다.

9) 개인의 비행 적성 문제

누구나 면허를 취득하기 위하여 비행학교에 입학할 수 있지만 조종사가 될 수 있는 사람은 한정적임을 알아야 한다. 이것을 비교하자면 자동차 운전면허 시험을 볼 때 어떤 사람은 수십 번을 응시하여 겨우 합격하는 사람이 있다. 즉 개인 능력 차이가 분명히 존재한다는 것이다. 창공에서의 비행은 자동차 운전에 비하여 여러 가지 초월적인 능력이 있어야 한다. 따라서 개인의 성격과 특성 그리고 비행적성에 맞아야 훌륭한 조종사가 될 수 있는 것이다. 평범한 일반인보다는 조금 다른 능력이 요구된다. 이런 능력은 타고나기도 하며 비행을 자주함으로써 향상되기도 한다. 민간항공사에서 1,000시간 이상의 비행경험을 요구하는 이유이기도 하다. 조종사가 되기 위해서는 다음과 같은 능력이 탁월하여야 한다.

(1) 공중 지각 능력이다. 공간은 4차원 세계이다. 빠르다는 자동차 레이서도 평지에서 활동을 하고 단지 3차원의 흐름을 조종한다. 하지만 공중은 공간 3축의 ± SPACE와 시간의 흐름으로 공간을 인지하는 인간의 전정기관이 혼란을 불러일으켜 지각능력이 현저히 감소된다. 이러한 상황에서 공중 지각 능력이 탁월할 때 비행에 매우 도움이 된다.

(2) 공간에서의 순간적인 판단력과 순발력, 결단력이 있어야 한다. 비행기는 자동차처럼 아무 곳에서 멈출 수가 없다. 공간은 아무것도 없는 곳이 아니라 때로는 기상이 가변적이고 극단적이다. 이러한 상황에서 항공기 조종 시 발생하는 이상 신호를 빨리 발견하고 처리할 수 있는 능력이 있어야 한다. 이러한 능력을 비행 용어로 상황인지(Situation Awareness) 능력이라 한다.

(3) 동시에 몇 가지를 할 수 있는 주의 분배력이다. 쉽게 설명을 하자면 어떤 한 가지 일을 집중하면서도 다른 부수적인 일이 벌어지는 것을 인지하고 해결하거나 수행할 수 있는 능력이 있어야 한다. 예를 들어 항공기 이륙 시 비상사태가 발생하였다면 항공기 조종도 하여야 하고 비상 상황을 완화하기 위한 조치를 하여야 한다. 이외에 여러 가지 승객보호와 안전착륙을 위한 처치를 하여야 하기 때문에 주변 상황에 따라 조치할 수 있는 능력이 있어야 된다. 가장 손쉽게 비교하자면 서커스 요원이 방망이를 한꺼번에 서너 자루를 던지면서 받고 올리고 할 수 있는 능력 같은 것을 말한다. 동시다발적 상황 대처 능력이다.

(4) 집중력이 있어야 한다. 동시에 한 곳에 집착을 해서는 아니 된다. 이것은 주의 분배력과 모순이 되는 개념이다.

(5) 기계적인 계산 능력이 있어야 한다. 지상에서 간단한 계산을 암산하라고 하면 쉽사리 하지만 공중에서 비행 중에 해보라고 하면 아예 못하거나 시간이 더디게 걸리고 정답이 틀리기도 한다. 바로 이러한 점이 지상과 공간에서의 인간 능력의 차이점이다.

(6) 도덕성과 안전성이 있어야 한다. 수백 명의 생명을 싣고 여러 시간을 비행하는 항공기 조종사는 책임감과 도덕성 안전성을 지니고 있어야 한다. 승객의 목숨이 단지 두 명의 기장과 부기장에게 달려 있다. 두 사람을 믿고 생소한 공간에 몸을 내맡기는 승객에게 믿음을 주어야 한다.

5. 외국 비행훈련원 개인 조종유학

1) 한국 소재 대학을 졸업하고 개인적으로 미국이나 여러 영어권에서 개인적으로 비행면허를 취득할 수가 있다. 통상 미국과 호주, 뉴질랜드로 많은 한국의 젊은이들이 조종사가 되려는 꿈을 안고 대학졸업 후 비행훈련원의 문을 두드린다.

2) 최근에는 비용절감을 위하여 동남아에서 비행면장을 취득하려는 사람도 있지만 별로 권장하고 싶지 않다. 어디를 가든지 조종유학을 하기 전에 앞서 언급한 아홉 가지 조건과 개인적인 조건을 신중히 고려하여 외국 비행훈련원에 입학해야 할 것이다.

3) 심지어 어떤 유학생들은 다니던 직장을 집어치우고 그동안 모았던 돈으로 비행훈련원에 들어가거나, 또 어떤 지원자는 가족을 처가에 맡기고 그동안 살아왔던 전세금을 빼내어 교육비로 충당하기도 한다. 이러한 모험이 성공하면 되겠지만 실패한다면 참으로 낭패가 될 수 있다. 따라서 앞서 언급한 여러 조건을 신중히 생각하여 결정하여야 하겠다.

4) 영어권 비행훈련원 과정에서 받는 훈련은 앞에서 소개한 과정과 대동소이하다. 대부분 미국 비행교육체제를 우리가 받아들여 만들었기 때문이다. 좀 더 자세한 것은 해당 유학 훈련원의 홈페이지를 확인하면 되겠다.

5) 조심하여야 할 것은 조종사 수요에 비하여 많은 면허 취득자가 배출되고 있어 공급이 수요를 상당히 초과하고 있다는 사실이다. 요즈음은 동남아로 경력을 쌓기 위하여 가고 있지만 그곳에서도 정당한 대우를 받고 있지 못하는 조종사가 많다. 예를 들어 캄보디아에 있는 한 민간항공사에서 생활비를 실비로 받고 임무를 하고 시간 쌓기 경험을 하고 있는 조종사가 있는데 우리가 생각하는 만큼의 보수를 받지 못하고 울며 겨자 먹기로 노동력을 실비로 제공하고 있는 실정이다.

6) 영어권 항공유학

캐나다, 호주, 뉴질랜드 등 영어권으로 항공유학을 갈 수 있다. 이때 앞서 말한 여러 가지 조건을 알아보는 것이 중요하다. 현재 웹사이트에서는 항공유학을 소개하는 과정이 여럿 있다. 모두 우리가 생각하는 이상으로 많은 비용이 들고 있다. 여러 가지 조건을 꼼꼼히 생각해보고 유학을 가야 하겠다. 여러 과정의 행정이나 비행교육 내용은 앞서 소개한 미국이나 한국과 유사하다. 다만 입학 자격이나 경비는 조금씩 다를 수가 있다. 지원자는 홈페이지에서 소개하고 있는 경비에 항시 추가적으로 더 많은 경비가 소요된다는 것을 생각하고, 경험자들의 조언을 받아 미리 계산해 볼 것을 권고한다.

제5절

조종사 신체검사

1. 개요

조종사 심체검사 종류와 검사 방법은 앞서 대한항공 과정에서 설명하였다. 국내외 모든 항공종사자 신체검사는 대부분 동일하게 수행된다.

2. 신체검사 지정병원

아래 지정 병원현황은 국토부에서 지정한 조종사 항공 신체검사 지정 병원이다. 만약 신체에 이상이 있다든가 의문이 있다면 소개된 지정병원에 가서 직접 항공 신체검사를 받아볼 수 있다. 유학을 가기 전 지원자는 반드시 한번 받아볼 것을 추천한다. 이 지정병원에는 항공전문의가 있어 신체 이상 유무를 판단할 수 있다.

3. 지정병원 현황

1) 서울지역

강북삼성병원(서대문구), 경희의료원(동대문구), 뉴강서성심병원(강서구), 명동연세이비인후과의원(중구), 서울대학교병원(종로구), 서울부민병원(강서구), 서울의료원(중랑구), 신촌세브란스병원(서대문구), 여의도센터(영등포구), 연세필정신과의원(강남구), 영동세브란스병원(강남구), 이화여대목동병원(양천구), 이패밀리의원(양천구), 인제대학교 서울백병원(중구), 중앙대학교 흑석동병원(동작구), 가톨릭 성모병원(영등포구), 한국의학연구소(강남구), 한국의학연구소(종로구), 한신메디피아의원(서초구)

2) 경기, 인천지역

길병원(인천 남동구), 나은병원(인천 서구), 다보스병원(용인시), 명지병원(고양시), 수지호병원(용인시), 아주대학교병원(수원시), 인하대학교병원(인천 중구), 인천국제공항의료센터(인천 중구)

3) 지방

강릉아산병원(강릉시), 건국대학교 충주병원(충주시), 경상대학교병원(진주시), 계명대학 동산병원(대구광역시), 김동인 안과(제주시), 대구파티마병원(대구광역시), 박지욱 신경과의원(제주시), 부산대병원(부산광역시 서구), 성균관대 삼성창원병원(창원시), 안동병원(안동시), 양산부산대병원(양산시), 영남대학교병원(대구광역시), 우리안과(원주시), 원주세브란스기독병원(원주시), 인제대 해운대 백병원(부산광역시), 전남대병원(화순군), 제주대학교병원(제주시), 주한라병원(제주시), 천안충무병원(천안시), KS병원(광주광역시)

제6절
조종사 비행교육 소요 비용

1

조종사 지원자의 초미의 관심은 교육비가 과연 얼마가 소요되는가? 하는 문제일 것이다. 교육비는 나라마다 교육기관마다 다르지만 한국 내에서 조종사가 되기 위하여 소요되는 비용과 외국 비행교육원에 입과하였을 때를 구분하여 비교 제시하면 이해가 쉬울 것이다.

2

여기서 알아야 할 사안은 소요 교육비는 단기간에 납부가 되어야 한다는 사실이다. 대부분 교육기간의 절반이 지나가기 전에 납부해야 하고 피교육자의 입장에서는 모두 일시불로 지불한다고 생각하여야 하며 납부한 교육비는 중간에 그만둔다고 할 때 거의 반납이 되지도 않는다. 이것은 이미 교육이 진행되어 교육비가 지출된 상태이고, 실제 비행을 하였다면 유류비와 감가상각비, 교관 교육비, 정비비 등은 지불하여야 하기 때문이다.

3. 울진비행학교 과정 (2016년 기준)

과 정	기 간	소요 비용
신규 사업용 통합과정 (자가용+계기+사업용+다발)	15개월	5,870만 원
경력 사업용 통합과정 (표준화+계기+사업용+다발)	8개월	4,450만 원
비행교관 인턴 양성과정	6개월	1,450만 원
타임 빌드업 과정	6개월	단발항공기 시간당 29.5만 원 다발항공기 시간당 49만 원

1) 과정을 수료하게 되면 국토부에서 장려금 900만 원을 지원한다.

2) 타임 빌드업이란 비행시간 경험을 쌓기 위하여 개인적으로 비행하는 과정이다. 국토부에서 시간당 5만 원을 지원하고 있으며 다발항공기로 700시간을 쌓기 위해서는 (49만 원-5만 원)*700= 3,080만 원이 소요된다.

3) 상기 비용은 순수한 교육 훈련비용만이다. 따라서 개인의 생활비나 기숙사 비용은 별도로 계산해야 한다.

4) 조종사가 울진훈련원에서 자가용+사업용+계기+다발 항공기 자격과 타임빌딩을 1,000시간으로 잡으려면 1억 원 가까이 소요된다. 여기에 개인 숙소와 식사비 그리고 생활비를 더하게 된다면 대략적으로 1억 3,000만 원 정도의 총비용이 발생한다.

4. 대한항공 APP 과정 비용 (2016년 기준)

과 정	기 간	소요 비용
항공대학교 기본 과정 (학술과정+항공영어)	4개월	400만 원
기본비행과정 (사업용+계기+단발+다발)	12개월	9,000만 원
교관과정	8개월	5,000만 원
타임 빌드업 과정	12개월	민간항공사 CHARTER 항공기 교육 8,000만 원

1) 전액 자비로 모든 비용은 교육기간 안에 완납하여야 한다.

2) 비용은 항공대학교에서 지정한 계좌로 달러($)로 입금을 한다.

3) 상기 금액은 교육비만을 나타낸 것으로 숙소비, 개인 생활비, 비자, 여비 등은 별도 자비로 부담해야 한다.

4) 훈련비용 이외 생활비용 등은 월 200만 원 정도 계산하면 된다.

5. 유학비용

1) 항공 유학은 미국이나 캐나다 혹은 호주, 뉴질랜드로 주로 많이 가고 있다. 유학비용은 미국 일반 대학교나 주립대학교에 유학하는 비용과 유사하다.

2) 항공유학 시 장학생 혜택을 주는 학교를 찾아가는 것이 좋다.

3) 비용은 대략 한 학년 1년 등록금이 4-6만 달러정도 소요된다. 생활비까지 포함하면 연간 최대 1억 원까지 소요된다.

4) 참고로 한 미국 내 대학교의 조종사 프로그램은 4년 학사과정이며 비행실습 기간은 3년이다. 1년 학비는 약 3만 2,000달러이며 비행실습 기간에는 15,000달러가량의 추가비용이 든다. 총 연간 47,000달러 정도 소요된다. 이보다 싼 학교도 있으나 교육의 질도 비교해야만 한다. 주립대는 좀 더 싼 경우가 있다.

6. 면허 취득을 위한 단기 과정 비용

1) 대학교 졸업 후 개인적으로 미국이나 영어권 비행교육기간에 가서 조종면장을 취득하려면 위에 명시된 대한항공 과정을 참조하면 된다.

2) 대략적으로 사업용 면허를 취득하기에는 1억 원 이상 소요된다.

제7절
조종사 취득 자격증

1

조종사가 민간항공기 조종을 위하여 필요한 자격증을 살펴보자. 제일 기본적인 조종사 면허는 다음 3가지이다.

① 자가용 조종사 면허(Private Pilot License)
② 사업용 조종사 면허(Commercial License)
③ 운송 조종사 면허(Airline Transport Pilot License)

위의 세 가지 이외에 조종사는 다음과 같은 자격증과 증명이 있어야 민간항공사에서 비행임무를 수행할 수 있다.

④ 계기비행 자격
⑤ 한정형식 증명
⑥ 신체검사 증명
⑦ 항공영어 구술능력 증명
⑧ 항공무선통신사

2

부조종사가 되려면 위의 자격증에서 ③(운송 조종사 면허)을 제외한 7가지 자격증이 있어야 하며 기장은 ③번 한 가지가 더 추가된다.

3

항공종사자 자격증명과 자격증명의 종류에 대하여 (항공법 25조와 26조) 좀 더 상세히 설명하자면 민간항공기 조종사는 기장이 되려면 제26조에 의거하여 ①-⑧번 항까지의 자격증을 취득하여야 하며, 부기장은 ③번을 제외한 ①-⑧번 7가지의 기본 자격증을 취득하여야 한다. 이 중에서 최소한 사업용 조종사 면허가 있어야 부기장으로 비행을 할 수 있다. ④-⑧번의 자격 증명은 항공 업무를 보조하는 자격증명이다. 이 자격증도 있어야 비행이 가능하다. 군 조종사는 건설교통부가 정하고 있는 자격증명은 아니지만 군용의 항공기를 조종하며 임무를 수행할 수가 있다. 이번에는 조종사가 취득해야 하는 각 자격증명에 대하여 알아보자.

1) 자가용 조종사 자격

만 17세가 넘으면 자격증을 취득할 수 있고 업무범위는 보수를 받지 않고 무상운항을 하는 항공기를 조종하는 행위, 보수를 받지 않고 기장으로서 항공기 운송사업 또는 항공기사용사업에 사용하는 항공기외의 항공기를 조종하는 행위, 기장외의 조종사로서 무상 운항하는 항공기를 조종하는 행위로 업무를 규정하고 있는데, 이는 조종하는 대가를 받을 수 없고 영리를 목적으로 조종을 하지 않는다는 범위를 말한다. (예: 드론 조종)

2) 사업용 조종사 자격

사업용 면허과정은 비행기를 조종하여 돈을 벌 수 있는 조종사 자격인 CPL(사업용 비행기 자격증)을 취득하는 과정으로 신체검사 1종을 받아 교육훈련을 시작할 수 있으며 필기와 실기시험에 통과하여야 한다.

3) 운송용 조종사 자격

운송용 조종사 면허는 여객을 운송하는 항공운송사업에 사용되는 항공기의 기장 역할을 수행할 수 있는 조종사 자격이다. 운송용 조종사 면허에 응시하기 위해서는 1,500시간 이상의 비행시간이 필요하다. 따라서 항공사에 취직하여 부기장으로 역할을 하면서 비행시간을 채우는 것이 경비절감에 좋다. 비행시간과 신체검사 1종을 갖추어 필기시험과 실기시험에 통과하여야 한다.

4) 계기비행증명 과정

계기비행증명 과정은 야간이나 악천후 시에 항공기 계기만 보고 비행할 수 있는 조종 능력인

IFR 비행자격(계기비행증명)을 취득하는 과정이다. 기본적으로 민간항공에서는 모든 비행을 IFR(계기비행)로 수행하기 때문에 이 자격을 취득하여야 한다. 좀 더 자세히 설명을 하자면 IFR은 항공기 밖에 펼쳐지는 지형지물, 도시, 산, 하천 등을 보고 비행하는 것이 아니라 완전히 항공기 계기만 보고 비행을 하여 비행장의 일정한 지역까지 접근하는 비행방법이다. 이 증명을 취득하기 위해서는 자가용면허와 50시간 이상의 단독비행 경력이 있어야 하며 40시간 이상의 계기비행교육과 항법비행, 계기 이착륙 절차를 익힌 다음에 실기시험에 통과하여야 한다.

5) 한정 자격증명

항공기를 사업용 운송용으로 사용할 조종사는 항공기 기종에 대하여 한정 자격증명을 가져야 한다. 한정 자격증명이란 조종사가 조종을 하고자 하는 형식의 비행기 조종 자격을 말한다. 사업용 운송용 조종사가 되었다고 하더라도 어느 항공기나 구별 없이 조종할 수 있는 것이 아니라 조종사가 선택한 항공기에 대해서만 조종할 수 있기 때문이다. 예를 들어 B-737 항공기를 조종하려면 B-737 항공기에 대하여 필기와 실기, 구술시험을 치르고 합격을 해야 비로소 B-737 기종에 대하여 조종할 수가 있다. 통상 항공사에서 해기종 자격이라고 부르며 이때의 훈련 과정을 OE(Operational Experience: 해기종 비행훈련)라고 한다. 항공법 제76조와 시행령 제28조 시행규칙 제71조를 보면 형식한정 증명에 관하여 정의가 되어 있다.

6) 신체검사 자격증명

위의 다섯 가지 자격을 다 갖추었다고 하더라도 마지막 신체검사 증명이 있어야 조종사로서 임무를 수행할 수가 있다. 신체검사는 각 항공사 설립 의료원이나 앞서 언급한 국토부 지정 의료기관에서 검진을 한 후에 합격을 해야 한다. 모든 조종사는 1년에 일회의 신체검사 증명을 받아야 하며 60세 이상 조종사는 연 2회 검진을 받고 통과하여야 한다. (항공법 제31조 참조)

7) 항공영어 구술능력 증명

1997년 8월 괌 사고 이후 굴욕적인 항공 2등급을 받으면서 생겨난 제도이다. 조종사가 국제선을 비행하려면 반드시 4등급 이상 영어 자격시험에 합격하여야 한다. 우리나라 영어 자격시험은 어렵기로 세계최고이며, 해마다 시험유형을 바꾸어 조종사에게 많은 스트레스를 받게 하는 제도가 되었다. 이 자격시험에 합격을 하지 못하면 국내선 비행밖에 하지 못한다. 영어 4등급을 받게 되면 3년마다 한 번씩 시험을 계속 보아야 한다. 시험은 토플 시험처럼 필기시험과 듣기시험, 구술시험이 있다. 구술시험은 총 20문제가 기 출제되어 있고 이중에서 한 문제를 선택하여 시험관이 대화 형식으로 질문과 답변을 하며, 이렇게 응시한 모든 시험 결과를 종합하여 등급을 결정하게 된다. 이때 총 6등급 만점에 4등급 이상을 받아야 합격이다. 많은 조종사가 등급이 후하고 문제가 쉬운 캐나다 등에 가서 6등급을 취득하는 사례가 늘어나고 있다. 영어 6등급은 영구자격이 주어진다. 최근 국토부에서 부정적인 의견을 제시하고 있지만 외국에서 손쉽게 등급을 받은 외국인 조종사와 형평성이 전혀 맞지 않아 시험 난이도를 다시 조정하여야 할 필요성이 제기되고 있다. 상당한 영어권 외국인 조종사가 공부를 하지 않고 시험을 보았다가는 낭패를 보는 경우가 많아 그들도 한국에서 시험을 보지 않고 문제가 쉬운 외국에서 취득 후 한국 자격으로 교환하고 있다. 자세한 사항은 국토부 홈페이지에 있으며 최근에 시험제도를 바꾸려고 공청회도 하였다.

8) 항공무선통신사 자격

전파법과 항공법에 의하여 무선통신을 하여야 하는 모든 조종사는 항공무선통신사 자격증이 있어야 한다. 항공법 제80조의 3에 의거 항공통신업무 중 두 나라 이상의 영공을 운항하는 항공기에 대한 무선통신을 하는 조종사는 항공무선통신사 자격을 보유하고 있어야 한다. 항공무선통신사 자격시험은 한국방송통신전파진흥원에서 연간 계획에 따라 시행한다. 세부 시험 과목과 시험일자 등은 한국방송통신전파진흥원 홈페이지를 확인하여 참조하고 개인적으로 비행교육 중 일시 휴식 기간 중에 응시할 것을 권유한다. 이 자격은 한번 합격을 하면 영구 자격이 주어지고 5년에 한 번씩 소정의 교육을 이수하면 계속 자격이 연장된다. 조종사 2명 중에 반드시 한 명은 이 자격이 있어야 한다.

제8절
알고 싶은 조종사의 신상 및 관리

1. 조종사 해외 입국, 체류, 해외여행

1) 보통 비행시간이 3시간 이상이 되고 밤에 운항 시 동남아에 도착하면 현지 국가의 호텔에서 1박을 원칙으로 하여 숙박을 하고 있다. 항공사마다 다르다. 4명 2개 편조 비행 시 Quick Turn이라 하여 24시간 이내에 귀환한다. 또한 비행 노선이 매일 있지 않고 일부 날짜에 주 4회 이상을 운항하면서 심야 비행을 할 경우에 숙박을 하고 있다. 미국이나 유럽 남미 등 비행시간이 장시간 소요되는 비행 노선일 경우 대부분 조종사의 해외체류가 이루어진다.

2) 미국은 주로 오후에 출발한다. 한국과의 시차가 뉴욕은 12-13시간 LA 등 서부는 7-8시간이 나기 때문에 현지시간으로 아침이나 오후 혹은 저녁 무렵에 도착하는 시간대에 이륙을 하고 있다.

3) 호주와 뉴질랜드는 통상 밤에 출발하여 아침에 도착하곤 한다. 하지만 항공사마다 달라 한국에서 아침에 출발하여 호주에 저녁 무렵에 도착하고 밤에 출발하여 한국에는 아침에 도착하기도 한다.

4) 유럽으로 향하는 여객기는 대부분 한국시간으로 오전 늦게 혹은 오후 일찍 출발한다. 따라서 유럽 도착시간은 늦은 밤 시간이 된다. 각국의 입국 절차에 따라 입국을 한 후 호텔에 들어간다. 유럽에서 특히 주의해야 할 사항은 담배 소지다. 독일에서는 담배를 일정량 이상 소지하면 벌과금과 관세를 엄청나게 부과한다. 따라서 조종사는 자기가 피울 담배 이외에는 추가로 소지하지 말아야 한다.

5) 비행이 끝나면 해당국 *CIQ에서 출입국 관리 절차에 의거하여 입국 사실을 등록하고 세관을 거쳐서 공항 밖으로 나가 현지 계약에 의하여 마련된 차를 타고 호텔에 들어가 숙박을 하게 된다.

---

* CIQ: 세관출입국, Customs. Immigration & Quarantine의 약어

일본, 중국, 베트남, 캄보디아 등 대부분 국가는 입국 신고서를 쓴 다음 입국하기 전에 CIQ에 제출하여야 하며 일부국가에서는 여권을 제시하여야 한다. 미국은 반드시 비자가 있어야 한다. 중국도 개인적으로 입국 시에는 비자를 받아야 한다. 홍콩은 출입국이 자유롭고 여권 대신 *GD를 제출하여 출입국 절차를 진행한다. 입국신고서는 국가마다 다르게 운영하고 있다. 해당국가에서 요구하는 양식을 작성하여 제출하여야 한다.

6) 미국이나 캐나다에서도 담배를 열 갑 이상 가져갈 때 세관에 걸리기도 한다. 유럽과 마찬가지로 주의를 해야 하고, 조심해야 할 것은 햄, 치즈나 과일 등 음식물이다. 세관에서는 자주 개를 동원하여 쏘시지나 햄 등을 적발하여 벌과금을 부여하고 있다. 음식물은 아예 가지고 가지 않는 것이 좋다. 미국에서는 심지어 라면이나 물을 가지고 입국하는 것도 시비를 걸 때가 있다.

7) 일본도 담배가 주요 감시 품목이 되고 있다. 필요이상의 담배를 소지할 필요는 없다. 필리핀에서는 승객이 반입하는 면세품도 일일이 검사하여 세금을 부과하기도 한다. 호주나 뉴질랜드는 절대 식료품이나 동식물 음식물을 반입해서는 안 된다. 호주와 뉴질랜드 내의 동식물 종을 보호하기 위하여 정부가 엄격히 모든 것을 통제, 감시하고 있다. 해당 국가의 방침에 따르는 것이 좋다. 신고 없이 반입 하다가 막대한 벌과금을 받게 된다.

8) 대한항공, 아시아나항공 화물기의 경우 미국에서 유럽으로 실어 나르는 화물로 인하여 북반구 지구를 한 바퀴 돌면서 여러 나라를 거치는 비행도 있다.

9) 조종사는 호텔에 들어가서 개인의 계획에 따라 생활을 하고 있다. 동남아 국가는 대부분 야간 심야에 도착하기 때문에 우선 잠을 자야 하고 사적인 일은 다음날 비행출발하기 전까지의 자유시간을 이용하여 해결한다. 이때 여행을 가고 싶은 조종사는 개인적으로 다녀올 수도 있다. 장거리 이탈을 하려고 할 시엔 기장에게 개인 행선지를 밝히고 비행에 지장이 없도록 돌아와야 한다.

10) 세계 여러 국가를 마음대로 여행할 수 있는 조건과 환경은 조종사가 최대로 누릴 수 있는 행복 중의 하나이다. 조종사가 해외여행을 할 수 있는 기회는 현지 비행 목적지의 체류 중 시간이나 개인적으로 Day Off와 휴가를 할애하여 여행을 하는 여러 가지가 있다. 특히, 현지 체류기간이 2박3일이나 3박4일 혹은 4박5일이 되는 경우가 있다. 조종사는 이 기간을 최대로 이용하여 현지 여행에 나서면 값진 여행을 즐길 수가 있다. 이 기간을 이용하여 가족 동반 여행도 가능하다. 적극 권장하고 싶다. 또한 조종사는 연가를 이용하여 계획된 여행을 할 수가 있다. 연가는 1년에 총 15일이 기본이며 근속연수 2년에 하루씩 증가한다.

---

* General Document: 조종사와 승무원들의 이름을 적은 출입 허가 요청 문서.

11) 해외여행을 하는 방법은 현지 차량을 렌트하여 자가운전을 하면서 여행지를 둘러보는 방법, 대중교통을 이용하는 방법, 여행사 상품 코스를 이용하는 방법 등이 있다. 현지 상황에 맞게 여러 방법을 강구하여 저렴하지만 최대의 여행효과를 내는 방법을 이용하면 된다. 케빈 승무원을 포함하여 몇 명이 차량과 운전자를 렌트하여 여행하는 방법도 있다. 이 경우 여행비가 저렴하고 여러 명이 함께 하는 여행이 되어 재미가 더 있게 된다.

12) 개인 여행 시 항공권은 회사에서 주는 무료 항공권을 최대로 이용한다. 또한 2년에 한 번씩 지급하는 Fresh 티켓과 *ZED나 **Zone Fare 항공권을 이용하여 여행을 하기를 권장한다. 다만 Zed 항공권은 Stand By 항공권이라서 좌석이 있을 때만 사용가능하기 때문에 가급적이면 성수기에는 여행을 피하기를 권고한다. 그렇다면 성수기는 언제고 비 성수기는 언제인가?

13) 대륙과 나라에 따라 다르지만 7-8월, 12, 1-2월 5개월을 성수기로 간주하고 비 성수기는 3-5월, 9-11월 6개월 정도가 된다. 하지만 특정 지역 예를 들어 중국이나 일본은 4월, 5월, 6월 10.11월이 성수기일 때도 있다. 성수기의 연휴기간 중에는 여행을 피할 것을 권유한다. 동남아는 겨울 기간이 성수기이다. 따라서 자신이 가고자 하는 국가나 장소에 따라 적절하게 성수기를 피하면서 여행 계획을 수립하여야 한다. 인터넷이나 여행 책자를 보면 목적지에 대하여 상세하게 나와 있으니 이것을 참조하여 여행 계획을 수립하면 된다.

14) 유럽을 여행할 때 Zed(Zone fare) 항공권으로 다른 도시로 갈 것을 계획 하였다면 주말에 이동을 하지 말고 주중에 이동을 할 것을 추천한다. 금요일부터 일요일까지는 대부분 여유좌석이 없다. 많은 승객들이 주말에 출퇴근하는 데 항공기를 이용하기 때문에 모든 단거리 노선이 남아도는 좌석이 거의 없다. 그리고 주말보다 주중에 귀국할 것을 계획하는 것이 좋다.

15) 체제한 지역에서 한국으로 귀국 비행을 하기 위해서 호텔 출발은 대략 이륙 두 시간 전에 이루어진다.

2. 조종사 복지

조종사에게 주어지는 회사의 복지는 다음과 같다. 회사마다 공통점도 있지만 다른 점도 많다.

---

* ZED(Zone Employees Discount): 항공사 직원의 할인항공권.
** ZONE FARE: ZED와 같은 의미임.

1) 회사 제복 및 피복 지원

모든 회사에서 조종사에게 근무복을 제공하고 있다. 근무복 이외에 승무원 가방 등을 지급하고 있다. 연간 피복구매비용으로 Point를 주고 그 Point 내에서 자유롭게 사용하도록 규정하고 있다. 특정 회사는 조종사에게 필요한 오버코트, 장갑, 여행 가방, 제화까지 제공하고 있다.

2) 항공권 제공

조종사에게 다음과 같은 항공권을 지급하고 있다. 국제선 항공권을 부모와 자녀 그리고 장인 장모에게 연간 일정한 매수를 지급하고 있다. *No Sublo로 제공하는 이 제도를 효도 티켓이라 하고 **Sublo 티켓 제도를 Zone Fare 혹은 Zed라고 부른다. 이 제도는 세금과 공항 사용료 등이 포함된 실비의 요금을 받고 있다. 두 Main 항공사는 ***Star Alliance와 Sky team을 통하여 외국 항공사까지 연계하여 탈 수 있도록 항공권을 주고 있다.

외국 항공사 항공기를 탑승하고자 발권을 할 때 소정의 세금만 지불하면 된다. 각 회사별로 탑승 구간에 대하여 이미 가격이 설정되어 있다. 발권하기 전에 확인하면 된다. 이러한 절차를 이용하면 세계 여행에 아주 유용하게 사용할 수가 있다. 즉 값싸게 세계 곳곳을 방문할 수가 있다. 국내선도 연간 사용한도 내에서 10-30% 내의 비용으로 발권을 할 수가 있다. 국내 어디라도 취항지는 다 여러 번 왕복할 수 있는 숫자의 항공권을 제공하고 있다.

그런데 문제가 하나 있다. 이러한 항공권은 모두 Stand By Ticket이라는 점이다. Stand By Ticket 은 자리가 있을 때만 탑승할 수가 있는 항공권이다. 그래서 여러 회사에서는 좌석을 직접 받을 수 있는 항공권도 제공하고 있다. 통상 정기요금의 50%를 지불하면 예약할 수 있는 항공권으로 승객 수에 무관하게 우선 탑승할 수가 있다. 항공권도 조건이 붙어 있는 여러 가지가 있다. 목적지에 따라 선정하여 값싸게 이용할 수 있다.

3) 학비지원

(1) 중·고등학생 자녀의 학비를 전액 지급해주고 있다. 매 분기 학비 고지서를 제출하면 100% 전액을 보조해 주고 있다.

---

* No Sublo: 좌석 예약이 되는 항공권.
** Sublo: 예약이 되지 않고 공석이 있는 경우에만 탑승할 수 있는 항공권. (Stand by ticket)
*** Star Alliance와 Sky team: 대한항공은 Sky team 아시아나항공은 Star Alliance에 가입하여 서로간의 좌석을 공여하여 공실률을 최소화하기 위한 항공 동맹.

(2) 대학생 학비 지원

중·고등학생 학비와 마찬가지로 지원을 하고 있으나, 두 Main 회사는 100% 전액을 지원하고 나머지 회사는 사정에 따라 일부를 지원하고 있다. 지원비는 국내 유수의 사립학교 수업료 정도를 지급하고 있다.

4) 국민 연금 가입

국민 연금에 의무적으로 가입되어 본인이 50% 회사가 50%의 금액을 적립하고 있다. 국민 연금은 의무 가입이라서 모든 회사가 지원하고 있다. 군인 연금 등 연금을 받는 자는 제외된다. 임의의 가입자로 개인이 가입할 수도 있다.

5) 국민 의료보험

국민 연금과 동일하게 회사에서 50%를 지급하고 있다.

6) 퇴직금 적립

퇴직 연금법에 의하여 퇴직 후 받을 수 있는 퇴직금을 적립해주고 있다.

7) 출퇴근 비용 지원

조출이나 밤늦게 퇴근 시 회사에 따라 일부 출퇴근 비를 지급하고 있다.

8) 개인 발전 기금 지급

개인 별로 연간 일정 비용을 개인 발전기금으로 지급하고 있다. 회사에 따라 지급금액이 다르다.

9) 사원 아파트 주택 지원

대한항공은 사원 아파트를 2년 동안 입주할 수 있도록 하고 있고 에어부산은 부산에서 체류하는 기장에 한하여 일부 주택자금과 월 임대비용을 지원하고 있다.

10) 주택 구입자금/전세자금

몇몇 회사는 주택 구입자금과 전세자금을 대출해주고 있다.

11) 위탁 보육비/경조금

생후 1년 미만 아기에게 월 21만 원 이상을 지급하고 경조사가 발생하였을 경우 소정의 금액을 지불하고 있다.

12) 우리사주제도(Employee Stock Ownership Plan)

근로자로 하여금 우리사주조합을 통하여 해당 우리사주조합이 설립된 회사의 주식을 취득·보유하게 함으로써 근로자의 경제·사회적 지위 향상과 노사협력 증진을 도모하는 제도이며 개인이 신청할 수 있다. 특정 회사만 해당된다.

13) 그룹 관련 복지

대한항공은 월 생수 4박스를 제공하고 있으며, 그룹에 관련된 복지를 제공하고 있다. 예를 들어 콘도나 골프장을 할인하여 제공하고 있다.

14) 조종사 신체 이상 시 지원

대한항공이나 아시아나는 근무 중 조종사가 신체에 이상이 있어 신체검사 증명이 발행이 되지 않아 비행을 못하게 되었을 경우 2년 동안의 휴식기간을 주며 이 기간 중에는 봉급을 정상적으로 지급하고 있다. 하지만 이 제도는 회사마다 달라서 어느 회사는 6개월 정도로 짧거나 혹은 55세 이상은 아예 지원하지 않는다.

15) 4대 보험

노동자의 4대 보험을 가입하여 회사가 일부 보조해주고 있다.

3. 조종사 급여

1) 모든 구직자들이 제일 많이 관심을 갖는 분야가 조종사의 연봉일 것이다. 조종사의 봉급은 일반 근무자처럼 일반급여와 비행수당 그리고 이착륙 수당과 해외체류 *Per diem(퍼듐)으로 구성되어 있다.

---

* Per Diem: 하루 일당, 체류비.

2) 일반급여는 조종사 기장은 부장급 봉급, 부기장은 차장급 봉급을 기준으로 지급하고 있다. 여기에 상여금을 항공사마다 다르게 지급하고 있다. 대한항공은 월 급여의 800%를 연간 지급하고 있으며, 이 비율은 회사마다 다르다. 제주에어는 상여금은 아예 없고 매월 일정한 금액을 나누어 지급하고 있다. 에어부산은 600%, 성과가 좋을 경우 성과급도 주고 있다. 이스타는 2년 후 연봉이 올라가는 제도를 시행하고 있다.

3) 보통 조종사의 급여는 대한항공을 100%라고 기준을 삼을 때 Low Cost 회사는 대한항공의 60-70% 수준이다. 조종사 비행수당은 기본요금과 시간당 최대 요금을 설정하여 놓고 해마다 연공서열에 의하여 시간당 금액이 약간씩 증가한다. 예를 들어 기장 1호봉일 경우 기본요금이 시간당 4만 원이면 2년차 기장은 4만 2,000원이 된다. 이런 방식으로 시간당 요금은 장기근속일수록 증가하게 되며 최대 설정 요금까지 받을 수가 있다.

4) 비행수당은 기본을 60시간 탑승하였을 때와 75시간 탑승을 하였을 경우로 정하여 이 시간을 기본으로 하여 그 이상 증가하면 기본요금에 추가하여 증가된 수당을 지급받게 된다. 만약 조종사가 50시간만 비행을 하였다고 하여도 60시간 보장 시간을 받는다. 월 최소 지급 시간도 있어 대부분 30시간 이하로 비행을 하였을 경우 보장 시간을 받지 못한다. 반면, 75시간 기준으로 하는 회사의 조종사도 50시간을 비행하였다고 하더라도 급여는 75시간 수당을 받게 되며 75시간이 넘게 되면 넘는 시간에 시간당 비행 기본 수당을 곱하여 받게 된다. 예를 들면, 85시간을 비행하고 기본 시간수당이 5만 원, 75시간 기본보장수당이 400만 원이라면 조종사가 받아야 할 비행수당은 보장수당(400만) + 10시간(85-75) × 5만 원 × 가중치 1.5 = 475만 원의 비행수당을 받게 된다. 여기서 가중치는 회사에 따라 다르다. 가중치의 예를 들자면 75시간을 기준으로 하는 회사는 76-85시간일 때 기존 시간수당의 1.5배 그 이상은 2배를 곱하여 지급하고 있다.

5) 대한항공과 아시아나의 비행 수당은 장거리 수당과 근거리 수당이 약간씩 다르게 운영되고 있다. 즉 장거리 비행 수당이 단거리보다 조금 많다. 따라서 장거리 비행을 하는 대형기종의 조종사들이 단거리 조종사보다 더 많이 받고 있다. 하지만 단거리 조종사들은 이착륙 수당을 받고 있어 수당 차이를 메꾸고 있다. 이착륙 수당은 한 번 이착륙할 때마다 일정한 비용을 지급받고 있다. 대한항공은 1회 비행 이착륙 수당이 2만 원이고 부기장은 15,000원이다. 회사마다 다르지만 기장이 15,000원 부기장이 1만 원인 회사가 대종을 이루고 있다. Per diem은 외국에 체제하는 시간당 수당으로 나라마다 기본 수당이 설정되어 다르게 지급을 하고 있다. 예를 들자면 미국 체제일 경우 시간당 3.5달러 정도로 24시간 머물면 84달러를 지급받게 된다. Low Cost 항공사는 Main 회사의 50-70% 정도를 지급하고 있다.

6) 연간 조종사는 1,000시간 이상 비행을 못하게 되어 있다. 월 75시간 비행 보장 수당만 받게 된다면 Main회사의 단거리 조종사의 연봉은 대략 1억 5천 정도 된다. Low Cost 회사는 9천 500-1억 5백 정도 되어 Main 회사의 70% 수준이다. 이 차이는 조종사가 장기 근무할수록 차이가 더 많이 벌어지고 있다. 한편, 대한항공은 법정 공휴일에 비행할 경우 별도로 수당을 지급하고 있다. 지금까지의 모든 금액은 2016년 말을 기준으로 하였으므로 해가 갈수록 그리고 회사의 정책에 따라 달라지므로 대략적인 수치라고 생각하면 된다.

4. 조종사 자기 관리

조종사가 비행을 하면서 직장을 계속적으로 유지하기 위해서는 지속적이고 부단한 개인 노력이 필요하다. 어느 직업도 연구와 노력을 기울여야 하지만 조종사라는 직업은 끊임없이 공부하고 그것을 유지하여야 한다.

1) 체력, 식사 관리

(1) 조종사는 연간 1회 의무적으로 신체검사를 하여 신체검사증을 받아야 한다. 신체검사증을 받지 못하면 비행을 할 수가 없다. 조종사가 대체적으로 신체검사증을 못 받는 사유는 과체중에 의한 고혈압, 머리의 미세혈관이 막혀 발생하는 뇌졸중, 심장에 있는 혈관이 막혀서 생기는 협심증 그리고 눈에 이상이 생겼을 경우 등이다.

(2) 몸 일부분의 혈관이 막혀 마비된다든가 하는 혈관질환 증세가 조종사에게 가장 위협적이다. 이외에도 안압 등 눈에 이상이 생기거나, 간수치가 너무 높거나, 당뇨가 심하거나, 혈뇨가 있다거나, 기타 암에 걸렸을 때는 조종사로서 임무를 수행할 수가 없다. 간혹 너무나 격렬한 운동을 하다가 아킬레스 근육이 부러지고 인대가 늘어나 비행을 못할 정도의 부상을 입게 되면 비행을 할 수 없게 된다.

(3) 조종사의 근무 환경은 열악하다. 좁은 항공기 Cockpit 내에서 꼼짝을 못하고 장시간 비행을 하고 나면 몸이 천근만근이 된다. 또한 항공기는 습도가 매우 낮고 굉장히 메말라 있다. 이러한 환경에서 고고도로 올라가면 산소도 부족한 상태에서 감기에 쉽사리 노출될 수가 있다. 감기는 모든 병의 근본 원인이 될 수 있기 때문에 그리고 감기에 걸리면 높은 고도를 오르내리는 비행임무 수행에 막대한 지장을 초래하게 된다. 그래서 절대로 감기에 걸린 채 비행을 하여서는 안 된다.

(4) 상당수의 조종사와 항공인들이 감기가 걸린 상태로 "이 정도는 괜찮겠지" 하는 마음을 가지

고 비행을 하다가 *Valsalva(발살바)가 되지 않아 심하게 이통(耳痛)을 겪게 된다. 이 아픔을 참고 비행하다가 대부분이 고막이 피멍이 들거나 심지어 파열되는 중한 결과가 일어나기도 한다. 따라서 조종사는 항시 몸을 따뜻하게 보전하면서 감기에 걸리지 않게 주의하여야 한다.

(5) 체력 관리에 못지않게 또한 주의해야 할 일은 식사관리다. 계획 없이 무분별하게 식사를 하고 너무 육식 위주의 식사를 하게 되면 어느 순간 자신도 모르게 크게 몸무게가 늘어나게 된다. 조물주는 인간의 신체를 꼭 필요한 열량만 먹을 수 있도록 만들지 않았다. 우리의 유전자는 먹을 수 있을 때 가능한 한 많이 먹고 열량을 저장하게 되어 있다. 장기간 굶었을 경우에 저장된 에너지를 사용하기 위해서이다. 저장 용량에도 한계가 있지 않다. 무한정이다. 우리는 가끔 무한정으로 에너지를 보관하고 있는 사람을 보기도 한다.

(6) 음식을 많이 먹어 그날 사용된 열량보다 많게 되면 일차적으로 간에 저장을 한다. 열량이 더 남으면 이번에는 몸속 내장에 비축을 하게 되고, 계속 축적 된다면 복부에 저장하기 시작하여 배가 불쑥 나오게 되고 다음에는 옆구리 허리 살이 붙기 시작하며 최종적으로 얼굴과 온몸에 저장을 하게 된다. 아이러니하게도 살을 뺀다고 다이어트를 시작하면 얼굴의 살부터 먼저 빠져나가 얼굴부터 야위기 시작하고 볼품이 없어지기도 한다. 간에 저장된 영양이 너무 많으면 지방간으로 변질되어 간 질환의 원인이 되고 내장에 쌓인 내장 비만은 여러 가지 병의 원인이 된다.

(7) 따라서 조종사는 매 식사 때마다 칼로리 섭취에 대하여 신경을 써야 하고 가능한 한 초식을 권하고 싶다. 완전 초식만 하라는 것이 아니라 먹는 양을 조절하고 육식도 적절하게 하면서 탄수화물은 조금 줄이고 신선한 야채와 과일을 먹어 균형 있는 식사를 하여야 한다. 백미보다 잡곡을, 붉은 육류보다 어패류나 삶은 닭고기를 권한다.

(8) 이러한 식사법은 이미 많은 매스미디어에 나와 있음으로 조종사 본인이 선택하여 실천을 하여야 한다. 조종사는 가능한 한 제 시간에 식사를 할 수 있도록 노력하여야 한다. 불규칙한 식사는 위장병에 걸리기 쉬운 제일의 원인이 된다. 조종사나 Cabin 승무원 모두 다른 직업보다도 더 위장병을 가질 수 있는 환경에 노출되어 있다. 실제로 많은 조종사가 이 병에 고통을 당하고 있다. 제대로 식사 시간을 맞출 수가 없으며 끼니를 거르는 일도 많고 극도의 스트레스를 가지고 생활하며 과식이나 폭식을 하기 때문에 위장병에 가장 취약한 상황이 되고 있다. 여러 조종사들이 위장병에 쓰러지고 결국 일어나지 못하고 있다.

국내선 비행을 할 때 식사할 시간이 따로 없고 손님을 내리고 태우는 짧은 공백시간에 해결하다 보면 때로는 식사가 아니라 밀어 넣는다고 표현을 해야 할 경우가 다반사이다. 항공기 안에서 식사를

---

* Valsalva: 입과 코를 막고 날숨을 귀로 내보내어 귀 안에서 밖으로 압력을 보내는 방법으로 항공기가 강하할 때 이 방법을 사용하면 귀의 통증이 없어진다.

하더라도 삼시 때가 되어서 식사를 하고 식사간격이 너무나 멀다든가 혹은 식사간격이 짧다면 이를 가능하다면 피해야 한다. 따라서 미리 비행시간을 고려하여 삼시끼니를 언제 할 것인가 잘 생각하여 가급적 공백시간이 너무 길거나 아예 굶는 경우가 없어야 한다. 특히 미국이나 유럽을 비행하는 조종 사는 식사시간과 취침시간을 잘 조절하여 일정한 시간에 식사를 할 수 있도록 하여야 한다.

(9) 조종사가 무엇을 얼마나 먹느냐 하는 것에 대해서도 상당히 신경을 써야 된다. 친구나 지인과 회식할 때는 음식 섭취에 극히 조심하여야 한다. 한 사람당 소주 한 병 그리고 삼겹살 구이를 안주로 삼았다면 하룻밤 사이에 일일 육체가 필요한 에너지(대략 2,800Kcal)를 섭취하게 된다.

또한 늦은 저녁 출출하다고 자기 전에 치맥을 하는 경우가 많은데 이 에너지는 고스란히 몸에 축적된다. 이런 방식으로 몇 개월만 생활을 한다고 하면 어느 날 자기도 모르게 배가 볼록 나온 사실을 인지하게 될 것이다. 이때 급히 반성하고 식사 조절을 다시 시작하고 절제를 한다면 원 상태 복원을 할 수가 있겠지만, 인지는 하였지만 크게 몸이 불편함이 없음을 핑계로 다시 몇 달을 보내면 이제는 영영 돌이킬 수 없는 몸매가 되는 것이다. 한번 나온 배는 영원한 배불뚝이가 될 가능성이 다분하다.

(10) 요즈음은 30대 초반인데도 배사장이 되어 있는 사람이 상당수가 있다. 오히려 경제적으로 여유 있는 많은 사람들은 자기관리를 철저히 하여 운동과 음식절제로 몸 관리를 철저하게 하는 경우가 늘어나고 있다. 시간과 경제 능력이 되기 때문이다.

뉴욕의 센트럴 파크에 가보면 새벽부터 젊은 남녀노소 할 것 없이 수많은 사람들이 나와서 아침 운동을 하고 있다. 그들은 모두 직장을 가지고 일정하게 생활하는 사람들로 굉장히 부지런하고 미국 의 중산층을 대표하고 있는 사람들이거나 최고의 엘리트라고 자처하고 있는 사람들이다. 그들은 익 히 건강의 중요성을 알고 잠을 자야 하는 새벽 귀중한 출근하기 전 시간에 아침운동을 하고 있다. 이와는 반대로 배가 태산만 하고 몸집이 보통사람 3-4배가 되는 사람을 우리는 길을 가다가 자주 목격하게 된다.

미국 사회의 이원화 현상이다. 이런 사람들은 일상의 스트레스를 먹는 것으로 풀고 일하느라 운동 시간도 내지 못하여 운동도 할 수 없는 사람들이다. 그래서 몸집이 자기도 모르게 기하급수로 불어나 완전한 뚱보가 되어 일상을 허덕이면서 살아가는 사람들이다.

(11) 식사와 더불어 제일 중요한 일은 쌓인 에너지를 소모하고 기초 대사량을 늘리는 일이다. 나이가 먹게 되면 호르몬 분비가 적게 되어 기초 대사량도 줄어드는데 식사습관은 그대로여서 호르몬 분비가 적어진 만큼 열량을 다 소비하지 못하고 몸에 축적된다. 그래서 나이가 들수록 기본 기초 대사 량을 늘려야만 한다.

기초 대사량을 늘리려면 운동을 꾸준히 해야 된다. 조종사가 아니더라도 남녀 구분 없이 운동을 해야 한다는 것은 누구나 다 아는 사실이지만 실천하기가 어렵다는 점이 문제다. 그렇지만 싫어도 어릴 때부터 죽는 순간까지 할 수만 있다면 계속해야 하는 것이 운동이다. 따라서 조종사는 체력 관리를 위하여 특별히 한 가지 운동을 선택하여 꾸준히 하여야 한다.

(12) 어떠한 운동이든 상관없지만 기왕이면 재미있고 자기 특성에 맞아야 할 것이다. 운동시간도 가능하다면 아침에 하는 것보다는 저녁 무렵에 하는 것이 신체 리듬에 걸맞다고 한다. 아침운동은 가볍게 하고 오후 들어 저녁 무렵에는 강도를 높여도 무방하며, 밤늦게 하는 운동도 신체 리듬에 영향을 끼친다고 하니 운동하는 시간도 잘 선택하여야 할 것 같다. 조종사는 Day Off나 아침에 비행하고 오후에 쉬는 시간에 운동을 하면 적절한 시간에 할 수 있는 여건이 된다.

(13) 해외체류 할 때 시차가 많이 나는 미국이나 유럽에서의 운동은 이러한 점을 고려하여 자기 신체의 리듬이 최고조에 달하였을 때 운동을 수행하는 것이 바람직하다. 예를 들어 미국 LA에 도착하면 우리 시간으로 밤 2시 미국 LA 시간으로 오전 10시가 된다. 이때부터 골프를 치러가서 우리시간으로 아침 9시(LA 시간 오후 5시경)에 끝나고 가격이 훨씬 저렴한 쇠고기를 잔뜩 들고 식사를 겸한 소주를 몇 병 분음하면서 된장찌개와 밥 한 그릇을 거뜬히 해치우는 코스를 즐기는 조종사들이 더러 있다. 그러한 과운동과 과식 그리고 불규칙적인 습관의 결과는 결국 협심증을 가져오고 시차에 적응을 못하는 상습적 피로에 들어가게 되는 것이다.

(14) 격렬한 운동을 하다가 몸이 상하여 비행을 못하게 되는 경우가 간간이 있다. 그리고 나이에 맞는 운동도 되어야 한다. 나이에 따라 운동량이 조절되는 운동을 선택하여야 한다. 걷거나 뛰는 운동이 제일 비용도 저렴하고 하기도 수월하지만 경험으로 보면 웬만한 인내심이 아니면 재미가 없고 지루하여 많은 사람들이 쉽게 포기하는 것을 자주 볼 수가 있다.

(15) 현재 많은 조종사들이 주로 하는 운동은 자전거 타기, 테니스, 배드민턴, 골프, 등산 등이 있다. 이중에서 골프는 시간에 비하여 운동량이 적고 한 달에 할 수 있는 빈도수도 적어 추천을 하고 싶지 않다. 이외에 수많은 운동이 있으니 지속적으로 할 수 있는 한 가지 운동을 선택하여 할 것을 적극 추천한다.

개인적으로 배드민턴과 테니스를 권하고 싶다. 왜냐하면 조종사에게는 자투리 시간이 많고 짧은 시간을 이용하여 재미있고 단위 시간당 운동량이 비교적 많은 운동이 이 두 가지 운동이기 때문이다. 할 수만 있다면 달리기 운동도 최적이다. 그리고 무도(태권도 등)도 체력 유지에 상당한 도움을 줄 수 있는 운동이다.

(16) 골프는 시간이 너무 많이 걸리고 일주일에 3~4회 운동하기가 어렵다. 그리고 운동량이 소요시간에 비하여 적어 개인의 체력 관리를 위하여 하는 운동에는 추천하고 싶지 않고 사교 운동이라 생각하면 마음 편하다. 운동량은 땀이 셔츠를 젖게 할 정도로만 하면 된다. 너무 무리하면 오히려 역효과가 난다.

조종사뿐만 아니라 모든 사람은 주당 3-4회 정도는 운동을 해야 정상적인 신체 기능을 유지할 수가 있다. 만약 이보다 운동량이 적다면 자신의 생활 패턴을 되돌아보아야 할 것이다. 이 기준치는 모든 의사들이 요구하거나 질문을 받고 있는 운동량이다. 다만 강도가 문제인데 강도가 셀 필요는 없다. 여기서 중용이란 단어를 접할 수 있는데 자신이 하는 운동에서 프로가 되어 챔피언이 된다든가 아니면 타이틀을 취하려는 것이 아니기 때문에 적당히 할 것을 추천한다. 강도보다 규칙적인 횟수가 건강을 좌우할 수 있다.

2) 시차관리

(1) 동남아나 뉴질랜드, 호주, 괌 등은 시차가 많아야 2-3시간 정도이기 때문에 조종사가 비행을 하는 데 있어 시간차이는 전혀 문제가 되질 않는다. 하지만 그러한 지역에서 새벽 0-3시 사이에 귀국하려는 새벽비행을 해야 되는 조종사에게는 이 시간 이전부터 일어나 준비를 하고 밤새워 비행을 하여야 한다는 것이 상당한 부담을 주는 일이다. 대부분 전날 늦게까지 비행하여 늦잠을 잔다든가 아니면 낮잠을 자게 되어 정작 필요한 비행 전 취침은 잠이 오질 않아 뜬눈으로 멀뚱멀뚱 하다가 Show Up(출근)을 하게 되어 아주 피로해진 몸으로 비행에 임하게 되는 경우가 허다하다. 따라서 조종사는 이것을 스스로 조절하여 비행하기 전에는 적어도 두 시간의 수면을 갖고 임할 것을 권유한다.

(2) 시차문제는 한국 시간과 6시간 이상 차이가나는 인도, 중동지방, 유럽, 미주 지역에서 발생한다. 지금까지 경험으로 보아 시차에 전혀 관계없고 걸리지 않는 사람은 하나도 없다. 모든 사람이 시차를 경험하게 되고 그 시차에 의하여 수면 장애가 옴에 따라 부작용에 괴로워하기도 한다. 예를 들어 보통사람이 미국에서 장시간 동안 머물다 한국으로 돌아오면 반드시 시차를 겪게 되는데 이것을 극복하는 데는 사람에 따라 적게 걸리거나 더 많이 소요되지만 평균적으로 일주일은 소요되는 것 같다.

(3) 그럼 빈번하게 시차가 바뀌는 조종사에게는 어떠한 일이 일어날까? 시차가 깨어나기도 전에 다시 똑같은 지역이나 아니면 또 다른 시차지대로 들어가게 되면 이미 시차문제에 들어가 있기 때문에 더 이상 문제가 될까 아니면 더 악화가 될까? 경험에 의하면 더 악화가 되어 시도 때도 없이 졸리기는 하나 막상 자려면 머리가 멍하여 잠이 오지 않는 이상 상태에 들어가게 되는 것이다. 이러한 상태는 동쪽에 있는 국가에서 왔다가 다시 하루 이틀 지나 서쪽에 있는 국가로 비행하는 코스에서 더욱 힘들게 발생한다. 그렇다면 빈번하게 번갈아 가면서 시차를 맞이해야 하는 비행 패턴을 어떻게 하여 시차를 극복할 수가 있을까?

(4) 지금부터 시차극복 방법을 알아보자. 어느 항공회사는 조종사 시차 극복을 위하여 Eastern(미주), Western(유럽) Pattern을 만들어 조종사가 선택하도록 하였다. 몇 달 운용하고 서로 Pattern을 맞

바꾸어 비행을 하기도 하였다. 그러나 어떠한 Pattern을 써도 시차는 반드시 오며 싫든 좋든 시차를 극복하여야 한다.

(5) 시차 극복 첫째 방법은 한국 시간으로 행동을 하고 잠을 자는 방법이다. 도착지가 어디라도 한국시간으로 잘 시간이 되면 현지시간이 대낮이라도 잠을 자고, 현지시간이 자정을 넘어 새벽일지라도 한국 시간으로 대낮이면 활동을 하는 방법이다. 보통 호텔의 커튼은 밖의 광선을 잘 차단할 수 있도록 되어 있기 때문에 한 낮에도 캄캄하게 방을 만들 수가 있어 숙면을 취할 수 있는 것이다. 이렇게 생활하면 한국에 돌아와 금방 한국 시간에 적응을 할 수가 있다.

한국에 돌아올 때도 밤샘 근무를 하기 때문에 집에 돌아와서도 시차 극복을 위한 방법을 어느 정도는 사용하여야 한다. 예를 들어 아침에 입국하였을 때는 집에 들어와서 일단 피곤한 몸을 눕혀 급한 피로를 몰아내야 한다. 그렇다고 하루 종일 자면 이번에는 밤에 잠이 오지 않고 뜬눈으로 밤샘하기 일쑤다. 그래서 낮에 잠을 많이 자지 말고 몇 시간만 자고 오후에는 반드시 일어나 햇볕을 쬐어야만 한다. 이때는 운동을 하여도 좋고 등산 등 여러 가지 야외활동을 하면 된다.

저녁을 마치고 막 바로 자려 하지 말고 신경을 곤두세우는 컴퓨터 게임 등도 하지 말아야 한다. 독서나 영화 보기 등 취미생활을 하다보면 졸리기 시작한다. 이때 잠을 자면 된다. 잠이 안 올 때 억지로 잠을 자려 하지 말고 자연스러운 마음을 가지고 오히려 그 시간을 즐겨야 한다. 그렇게 마음을 놓고 무심한 상태에 있을 때 기적같이 잠이 쏟아진다. 이때 잠속에 자신의 몸을 마냥 던져버려야 한다.

유럽을 비행하고 돌아오면 미주보다 비교적 적응하기가 수월하다. 유럽에 도착 하면 우리시간으로 새벽 1~2(유럽은 오후 6~7)시가 된다. 한국에 있을 때라면 한참 잠을 자야 하는 시간이지만 몇 시간 늦게 잠을 잔다고 생각하고 막 바로 취침에 들어가는 것이 좋다. 요즈음 젊은이들의 생활 패턴에 딱 맞는 시차가 유럽이다. 늦게 자고 늦게 일어나는 것이다. 미주의 시차보다는 훨씬 덜하다. 허나 유럽에서 돌아올 때는 거의 한숨도 자지 못하고 비행에 임할 수가 있다. 정말 피곤할 것이다. 이런 경우는 초상집에서 하룻밤 지새었다고 생각하고 생활하면 거뜬해진다. 그러나 이러한 일이 한두 번이지 자주 쌓이면 피로가 가중되어 몸이 축이나 면역력이 낮아지고 병에 걸리기 쉬워진다. 따라서 귀국을 하는 날의 저녁은 일찍 먹고 잠을 몇 시간이라도 잘 수 있으면 잘 것을 적극 권유한다. 추가하여 목적지 호텔에서도 운동을 하는 방법이다. 운동을 하게 되면 아무래도 잠을 조절하기 쉬워진다.

(6) 두 번째 방법은 아예 해당국가의 시차로 살아가는 방법이다. 이 방법은 시차를 무시하고 잠이 오면 자고 깨어 있을 때 활동하는 방법이다. 즉 미주나 유럽에 도착하면 그 지역의 시간에 맞추어 생활을 한다. 예를 들어 아침에 도착하면 미국인이 주간에 생활하듯 운동도 하고 쇼핑 혹은 관광도 하는 방법이다. 조종사가 외국에 나가서 누릴 수 있는 생활을 누려보는 것이다. 그런데 이렇게 생활을

하다 보면 귀국 비행 시 거의 24시간 이상을 자지 않고 깨어 있는 시간을 가질 수가 있다. 그리고 그 지역에서 한국의 시차문제가 발생하여 자야 될 시간에 잠은 오지 않고 머리만 지근지근 아파오는 경우도 많다. 또한 한국으로 귀국 후에도 한국 시간에 적응이 되지 않고 출국하여 비행을 하여 온 그 나라의 시차가 지속되기도 한다. 그런데 이 방법은 민간항공조종사로서 시차 극복방법으로 추천하지 않는다. 잘못하면 두 개의 시차가 중첩돼버릴 수 있기 때문이다.

(7) 세 번째 방법은 시차 적응이고 뭐고 없이 잠이 오면 자고 잠이 오지 않으면 개인적인 일이나 용무를 보는 무적응 방법이다. 불규칙적인 생활의 대표적이 패턴이 되기 쉽다. 이 방법은 한편으로 보면 괜찮게도 보이는 방법이기는 하나 시차적응이 되지 않는 상태에서 장기간 피로가 누적이 되면 큰 병에 걸리기 쉽다. 비행 후 잠든 상태에서 원인 모르게 고인이 된 사람도 있다.

(8) 시차적응을 하려고 현지에서 무리한 운동을 하다 심장마비가 발생한 사건도 있고 Cockpit 의자에서 쓰러지는 조종사도 더러 있었다. 따라서 조종사는 자신이 현재 처하고 있는 상황과 신체에 맞는 시차적응 방법을 선정하여 시차관리를 잘하여 건강한 몸으로 비행을 할 수 있도록 해야 한다.

3) 지식관리

(1) 조종사는 프로가 되어야 한다. 어떤 직업 분야에서도 그렇지만 프로란 동(同) 직업에 정통해야 하고 새로운 것을 찾아내야 하는 경지에 도달하여야 한다. 따라서 비행프로란 비행에 대하여 모든 것을 알고 지식이 해박해야 한다. 조종사에게는 박사학위가 없는 대신 기장자격증이 박사학위를 받는 것하고 동일하다고 생각할 수가 있다. 그래서 조종사가 비행에 대하여 알아야 할 것이 너무도 많다. 비행교육 과정이 길고 비행교육 비용도 많이 드는 까닭이 여기에 있다.

(2) 조종사가 읽고 정통해야 할 교범이나 규정이 많다. 조종사는 그러한 절차나 규정을 세부적으로 잘 알고 있어야 한다. 특히 조종사가 비행하고 있는 기종의 비상 절차는 완전하게 알고 있어야 한다. 의사나 법조인 기타 전문인들이 공부하는 것 이상 공부를 해야 하고 사실상 공부해야 할 관련 책자도 그보다 적다고 말할 수도 없는 상황이다. 그리고 비상절차가 아니더라도 항공기가 비정상적인 상황으로 발전될 조건이 수없이 많기도 하다. 상황판단을 잘하기 위해서는 비상절차 이외에도 모든 System을 잘 알고 상황에 맞게 대처하여야 할 것이다.

(3) 항공기는 고공을 고속으로 많은 손님을 태우고 안전한 비행을 수행해야 하기 때문에 이 요구에 걸맞은 구조를 갖추기 위하여 수많은 부품과 과학적인 원리에 의한 System이 자꾸 추가가 되고(예: 인공위성 이용 System) 복잡해지고 있다. 조종사는 변화하는 항공기에 대해서도 대처를 할 수 있도록 부단한 노력을 하여야 한다.

4) 기량관리

(1) 조종사의 비행기량은 지식에서 나오기도 하지만 자체적으로 조종사가 노력하여서 개인이 만들고 가져야 할 중요 요소이다. 비행기량은 창조가 아니라 모방이라고 감히 말할 수가 있다. 곡예비행을 하는 조종사의 곡예비행 기량도 앞선 조종사에 의하여 전수되어 그것을 연구하고 자꾸만 반복하여 연습을 수행하면서 마침내 최고의 기량을 선보이기도 한다. 즉 누가 빨리 모방에 정통하여 기량을 선보이는 것이 조종사의 비행 기량이라고 말할 수가 있다.

(2) 따라서 부기장은 비행을 하는 순간부터 기장의 비행방식을 유심히 눈여겨보고 이를 배워야 한다. 그리고 기장이 비행을 하도록 허락할 때부터 최선을 다하여 그 모방한 기량을 선보이도록 하면서 연습하도록 해야 한다. 이착륙을 수행할 때 절대 실수가 나와서는 안 된다. 돌이킬 수 없는 실수를 할 때면 다음에 기량을 연습할 기회가 좀처럼 오지 않을 수가 있다. 그렇게 되면 기량 향상에 상당한 차질이 오게 된다. 따라서 비행을 하기 전에 연구를 충분히 하여 기장이 안심한 가운데 착륙을 할 수 있도록 자신의 기량을 쌓아야 한다.

(3) 비행 기량을 쌓을 수 있는 또 하나의 기회가 연간 2회에 걸쳐 수행하는 Simulator이다. 평가 기간이기도 하지만 이때를 이용하여 가량을 쌓도록 해야 한다. 기량향상을 위하여 특별한 일이 있을 때는 기록하여 참고하도록 적극 권장하고 싶다.

5) 평가관리

조종사는 연간 몇 번의 심사를 받도록 되어 있다. Simulator 평가를 연간 2회, Route 평가를 연간 1회 그리고 수시 평가가 있으며 국토부의 불시 평가가 있다. 조종사는 이 평가 비행에 준비를 잘하여 기량과 지식 향상의 기회나 혹은 유지 기회로 삼아야 한다. 특히 정기 평가가 있을 경우에는 사전에 모든 절차를 재확인하고 절차에 능통하도록 지식을 쌓도록 권하고 싶다. 이 기간에 이루어지는 기본적인 비상 상황에 대한 처치 절차는 조종사가 아예 완전히 암기하여 숙달되도록 하여야 한다.

6) Simulator 준비

(1) Simulator는 비행의 연장이라 생각하고 내가 부족한 사항이 무엇인지 Check 하여 자신의 기량과 지식 향상을 위하여 자신을 되돌아보는 시간으로 삼는 것이 좋다. 그런데 Simulator를 이용하여 기량을 향상시키는 데 한계가 있다는 것을 알아야 한다.

(2) Sim과 실제 비행과 가장 다른 것은 이착륙 감각이다. Sim에서 하던 착륙 조작을 실제 비행에 적용하게 되면 상당히 다르다는 것을 느낄 것이다. 따라서 Sim은 절차 수행이지 고도의 테크닉을 적

용해보아 기량을 쌓을 수 있는 것은 아니다. 다만 비슷하게 흉내를 내보거나 연습을 해보는 데 그쳐야 한다. Sim에 딱 맞는 조작이 있는데 그 조작을 실제 상황에 맞추어 조작을 하게 되면 오히려 다른 결과가 나는 경우가 있다는 것을 알아야 한다.

(3) 그렇지만 실제 항공기에서 해볼 수 없는 모든 절차를 전부 실행해 볼 수 있다는 것이 큰 장점이고 조종사는 이것을 최대한 이용하여야 한다. 따라서 모든 절차를 Sim에 들어가기 전에 완전히 이론적으로 소화를 한 다음에 임한다면 최대의 효과를 얻을 수가 있을 것이다.

7) 개인 생활관리

(1) 인간이 살아가는 일상의 행복은 어디에 있는가? 라는 질문에 아직도 제대로 된 정답이 없는 것이 사실이다. 그럼 조종사의 행복은 어디에 있을까? 이 물음에 대해서는 당연히 많은 승객을 모시고 안전하게 이착륙을 하여 임무를 수행하였을 경우라고 말할 수가 있지 않을까! 하지만 이것은 조종사의 직업에 관한 행복은 될지 모르지만 인간 행복의 근본적인 해답은 아닐 수가 있다. 이것은 개인의 행복이 직업에서 오는 만족도에 100% 좌우된다고 말할 수도 없다는 것을 의미한다. 즉 비행 이외의 사생활도 조종사의 행복에 지대한 영향을 끼친다고 말할 수 있겠다. 따라서 조종사도 비행 이외의 개인 사생활을 건전하고 보람되게 영위를 하여야 비행도 잘할 수가 있고 개인의 행복을 누릴 수 있다고 생각한다.

(2) 동서고금을 막론하고 남자들이 불행하게 되는 경우를 짚어보면 다음과 같은 몇 가지로 귀결된다. 여자, 도박, 술·담배, 돈 거래, 건강. 이 다섯 가지를 5대 불행 요소라고 정의해본다. 여기서 각 요소에 대한 논의는 생략하기로 하겠다. 무엇을 이야기하려는지 모두가 다 알만하기 때문이다. 하지만 조종사 입장에서 생각할 수 있는 문제가 일반 사람들이 겪는 경험하고 약간 다르기 때문에 몇 가지만 언급을 해보겠다. 먼저 여자 문제에 있어 꽃뱀의 유혹이 항공업종에 있었다.

(3) 특히 조종사를 해외에서 호텔 자기 방으로 유혹하여 재물을 탐하고 망신을 시킨 사고가 있었다. 유혹에 빠졌던 조종사의 개인 집안 생활은 어떻게 되었을까? 상상 이상으로 사건이 번지기도 하였다. 젊은 남자가 꽃뱀 유혹의 그늘을 벗어날 수가 있을까? 힘들겠지만 정상적인 생각을 가졌다면 스스로 벗어날 수가 있어야 된다. 뒷일을 생각해보고 파장을 생각하면 머리가 쭈뼛 일어나게 될 것이다.

(4) 도박 문제는 사기도박이나 아니면 경륜 마권에 빠졌다든가 이런 것이 아니라 해외에 가면 카지노가 늘 조종사를 유혹하기도 한다. 현재 양대 항공사뿐만 아니라 Low Cost 항공사가 취항하는 여러 도시에 카지노가 널려 있다. 대부분 처음에는 호기심으로 하지만 몇 번을 하다보면 본전 생각이 나서 본격적으로 상습적으로 도박을 하는 조종사가 더러 있다. 조종사가 쉽게 갈 수 있는 알 만한 카지노는 LA, 뉴욕, 시드니, 오클랜드, 홍콩, 나리타(파친코), 세부, 마닐라, 마카오 등 대도시다.

도박은 중독성이 강해서 한번 발을 들이면 빠져 나오기가 어렵다. 아예 처음부터 입문을 하지 않는 것이 좋다. 처음에는 호기심으로 한두 번 하다가 결국은 나올 수 없는 수렁에 빠져 들어가는 것이 대부분 결말이 된다.

(5) 세 번째로 술 담배는 모든 사람들이 가장 친근해 하면서 끊기도 어렵고 계속 하기도 어려운 계륵 같은 존재이다. 많은 사람들이 담배를 끊어보려고 노력을 하지만 대부분 실패를 한다. 하지만 술은 몰라도 담배는 언제 피웠느냐는 것처럼 어느 날 칼 같이 싹둑 끊어버려야 한다. 그렇다면 왜 보통 사람은 담배를 끊을 수가 없을까? 그것은 담배를 사랑하기 때문이다. 담배를 끊으려면 담배를 미워하여야 한다. 담배를 마음속으로 증오하여야 한다. 담배를 보면서 담배에서 나는 야릇한 향을 코로 맡으면서 담배를 그리워하면 절대 끊을 수 없고 반대로 증오를 하고 미워하여야 끊을 수 있다. 강한 자기 부정을 자꾸만 해야 한다. 담배를 보면서 "이놈의 담배! 나쁜 놈의 담배! 나를 좀먹고 나를 매일 조금씩 죽이는 사약이다!"라고 주술적인 증오를 퍼부어야만 끊을 수가 있다.

(6) 술은 과음만 하지 않으면 동료 간 친구간의 친선을 위하여 어느 정도 술잔은 기울여도 되지만 절대과음은 피하여야 한다. 그런데 문제는 Layover 할 때 잠을 집에서처럼 단잠을 못자고 몽롱한 상태에서 날밤을 새우는 사람들이 상당수에 달한다는 사실이다. 이런 수면 문제를 해결하려 잠자기 전에 술을 먹는다든가 아니면 수면제, 혹은 잠이 잘 오게 한다는 멜라닌을 복용하는 조종사들이 있다. 하루 이틀 비행을 할 것이 아니고 평생 비행을 해야 하는 조종사로서는 문제가 아닐 수가 없다. 잠을 충분히 자지 못하고 비행을 하게 되면 비행안전에 큰 영향을 미치게 된다. 따라서 조종사는 어떠한 방법을 사용하여서라도 이런 문제나 습관은 고치고 없애야 된다. 결국 시차적응 문제와 결부하여 해결하여야 한다.

(7) 개인적인 견해로 이것을 고치기 위해서는 심리적인 치료가 먼저 선행되어야 한다. 자기 최면을 걸거나 심할 경우에는 심리치료사를 찾아 해결하도록 적극 추천하고 싶다. 특히 술과 수면제 이 두 가지는 어떠한 일이 있더라도 절대 삼가야 한다. 어떤 조종사는 이러한 환경을 탈출하기 위해서 더 심각한 중독성 있는 약물에 빠져들기도 한다. 절대 있어서는 안 되며 패가망신하는 지름길이다.

(8) 건강관리는 앞의 체력관리에 따르면 되나 여기서 추가적으로 언급할 것은 건강은 육체적인 건강뿐만 아니라 정신적인 측면도 고려되어야 한다. 정신적으로 피폐해진다면 결국은 육체가 정신에 지배되어 신체 건강도 덩달아 잃을 수 있기 때문이다. 여기서 정신적 건강은 무엇을 지칭하는지 독자가 더 잘 알 것이다.

제9절
조종사 해외 취업

1

　직장인이 꿈꾸는 제일 첫 번째의 바람은 아무래도 억대 연봉을 받는 직업에 종사하는 것이며, 개인 자영업이나 사업을 한다고 하여도 꾸준히 연간 억대 이상의 수입이 보장된다면 만족스럽게 자신의 일에 임하게 될 것이다. 억대 연봉을 받든가 혹은 그보다 더 많은 수입을 갖는 직업도 여러 가지 있겠지만 조종사라는 직업은 그중에서 가장 스마트한 전문직종이라고 말할 수 있지 않을까! 여기서 "스마트하다"라는 표현을 "깔끔하고 멋있고 수입도 좋고 도도하고 전문적이며 많은 지식도 겸비하고 교양 있고 남을 비난하지도 않는, 달 밝은 밤에 유유히 나는 백조"라고 표현하고 싶다. 모든 직업 중에 선망이 되고 있는 법관, 의사, 사업가들의 고충은 그곳에 뛰어 들어야 알겠지만 옆에서 보기에는 그들은 늘 상쾌하지 않는 대상들과 하루 종일 싸워야 하는 직업이다. 반면에 조종사는 늘 잘 차려 입고, 어딘가 모를 미지의 세계로 꿈을 안고 출발하는 가슴 벅찬 이들과 함께 한다는 사실이다. 이것 한 가지만 보아도 조종사란 직업이 Smart 하지 않는가? 그래서 요즈음 젊은이들에게 매력 있는 직업으로 각광을 받고 있다고 생각한다.

2

　이러한 조종사의 앞길에 더 많은 재력을 쌓을 기회가 주어진다면 누구라도 그런 기회를 갖기를 원하고 다가가고 싶을 것이다. 그런 기회가 해외 취업이다. 국내에서 일할 때보다 2.5-3배의 임금을 더 준다니 이보다 더 좋은 일터가 어디 있겠는가? 그러나 모두가 그렇게 생각하지만 한편으로는 모든 조종사가 다 그렇게 생각하지는 않고 있다. 왜냐하면 장단점이 있기 때문이다.

1) 장점

(1) 단기간에 많은 임금을 받을 수 있어 재력적인 여유가 생긴다.

(2) 자녀를 해외에서 교육시킬 수 있으며 최소한 하나의 외국어를 자유롭게 구사할 능력을 갖출 수 있게 해준다.

(3) Globalization 시대에 해외에서 생활할 수 있는 기회를 갖게 된다.

(4) 개인 삶의 질을 높여준다.

2) 단점

(1) 외국 생활에 적응을 하지 못하는 경우 염증이 날 수가 있다.

(2) 개인 성격상 향수가 짙어지는 사람은 참기 어려운 정신적 고통을 받는다.

(3) 가족과 상당한 시간을 떨어져 보내야 한다.

(4) 취업한 나라의 문화 적응 문제가 개인에 따라 심각해질 수가 있다.

3

인도에서 한국에 취직한 조종사의 경우를 살펴보자. 그의 연봉은 다른 한국 기장보다 적은 수준(9,000-10,000달러)으로 받고 있지만 인도의 화폐가치를 생각하면 자국 일반 기업체 CEO의 연봉을 받고 있는 셈이다. 그는 3명을 고용하여 정원사, 가사도우미, 그리고 나머지 한 명은 전체 집을 관리하도록 하고 있으며, 그 조종사는 한 달의 휴가와 Day Off를 몰아 15-18일간 비행을 하고 12-15일은 집에서 휴식을 취하고 있다.

한 달에 10-15일 동안 비행하느라 집을 나와서 호텔에 투숙을 해야 하는 한국 조종사들의 경우와 비교하면 집에 가느라 약간의 시간만 투자하면 별다를 바가 없는 것이다. 이처럼 여분의 수입은 조종사들이 여유 있게 생활할 수 있는 기회를 만들어 주고 있어 최근에 수많은 조종사가 해외 이직을 하였고 추진하고 있다.

4

근래에 항공여행객의 폭발적인 증가에 지구촌에 Low Cost 항공사가 수없이 설립되었고 대부분 호황에 힘입어 자생력을 갖추었으며, 한국에도 6개의 회사가 100여 대의 항공기를 도입하여 운항하고 있으며, 앞으로 여러 개의 회사가 더 설립이 될 것으로 추정하고 있다.

항공업계의 전망은 한동안 밝을 것이다.

1) 국내의 항공 여객과 화물 운송 증가가 계속될 것이다.

2) 중국의 잠재적인 시장은 천문학적으로 증가할 것이다.

　　(1) 중국 각 성에 두 개의 공항만 Open 한다고 해도 항공기 노선 수는 기하급수적으로 증가한다.

　　(2) 중국과 일본의 자국 개발 여객기의 운항이 재개될 때 값싼 항공기 임대가 가능하여 여객운임이 내릴 수 있어 여객의 증가로 이어질 것이다.

　　3) 사람들의 삶에 대한 인식이 바뀌고 있다. 자식들에게 재산을 남겨주기보다는 자신이 쓰고 세상구경을 해보자는 경향으로 바뀌고 있으며, 미래 사회의 Trend라고도 말할 수 있겠다.

　　4) 동남아 국가의 소득 향상과 인도 그리고 중동, 중앙아시아 국가의 개방적인 사조가 항공 인구의 증가로 이어질 것이다.

　　동남아를 중심으로 많은 조종사 구직 광고가 게재되고 있다. 조종사뿐만 아니라 항공업에 관련된 전 분야에 일손이 달리고 있어 공식적인 홈페이지를 통하여 구인하고 있다. 우리나라의 경우 정비사의 보수는 일반 회사의 급여와 대동소이하나 미국이나 영어권에서는 기술자들의 급여는 일반 회사의 급여보다 강세를 이루고 있다. 꼭 조종사가 아니더라도 기술 습득으로 항공분야에 문을 두드리면 양질의 직업을 갖고 생활할 수 있다.

　　조종사와 항공업계 구직 홈페이지를 소개한다.

1) 웹사이트: http://jobs.flightglobal.com

2) 위 홈페이지에서 구인하는 직업은 다음과 같다.

　　(1) Air Traffic Control(항공관제사)

　　(2) Airport and Ground Staff

　　(3) Business Services

(4) Cabin Crew

(5) Flight Crew

(6) Flight Operations

(7) Flight Training and Instructors

(8) Management Positions(항공 관련 경영)

3) 조종사만을 따로 분리하여 다음과 같이 전문직으로 구인하고 있다.

(1) Captain

(2) Captain/Instructor

(3) Co-pilot

(4) First Officer

(5) Helicopter Pilot

(6) Pilot

(7) Senior First Officer

(8) Test Pilot

8

최근에는 중국에 이어 베트남에서도 조종사 구인을 많이 하고 있다. 급여는 Low cost 항공사보다 30-50%가 더 많고 노선이 단순하여 한국과 베트남에 오가는 노선에 주로 배정된다고 한다.

9

혹자는 외국 항공사에 가면 많은 고생을 각오해야 한다고 한다. 이 말은 사실이다. 하지만 우리가 생각해보아야 할 것은 많은 보수를 받으면서 똑같이 고생하여야 한다는 생각이다. 이 세상 어느 누가 똑같이 고생하면서 그렇게 많은 보수를 지급하겠는가! 당연히 고생을 각오하여야 한다. 하지만 보수에 비하여 고생이 그렇게 심하지 않다는 사실이다.

고생이라는 것이 언어 장벽, 생활문화 충돌, 비행 문화에 대한 갈등 등이다. 적어도 이런 장애는 거뜬히 극복해야 하지 않겠는가? 개인적인 생각으로 한국에서 생활하는 것에 20-30% 정도 더 신경을 써서 생활하고 비행도 그만큼 집중하여 잘한다면 아무런 문제없이 연간 2억 원의 추가적인 경제력이 생겨날 것이다. 선택은 개인의 자유로 삶의 방향을 여러 가지로 생각하여 결정짓기를 바란다.

10

홈페이지를 통하여 알아보고 에이전트를 통하면 쉽사리 구직의 문을 두드릴 수가 있다. 개인 이력서, 비행시간 서류, 신체검사, Simulator 실행, 면접을 통하여 최종 선발된다. 현재 많은 조종사가 해외에 취업하여 일하고 있다. 지인을 통하여 문의한다면 쉬운 길을 모색할 수 있을 것이다.

11

회사를 선택할 때 사전 여러 가지를 알아보기를 권유한다. 급여, 비행 추가 수당, 체제 방법. 집, 학교, 학비, 휴가, Day off, 비행시간, 노선, 비행 조건, 가족 동반, 신체검사, 개인 자격 증명서와 이력서, 범죄사실이 없다는 이력서 제출 등.

제2장

Civil Airline 항공기 기본 SYSTEM (1) –항공기 주 Control System

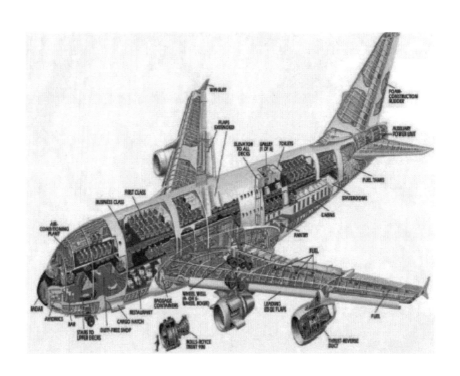

민간항공에서 운영하는 항공기의 기본 System에 대하여 알아보자. 전 세계적으로 운영되는 기본 항공기는 Boeing은 B-737, Airbus는 A-320/321이다. 따라서 두 기본 항공기를 기준으로 하여 항공기 주요 System에 대한 기본적인 구조와 체계를 살펴보자.

제1절

Turbo Fan Engine

1. 개요

민간항공사에서 운영하는 항공기는 대부분 Turbo Fan Engine이다. Turbo Fan Engine을 이해하기 위해서는 Turbo Fan Engine보다 먼저 개발, 사용된 Turbo Jet Engine을 알아야 이해가 쉬워진다.

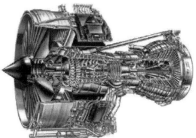

Turbo Fan Engine

2. Turbo Jet, Turbo Fan Engine

1) Turbo Jet Engine

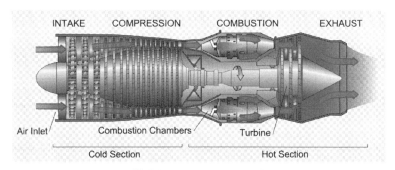

전형적인 Turbo Jet Engine 구성도

(1) Turbo Jet Engine에서는 Engine으로 유입되는 모든 공기를 압축기로 압축하여 연소기로 보내서 연소실에 연료를 주입하여 폭발하도록 하여 추력을 얻고 이 추력의 일부를 이용하여 다시 압축기와 연결된 터빈을 돌린다. 그리고 Turbine을 돌리고 남은 고온 고압가스를 노즐로 배출한다. 이때 배출되는 가스의 압력이 Engine 추력이 된다. 좀 더 자세히 설명을 하자면, 공기 압축기는 십여 단계의 에어포일(Air Foil) 형태로 된 Blade가 각 단계 별로 백여 개가 붙어 있고 약 천이삼백 개의 Blade로 구성되는데 이 여러 단계의 압축기 Blade를 통과하는 공기는 처음 들어온 공기보다 매우 높은 온도와 압력으로 압축이 된다.

(2) 압축되는 원리는 공기가 각 단계의 Blade를 통과하면서 베르누이 원리에 의하여 가속적으로 압축이 된다. 고온의 고압 압축공기는 연소실에 보내지고 연소실에서 고압의 연료를 분사하여 Ignition(불꽃을 튕겨주면)을 해주면 순간적으로 폭발이 일어나면서 엄청난 추력이 발생한다. 이렇게 연소실에서 폭발된 고압의 일부 공기는 터빈을 돌려 다시 공기를 압축하는 데 쓰이고 나머지는 배기가 되면서 추력을 내게 된다.

(3) 이처럼 공기가 연소기 및 터빈을 통과하는 흐름을 코어 유동 혹은 코어 흐름(Core flow)이라 부르고 주 유동(Primary flow)이라고도 한다. 여기서 압축기의 회전속도의 비율을 우리는 N2라고 한다. 좀 더 정확하게 말하면 N2는 압축기와 연결된 축 고압터빈의 회전수 비율이다. N2는 설계된 최고 속도를 냈을 때의 회전수와 현재 Engine의 회전수를 백분율로 표시한다. 예를 들어 최고 Engine 회전수가 분당 20,000번이고 현재 회전수가 14,000번이라면 N2는 70%가 된다.

2) Turbo Fan Engine

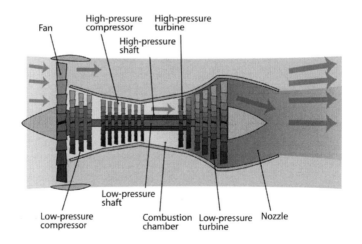

(1) 그림에서 보는 바와 같이 Turbo Fan Engine은 Turbo jet Engine에 단지 하나의 장치를 추가한 것이다. 그것은 Turbo Fan Engine 앞에 달려 있는 Fan이며 이것이 Turbo jet Engine과 다른 주된 점이다. Turbo Fan이 엔진 앞에 달린 이유는 추력을 생성하는 방법을 바꾸려는 의도이다. 즉 Turbo jet Engine에서 추력을 얻는 방법인 앞서 설명한 Core Flow 방법에서 좀 더 열효율을 높이 고자 고안된 방법이다. 이 방법은 Turbo Fan에 의하여 압축된 일부 공기를 Turbine을 거치지 않고 Engine 외각 텅 빈 부분으로 빨리 배출하는 방법이다. 이 배출방법을 Bypass Flow(바이 패스 유동, 우회 흐름)라고 부른다.

(2) Engine의 추력이 발생되는 기본 원리는 배출되는 기체의 운동량(P= MV)을 증가시키는 방법이다. 곧 운동량을 증가시키려면 M(기체 양)과 V(속도)를 증가시켜야 한다. 그런데 Turbo Jet Engine에서 Core Flow를 사용하여 터빈을 통과하여 배출되는 방법으로는 유량을 증가시키는 것에는 한계가 있다. 그래서 연구 실험한 결과 Turbo Jet Engine에 Fan을 장착하여 통과되는 기체 양(M)을 증가시키는 방안 즉 Bypass 유동의 유량을 증가시키는 방법이 추력 증가에 더 효율적임이 증명됨으로써 이 방법을 채택하게 되었다. 따라서 대부분의 항공기가 Turbo Jet Engine 대신 Bypass Flow를 이용하여 기체가 통과하는 양을 증가시키는 Turbo Fan Engine을 채택하게 된 것이다. 이렇게 함으로써 동일한 연료로 더 많은 추력을 내게 되어 요즈음 대부분 Jet 항공기에서 Turbo Fan Engine을 사용하고 있다.

(3) 그럼 어떠한 방식으로 Turbo Fan Engine에서 통과하는 유량을 증가시키는가를 알아보기로 한다. Turbo Fan Engine에서 유량을 증가시키기 위하여 Engine의 맨 앞에 선풍기 모양의 Fan을 부착한다. 이 Fan을 부착하였다고 하여 Turbo Fan Engine이라고 부른다. Fan은 항공역학적인 Airfoil 형태로 만들어 졌고 Airfoil로 된 고정된 Rotar를 통하여 더욱 가속되어 Bypass 된다.

(4) 한 단계로 된 Fan은 Turbine과 연결되어 있다. 압축기를 통과한 공기를 연소실에서 폭발시키어 터빈을 돌려 터빈의 출력으로 FAN을 돌려 많은 공기가 통과하도록 만드는 것이다. 연소실에서 나온 고압가스 대부분은 Turbo Jet Engine과는 달리 Turbine을 돌리는 데 사용되도록 고안되어 있다. 이때 Fan을 돌려서 생긴 공기를 일부만 압축기로 돌리고 대부분의 공기를 Engine을 겉으로 둥그렇게 싼 Bypass 공간으로 보내서 Turbine을 돌린 공기와 합류시키어 내보낸다. Bypass 공기 통로를 통하여 내보내는 것을 Bypass Flow라 한다.

(5) 그리고 Fan의 회전수 비율을 N1이라고 한다. 정확하게 말하자면 Turbin Fan Engine에서 저압터빈(Low Pressure Turbine: 전방 팬과 연결된 축)의 회전수의 비율을 말한다. N2와 똑같이 최대 회전수와 현재의 회전수를 비율로 표시한 것이 N1이다.

3) Bypass Ratio란?

(1) Turbo Fan Engine에서 Bypass Flow와 Core Flow의 비율을 Bypass Ratio라고 한다. Bypass Flow와 Core Flow 비가 2:1이라고 하면 이것은 Bypass Flow가 Core Flow 유량의 2배라는 의미이다. Turbo Jet는 Turbo Fan Engine 중 Bypass Flow Ratio가 0:1인 특수한 경우라고 특정지어 말할 수 있겠다.

(2) 터보팬 Engine을 채용한 현대의 전투기는 Bypass ratio가 상대적으로 낮은 Engine을 사용하고 여객기는 이에 비해 Bypass ratio가 높은 Engine을 사용한다. 참고로 우리가 익히 들어온 항공기의 Bypass ratio를 보면 아래와 같다.

Aircraft	Engine	Bypass Flow Ratio
Dassault Rafale	SNECMA M88	0.30:1
F-16, F-15	Pratt & Whitney F100	0.36:1
F/A-18, T-50, X-29, X-31	General Electric F404	0.34:1
MiG-29, Il-102	Klimov RD-33	0.49:1
Su-27, Su-30	Saturn AL-31	0.59:1
B747-400	CFMI-CFM 56-3C1	4.3:1
A340	CFMI-CFM 56-5C2	6.4:1
A380	Rolls-Royce Trent 900	8.7:1
B777	Rolls-Royce Trent-890	5.74:1
B787	General Electric GENX	8.5:1

(3) 위의 자료에서 전투기의 Bypass ratio가 여객기보다 현저히 낮은 것을 알 수가 있고 러시아가 개발한 전투기의 Bypass ratio가 다른 자유 진영 항공기보다 높은 것을 볼 수 있다. 이것은 러시아 항공기가 대체적으로 자유진영 항공기보다 추력이 우세함을 의미한다. 또한 전투기는 여객기보다 현저하게 Bypass ratio가 낮다. 왜 그럴까?

그것은 항공기의 기동성을 높이기 위해서 Engine의 크기를 줄였기 때문이다. 즉 급기동을 하여야 하는 전투기는 Bypass ratio가 큰 Engine을 장착할 수가 없기 때문이다. 그리고 Bypass ratio가 높은 Engine의 경우 동일한 추력을 내는 데 필요한 연료량이 적은 반면, Engine의 단면적이 커 비행 시의 공기 저항이 커서 빠른 속도를 필요로 하는 항공기의 경우에는 적합하지 않기 때문이다.

(4) Bypass ratio가 낮으면 연료소비가 많지만, 대신 기동성이 좋아져 높은 속도를 낼 수 있어 고속비행용으로 적합하다. 하지만 소음이 그만큼 커진다. 그래서 초음속 비행이 가능한 전투기에 사용

한다. 반면에 Bypass ratio가 높으면 연료 소비는 적어지지만 속도가 나지 않기 때문에 초음속이나 급기동을 하는 비행용으로는 적합하지 않다. 그렇지만 소음이 많이 줄어들어 민가나 시가지 가까이 있는 공항에서보다 저소음 항공기로 운영이 가능하다. 아음속 수송기나 여객기에 많이 사용되고 있다.

5) Turbo Fan Engine의 장단점을 살펴보자.

(1) 장점

① 경제성이 우수하다. 민항기에서 경제성은 다른 여러 조건에서 제일 선호하는 장점 중의 하나이다. 그래서 현대의 신규제작 제트기는 모두 터보팬 Engine을 장착 사용한다.

② 소음이 많이 줄어든다. 고속으로 분사되는 배기가스가 외부 공기와 접촉할 때 그 속도차이로 인해 심각한 소음을 유발한다. 터보팬 Engine은 평균 배기가스 분사속도가 낮고, 상대적으로 더 낮은 속도의 Bypass 공기가 더 높은 속도의 배기가스 분사를 감싸는 형태로 완충을 시켜주기 때문에 소음이 줄어든다.

③ 동일 연료소모량에서 높은 추력을 얻을 수 있다. 보다 많은 공기유량을 보다 낮은 속도로 분사할 경우 소모되는 에너지는 동일하더라도 추력은 높아진다.

④ Engine의 온도를 낮추어 준다. Turbine을 통하여 분사되는 고온의 가스를 Bypass 공기가 식혀준다.

(2) 단점

① 고속 영역에서 불리하다. 가스 분사 속도가 낮아지면 앞으로 진행하는 기체 속도가 낮아지며 이것으로 가스 분사속도가 더욱 느려져 Jet 원리에 의해서 발생하는 추력이 더 감소하게 된다. 따라서 고속 영역으로 갈수록 추력이 적어져 고속을 내는 데 불리해진다. 그래서 고속을 내어야 하는 군용기의 경우 Bypass Ratio가 1.0 이하의 낮은 Turbo Fan Bypass Engine을 장착한다.

② Engine의 직경이 커진다. 큰 직경의 팬이 장착되어야 하기 때문에 그만큼 Engine의 직경도 커지며, 항공기 정비가 용이하도록 날개 밑에 Engine을 달아야 하는 민항기의 경우 착륙 시 Engine 밑 부분이 활주로에 접촉될 가능성이 그만큼 높아진다. 음속을 돌파해야 하는 고속 항공기의 경우 직경이 큰 Engine으로 만들기가 어렵다.

③ 터보제트보다 구조가 복잡하다. Fan을 구동시키고 Engine 압축기-터빈 축은 Fan 구동을 위하여 별도의 구동축으로 연결되어야 하기 때문에 복잡한 구조를 가진다.

3. 기타 사항

Turbo Fan Engine을 만드는 업체를 소개하면 아래와 같다.

CFM 인터내셔널(CFMI. GE-Snecma consortium)

Rolls-Royce(RR), General Electric(GE)

Pratt & Whitney(P&W), 아비아드비가텔(러시아 회사)

이브첸코-프로그레스(세계 최대 항공기 An-225 엔진 제작회사)

4. Turbo Fan Engine 계기에서 사용되는 주요 용어를 알아보자.

1) EPR(Engine Pressure Ratio)

엔진으로 들어오는 공기와 후미로 나가는 공기 압력 비를 나타낸다. EPR은 아래 그림에서 공기가 들어오는 지점인 2번의 압력과 공기가 압축되어 배출되는 8번상의 압력의 비율을 말한다.

$$EPR = \frac{P2\ 압력}{P8\ 압력}$$

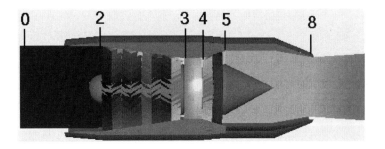

항공기에는 EPR 수치가 전자계기(EIACS 혹은 ECAM)에 표시되며 조종사는 이 수치를 이용하여 요구되는 Power(추력)를 Set 하고 있다.

2) N1: Turbine Fan의 최대 회전수에 대한 현재 회전수의 비율이다. 즉 항공기 엔진 외부에서 볼 수 있는 큰 날개들로 구성된 회전날개의 최대 회전수에 대한 현재 돌고 있는 회전수의 비율이다.

N2: 흡입 공기를 압축하여 연소된 후 Turbine을 돌리게 되는데 이때 Turbine의 회전수를 최대 회전수에 대한 비율이다.

3) EGT(Exhaust Gas Temperature)

연소된 가스가 최종적으로 터빈을 지나 Nozzle을 통과할 때의 배기가스의 온도로 섭씨로 표시한다. 모든 항공기는 이 배기가스 온도에 따라 사용 시간을 제한한다. 너무 과열된 온도가 지속되면 엔진의 재질 변형이 발생하여 엔진에 고장이 일어나게 되고 심지어는 엔진 Blade가 녹아 내려 Engine이 완전히 망가지기도 하며 화재가 발생하기도 한다.

참고로 연소된 고압가스는 다음과 같은 목적으로 Engine 중간에서 일부를 빼낸다. 항공기에서는 이것을 Bleed Air라고 한다. 이 Bleed Air는 객실 여압과 Air Condition, 각종 기계 작동에 사용되는 Hydraulic이라 불리는 유체에 압력을 형성하고, 항공기 시동, Engine과 날개를 Heating 하는 데 사용된다. 압축기 중간에서 빼내고 남은 고압가스로 계속 Turbine을 구동시키고 최종적으로 Fan을 돌리게 된다. 한편, 항공기 Engine의 구동축에 다음과 같은 액세서리(Accessory)가 붙어 있어 항공기 작동에 필요한 여러 가지를 공급 혹은 보조를 해준다.

4) Engine Generator: 각 Engine에는 항공기 Turbine 구동축에 연결되어 있는 Generator가 장착되어 있으며 이 발전기를 돌려 전기를 생산한다.

5) Fuel Pump: 고압연료를 분사하기 위하여 연료 압축펌프가 연결된다.

6) Hydraulic Pump: 항공기 조종면과 Landing Gear, FLAP을 작동하기 위하여 고압의 Hydraulic 펌프가 연결되어 있다.

7) OIL Filter와 OIL Pump: 항공기 Engine이 구동할 때 베어링에 공급되는 OIL을 고압으로 공급해주고 식혀주는 역할을 한다.

8) Accessory (별지 그림 1 참조)

Fuel System

1. 개요

항공기 연료 계통은 3부분으로 구분할 수가 있다. 연료저장 부분, 연료이송 부분, 연료분사 부분이다. 항공기 Engine에 연료를 공급하는 전형적인 Fuel System에 대하여 알아보자.

2. Fuel Tank

1) Fuel Tank는 대부분 항공기의 좌우 Wing과 동체에 장착되어 있다. 항공기 기종별로 Fuel Tank 명칭을 다양하게 사용하고 있지만 주 사용 연료는 동체와 Wing에 주유된다. 다음 그림은 B-737, A-320/321 항공기의 연료 Tank 명칭과 위치, 사용 가능 양을 보여준다.

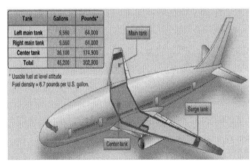

B-737 Fuel Tank

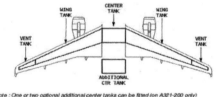

A-321 Fuel Tank

2) Fuel Tank 내에는 연료 이송을 하기 위한 Fuel Pump와 온도 감지기, 연료 양 Check를 위한 Gage가 있다. Fuel Pump가 고장이 났을 경우는 Gravity(자중)에 의하여 연료가 이송되며 연료가 불균형적으로 사용되어 좌우 연료량이 많이 차이가 날 때 이것을 시정하기 위하여 Cross Feed 장치가 마련

되어 있다. Fuel Pump는 연료가 완전히 이송되었다면 자동으로 멈추도록 Logic(컴퓨터 회로)이 설계되어 있다. 미국 북동부에서 이륙한 항공기가 연료가 완전히 이송되었으나 연료 Pump는 계속 작동되어 여기에서 불꽃이 발생하여 공중 폭발한 사건이 발생한 이후에 도입된 새로운 작동원리이다.

3. Engine Fuel Pump

1) Fuel을 각 Tank 내에서 일차적으로 가압을 하여 Engine Driven pump로 보낸다. Engine Driven pump는 Gear Type Pump(두 개의 기아가 맞물려 돌아가면서 압축을 함)로 Fuel을 가압하여 진공이나 Cavitation(유체 속에서 압력이 낮은 곳이 생기면 유체 속에 포함되어 있는 기체가 빠져나와 압력이 낮은 곳에 모인다. 이로 인해 유체 속에 빈공간이 생긴 것을 말한다.)을 없애 Heat Exchanger 와 Filter를 통하여 Fuel Controller에 보낸다.

2) Heat Exchanger는 Engine을 윤활하고 Oil Pump로 되돌아가는 뜨거워진 Oil을 Cooling 하고 낮은 온도의 Fuel을 높은 온도로 Heating 시키며 서로 열 교환을 하여 Nozzle에 고온 고압의 분사 연료를 공급한다.

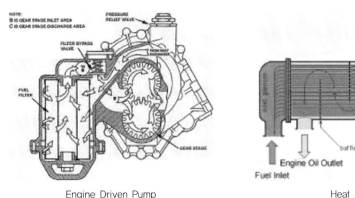

Engine Driven Pump   Heat Exchanger

4

Fuel Control Unit는 Auto Throttle(Thrust Lever)과 조종사의 지시 그리고 여러 주변 여건을 고려하여 컴퓨터가 정밀하게 연료량을 산정하여 연료를 Engine Nozzle에 보내고 나머지는 Return Line 을 통하여 다시 Driven Pump로 보낸다.

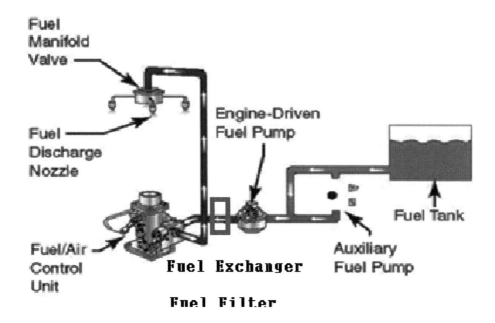

Fuel Manifold Valve

Fuel Discharge Nozzle

Engine-Driven Fuel Pump

Fuel Tank

Fuel/Air Control Unit

Fuel Exchanger

Auxiliary Fuel Pump

Fuel Filter

기본적인 Fuel 흐름도

Electrical System

1

민간항공기에서 사용하는 전기는 여러 가지 탑재장비, 유압 전기 장치, 컴퓨터, 계기 그리고 조명시설 등을 작동시켜야 하기 때문에 많이 소요된다. 통상 항공기에서 사용하는 발전기는 터빈에 연결하여 구동되는 Integrated Drive Generator Electric System(IDGES)이다. Integrated Drive Generator Electric System이란 항공기 터빈 Engine 회전수가 변하더라도 특수하게 설계된 Gear Box를 이용하여 발전기의 회전수를 일정하게 유지하여 전압이 일정한 전기를 생산하는 체계다. 보통 한 Engine에 하나의 Integrated Drive Generator(IDG)가 엔진 Turbine에 연결된 *Accessory에 장착되어 있어 여기서 전기를 생산한다. 아래의 그림은 항공기 Accessory에 장착되어 있는 발전기의 하나다.

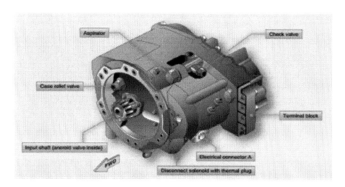

Engine에 부착되는 Generator 중의 하나

---

* Accessory: 항공기 엔진 추력을 이용하여 구동시키는 엔진 옆에 부착된 여러 보조 장비를 말한다. (앞장 엔진 참조) 예를 들어 Generator, Hydraulic Pump, Fuel Driven Pump 등을 일컫는다.

2

아래 그림은 발전기와 Gear box 장착 위치를 보여준다. Gear box는 Engine Turbine이 고속으로 회전하거나 저속으로 회전하더라도 Turbine 회전수에 관계없이 Generator의 회전수를 일정하게 유지해주어 전압이 일정한 유도전력을 생산해내는 여러 가지 Gear가 조합된 유기체이다.

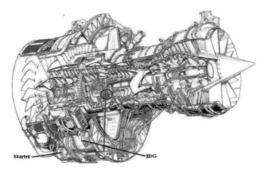

Engine에 연결된 IDG의 위치

IDG와 GEAR BOX

3

전기가 발생하는 원리는 아래 그림과 같이 고정된 자석 사이에 전자석을 회전시키면 유도 전류가 생기게 된다. 이때 발생하는 전류는 그림과 같다.

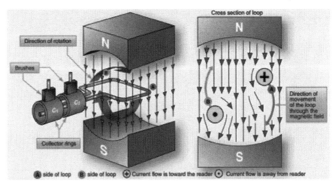

유도 전류 발생

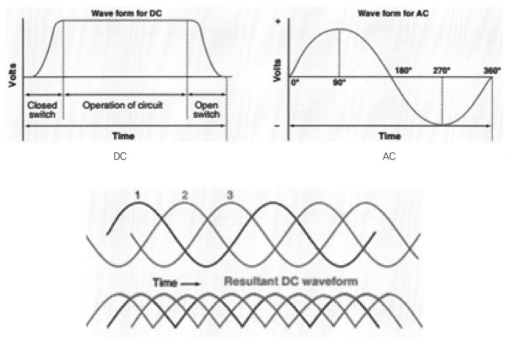

AC를 정류하여 DC(직류)를 생산한다.

4

IDG 발전기는 AC 삼상 115V 400HZ 전기를 생산하여 AC Bus 단자에 공급한다. 하지만 컴퓨터와 같은 주요 장비는 전압이 크지 않고 일정한 직류가 사용된다. 아주 세밀한 컴퓨터 칩 회로에 고압이 가해지면 Line이 타버린다든가 손상을 입기 때문이다. 반면에 힘이 많이 필요한 부분 예를 들어 Hydraulic Pump와 같은 부분에는 AC를 사용한다. 따라서 AC 전류를 생산하여 AC를 DC로 바꾸어 DC Bus(단자)에 공급하고 이 DC Bus에서 필요한 장비와 연결한다. 여기서 AC를 DC로 바꾸어 주는 장치를 Transformer Rectifier라고 한다. 모든 항공기 전기 System에는 이 장치가 필수적으로 갖추어져 있다. Generator에 의하여 생산된 AC가 이 장비를 통과하면 DC로 바뀌고 DC Bus에 공급된다. 이 DC Bus에서 DC 전류가 필요한 장비로 연결된다. 반대로 DC를 AC로 바꾸는 장비가 있다. 이러한 장비를 Inverter라고 한다.

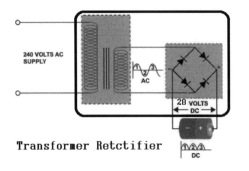

Transformer Retctifier

5

Inverter는 Engine이 구동되지 않아 IDG가 전류를 생산하지 못할 시 Engine Starting을 하고자 할 때 Battery로부터 DC를 받아 AC로 바꾸어 Engine Ignitor에 전기를 공급하여 점화를 해준다. 이때 DC Battery로부터 직접 AC로 바꾸어주는 장비를 Static Inverter라고 한다. Battery는 통상 24-28V를 사용한다.

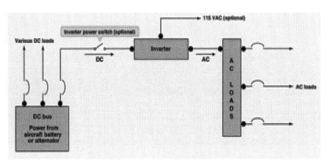

Inverter

6

항공기 Engine이 구동되어 Generator가 전기를 생산하면 AC를 DC로 바꾸어 충전기를 이용, 다시 Battery를 충전하게 된다. 이것을 Battery Charger라 한다.

Battery

Static Inverter

Battery Charger

7

항공기의 모든 장비에 들어가는 전류를 제어해 주는 Circuit Breaker가 있다. 주로 항공기 좌석 뒤나 옆 그리고 위에 장착되어 있다. Circuit Breaker는 각종 장비나 계기로 들어가는 전기회로에 정격전류 이상의 과전류가 흐를 때 이로 인한 장비의 손상을 방지하기 위하여 전류의 흐름을 끊는 장치이다.

항공기 좌석 뒤나 위에 있는 Circuit Breakers

8

항공기에 사용하는 Circuit breaker는 전자석 바이메탈 혼합형 누전차단기로 전자석 차단기와 바이메탈 차단기를 혼합해 놓은 형태이다. 이 Circuit breaker는 반응속도가 빠른 전자석 차단기의 장점과 어느 정도의 전류가 계속 흐르게 되면 열평형이 될 때까지 바이메탈은 계속 휘게 되는 성질을 이용하여 만들어졌다.

안전을 위하여 뽑아 놓은
Circuit Breakers

Circuit Breaker
한 개의 모양

손으로 뽑거나 튀어 나온
Circuit Breaker를 넣는 장면

9

튀어 나온 Circuit Breaker를 손으로 직접 뽑고 집어넣는 행위를 Circuit Breaker Reset라고 한다. Reset 절차는 조종사가 임의로 수행해서는 안 되고 반드시 항공기 기종별 작동 절차에 따라야 한다.

10

항공기에는 Engine에 각기 한 개의 Generator가 장착되어 있지만 Engine 두 개에 장착된 두 개의 Generator가 모두 부작동 가능성에 대비하여 보조 Generator가 1개씩 장착되어 있다. 따라서 두 개의 Generator가 out 되고 Battery까지 소모될 것에 대비하여 마련되어 있는 보조 Generator는 전류를 장비나 System에 공급하여 안전하게 착륙할 수 있도록 해준다. 참고로 최신 항공기인 B-787은 한 Engine에 2개의 발전기가 장착(총 4개)되어 한 엔진이 부작동 되어도 2개의 발전기로 안정성 있는 전기를 공급해주고 있다.

11

다음은 항공기 보조 전기장비에 대하여 살펴보자. 항공기가 Engine 구동을 멈추면 Generator가 전기 생산을 멈추게 된다. 그렇지만 주기장에 정지하여 주기한 항공기는 계속적으로 전기가 필요하다. 항공기 수화물 하역 작업 그리고 Air Conditioner 작동, 실내 전기등 및 다음 비행을 위한 전자 장비를 계속 사용하기 때문에 전기가 여전히 필요하다. 그래서 또 하나의 엔진을 장착하여 구동시키어 전기와 압축 공기를 생산해낸다. Battery가 있으나 용량이 적고 쉽게 방전이 되어버리기 때문에(대체적으로 30분 사용 가능) Battery를 아끼기 위하여 항공기 자체에 Generator가 장착되어 있는 또 하나의 Engine을 구동시킨다. 이 구동되는 또 하나의 Engine을 APU(Auxiliary Power Unit)라고 한다.

12

APU 장비는 다음과 같은 역할을 한다. Engine 정지 후 전력을 생산하여 공급하고 Air conditioner를 구동시키어 냉·온방을 하며 압축공기를 생산하여 시동 시 Engine을 돌려준다. 또한 APU는 항공기 이륙 중 여유 추력을 더하여준다. Engine 2개를 가진 중·소형 항공기는 일반적으로 10여 명의 승객이나 이에 상당하는 화물을 APU 추력을 이용하면 초과 탑재할 수가 있다. 그리고 모든 전기가 OUT 되었을 경우 APU에서 생산되는 전기를 예비로 사용할 수가 있다.

항공기가 착륙을 하여 주기장에 도착하기 직전에 APU 시동을 걸고 이륙하기 위하여 Engine 시동을 한 후에 Generator가 작동되면 그때 끈다. 통상 APU는 항공기 꼬리 부분에 장착이 되어 있다. APU에서 생산되는 Voltage와 Herz는 IDG에서 만들어지는 전기와 동일하거나 유사하다.

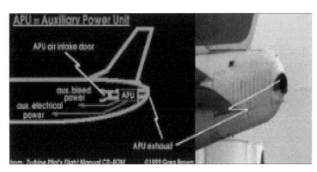

APU 장착 위치

항공기 꼬리부분에 장착된 APU

13

이번에는 외부 연결 전기장비에 대하여 알아보자. 항공기의 Engine을 정지하였는데 APU가 작동되지 않을 때 혹은 Apu를 사용하지 않을 때 항공기에 소요되는 전기를 공급할 필요가 있다. 이때 외부의 전기를 연결하게 되는데 이 외부 전기를 External Power 혹은 GPU(Ground Power Unit)라고 한다.

이 장비는 압축 공기와 전기를 자체 생산하는 장비로 이 장비를 가동시키어 항공기에 있는 외부

전기 연결부위에 연결하면 항공기에 전기가 공급이 되는 것이다. 또한 Engine Starting 할 때 압축 공기도 공급해준다.

External Power(GPU)

항공기에 연결된 External Power

항공기에 연결된 외부전원

14

최근에 생산되는 항공기는 IDG와 APU가 완전히 부작동 될 때 예비로 비상 발전기를 돌려서 착륙에 아주 긴요한 장비에만 전기를 공급하도록 만들었다. 이 비상 발전기를 RAT(Ram Air Turbine) 이라고 한다. Airbus 320/330/350/380, B-777/787 등에 장착되어 있다. 비상시에 조종사의 Switch 조작에 의하여 RAT가 항공기 외부로 튀어 나와서 풍압에 의하여 Propeller가 돌아가고 여기에 Generator와 Hydraulic Pump가 연결되어 있어 전기를 생산하고 Hydraulic 유압이 형성된다. 아래 사진은 항공기 동체에서 내려진 실제 RAT다.

항공기에서 내려진 RAT

RAT

제4절
여압과 Oxygen System

1. 개요

1) 항공기는 고공으로 날게 되면 연료 소모도 감소하고 진대기 속도가 늘어나 더 빠른 속도로 비행을 할 수 있어 비행시간이 단축된다. 고도가 올라감에 따라 공기가 희박해지고 그에 따라 기압도 줄어들면서 기온도 내려간다. 표준대기압에서 고도가 올라감에 따라 달라지는 기압과 기온의 변화를 알아보자.

고도(피트)	기온(℃)	기압(IN Hg)
35,000	−54	7.00
18,000	−20.6	14.90
10,000	−4.8	20.6
5,000	5.1	24.9
해면	15	29.92

2) 고도 35,000피트(약 11,000m)에서 해면고도보다 기온은 69도 차이가 나고 기압은 1/4 이상 떨어지게 된다. 공기량이 감소함에 따라 우리가 숨을 쉬어 호흡해야 할 산소량도 현저하게 줄어들게 된다. 따라서 높은 고도에서 인간이 산소 공급 없이 그냥 노출되면 치명적인 상황까지 도달할 수 있다.

3) 다음 도표는 고도별 산소 없이 노출되었을 때 인간이 의식을 가질 수 있는 시간이다. 이것을 유용의식 시간이라 한다.

고도(피트)	유용의식시간	고도(피트)	유용의식시간
45,000	9-15초	25,000	3-5분
40,000	15-20초	22,000	5-10분
35,000	30-60초	20,000	30분 이상
30,000	1-2분		

　　4) 위의 도표에서 보면 고공으로 올라갈수록 의식시간이 현저하게 줄어드는 것을 알 수 있다. 승객이 탑승하고 있는 Cabin 여압만을 고려하자면 저고도 20,000피트 이하로 비행하는 것이 안전하다. 그러나 장거리 운항 항공기를 20,000피트 이하 고도로 운항할 수가 없다. 경제적인 측면과 기상변화가 심하여 비행안전에 문제점이 발생하고 또한 시간이 너무 소요되기 때문이다.

2. 항공기 여압 기본구조

　　위에서 언급한 문제점을 해결하기 위한 방안이 항공기 내부에 압력을 가해주는 것이다. 즉 압축공기를 불어 넣어 주어 여압을 해주고 공기와 산소의 양을 늘려주는 방법이다. 이것을 항공기 여압(pressurization)이라고 한다. 항공기 여압은 항공기가 이륙을 위한 활주를 하면서 시작되고 목적지에 접근하여 항공기가 강하를 시작하면 서서히 감압을 하고 활주로에 착륙하면 여압이 완전히 끝나게 된다. 이 과정을 도표로 보면 다음과 같다.

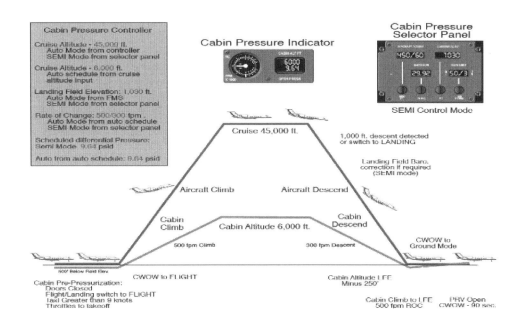

1) 위의 도표는 항공기가 이륙부터 착륙까지 어떻게 여압이 이루어지는가를 보여주고 있다. 컴퓨터를 이용하여 모든 비행과정에서 여압이 자동으로 유지되도록 만들어졌다. 고도가 45,000피트까지 상승하여 순항비행을 하더라도 Cabin 내의 압력고도는 최대 6,000피트가 되도록 설계가 되어 있다. 각 항공기마다 이륙에서부터 상승 순항 강하하여 착륙 후까지 여압을 가하고 여압을 감압하는 Logic 이 통상 두 개의 여압 Control System에 의하여 수행되고 조절된다.

2) 참고로 항공기가 유지하는 고도별 외기와의 여압차이와 Cabin 압력고도는 아래 도표와 같다.

Flight Altitude (ft)	Cabin Pressure Differential		Cabin Pressure Altitude	
	Min (psi)	Max (psi)	Min (ft)	Max (ft)
0	0	0.25	−500	0
5,000	0	0.30	4,350	5,000
10,000	2.12	2.42	4,350	5,000
15,000	3.94	4.24	4,350	5,000
20,000	5.48	5.78	4,350	5,000
*24,300	6.60	6.80	4,500	5,000
25,000	6.60	6.80	5,000	5,380
30,000	6.60	6.80	7,400	7,870
35,000	6.60	6.80	9,600	10,100
40,000	6.60	6.80	11,520	12,050
*Maximum flight altitude for a 5,000 ft cabin altitude				

여기서 Cabin Pressure Altitude는 항공기 기내의 고도이다. 도표에 의하면 실제 고도 30,000피트 로 비행 시 항공기 기내 고도는 최소 7,400피트 최고 7,870피트 사이에서 유지된다.

3) 그렇다면 여기에 사용되는 공기는 어디서 오고 여압은 어떻게 이루어지는 것인지 알아보자. 여압에 사용되는 공기는 항공기 Engine Turbine에서 뽑아낸다. 압축된 고압의 공기는 여압 이외에도 항공기 여러 장비 작동을 위해서 많이 필요하기 때문에 통상 Engine의 터빈에 흐르는 공기를 두 군데에서 뽑아서 사용하고 있다. 비교적 압력이 작은 압축기 중간(5-8) 단계에서 뽑아내는 Low Pressure 공기압과 압축기 마지막 부분(9-14) 단계에서 나오는 High Pressure로 구분하여 가압할 장비의 필요 압력에 따라 이 두 가지 공기압을 잘 배합하여 사용한다. 이 압축공기를 Engine Bleed Air라고 부른다. 이렇게 뽑아낸 공기는 여압 이외에 다음과 같은 항공기 장비에 쓰인다.

① Air conditioning/Pressurization
② Wing and Engine anti-icing
③ Engine starting

④ Hydraulic reservoirs pressurization

⑤ Water tank pressurization(물탱크 가압) 등

아래 그림은 B-737 Bleed Air를 보여준다. 5단계에서 Low Pressure, 9단계에서 Hi Pressure를 얻어내고 있다.

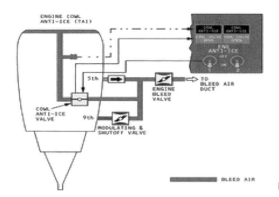

B-737 항공기의 Bleed Air

아래 그림은 A-320 항공기의 Bleed Air가 어떻게 해당 System에 이송되고 있는가를 개괄적으로 보여주고 있다.

4) 아래 그림에서 IP는 Intermediate Pressure의 약자로 Low Pressure Bleed Air를 그리고 HP는 High Pressure Air를 말한다. Engine에서 나오는 IP와 HP를 적절히 혼합하여 Engine Starter를 비롯하여 위에서 언급한 여러 구성품으로 흐르고 있는 것을 보여주고 있다.

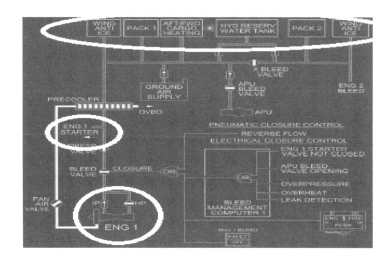

위 그림에서 PACK이란 Pneumatic Air Conditioning Kit의 약자로 승객들이 앉아 있는 Cabin을 여압하고 온도를 조절하는 장치이다. 두 개의 PACK을 통하여 항공기 전체 내부에 압축 공기를 불어 넣어주어 가압을 해준다.

그런데 가압이 지나치게 되어도 항공기 구조상 견딜 수 있는 압력의 한계가 있어 문제가 된다. 고공에서 항공기가 견딜 수 있는 외기와 항공기 내부와의 기압 차이를 대략 최대 9.0-9.1 Psi로 한정하고 이 기압차를 유지하기 위하여 컴퓨터를 이용하여 조절하고 있다. 만약 항공기 내부 압력이 한계치보다 높아졌을 경우를 대비하여 공기를 배출해주는 장치가 있다. 이 장치를 Boeing 항공기에서는 Negative Pressure Relief라 하고 Airbus에서는 Safety Valve라 한다.

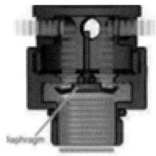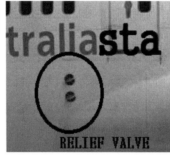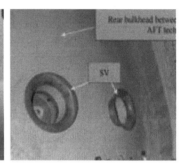

Relief/safety Valve와 항공기 장착 위치

5) 항공기가 착륙을 위하여 순항고도에서 강하를 시작하면 Cabin에 가해진 압력도 고도에 따라서서히 강하율을 분당 500피트 이하가 되도록 하여 배출해준다. 대체로 항공기 분당 여압 상승 혹은 강하율이 500피트 이상이 되면 승객들의 귀가 아파온다. 이 의미는 항공기가 이륙 상승할 때는 압력의 감소율이 빨라서 가압률이 못 따라간다는 의미이고 반대로 강하 시에 감압률이 분당 500피트 이상이 되면 이번에는 압력 강하가 빨라져 귀에 통증을 유발하게 되는 것이다. 따라서 컴퓨터가 정교하게 한계치 안에 있도록 강하나 상승할 때 여압의 변화율을 조절하여 승객이 불편하지 않도록 하여준다. 이렇게 조절하여주는 자동 조절 장치가 모든 비행기에 통상 두 개의 컴퓨터(System A.B)가 장착되어 있고 착륙을 하면 자동으로 교대하여 임무를 수행한다. 항공기가 강하할 때는 후방동체 밑에 있는 Out Flow Valve를 열어서 여압을 배출해준다. 또한 이 Out Flow Valve는 순항 중 일부 순환된 Cabin 공기를 밖으로 배출하는 기능도 한다.

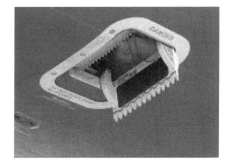

항공기 후방에 있는 Outflow Valve: 자동으로 이 Valve가 상황에 따라 열리고 닫히어 Cabin 압력을 조절한다. 착륙 후에는 이곳을 통하여 압축공기를 배출한다.

6) 한편, Engine 터빈에서 공기를 가압하면 기온이 수백 도까지 올라가기 때문에 뜨거워진 고압의 공기를 바로 승객이 앉아 있는 Cabin으로 보낼 수가 없다. 필요한 온도와 압력까지 내려 조절하여 공급해 주는 것이 필요하다.

7) 고압의 뜨거운 공기를 순간적으로 분사하여 압력을 감소시키어 온도가 떨어지는 이치를 이용한 Heat Exchanger를 거치게 되면 압력도 순간적으로 낮아지고 온도도 떨어진 차가운 공기로 만들어진다. 공기가 순식간에 차가워지면 여기에 물방울이 생기기 때문에 이것을 제거하는 Water Separator를 거쳐 Manifold라 불리는 Duct에 들어간다.

8) Manifold에서는 조종사가 적정한 온도를 Set 해주면 컴퓨터가 이것을 감지하여 Engine Bleed에서 나온 또 다른 뜨거운 공기와 Heat Exchanger에서 나온 차가운 공기와 잘 혼합하여 PACK으로 보내게 된다. 이 혼합되어 잘 조절된 공기는 PACK을 통하여 Cabin에 들어가게 된다. 공기는 천장 위의 Air Duct를 통하여 객실과 조종실 등에 공급된다. Pack을 통하여 Cabin에 보충된 공기는 객실의 좌우벽면 밑의 바닥 틈을 통해 빠져나간다.

이 공기는 객실 바닥 밑에 있는 Air Duct를 통해 대부분 기체중앙부의 공기 정화 시스템에 있는 공기청정 필터를 지나면서 먼지 등이 제거된다. 공기 중 일부는 전자 장비를 Cooling 시켜주고 나머지 정화된 공기는 bleed를 통하여 공급된 공기와 혼합되어 다시 Cabin에 공급한다. 이렇게 한번 순환된 공기를 재사용하는 이유는 터빈에서 공기를 많이 뽑아내면 추력이 약해지므로 일정한 속도를 유지하기 위해서는 Fuel Flow가 증가하여 연료 소모가 증가하기 때문이다.

9) 기내에서 회수된 공기의 일부는 Duct를 경유해 기체 뒤에 있는 Outflow Valve를 통하여 기체 밖으로 배출된다. 기체의 배기밸브에는 고장에 대비하여 Relief valve와 Safety valve가 장착되어 있어 여압을 일정하게 유지하면서 공기량도 유지되도록 안전장치가 갖추어 있다.

10) 아래 그림은 지금까지 설명한 과정이 잘 나타나 있다.

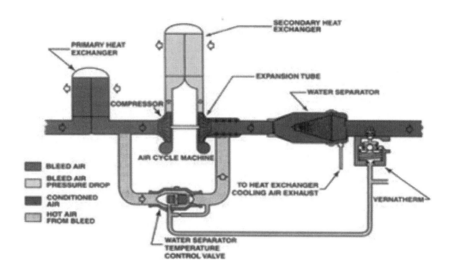

11) 다음 그림은 B-747 항공기의 Manifold에서 찬 공기와 뜨거운 공기가 혼합되어 항공기 Cabin 으로 공기가 공급되는 과정을 보여준다.

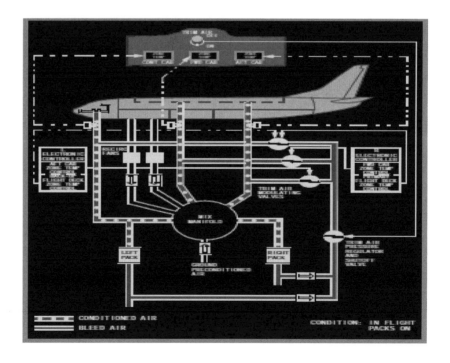

12) 아래 그림은 현재 항공기에서 사용하는 여러 가지 Cabin Altitude Indicator와 상승률을 나타내는 Cabin 고도 승강계와 Cabin 고도계이다.

여러 가지 형태의 Cabin 고도 승강계와 고도계(보잉 항공기)

3. Oxygen System

1) 개요

(1) 지금까지 항공기 여압에 대하여 알아보았다. 항공기 여압 System은 이중 삼중으로 안전장치를 해놓았지만 뜻하지 않게 예기치 못한 상황에서 여압이 되지 않고 고공에서는 승객들이 산소부족으로 의식을 잃을 수가 있다. 이때를 대비하여 항공기내에는 산소 공급 장치를 구비하고 있다. 항공법에 의하여 민간항공기에는 산소를 필수적으로 탑재하게 되어 있다. 고도 25,000피트 이상 운항하는 항공기는 최소 10분 생존에 필요한 산소를 탑재하도록 규정하고 있다. 이 시간은 25,000피트에서 산소가 없어도 호흡이 가능한 고도 13,000피트로 내려오는 데 걸리는 시간을 4분으로 잡아 충분한 시간 여유를 갖도록 최소 10분으로 정하고 있다.

(2) 승객용 산소마스크는 Mechanical(Cylinder) Type과 Chemical Type으로 되어 있으며 천장에 매달린 마스크를 잡아당기면 화학적인 방법과, 미리 탑재된 산소통에 의하여 산소가 마스크에 공급된다. 항공기별 승객 최소 산소요구량은 B737 12분, A320/A321 15분, B777 22분. A330 22분이다. 일부 항공기는 산소통을 특정한 장소에 탑재하여 운항을 하기도 한다.

2) Oxygen 기본 System

(1) 조종사와 객실 승무원용 산소도 규정에 의하여 탑재하여야 한다. 조종사의 산소마스크는 조종석에 두 가지가 구비되어 있다. 하나는 조종석 좌석 좌우측에 있는 Quick Donning Mask와 PBE(Protective Breathing Equipment)라는 산소마스크로 연기나 화재 발생 시 사용하는 산소마스크다.

(2) Quick Donning Mask란 여압의 급강하가 발생하였을 시 즉시 착용할 수 있는 산소마스크란 의미이다. 항시 조종사의 손이 바로 닿아 꺼내서 머리에 쓰도록 되어 있다. 이 마스크에는 산소 100% 위치와 Cabin 공기와 혼합된 공기를 호흡하도록 한 Normal 위치가 있다. 화재 시에는 연기 때문에 100% 산소를 사용해야 한다. PBE는 화재가 발생하여 소화기를 사용할 때 머리에 착용하여야 하며 소화기를 사용할 때는 석면으로 된 장갑을 끼고 소화(消火)하여야 한다.

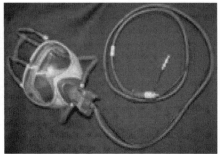

조종사 Quick Donning Mask

승객용 산소마스크   PBE

3) 승객용 산소는 Gaseous Oxygen Type과 Chemical Oxygen Type으로 구분된다. B747-400, B777F, B737, A-380은 Oxygen Cylinder를 B777, B737, A330, A320은 Chemical Oxygen Type을 쓴다.

Gaseous Oxygen Cylinder

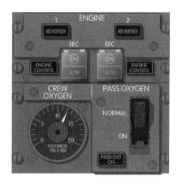

Passenger Oxygen Switch

4) 위 우측 그림에서 Cabin Altitude Warning이 나오면 조종사는 Passenger Oxygen Switch를 On 하여 객실 내의 산소마스크를 천장에서 떨어져 나오게 한다. 대부분 항공기는 Cabin Altitude가 14,000피트를 넘게 되면 자동적으로 승객이 앉아 있는 천장에서 떨어져 내려온다. 하지만 아래 그림과 같은 장치를 통하여 조종사의 판단에 의거 산소마스크를 떨어지게 할 수 있다.

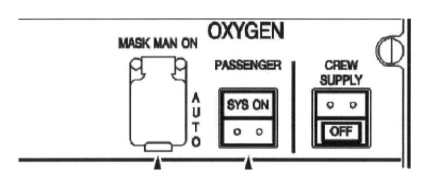

A-320 Passenger Oxygen Mask control Switch

제5절

Hydraulic/Landing Gear System

1. 개요

여객기가 대형화되고 고속으로 비행을 함에 따라 사람의 힘으로 공기압을 이겨내며 조종을 할 수 없게 되었다. 그래서 항공기를 정밀하면서도 힘이 들지 않게 조종하기 위해서는 유압 계통에 의하여 작동되어야만 한다. 유압 계통은 소형 프로펠러 항공기에서는 필요치 않다. 왜냐하면 항공기에 미치는 외부공기압이 별로 크지 않기 때문이다. 그래서 초기 항공기들은 기계적인 연결로 항공기를 제어할 수가 있었다. 하지만 항공기가 대형화되고 정밀화됨에 따라 유압 시스템을 이용하면 여러 장점이 있어 현재는 대부분의 항공기에서 유압 시스템을 채택하고 있다. 이 장에서는 유압 계통 작동 원리와 작동되는 과정을 알아본다.

2. 기본 원리

유압 계통이 작동되는 기본 원리는 파스칼의 정리에 의거한다. 밀폐된 공간에 채워진 유체에 힘을 가하면, 내부로 전달된 압력은 밀폐된 공간의 각 면에 동일한 압력이 작용하며 작동면의 면적의 넓이에 따라 압력의 크기를 조정할 수 있는 원리다.

3. 유압기본 구조

1) 통상 항공기에는 각 Engine에 하나씩 Hydraulic Pump가 장착되어 있다. Engine 구동에 따라 작동되는 IDG와 유사한 EDP(Engine-Driven Pump)가 장착되어 있고 전기나 공기압으로 작동되는 보조 Pump가 있다.

2) 항공기 Engine 수에 따라 Hydraulic Pump 장착 수가 다르다. 예를 들어 B-747 항공기에 장

착된 Hydraulic Pump 수는 4개이다. 4개나 장착되었기 때문에 별도로 보조 Pump는 장착되어 있지 않다. Engine이 두 개인 에어버스나 보잉 항공기는 보조 Hydraulic Pump를 포함하여 대부분 3개의 Hydraulic Pump가 구비되어 있다. 기본적으로 항공기에서 사용하는 Hydraulic Pressure는 3,000Psi 압력이다. 앞에서 언급한 원리에 의하여 Hydraulic Pump에서 고압을 만들어 필요한 계통에 보낸다. Hydraulic 각 계통을 살펴보면 다음과 같다.

3) 아래 그림은 유압을 만들어내는 EDP이다. EDP는 Engine Accessory에 장착되어 Turbine의 회전에 의하여 구동된다. 그래서 Engine Driven Pump(EDP)라고 명칭을 붙였다. 이러한 Pump가 각 Engine에 하나씩 부착되어 기본적으로 3,000 PSI로 유체를 가압하여 필요한 장비에 공급한다.

Engine Driven Hydraulic Pumps

4) 유압시스템의 장점은 중량에 비해 큰 힘과 동력을 얻을 수 있으며, 작동 시 운동 방향의 조절이 용이하고, 반응이 빠르다는 점이다. 또한 운동 속도의 범위가 넓고 원격조종이 가능하며 회로 구성이 단순하다.

5) 단점은 작동액인 유압액체가 고압으로 작동되기 때문에 누출되기 쉽고, 작동액의 온도가 쉽게 상승하여 과열될 가능성이 있어 정확도가 저하될 뿐만 아니라, 작동액이 연소될 수 있는 점이다. 따라서 유압액체는 비압축성이며 열팽창률이 적고 유동성이 좋으며 점성이 적은 액체를 사용하고 있다. 항공기에 일반적으로 광물성 액체나 식물성 액체 또는 합성 액체를 사용하여 위와 같은 문제점을 해결하고 있다.

6) 따라서 항공기가 고압의 유체를 사용함으로써 일어날 수 있는 유압액체의 누출과 압력의 완전누수 혹은 유압액체의 과열에 관하여 비상 처치절차가 모든 항공기에 설정되어 있다. EDP와는 별도로 AC 전류로 작동되는 ACMP(AC Motor Pump)라는 Hydraulic Pump가 장착되어 있다. 이 ACMP가 설치된 이유는 보조 Pump로서 계통에 Hydraulic 압력을 제공하고, 만약 EDP 어느 하나 혹은 두 개가 모두 OUT 되었을 경우 대체 압력을 형성하여 공급하기 위해서다. 또한 항공기를 주기하여

Engine을 정지시켰을 경우 Parking Brake 계통과 Cargo Door 여닫는 유압을 제공하기 위하여 전기로 작동하는 Pump를 장착하였고 전기로 작동된다고 하여 Electrical Pump라 한다.

7) 유압시스템의 구성품으로 Hydraulic 액체를 저장하여 Pump에 보내주는 Hydraulic Reservoir 가 하나씩 각 EDP에 연결되어 있다. Main Landing Gear 사이의 동체 밑에 보조 Reservoir와 함께 3개의 탱크가 부착되어 있다.

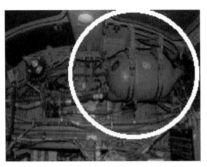

동체 밑에 장착된 항공기의 HYD Reservoirs와 한 종류

8) EDP와 ACMP(Ac Motor Pump) 공급 Line이 한 Reservoir에서 연결된 것을 볼 수 있다. 보조 전기 Pump는 별도의 Reservoir를 장착하지 않고 기존에 장착된 EDP Reservoir를 같이 사용한다. 주 Hydraulic Pump가 부작동 되면 남아 있는 유압용액은 계속 사용할 수 있기 때문이다.

9) 모든 항공기에는 Accumulator라 부르는 별도로 가압된 작동액체를 저장하는 장치가 있다. 이 저장 장치는 동력 펌프가 무 부하 상태일 때 계통에 공급되어 있는 작동유의 압력을 저장하도록 되어 있다. 목적은 주 펌프가 고장 났을 경우나 압력이 고르지 못할 때 일정량의 작동 유압을 필요한 부분에 공급할 수 있고 압력 Regulator의 수명을 연장시키기 위해서 있다. Accumulator 압력은 주기할 때 Parking Brake를 작동할 경우 또한 착륙 시 Normal Braking이 되지 않을 때 사용한다.

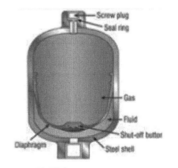

Hydraulic Accumulator와 단면도

10) 아래 그림은 Hydraulic System의 전형적인 유체흐름을 보여준다.

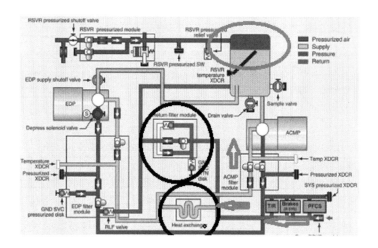

이 그림에서 알 수 있는 것은 Engine Bleed(그림: 맨 위 짙은 검은색 부분) 공기압이 Reservoir에 가압을 하고 있는 것이다. 이렇게 가압을 하는 이유는 작동액체가 흐르면서 기포가 발생하는 것을 방지하기 위한 것이다. 기포가 발생하면 장비에 불규칙한 압력이 가해져 장비 손상이 오기 때문이다. 또한 작동유체에 열이 발생하면 이를 식혀주는 Heat Exchanger가 있다. 작동유는 장비를 구동시키고 다시 Return Line을 통하여 Filter를 거쳐서 Reservoir로 되돌려진다.

11) 아래 그림은 B-737 항공기의 Hydraulic System을 개략적으로 보여준다. 이 그림에서 Check Valve는 화살표 한쪽 방향으로만 유체가 흐르도록 만든 특수 Valve이다. 또한 Filter는 장비를 작동하여 다시 Reservoir로 돌아가는 유압 액체를 걸러서 이물질을 제거하는 장치이다.

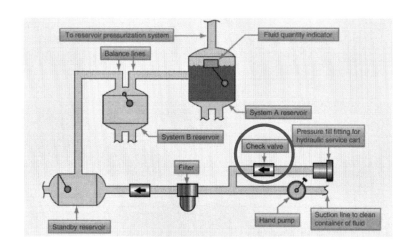

12) 아래 그림은 Airbus 320의 Hydraulic System의 개관도이다. #1 Engine(좌측 Engine)에서 EDP에 의거 생산되는 Hydraulic을 Green Hydraulic이라 하고 우측 Engine에 연결된 Pump는 Yellow Hydraulic이라 부른다. 전기로 작동되는 ACMP(AC Motor Pump)는 Blue Hydraulic이라 한다. Blue Hydraulic에는 RAT(Ram Air Turbine)이 연결되어 IDG(Integrated Drive Generator)가 모두 Fail 되었을 경우 Hydraulic Pump가 작동되어 생성되는 Hydraulic 유압이 연결되어 비상시 사용할 수 있게 되어 있다. 또한 Electrical Pump 두 개가 장착된 것을 볼 수 있다.

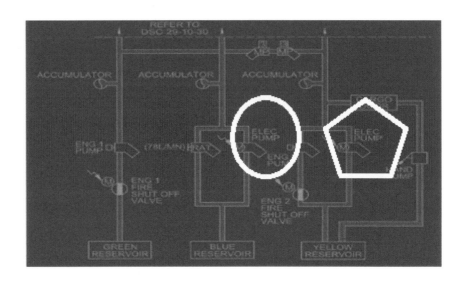

13) 아래 그림은 B-737 항공기의 Hydraulic 작동 Schematic이다.

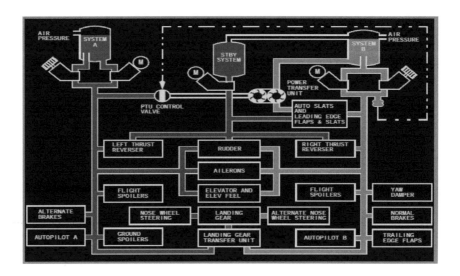

B-737 System은 두 개(A와 B)의 EDP가 있고 여기에 Electrical Pump가 장착이 되어 있다. 또한 전기로 작동하는 Stand By Pump가 별도 장착되어 System A와 B가 Fail 되었을 경우에 작동하여 Trust Reversers, Rudder, Leading edge flaps and slats(extend only), Standby Yaw Damper를 작동시킨다. 다음 그림은 Airbus 항공기 A-320의 Hydraulic Schematic이다.

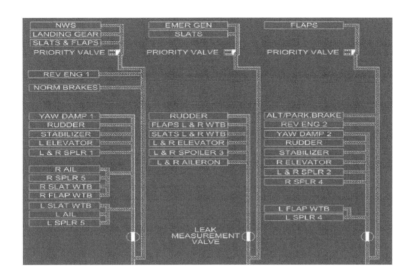

14) 위 그림에서 Hydraulic Green은 Landing Gear 계통에 Yellow는 Flap 계통에 유압을 제공하고 세 Hydraulic은 서로 Back Up 유압으로 보완 작동하고 있는 것을 알 수가 있다.

15) 모든 항공기에 PTU(Power Transfer Unit)라는 부품이 장착되어 있다. PTU는 한 Hydraulic System이 Out 되었을 경우 작동되는 System에서 부작동 System으로 Hydraulic Pressure를 공급하는 장치이다. AirBus에서는 EDP 두 개의 Hydraulic System 중에 한 개가 부작동 되어 압력의 차이가 발생되었을 때 작동된다. A320은 Green과 Yellow Hydraulic의 압력 차이가 500 Psi 이상 차이가 났을 때 작동된다. B-737 항공기는 Airbus와 약간 달라 System B가 Failure 되었을 때 System A의 Hydraulic Power가 System B를 작동시키면서 Autoslats와 leading edge flaps and slats를 작동시킬 수 있도록 유압을 생성해준다.

16) 다음 그림은 항공기에 장착되어 있는 PTU의 실제 모양과 Airbus와 Boeing 항공기의 PTU Schematic이다.

PTU 장치

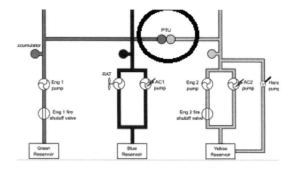

Airbus 320 PTU

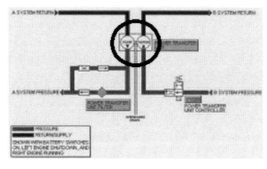

B-737 PTU

17) Hydraulic System의 작동은 Cockpit에서 조종사가 장비 작동 명령을 내리면 관련 Sys'에 유압을 보내어 작동한다. 예를 들어 Landing Gear Lever를 down 하여 전기적 신호를 Landing Gear Servo에 명령을 내리면 Landing Gear Servo는 Hydraulic Line을 열어 유압을 보내어 Landing Gear가 Down 된다. 이때 작동에 쓰인 유체는 Return 절차에 의거 Reservoir로 돌아가게 된다. 모든 Hydraulic System은 위와 같은 원리로 작동한다.

4. Landing Gear System

1) Hydraulic을 사용하여 작동하는 대표적인 장치가 Landing Gear System이다. 항공기 중량이 커질수록 Landing Gear 수와 Tire 장착 수도 달라진다. 소형항공기는 3개가 장착되어 있으나 대형항공기에는 자중을 견디기 위하여 더 많은 Landing Gear가 장착되어 있고 명칭도 B-747은 Wing, Body Gear라 부른다. 각 Landing Gear는 저항을 줄이기 위하여 동체 안에 넣었다가 다시 내릴 수 있도록 고안되어 있고 이것을 위하여 Gear Door가 있다. Gear Door는 Gear를 내리기 전에 열리고 Landing

Gear가 내려오면 다시 닫혀 공기 저항을 최소화 한다. Landing Gear를 올릴 때는 역으로 이 메커니즘이 작동한다.

2) Nose Landing Gear System에는 지상 활주를 위하여 방향을 135도 이상 바꿀 수 있는 Steering이 장착되어 있고 Left/Right Main Landing Gear에는 착륙 후 항공기 감속을 위하여 Brake System이 있다. 또한 이착륙 시 미끄럼 방지를 위하여 Anti skid System, 그리고 착륙 중량이 무겁고 고속이기 때문에 일정한 압력으로 감속을 하기 위하여 Auto Braking System이 장착되어 있다. 특이하게 Airbus 항공기에는 Brake의 과열 상태를 알아보는 온도 감지기가 있고 열을 식히는 Cooling System도 있다.

3) Hydraulic과 전기적 결함이 발생하였을 때 예비로 Landing Gear를 내릴 수 있는 Alternate Landing Gear Down System(Airbus: Emergency extension)이 별도로 구비되어 있다. 한번 Alternate 방법으로 Landing Gear를 내리면 다시 올리지 말아야 한다. Landing Gear의 작동은 조종석 우측에 설치된 Landing Gear Lever를 Up/Down 하면 전기적인 신호로 Hydraulic과 전기 모터를 작동시키어 기계적 순서에 의하여 작동을 한다. Landing Gear System에 작용되는 저항의 힘을 속도로 제한하고 있다. Parking Brake System이 Landing Gear System에 연계되어 있다.

Main gear Brakes

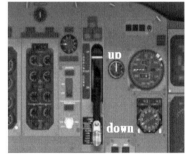

Landing Gear Lever

4) 예전에는 Landing Gear Trouble이 해마다 여러 번 발생하였지만 최근에는 거의 완벽한 기계적 설계로 거의 일어나지 않는다. 하지만 Main Gear 한쪽만 내려온다든지 하는 불균형적인 Landing Gear Unsafe 시 처치절차가 잘 수립되어 있다. 이 절차만 착실히 수행하면 안전착륙에 큰 문제는 발생하지 않는다.

5) 통상 Landing Gear Door가 열렸을 때 걸리는 하중이 적도록 설계되어 있다. 따라서 Landing Gear를 Hi Speed에서 올리면 Gear Door가 열려 많은 하중이 걸리고 손상이 오게 된다. 이를 방지하기 위하여 항시 제한치보다 적은 속도에서 올려야 한다. 속도가 많은 상태에서 Landing Gear를 올리다가

Gear Door가 찢어져 Gaer가 다시 올라가지 않은 사례도 있다.

6) Rejected Take Off 후나 착륙 후 Brake System의 Temperature를 알려주기 위한 온도감지기와 Display System, 그리고 온도가 올라갔을 때 식혀주기 위한 Brake Fan이 Airbus 계통에는 마련되어 있다. B-737은 착륙 시 혹은 Rejected Take Off 당시의 항공기 자중과 속도를 가지고 QRH에서 Energy를 계산하여 Cooling Time을 결정한다. Airbus보다는 Brake System이 튼튼하게 설계되어 Brake System보다 Tire Fuse가 Melt Down(녹아내리는) 되는 경우가 흔하다.

자동비행장치(Auto Pilot System)

1. 개요

민간항공기 조종은 어떻게 할까? 수 시간에서 12시간이 넘는 비행을 할 때 조종사들은 계속적으로 조종간을 두 손으로 잡고 수동으로 비행을 하고 있는 것일까? 두 명의 조종사가 탑승하여 조종을 한다는데 교대로 조종하고 있는 것은 아닐까? 자동으로 비행을 한다는데 어떻게 무슨 방법으로 자동비행을 할까? 지금부터 이러한 여러 가지 의문에 대하여 알아보기로 한다. 먼저 자동비행장치에 대하여 원리와 구성을 알아보고 현재 민간항공기에서 사용하고 있는 자동비행장치에 대하여 알아보자.

2. 자동비행장치 개념과 원리

1) 오늘날 모든 항공기가 Auto Pilot System으로 비행을 하고 있다. 하지만 소형 혹은 구형 항공기는 아직도 수동으로 비행을 하고 있다. 그리고 20석 미만의 소형항공기와 근거리 운항을 하면서 두 명의 조종사가 운항하는 항공기는 수동 장치로 비행을 하고 있다. 왜냐하면 자동비행 장치를 소형 항공기에 장착할 경우 많은 비용이 소요되어 비용측면에서 문제가 있기 때문이다.

2) 20석 이상의 항공기에는 국제 항공법에 의하여 자동비행 장치를 장착해야만 한다. 항공기에 대한 자동비행 장치를 조종 통제하는 방법은 3가지가 있다. 먼저 공간의 한 축인 Roll 축에 대하여 자동비행 장치가 초기에 만들어졌다. 이 장치는 여러 제한점 때문에 Wing Levellers(날개 수평 자)라 부르기도 하였다.

3) 두 축 자동비행장치는 항공기를 Roll과 Pitch 축에 대하여 조종통제 한다. 한 축 장치인 Wings leveller보다 Pitch 진동을 수정하는 능력이 진보되었다. 실제 탑재된 항법장비로부터 신호를 받아서 자동비행 유도를 항공기가 이륙 후부터 착륙 때까지 잠깐 동안 받게 하였으나 비행능력은 그다지 효

율적이지 않았다. 여기에 마지막 Yaw 축에 대한 정보가 추가 입력이 되어 3축에 관한 자동비행장치가 드디어 완성되었다.

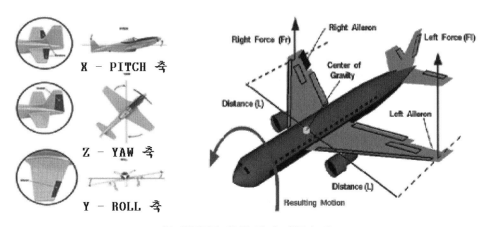

자동비행장치의 개념을 만드는 항공기 3축

4) 현대의 복잡한 항공기의 자동비행장치는 3축에 관한 자동비행 장치이고 일반적으로 비행단계를 지상 활주, 이륙, 상승, 순항, 강하, 접근과 착륙으로 모두 7단계로 나누어 비행하고 있다. 활주와 이륙 단계를 제외하고 모든 단계에서 자동비행장치를 활용하여 비행을 한다. 따라서 조종사는 수동으로 지상 Taxi와 이륙을 하고 나서 일정 고도 이상 상승하면 Auto Pilot을 Engage 하여 자동비행장치로 비행을 하고 상승, 순항, 강하, 접근뿐만 아니라 착륙하여 일부 구간 착륙활주까지 자동비행장치로 비행을 한다. 착륙 후 활주로를 개방하고 주기장까지 Taxi 하는 것은 아직도 수동으로 하고 있다.

5) 한편 자동비행 장치로 접근과 착륙을 할 수 있으며 이것을 Auto Landing이라 한다. Auto Landing은 기상 상태에 따라 CAT1, CAT2 CAT3(제5장 참조)로 구분되며 활주로에 구비된 착륙 보조 시설과 조종사 자격 그리고 현재 기상에 따라 등급이 정해진다.

6) 좀 더 상세히 원리를 설명하자면 Autopilot System은 컨베이어벨트 같은 연속되는 형태의 에러를 줄여주는 System과 협동하여 작동된다. 이 System은 어느 하나의 작은 Error를 줄이기 위하여 각기 다른 방향으로 그리고 전체적으로 외부 영향을 제로로 만드는 방향으로 문제를 다루고 해결한다. 문제가 발생되면 이런 방식으로 Error를 없애고 기본적인 모델과의 불일치점을 찾아내어 Digital Signal Processing(디지털 신호 처리) 방법으로 문제를 해결하게 하였다. 여기서 문제 해결 방식으로 대부분 6차원의 Kalman Filter를 사용한다.

Kalman Filter란 시간 변화, 비정상(Nonstationary), 다중 채널 시스템을 포함한 모든 선형 시스템에 적용 가능한 순환 필터로 잡음이 섞여 있는 기존의 관측 값을 최소 제곱법을 통해 분석함으로써 일정 시간 후 위치를 예측할 수 있도록 하는 최적의 수학적 계산 과정이다. 이 Kalman Filter는 인공위성 항법 자료의 실시간 처리에 활용되며, 해양탐사 자료의 필터링에도 사용된다. Kalman Filter를 사용하는 이유는 항공기가 공간에서 이동한다는 것은 현재 있는 위치를 X축으로 생각할 때 항공기가 6차원적으로 움직인다고 생각할 수가 있어 6차원의 선형 수학체계를 적용하는 것이다.

3. 자동비행장치 종류

현재 사용되고 있는 자동비행장치의 종류에는 다음 두 가지가 있다.

1) CWS(Control Wheel Steering)라는 비행방식이 있다. 이 비행 방식은 완전 자동항법비행과 Manual(수동) 비행사이의 중간 방식의 비행이다.

(1) CWS는 초기에 사용되었고 지금도 일부 항공기에서 응용하여 사용한다.

(2) CWS는 오늘날 많은 항공기에 사용되는 기능중의 하나이다. 일반적으로 CWS가 갖추어진 자동비행장치는 CWS Roll. Pitch Mode와 CMD(Command) Mode가 있다. CWS Mode는 조종사가 Control Stick에 들어오는 신호를 통하여 원하는 Pitch와 Roll을 Control Stick에 가하면 항공기는 조종사가 입력한 자세를 기억하여 그 자세를 그대로 유지한다.

예를 들어 강하선회를 하고자 고도와 Heading을 Set 하고 Pitch와 Roll을 Stick에 입력하면 항공기가 강하 선회를 하여 자동으로 Set 한 고도와 방위에 따라 비행을 하는 일종의 Semi Active 자동조종 형태이다. 조종사는 처음에 원하는 Pitch와 항공기 Bank를 입력하였지만 바람 등 여러 외부적인 환경에 따라 달라지므로 지속적으로 자신이 원하는 Pitch와 Bank를 수정해주어야 한다.

(3) B-737은 위의 CWS와 CMD Mode를 가진 자동비행장치 System을 채택하고 있다. Airbus에서 운용하는 Flyby Wire는 CWS Mode를 사용하고 있다. 주 차이점은 CWS Mode는 항공기의 제한 사항이 Flight Computer에 의하여 보호되고 있고 조종사가 이 제한 사항을 지나쳐 항공기를 조종할 수가 없는 점이다.

(4) CWS 방식 중 CMD Mode가 있다. 이 Mode에서는 항공기를 완전히 자동 조종하고 Heading, 고도 Setting, Radio와 NAVAIDS(여러 항법 장비들) 혹은 FMS(컴퓨터)로부터 오는 모든 입력신호를 수신하여 항공기를 자동 조종한다. 민간항공기에서는 대부분 이 CMD Mode를 이용하여 비행을 하고 있다.

B-737 항공기의 CWS Mode Auto Pilot

2) SAS(Stability Augmentation System)라는 비행방식이다. SAS는 주로 항공기의 Buffering을 완화하는 기능을 한다. SAS는 항공기를 자동으로 X, Y 2축에 대하여 안정을 시키고 여기에 Z 축에 관한 Yaw 기능을 추가하여 3축에 대하여 안정을 시키는 방식이다. 가장 일반적인 SAS는 Yaw Damper로서 항공기의 후퇴익에서 발생하는 Dutch Roll을 제거하기 위하여 사용된다.

(1) Yaw Damper는 통상 하나의 Yaw Rate Sensor와 Computer, Amplifier 그리고 Servo Actuator로 구성되어 있다. Yaw Damper는 항공기가 Dutch Roll이 시작되면 Yaw Rate Sensor가 이것을 인지한다.

(2) 컴퓨터는 Yaw Rate Sensor로부터 오는 신호를 분석하여 Dutch Roll을 완화하기 위하여 얼마나 Rudder를 움직여야 할 것인지를 결정한다. 컴퓨터는 계산한 결과를 작동 Servo에 전달하여 Rudder를 움직인다. 그러면 Dutch Roll은 완화되고 항공기는 YAW 축에 대하여 안정이 된다. 참고로 Dutch Roll이란 항공기의 옆 미끄럼 안정성이 방향안정성에 비하여 과대할 때 일어나는 가로방향의 안정을 다시 회복하려는 주기적인 비행운동이다.

조종사가 Monitor 하는
계기(PFD)에 Dispaly 된
CWS Auto Pilot Mode

(3) 위에서 언급한 공간 3축에 대한 자동비행 장치는 기계적인 장치만으로 작동되는 것이 아니고 오차를 줄여서 정밀하게 작동해야 하기 때문에 여기에서 컴퓨터를 이용하여 계산을 하고 Error를 줄이도록 하였다.

(4) 그리고 컴퓨터가 연산을 하도록 Data를 제공하고 그 결과 항공기 제어 상태를 나타내주어 조종사에게 인지하게 하는 계기와 계기에 나타난 현 상태를 보고 원하는 비행 상태로 만들기 위한

새로운 명령을 보내주는 비행 조종명령계통 등을 총망라하여 이 모든 체계를 Flight Management System이라 한다.

4. 자동비행을 하려면 다음과 같은 체계와 비행 장치가 있어야 한다.

① 컴퓨터화 된 유도 프로그램, 무선수신기 등의 명령 조종 장치

② 자이로스코프 · 가속도계 · 고도계 · 공기속도계 등의 운동과 위치 감지 장치

③ 프로그램에 입력된 매개변수와 항공기의 실제 위치/운동을 비교하는 컴퓨터

④ 비행체의 기관을 작동시키는 서보모터(servomotor: 서보기구에서 증폭한 편차신호를 구동력으로 위치 · 속도 수정용 동력원)와 수정이나 변경이 필요할 때 비행을 바꾸는 조종면 등 4개의 주요부분으로 이루어져 있다. 이러한 모든 체계를 Flight Management System이라 하며 Flight Management(FM) part와 Flight Guidance(FG) part 두 분야로 구분할 수 있다.

1) Flight Management(FM) part는 다음과 같은 기능을 가진다.

① Navigation and management of navigation radios

② Management of flight planning

③ Prediction and optimization of performance

④ Display management.

2) Flight Guidance(FG) part는 다음과 같은 기능을 가진다.

① Autopilot(AP) command

② Flight Director(FD) command

③ Autothrust(A/THR) command.

5. Fly by wire

1) 개요

Fly-By-Wire를 글자대로 표현하자면 전선 신호 전달체계에 의한 항공기 조종 방식이라고 정의할 수 있겠다. 항공기가 나온 초기에는 조종간과 방향타와 여타 조종면과는 Cable 줄 연결에 의한 비행 조종 방식이었다. 그 이후 차츰 유압 방식 등에 의한 동력 전달, 기계적 전달 방법 등으로 발전

사용되었다. 그러다 항공기가 발달됨에 따라 인간의 힘에 의한 조종에 한계가 오고, 각종 장비들 간의 동력 전달과 연결 등에 문제가 생기면서 조종간과 각 동작부위 사이를 전기적 신호로 연결하고 해당 부위에 전기모터나 유압 시스템 등을 적용하여 비행기의 조종을 실행하는 방식으로 발전하게 되었다. 지금도 어떤 항공기는 강철 Cable에 의하여 조타면을 연결하여 조종하고 있다. 이러한 항공기에는 Yoke라는 조종간이 있어서 Auto Pilot을 사용하기 전에는 조종사의 힘으로 비행을 하고 조종사의 힘을 줄이기 위하여 Trim을 부착하여 사용하고 있다.

Fly by wire로 작동하는 항공기의 조종석과 Control Stick

2) Fly By Wire의 장점은 다음 네 가지로 요약할 수 있다.
　① 기체의 중량을 줄여 연료소모를 줄이고 더 많은 승객을 태울 수 있다.
　② 항공기 기체의 정밀한 제어가 가능하다.
　③ 복잡해지고 대형화된 항공기를 조종하기에 적합하다.
　④ 조종석 공간이 넓어 설계에 좋다.

3) 반면 Fly By Wire의 단점은 다음과 같다.
　① 컴퓨터 부작동이나 오류 시 불안정하다.
　② 개발비용이 많이 소요된다. 컴퓨터의 비행제어 소프트웨어를 개발하려면 수많은 풍동 실험과 실제 비행을 해야 한다. 이때 개발비가 많이 소요된다.
　③ EMP에 대하여 취약하다. EMP란(Electromagnetic Pulse) 직역하면 전자기 펄스라고 하고 전자 장비를 파괴시킬 정도의 강력한 전기장과 자기장을 지닌 순간적인 전자기적 충격파를 말한다. EMP는 핵폭발이나 기타 전자적 방법으로 생성이 가능한 전자기파로, 작동하고 있는 전자회로를 태워 버릴 수 있을 정도로 강력한 전자적 위력을 지닌 파장이다.

4) Fly by Wire로 작동되는 항공기는 다음 3가지로 Auto Pilot 상태에 따라서 항공기 조종 방법을 달리하고 있다. 즉 항공기의 모든 조타면이 조종사의 Control Stick에 연결된 Cable에 직접 연결되

어 있지 않고 전기적인 신호에 의하여 전기 모터나 Hydraulic Motor를 움직여서 작동되기 때문에 전기가 out 된다든가 어느 조타면을 Control 하는 Hydraulic 그리고 이를 Control 하는 컴퓨터가 부작동되거나 오류가 있을 경우에는 Flight Control 자체가 불안정하게 된다. 위의 단점 1번 항에 해당된다. 항공기가 정상 작동할 때의 Flight Control 상태를 Normal Law라 하고 불안정한 상태로 되는 것을 Alternate Law라 한다. 이러한 Mode에 관한 사항은 Flight Control 편에서 다루기로 한다.

6. Instrument and Device for Auto Pilot Flying

자동비행을 하려면 다음과 같은 계기와 비행장치가 있어야 한다. 현재 모든 민간항공기에 아래와 같은 계기와 비행장치가 구비되어 있다.

1) 항법장비

(1) INS(Inertial Navigation System) / IRS(Inertial Reference System)

관성 항법 장치는 공간에서 자기의 위치를 감지하여 목적지까지 유도하기 위한 장치이다. 작동 원리는 고속으로 회전하는 회전체 자이로스코프에서 방위 기준을 정하고, 가속도계를 이용하여 이동 변위를 구한다. 처음 있던 위치를 입력하면 항공기가 움직여 이동해도 자기의 위치와 속도를 항상 계산해 파악할 수 있다. 악천후나 전파 방해의 영향을 받지 않는다고 하는 장점을 가지지만 긴 거리를 이동하면 오차가 누적되어 커지므로 GPS나 지상에 설치된 여러 항법 장비에 의하여 Error를 보정하여 사용한다.

현재는 INS 대신 IRS를 장착하고 운항하고 있다. IRS는 항공기의 3축 방향의 가속도를 검출하여 적분해서 속도를 구하고 다시 속도를 적분하여 이동 거리를 구하는 원리를 이용한다. 관성 항법 장치(INS)에서는 기계식 자이로에 의해 기준을 구했으나 관성 기준 장치(IRS)에서는 레이저 자이로를 사용한 감지기(Sensor)에서 얻은 신호를 계산해서 기준 신호를 구한다. 이 IRS에서 모든 항공기 비행과 위치 정보인 가속도, 속도, 각속도 등이 측정되어 항공기 주 컴퓨터에 입력이 된다.

항공기에 장착된 IRS

(2) GPS(Global Positioning System)

최소 3개의 GPS 위성에서 보내는 신호를 동시 수신하여 항공기의 현재 위치를 계산하는 위성항법시스템이다. 최근에는 여러 분야에서 광범위하게 쓰인다. 모든 민간항공기가 정밀한 항법을 수행하기 위하여 반드시 장착해야 될 장비이며 2개 이상의 GPS 수신기를 장착하고 있다. 미래의 항법과 접근 방법으로 별도의 GPS 수신기를 지상에 설치하여 위성으로부터 오는 신호의 Error를 최소로 줄여 재생산하여 항공기에 지상에서 재발사하는 방법이 연구되었다. 이것을 WAAS(Wide Area Augmentation System)나 LAAS(Local Area Augmentation System) 혹은 GBAS라 하며 미국에서는 이 장비를 설치하여 일부 운영하고 있으며 **가까운 미래(2022년 예상)에 이 접근방법이 시행될 것이다.** 이 사항에 대해서 제6장에서 논의하겠다.

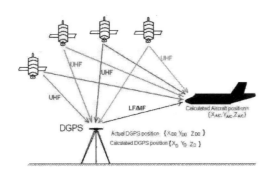
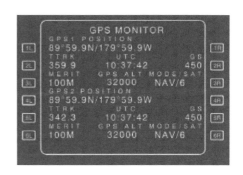

위성에서 위치정보를 받아 항공기 컴퓨터에 의하여 정확한 위치를 계산해낸다. 위 우측 그림은 두 개의 현재의 GPS 위치와 Error를 보여준다. 현재 GPS를 이용하여 RNAV/LNAV, GLS 접근을 수행하고 있다.

(3) ADIRU(Air Data and Inertial Reference Units)

ADIRU는 ADC(Air Data Computer)의 자료와 GPIRS(IRS+GPS= Global Positioning/Inertial Reference System)의 정보를 통합하여 비행자료를 생산하는 컴퓨터다. ADIRU는 항공기 위치정보, 고도, 속도 항공기 자세, Flight Displays, Flight management computers, Flight controls, Engine controls 과 모든 System에 필요한 Inertial and air data를 생산한다. 보통 한 항공기에 ADIRU가 3개 있으며 이 모든 것을 통틀어 ADIRS(System)이라 한다.

ADC(ACM)

ADIRU 장비

① ADC/ADM/ADR(Air Data Computer/Air Data Module/Air Data Reference)

ADC(=ADM=ADR)는 항공기 외부에서 측정된 공기 상태를 분석하여 항공기 조종에 필요한 여러 자료를 만드는 컴퓨터로 생산된 자료를 ADIRU에 제공한다. 아래 그림은 ADC/ADM/ADR이 항공기 외부에 장착된 대기 측정 장치와 연결된 상태를 보여주고 있다.

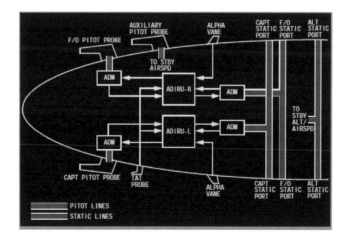

위 그림에서 볼 수 있듯이 항공기 외부에 장착된 다음과 같은 여러 장치에서 현재의 대기 상태를 측정하고 인지하여 ADC/ADM/ADR에 보내어 속도, 고도 등 여러 필요한 자료를 생산하도록 한다. 외부에 장착된 4개의 각기 다른 Sensor는 다음과 같다.

    Ⓐ Pitot probes (3개)

    Ⓑ Static pressure probes(STAT) (6)

    Ⓒ Angle of attack sensors(AOA) (3)

    Ⓓ Total air temperature probes(TAT) (2)

위 그림에서 Stan By System에서 받은 Air Data는 직접 Stand By 계기에 입력이 된다. 모든 항공기에는 Stand By 계기로 Attitude, Altitude, Air Speed Indicator가 있다.

② GPIRS(IRS+GPS= Global Positioning/Inertial Reference System)

항공기마다 통상 3개의 IRS와 두 개의 GPS 수신기가 장착되어 있다. 이 다섯 개 장비에서 수신된 정보를 종합하여 항공기의 정밀한 현재의 위치를 결정하고 위치 정보를 포함한 모든 Data를 ADIRU에 보낸다.

③ 아래 그림은 Airbus 항공기에 실제 장착된 IRS와 ADR(=ADC)이 통합된 ADIRU를 보여준다. 조종사는 비행 전에 NAV Switch를 off 위치에서 NAV로 놓고 현 항공기 위치 정보를 FMC 주 컴퓨터에 입력을 하여 Tuning을 하면 일정시간이 지나 GPS와 IRS가 Align(동조)된다. 완전히 동조가 끝나면 항공기 주 컴퓨터 FMC에 "GPS PRIMARY"라는 문구가 나타난다. B-737 항공기는 Align이 완료되었을 경우 특별한 문구가 나오지는 않는다. 다만 Align이 되지 않았을 경우 ALIGN Lights가 점멸된다든지, Fault Light가 들어온다. 이 같은 현상은 Airbus에서도 동일하게 나타난다.

Inertial System Display Unit(ISDU)

GPIRS

④ 위 그림은 항공기의 Overhead Panel에 있는 ISDU(IRS Display Unit)로 IRS를 Align을 시키기 위하여 Align S/W를 NAV에 놓고 FMC에 좌표를 입력하면 5-10분 후에 Align 된다. Align S/w 위에 있는 기재들은 FMC에 좌표를 입력 못하게 되었을 경우 Manual로 입력할 수 있는 Key Board로 된 장치이다.

(4) VOR과 DME(VHF: Very High Frequency, DME: Distance Measuring Equipment)

초단파대의 전파를 사용하여 비행하는 항공기에 VOR 위치에 대한 방위 정보를 연속적으로 제공해준다. 항공기에 방위 정보를 제공하는 VOR과 지상 장치와 거리 정보를 제공하는 거리 측정 장치(DME)를 설치하여, 항공기가 이 송신국으로부터 동시에 방위와 거리 정보를 수신하여 그 위치를 결정할 수 있다. ICAO 추천 대표적인 단거리 항해 원조 시설로 세계적으로 가장 많이 보급되어 있다. 최대 통달거리는 200NM이며, 항공기에 두 개의 수신기를 장착하여 사용하고 있다. 정밀항법 장비가 부작동 될 경우는 이 장비를 이용하여 비 정밀접근을 수행한다.

2) FMC(Flight Management computer)/CDU(Computer Display Unit)

FMC는 항공기의 운항을 보다 안전하고 효율적으로 실행하며 경제성을 향상시킬 목적으로 개발된 컴퓨터이다. 항공기에 탑재하여 소프트웨어에 미리 입력시킨 항공기의 성능 자료에 따라서 비행 운항자료를 산출하여 표시 및 조종을 하는 기능을 통합시킨 컴퓨터시스템이다. 조종석에는 모니터인 CDU가 최소한 두 개가 있고 CPU는 전자장비실에 있다. 조종사는 항공기 조종에 관한 여러 DATA를 입력하고 또한 비행단계의 모니터에는 비행 명령을 입력할 수가 있다. FMC는 조종사 좌석 밑에 있는 전자 장비실에 있으며 CDU는 Monitor이다.

항공기에 따라 다르나 통상 두 개의 FMC와 CDU가 있어 두 조종사가 사용하고 두 컴퓨터는 각기 작동을 하면서 서로 대화를 하여 오차를 줄이고, 만약 어느 한쪽 컴퓨터가 결함이 생기게 되면 Error가 발생하지 않은 쪽의 자료를 복사하여 운영하기도 한다.

항공기에 장착된 FMC의 CDU

확대한 CDU

3) PFD(Primary Flight Display)

PFD에는 항공기의 모든 비행정보가 나타난다. 항공기 비행 상태 즉 상승강하 선회를 나타내는 자세계와 속도계, 고도 계, 자동비행 상태, 항공기 Power 상태, 계기접근 상황, 항공기 Heading 등 모든 항공기의 현 비행 상태를 나타내고 지시해준다. 이곳에는 조종사가 FMC에 입력하거나 MCP(Mode Control Panel＝FCU: Flight Control Unit)에 비행 명령을 내리고 실행이 될 때 모든 항공기의 비행변화가 이곳에 나타나게 되어 있다. 특히 FMA(Flight Mode Annunciator)라 하여 PFD 상단에 글자로 항공기의 속도, Thrust, 고도, 방위, 강하율 등이 명시된다. 따라서 조종사는 항공기의 조종 명령을 내린 후 제대로 실행이 되고 있는가를 반드시 이 FMA를 확인하여야 한다. (FMA: 제8절 PFD, ND/별지 그림 2 참조)

4) ND(Navigation Display)

ND는 기본적으로 주기된 장소부터 이륙, 착륙까지 전 비행구간의 비행경로를 나타내준다. 여기에 다음 구간까지의 시간과 거리가 표시되고, 비행하는 경로의 바람 방향, 세기, TAS, GAS와 기상 레이로 포착한 비구름 영상 등을 보여준다. 또한 비행경로의 주요 항법 장비와 Way Point, 지형지물의 대략적인 형상과 높이, 같은 공간에서 비행하는 다른 항공기의 위치와 접근 양상을 나타내준다. 또한 접근 시 접근 형태와 항공기의 궤적을 나타내주며 접근 Course에 정확히 가고 있는지의 여부를 보여준다.

7. Auto Pilot 비행을 수행하기 위한 Guidance 장치는 다음과 같다.

1) Auto pilot Engaged Guidance

앞서 언급한 자동비행장치가 있어야 하고 특히 보잉항공기에서는 PFD에 CMD가 시현되어야 하고 Airbus에서는 AP 글자가 나타나야 Auto pilot가 Engaged 된 것이다. 조종사가 이륙 후 Auto Pilot Mode를 Engage 하면 B-737 항공기는 PFD상에 CMD가 시현되어야 하고 AP Switch상에 역시 light가 들어와야 한다. Airbus는 AP1 혹은 AP2, 350피트에서 CMD가 Displayed 되어야 한다. 아래 그림은 Boeing/Airbus 항공기의 Auto pilot의 작동 상태를 나타내준다.

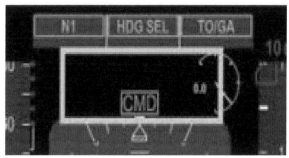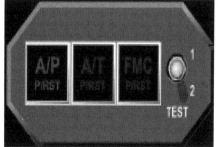

Boeing 항공기 PFD상의 Command(CMD), Auto pilot Light ON

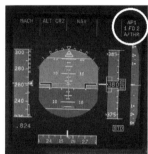

Airbus의 PFD AP1과 FCU(=MCP)상의 AP Light가 On 된 상태

2) Flight Director(FD)

Flight Director는 항공기의 비행 자세 계기로 계획된 항공기 진로에 대하여 진행상태를 나타내준다. Flight Director는 항공기 3축에 대한 고도 강하 상승 그리고 선회에 대하여 지시를 해주고 항공기의 현 자세를 나타내준다.

자동 비행항법장치에서 반드시 있어야 할 계기로, 예를 들어 조종사가 현재 위치에서 3,000피트 고도를 강하하고자 할 때 고도계에 3,000피트 아래의 고도를 Set 하고 Auto Pilot에 명령을 내리면 컴퓨터는 강하각을 계산하고 이것을 Flight Dierctor에 전달한다. Flight Director는 항공기 조종계통에 지시를 하여 계산된 각도로 내려가면서 그 강하각을 Flight Director에 나타내게 된다. 이처럼 모든 조종행위가 이 Flight Director에 의하여 지시되고 나타나며 조종사는 이것을 따라가면서 원하는 경로에 도달하게 된다. Flight Director는 Pitch Bar와 Yaw Bar로 구성되어 있다. Pitch Bar는 상승강하를 Yaw Bar는 좌우 선회를 나타낸다. Flight Director의 모양도 여러 형태이지만 별지 그림의 Flight Director는 현재 민간항공기에서 운영하는 전형적인 것이다. (FD: 별지 그림 3 참조)

3) Auto Thrust(A/THR)

(1) Auto thrust는 항공기 추진력을 자동으로 control 하는 장치이다. 조종사가 사전에 입력한 Power의 설정과 속도에 따라 자동으로 필요한 Power가 되며 착륙 접근할 때도 이 Auto Thrust가 역할을 하며 이 장치가 있어야만 Auto Landing이 가능하다. Boeing 항공기에서는 Auto Throttle(A/THR)이라 부르고 Airbus에서는 Auto Thrust(A/THR)라 한다. 약자는 똑같이 쓴다.

(2) 이 두 System의 차이점은 Auto Throttle은 기기가 움직이면서 필요한 만큼의 Power를 Set 하며 Auto Thrust는 Lever를 사용하여 특정부위의 위치에 놓으면 움직이지 않고 컴퓨터에 의하여 조종사가 미리 설정한 Power나 속도에 따라 Set 된다. 그런데 Auto Thrust도 조종사가 수동(Manual)으로 조종을 한다면 Auto Throttle과 똑같이 움직여서 사용할 수가 있다. MCP에 있는 A/THR Arm Switch를 누르거나 올리면 A/THR Light가 ON이 되면서 작동하게 된다.

(3) 아래 그림은 현재 민간항공기에서 사용되고 있는 Auto Throttle(A/T)과 Autothrust Lever(A/TL)다.

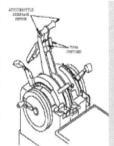

Auto Throttle

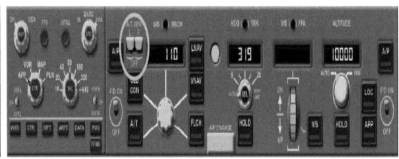

B-737/777 A/T Arm Switch

A-320 Auto Thrust Lever, Arm Switch, A/Thr Engaged

(4) B-737 A/T에는 다음과 같은 여러 가지 위치가 있다. 항공기의 Auto Flight System과 함께 작동하여 8가지 Engaged Mode로 FMA에 Display 된다.

Auto Throttle Position

① TO G/A(Takeoff Go-Around) ② R-TO(Reduced Takeoff) ③ R-CLB(Reduced Climb

④ CLB(climb) ⑤ CRZ(cruise) ⑥ CON(continuous) ⑦ IDLE(Power Idle)

⑧ THR Hold(Throttle Hold) ⑨ Reverse Idle ⑩ Full Reverse

A/T engaged Mode(아래 괄호는 PFD에 나타나는 색깔이다.)

① N1(green) ② GA(green) ③ Retard(green) ④ FMC SPD(green)

⑤ MCP SPD(green) ⑥ THR HLD(green) ⑦ ARM(white)

(5) Airbus 320 A/THR에는 다음과 같은 6가지 위치가 있다.

① TO GA: Max takeoff, Go-Around thrust

② FLX MCT: Max continuous thrust (or *FLX at takeoff)

③ CL: Maximum climb thrust

④ IDLE: Idle thrust for both forward and reverse thrust

⑤ Reverse Idle ⑥ MAX REV: Maximum reverse thrust

(6) Airbus 320 A/THR은 Auto Fligt System과 연계되어 FMA에는 다음과 같이 Display 된다.

① Man TOGA ② Man Flx ③THR CLB ④ Mct ⑤ Speed ⑥ MACH ⑦ Idle

(7) A-320 Auto Throttle에 문제가 발생할 경우 LVR ASYM, LVR CLB, LVR MCT가 Thrust Mode FMA에 Display 된다. 이 FMA의 의미는 다음과 같다.

---

* FLX(Flexible): 항공기 이륙 추력은 외부 온도, 바람, 기타 여러 기상 변수에 따라 최대 추력에서 감소된 추력으로 설정하여 항공기 엔진의 수명을 늘리고, 연료를 절감할 수 있도록 하였다. 에어버스에서는 FLX Temperature, 보잉항공기는 Assumed Temperature라고 한다.

① LVR ASYM: 두 Engine이 작동될 때 하나의 Thrust Lever가 Climb 혹은 MCT/FLX detent 에 있으나 다른 Thrust Lever는 이들 위치가 아닌 다른 위치에 있을 때 Amber 글씨로 나타난다.

② LVR CLB: 두 Engine이 작동되는 상태에서 CLB Power로 Set 해야 될 고도가 지나 SET 해야 되나 하지 않았을 경우 White로 나온다.

③ LVR MCT: Engine이 Failure 되었으나 Thrust levers를 MCT 위치에 놓지 않았을 경우 White로 나온다.

4) MCP(Mode Control Panel = FCU: Flight Control Unit)

(1) MCP(FCU)는 자동비행장치를 사용할 때 조종사가 항공기 조종명령을 내릴 수 있는 장치이 다. 조종사는 FMC와 MCP로 항공기 Auto Pilot System에 조종명령을 내린다. MCP를 통하여 Heading, 고도, 속도 등을 입력하여 항공기를 조종한다. Airbus는 이 장치를 FCU(Flight Control Unit) 라 한다.

(2) MCP로 제어할 수 있는 비행조종요소는 Heading, Speed, Altitude 변경, Auto Pilot Engage or Disengage, 일정한 상승 강하 및 Rate 조절, ILS, LOC 및 Nav/Vnav Mode Engage, Auto Throttle Engage, VOR/ADF Mode Set, Flight Director On Off, ND Mode set 등이 있다.

다음 그림은 Boeing과 Airbus 항공기의 MCP(FCU)다.

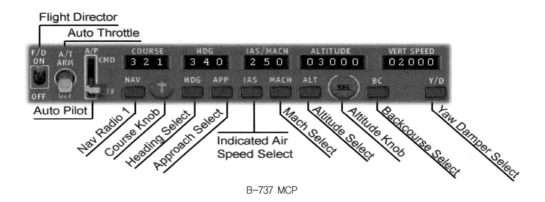

B-737 MCP

Airbus 320 FCU

(3) MCP 자동비행장치는 컴퓨터와 연결되어 있어 조종사가 원하는 비행 형태를 Set 하고 누르거나 당기면 컴퓨터에 전달되어 실행을 하게 된다. 이때 모든 비행 명령의 진행 과정이나 결과가 FMA와 PFD나 ND 그리고 FMC에 Display 된다. 따라서 조종사는 비행조종명령 후 반드시 과정과 실행 상태를 감시하여야 하고 결과도 Monitor를 해야 한다. 그리고 진행 과정에서 오류를 발견하면 재빨리 수정을 해야 한다. 모든 전자기기는 이것을 작동하는 조종사나 기계, 전자장비의 오류에 의하여 Error가 발생하기 때문에 반드시 Monitor 하고 결과를 확인하여야 한다.

5) EFIS(Electronic Flight Instrument System)

(1) 자동비행 장치를 편리하게 운용하기 위해서는 EFIS가 항공기 운영체계로 있어야 된다. EFIS는 조종석에 있는 여러 계기가 전자체계로 연결된 것을 말한다. 조종사가 항공기의 상태를 인지할 수 있는 PFD, ND와 항공기 성능과 상태를 나타내주는 EICAS(Engine Indicating Crew Alerting System)를 통칭하여 EFIS라 한다. EFIS는 6개의 계기로 구성된다.

(2) 여기에서 EICAS란 항공기 성능을 나타내는 성능계기와 항공기의 여러 System을 Display 하고, 항공기가 이상이 있거나 부품고장이 있을 경우 혹은 항공기의 비상상황을 조종사에게 경고를 나타내주는 경고 System을 모두 포함하여 EICAS라 한다. EICAS는 Boeing 항공기에서는 Engine 성능을 나타내고 비상절차를 보여주는 System을 Primary 혹은 Upper Display라 하고 항공기 여러 System 상태를 보여주는 것을 Secondary 혹은 Lower Display라 부른다. 위 두 가지를 합쳐서 EICAS라 부른다. (Upper, Lower Display: 별지 그림 4 참조)

(3) Airbus에서는 이것을 ECAM(Electronic Centralized Aircraft Monitor)이라 하고, Engine의 성능을 나타내주고 조종사에게 비상상태와 절차를 나타내주는 계기를 Engine/Warning Display(E/WD)라 하며 항공기의 각 계통상태와 비상시 착륙 절차를 안내해주는 System/Status Display(SD)로 구성되어 있다.

조종사는 이 시스템을 종합적으로 운용하여 비행 상태를 인지하고 조종을 하게 된다. 또한 항공기가 비정상적인 상황이 되었을 경우 이를 인지하고 처치를 하도록 도와주고 있다.

EFIS와 연관된 장치와 컴퓨터
ⒶⒹ PFD and ND / Ⓑ FMC and EICAS / Ⓒ MCP

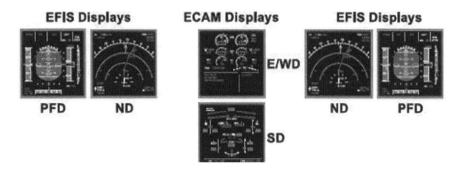

EFIS(위 6가지 계기를 묶어서 EFIS라 함, 보잉항공기도 동일함)

(4) ECAM 그림보기에서 아래 좌측 그림은 Airbus ECAM을 확대한 그림이다. EW/D에는 EPR. EGT, N1 N2, Fuel Flow, Flap의 현 상태와 조종사에 대한 메모와 Park Brake가 작동되지 않는 상태를 보여주고 있다. 우측 그림은 System Display(SD)로, 화면 우측에는 부작동 System 좌측에는 착륙할 때 고려사항을 설명해 놓았으며 하단에는 현재의 외기 온도, 항공기 무게를 Display 해놓았다. (ECAM: 별지 그림 5 참조)

Flight Control System

1. 개요

항공기 조종계통은 Cable로 연결되어 직접 작동하거나 여기에 Hydraulic과 전기 모터에 의하여 작동하는 계통 그리고 앞 장에서 살펴본 Fly By Wire 계통으로 작동하는 조종계통으로 나눌 수가 있다. 현재 운항되고 있는 민간항공기는 공통적으로 아래 그림과 같은 기본 Control 계통을 가지고 있다. 현존하는 항공기 중에서 어떤 전투기는 주익위치가 다르고 Canard라는 장치도 부착되어 민간항공기와는 좀 다른 형상을 하고 있지만 민간항공기는 기동성을 요구하지 않고 여객이나 화물을 수송하는 단순한 임무를 띠고 있기 때문에 기본적인 모델이 오랫동안 변하지 않고 사용되고 있다.

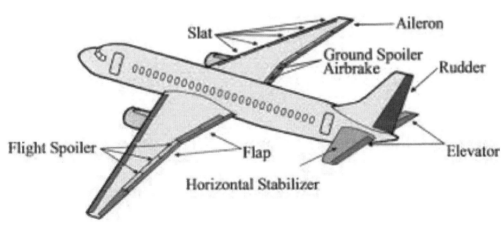

전형적인 항공기 조종 장치

2. Flight Control의 기본구성과 작동

1) Ailerons

항공기의 Roll을 Control 하기 위하여 항공기 좌우 날개 끝에 부착되어 있다. B-747 같은 대형항공기는 각기 두 개씩의 Ailerons를 가지고 있다. 왜냐하면 고속에서 대형 항공기를 움직일 때에 받는 힘이 크므로 작은 면으로 조금만 움직여도 Control 가능하고, 반면 저속에서는 많은 무게를 이겨내야 하므로 큰 조종면이 요구되어 고속과 저속에서 동시에 조종할 수 있는 큰 Aileron, 작은 Aileron 두 면이 장착되어 있다. Aileron은 Spoiler와 협동하여 선회가 더 잘되도록 설계되었다.

2) Elevator와 Stabilizer

Elevator는 뒷날개에 달려있고 Stabilizer와 연계되어 움직인다. 초기 항공기의 Elevator는 고정된 뒷날개에 부착되어 있고 Elevator 면에 Tab이 장착되어 Elevator의 작동 각도와 양을 조절하였다. 이것을 발전시키어 현대 항공기의 뒷날개는 통째로 움직일 수 있게 만들어 항공기 CG(Center gravity: 무게중심)에 따라 지상에서 미리 Set 하게 만들었다. 비행 중에는 항공기 중량과 CG 이동에 따라 Stabilizer 각도가 컴퓨터의 계산에 의하여 변하게 설계를 하였다.

따라서 이륙시의 Stabilizer 각도와 착륙시의 각도가 다르다. 즉 항공기 자중과 CG의 변화에 따라 항공기를 정밀하게 Control 함으로써 안전도를 높인 것이다. 비행 시 Pitch 변화가 필요하면 먼저 Elevator에 지시를 내려 원하는 각도로 유지하고 다시 Stabilizer의 Trim을 써서 필요한 뒷날개 각도를 재조정하여 Elevator의 움직임을 최소화한다. Elevator와 Stabilizer는 항상 유기적으로 작동하고 작은 Pitch의 변화는 Stabilizer Trim만으로 조종을 할 수 있다. 시동 전·후 컴퓨터에 의하여 계산된 CG와 Trim 수치를 반드시 Set 하여야 한다.

3) Rudder

항공기의 Yaw를 담당하는 조종면으로 크게 두 가지 기능을 담당한다. 첫 번째 기능은 항공기가 선회를 할 때 Slip, Skid가 일어나지 않도록 하고 두 번째는 Yaw Oscillation을 막아주는 Yaw Damping 역할을 한다.

4) FLAPS and SLATS

(1) FLAP은 항공기 주 날개 앞과 뒤에 달려있어 항공기가 저속이 되었을 때 양력을 증가시킨다. 주 날개 앞 그리고 동체 바로 옆에 달린 FLAP을 Leading Edge FLAP이라 하고 주 날개 뒤에 붙어

있는 FLAP을 Trailing Edge FLAP이라 한다. 그리고 주 날개 앞 외곽에 있는 보조 장치를 SLAT라 부른다.

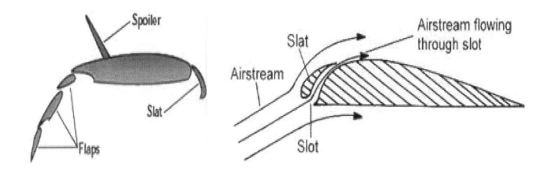

(2) FLAP은 접힌 부분이 나오면서 펴지게 되어 있어 날개의 면적을 증가시키며 SLAT은 앞으로 나오면서 에어포일 앞부분의 면적을 넓히는 동시에 주 날개와 사이가 벌어져 있어 공기가 이곳을 통과하면서 주 날개 Airfoil의 공기 흐름을 떨어지지 않도록 새로운 공기를 유입시켜 양력을 증가시킨다.

(3) FLAP과 SLAT은 조종사가 하나의 Lever를 움직이면 동시에 작동하게 설계되어 있다. FLAP은 단순히 한 면만 나오는 것이 아니라 최신 항공기의 FLAP은 2-3단계로 되어 계단식으로 나와 날개 면적을 더 증가시킨다.

(4) 일반적으로 항공기의 FLAP Lever 위치는 4-6단계로 되어 있다. 항공기의 속도 영역을 나누어 저속으로 속도가 줄어들수록 FLAP과 SLAT이 더 많이 나오도록 만들었다. 민항기는 보통 Doubled Slotted Flap을 사용한다.

(5) B-737처럼 기계적으로 작동되는 FLAP과 SLAT은 Hydraulic으로 작동되며, FLY BY WIRE로 작동되는 FLAP, SLAT은 전기적신호를 보내 Hydraulic으로 작동된다. 기계적으로 작동되는 FLAP과 SLAT에는 전기 Motor에 의하여 구동될 수 있는 예비 System이 있다.

내려온 Doubled Slotted FLAP

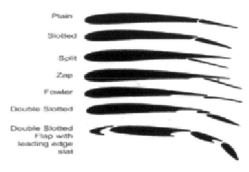

FLAP 종류

(6) B-737 항공기의 두 날개에 있는 Leading Edge(LE) FLAP은 4개(각 2개), SLAT은 8개(각 4개)로 되어 있다. Double Slotted FLAP으로 각 날개에 2개의 FLAP이 장착되어 있다. B-737 FLAP 위치는 Up,1.2.5.10.15.25.30.40으로 총 9단계가 있고 이중 30.40은 착륙할 때 사용한다. 이들 단계의 차이점은 FLAP과 SLAT이 내려오는 각도가 속도에 따라 달라진다는 점이다. FLAP lever를 UP 위치에서 1, 2, 5, 10, 15, 25로 놓으면 TE FLAP이 지시한 위치로 나오게 되며 LE FLAP은 full로 내려오고 SLAT은 Extend 위치에 있게 된다.

(7) Airbus 320은 각 날개에 두개의 FLAP과 다섯 개의 SALT이 있다. 그리고 UP, 1.2.3. FULL 다섯 단계의 작동위치가 있다. 착륙은 FLAP 3와 FULL을 사용한다. FLAP과 SLAT의 작동 각도는 다음과 같으며 예비 작동 System은 없다.

	SLAT	FLAP		SLAT	FLAP
FLAPS 1	18	0	FLAPS 2	22	15
FLAPS 3	22	20	FLAP FULL	27	40

Flap lever

SALTS

5) SPOILERS

(1) Spoiler는 Flap과 Slat의 역할과는 반대로 양력을 줄이고 항력을 늘이는 장치다. 통상 항공기 각 날개위에 5개씩 총 10개가 장착되어 있어 조종사가 조종석에서 Speed Brake Lever를 사용하면 날개 표면에 접혀 있던 Spoiler가 올라와 선다. Spoiler는 두 가지 기능을 한다.

(2) 첫째 속도 감속기능이다. 지상에서 속도 감속을 할 때는 장착된 모든 Spoiler가 올라오고 공중에서는 동체 가까이 있는 좌우 3개 총 6개가 올라온다. 이것은 공중에서 총 10개의 Spoilers가 모두 나와 순간적으로 급격한 감속을 하게 되면 자칫 Stall에 진입할 수 있기 때문에 안전장치를 한 것이다. 그리고 공중에서 Spoilers를 사용하여 감속 시 6개 작동만으로도 충분하기 때문이다. 지상에서 사용할

때는 착륙 후 감속 시와 이륙 중 이륙단념 즉 Reject Take Off를 할 때다.

(3) 두 번째 기능은 선회 중 선회 방향의 Spoiler가 일부 올라와 선회율을 증가시킨다. 선회하려고 경사각(Bank)을 주면 선회 방향의 날개에 순간적으로 양력이 발생한다. 이 양력을 일부 상쇄시키면서 약간의 항력을 발생시키어 선회가 빨리 이루어지게 한다.

착륙 후 올라온 Spoilers

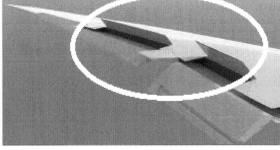
비행 중 올라온 spoilers

3. Fly By Wire Mode Flight Control

1) Normal, Alternate(Secondary) Mode

Auto Pilot System에서 System의 장단점에 대하여 앞장에서 살펴보았었다. Fly By Wire System의 단점으로 특정 컴퓨터와 장비가 OUT 되었을 경우에는 Flight Control이 정상적으로 작동되지 못하고 제한적인 작동을 하게 된다.

2) Boeing 항공기에서는 이것을 Secondary Mode라 하고 Airbus에서는 Alternate Mode라고 부른다. 대부분 한 시스템에서 2개 이상의 컴퓨터가 Out 되었을 경우 그리고 특정부분의 Flight Control이 Out 되었을 경우 정상작동을 하지 못하고 위의 Mode로 넘어가게 된다. Secondary Mode Alternate Law가 Primary Mode/Normal Law와 다른 것은 크게 두 가지로 나눌 수 있다.

첫째, Auto Pilot에 의하여 보호 작동되는 다음과 같은 자동 보호기능이 더 이상 작동하지 않는 것이다. B-737은 Fly by wire가 아니기 때문에 B-777 Fly By Wire의 경우를 보면 ① Bank angle protection ② Turn compensation ③ Stall and overspeed protection ④ Pitch control and Stability Augmentation ⑤ Thrust Asymmetry compensation 기능이 더 이상 작동하지 않는다. A-320/321의 부작동 Protection 기능은 ① Bank angle production ② Load factor limitation ③ Low speed stability ④ Pitch attitude protection ⑤ High speed stability이다.

위와 같이 항공기의 자동비행장치에 설정된 항공기의 이상 자세나 속도 보호 등의 기능이 작동이 되지 않아 조종사는 더욱 조심하여 항공기 Performance 내에서 조종을 해야 한다.

둘째, Auto Pilot과 Auto Throttle 기능이 작동하지 않는다. 따라서 항공기 경고 시스템에서는 "Auto Pilot off" "Auto THR off" Message가 EICAS(ECAM)에 나오고 조종사가 들을 수 있는 경고음이 나온다. 이때 조종사는 완전히 Manual로 비행하여야 하며 이런 상황을 극복하기 위하여 기장과 부기장의 CRM(Cockpit Resource Management)이 잘 이루어져야 하고 항공기 계통과 진행과정을 잘 알아야 한다. 통상 이러한 상황은 자동비행장치에 위치와 항법정보를 주는 ADIRS와 항공기 속도와 고도를 알려주는 ADC(ADM), Hydraulic의 완전 Failure, Ailerons failure 등 항공기 작동에 주요한 역할을 하는 장치가 Out 되었을 경우 일어난다.

3) 두 개의 ADR이 부작동 되어 Alternate Law 상태를 경험한 에어버스 조종사의 진술에 의하면 Landing Gear Down 후 Direct Law로 되었으나 전 비행과정에서 조종하는 데 특별한 문제점이 없다고 증언하고 있다.

4) 한편, B-777은 PFC(Primary Flight Computer) 컴퓨터가 완전히 작동하지 않을 경우 조종사의 Control Stick에 의하여 직접 ACE(Actuator Control Electronics)를 조종하여 비행을 하게 되어 있다. 이것을 Direct Mode라고 한다.

5) A-320의 경우 Alternate Law에서 Landing Gear를 Down 하면 Direct Law로 변하게 된다. 이 경우 B-777과 동일한 개념으로 조종사 Control Stick에 의하여 조종사가 입력한 힘에 비례하여 Control 된다. 즉 조종사가 Control Stick과 Rudder Pedals을 동시에 사용하여 직접 조종면을 움직여야 하며 Pitch는 Manual로 Stabilizer Trim을 이용하여 조종하여야 한다.

6) 이 단계에 가면 모든 Protection과 Elevator의 최대 사용범위가 제한된다. 이 상태는 주 컴퓨터가 Out 되고 3 IRU가 부작동 되고 혹은 두 Elevator가 고장 나고 두 Engine이 Flame out 되었을 경우에 발생한다.

7) 마지막으로 Airbus에는 Mechanical law가 있다. Pitch는 Mechanical trim System에 의하여 그리고 Lateral Direction은 기계적인 Rudder pedals에 의하여 작동하여야 한다. 이외에도 Ground Mode, Flare Mode가 있다.

MCDU, FMA

1. MCDU((Multipurpose Control and Display Unit)

　　1) 항공기의 주 컴퓨터(FMC:Flight manage Computer)에 연결된 Monitor로 항공기에 설치된 여러 컴퓨터를 종합하고 제어하는 데 사용한다. 조종사가 비행 전에 여러 가지 비행자료를 입력하여 자동비행 장치를 사용하면 여기에 입력한 Data에 의하여 비행을 하게 된다. 두 개의 컴퓨터가 각자 입력한 Data를 독립적으로 계산하고 서로 비교하며 오차를 줄여 비행을 한다. FMC는 전자장비실에 있는 컴퓨터 본체를, MCDU 혹은 CDU는 Monitor와 자판기라고 말할 수 있겠다.

　　2) 아래 좌측 그림은 B-737 MCDU로서 조종사는 비행 시작 전에 CDU의 Function Key(자판기)를 통하여 Data를 FMC에 입력을 한다. B-737 항공기는 다음과 같은 Function Key로 이루어져 있다.
　　(1) INIT REF: 항공기의 기본형과 FMC Data의 사용일자를 확인하고 위치좌표를 입력한다. 통상 현 항공기의 위치 좌표를 입력하여 IRS/GPS를 초기화한다.
　　(2) RTE: 항공기의 Route를 입력한다. Flight Plan의 인가된 Route와 항로지도상의 Route를 입력한다.
　　(3) CLB: 이륙하여 상승할 때의 Power와 줄이는 고도, 속도 유지 그리고 증가 고도 등을 입력한다.
　　(4) CRZ: 순항고도와 속도를 입력한다.
　　(5) DES: 강하할 때의 고도와 Power, 속도를 입력한다.
　　(6) MENU: 컴퓨터에서 Control 하는 여러 가지 분야(기능)를 선택할 수 있다. ACARS, ATIS, CPDLC 등을 선택하여 Data 입력 및 출력이 가능하다. (ACARS/CPDLC: 제3장 참조)

B-737 MCDU

Airbus MCDU

(7) LEGS: 다음 4개의 기능 Page로 구분되어 있다.

① Plan: 비행할 Route 명칭, 순항, 고도, 속도 등을 입력한다. 또한 이륙부터 목적지까지의 상세한 Way point와 바람을 입력한다. 컴퓨터는 총 비행거리, 각 Leg마다의 소요 시간, 연료, 도착시간 또한 목적지까지의 소요시간, 연료소모와 잔여 연료를 계산하여 Display 한다.

② DEP ARR: 이륙할 공항의 *SID, 착륙할 목적지의 **STAR와 착륙 접근절차를 입력한다.

③ HOLD: 특정지점에서의 Holding(공중대기)에 관한 정보를 입력할 수 있다. 만약 관제사가 Holding을 지시하면 이 Page를 열어 입력한다. Holding 방향 선회방향 고도, 속도, Leg 거리와 시간을 입력할 수 있다.

④ PROG: 항공기의 현재 비행 진행 상태를 나타낸다. 항법 data, Way point and Destination ETAs, Fuel Remaining, and Arrival Estimates

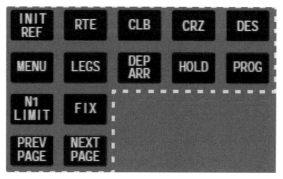

B-737 NG Function Keys

---

* SID(Standard instrument Departure): 표준 계기 출항절차, 이륙하여 항로로 진입 시까지 따라가야 할 항공 Route.
** STAR(Standard Arrival Route): 착륙 접근을 위한 항공 Route.

(8) N1 LIMIT: 이륙 후 항공기가 사용할 수 있는 상승 Thrust로 N1 Thrust limits가 설정되어 있다. 이륙 상승 중 요구되는 Thrust를 Set 한다.

(9) FIX: Fix Page에 좌표나 Waypoint를 입력하면 ND에 위치와 Radial 등이 도시된다.

(10) NAV RAD: 항공기 항법 Station을 입력할 수 있고, 입력하지 않았을 경우에는 자동 Tuning 한 Navigation Station이 나타난다. 그리고 접근할 NAV Station과 코스를 Set 할 수 있다.

(11) PREV PAGE: 현재 Page 이전의 Page로 돌아간다. 예를 들자면 LEG Page처럼 여러 Page로 구성되어 있을 때 현재 Page에서 이전으로 되돌아간다.

(12) NEXT PAGE: 다음 Page로 바꿀 수 있다.

3) Airbus 320 FMC의 Function Key의 기능은 다음과 같다.

(1) DIR: 현재 위치에서 직접 가고 싶은 Waypoint로 항법을 할 수 있다. 직접 Typing 하여 입력 하거나 Active flight plan 중의 Waypoint에서 선택을 한다. DIR을 Push 하면 입력된 모든 Waypoints 가 나타나며 이중 선택하면 된다.

(2) PROG: 항법 정보. Optimum, Maximum 고도와 순항고도, 임의의 위치에 대한 거리와 방위 정보, FMGS Update를 보여준다.

(3) PERF: Performance Pages를 불러오고, Optimum Speed 혹은 Mach Number를 확인할 수 있 다. Performance는 Take off, Climb, Cruise, Decent, Approach, Go-Around page로 구성되어 있다.

- Take off: Take off Data를 입력한다. (CG, Trim, Power Set, V 속도 등)
- Climb: 상승속도 제한 및 고도 입력
- Cruise: 순항속도 및 고도 입력
- Decent: 강하속도 및 제한속도 입력
- Approach: 목적지 공항의 기상 및 MDA/DH를 입력 Final Speed 확인.
- Go-Around: 복행절차 입력, Power 줄이는 시기 등 입력

(4) INIT: 항공기 IRS 초기화를 시키고 기본 자료를 입력한다.

- INIT A: Flight plan initialization. 출발 목적지 공항 입력. 예비공항, Route, Call sign, cost index 등을 입력
- INIT B: IRS INIT page. IRS Tuning and Initialization, Insert the Aircraft Weight, Block fuel, Center of Gravity(CG), other fuel requirements. INIT B Page는 이륙 후 FUEL PRED page 바뀐다.

(5) DATA: Data index page를 불러온다. Aircraft position, Aircraft status, Runways, Waypoints, Navaids, Routes, and data를 나타내주며, 조종사가 새롭게 Waypoint을 정의하여 FIX를 만들 수 있다.

(6) F-PLN: Flight plan A, Flight Plan B Page가 있다. Plan A Page는 Primary Flight plan과 leg가 나온다. 출발지 공항에 Departure 절차와 목적지 공항에 Arrival을 입력한다. 항법 Leg 이외에 Leg 우측 Function Key를 누르면 항공기의 Vertical Performance(Speed, RTA. Wind data. Mach 등)를 입력할 수 있고 좌측 Key를 눌러 Lateral 정보(Hold, Enable Alternate, Next Waypoint, New Destination. Airways, offset, Dep/Arrival)를 입력할 수 있다.

A-320 Function Keys

(7) RAD NAV: 자동 Tuning 된 Radio Navaids가 Display 되거나 수동으로 Nav Station이나 Course 등 입력을 할 수 있다.

(8) FUEL PRED: Engine Start 이후 소모된 연료와 잔여연료, ZFW와 착륙 후 남는 연료 Alternate 공항까지 가는 연료가 Display 된다.

(9) SEC F-PLN: 예비 계획에 대하여 나타내준다. 목적지의 예비 접근 형태를 미리 입력하여 필요시 바로 바꿀 수 있다. 다음과 같은 기능이 있다. (copying, deleting, reviewing, activating, and the INIT and PERF pages)

(10) MCDU MENU: MCDU MENU page가 나온다. 이곳에는 FMGC, ACRAS, AIDS, CFDS Subsystem으로 들어가는 기능이 있다.

2. FMA

조종사는 MCP(FCU)나 FMC에 비행 조종명령을 내리면 반드시 그 진행 과정과 결과를 Monitor 해야 된다. FMA에 비행명령의 모든 진행과정과 결과가 나타난다. A-320/321와 B-737 기본 항공기 의 FMA 의미를 알아본다.

1) A-320/321 FMA

(1) A-320/321 항공기를 운항하기 위한 자동유도 System(FMGS: Flight Management Guidance System)은 다음과 같은 체계에 의하여 운용이 된다.

　① Two Flight Management Guidance Computers(FMGC)

　② Two Multipurpose Control and Display Units(MCDU)

　③ One Flight Control Unit(FCU)

　④ Two Flight Augmentation Computers(FAC)

(2) Flight Management Guidance Computers(FMGC)는 항공기를 정밀 운항하기 위하여 두 가지 Part(Auto Pilot 참조) 나누어 각기 다른 기능을 담당하며 항공기를 Control 한다.

　① Flight Management(FM) Part　　② Flight Guidance(FG) Part

(3) 조종사가 항공기를 FMGC를 통하여 조종하는 과정은 다음과 같다.

　① 새로운 비행 환경에 대하여 계획을 한다.

　② FM 기능에 나타난 비행 상태(환경)를 확인한다.

　③ FG Part의 기능을 이용하여 컴퓨터에 여러 변수를 입력하거나 혹은 MCP에 직접 Set 하여 자신이 원하는 비행환경으로 변경시킨다.

　④ 변경되는 과정을 Monitor 하고 원하는 결과인지를 확인한다.

　⑤ 원하는 결과가 아닐 경우 수정하거나 다시 변경을 한다.

(4) 조종사가 Flight Guidance(FG)에 입력을 하였을 때 변경된 입력 내용에 대하여 PFD에는 반드시 과정과 결과가 FMA라고 하는 형태로 Display 된다. 예를 들자면, 현재 고도 15,000피트 수평비행 상태에서 33,000피트로 고도를 상승 변경한다고 가정하자. 조종사는 FCU에 고도를 15,000피트에서 33,000피트로 변경 Set 하고, Altitude Knob을 Push 하면 PFD FMA상의 Power Line은 THR CLB으로 바뀌며 Thrust는 Climb Power가 들어간다. 동시에 Altitude Line에는 CLB이, 바로 밑에 있는 두 번째 Line에는 Alt가 ARM이 되며 고도는 자동 상승 한다. ARM이란 조작의 결과로 바뀔 예정 Mode를 미리 알려주는 것이다. 조종사는 상승 시 이 세 개의 FMA가 나오는 것을 확인 하여야 한다.

　항공기가 상승하여 33,000피트에 거의 도달하면 Level Off를 한다는 예령인 ALT*(알트 스타)가 나타나고, 고도가 완전히 Level Off 되면 ALT로 되었다가 다시 FMC에 넣은 고도와 MCP에 Set 한 고도가 일치하면 CRZ(Cruise)로 바뀐다. 일치하지 않으면 계속 ALT로 남게 된다. 여기서 ALT Mode 가 계속 남아 있으면 항공기가 Cruise Mode로 넘어가지 않아 나중에 강하를 할 때 정상적인 강하에 대한 Mode가 Display 되지 않고 Approach 절차를 Set Up 할 수 없다. 동시에 Auto THR 즉 Power Line은 Speed로 바뀐다. 이러한 일련의 과정을 조종사는 Monitor 하여야 하며 올바르게 관련된 FMA가 나오는지 확인하고 수정해주어야 한다. 이렇게 항공기 비행 상태에 따라 변화하는 FMA의 종류와 정의 그리고 FMA가 어떻게 사용되는지 실례를 들어 알아보자.

(5) FCU와 FMC를 Control 하는 두 가지 Mode가 있다.

① Managed Mode

조종사가 변경하려는 비행의도를 FMC에 입력하면 항공기의 컴퓨터가 미리 입력된 기준에 의거 계산을 하여 수직(Vertical), 수평(Lateral) 그리고 속도에 변화를 주어 항공기를 조종사가 원하는 방향으로 비행을 하게 만든다.

② Selected Mode

조종사가 변경하려는 비행의도를 FCU에 입력을 하는 방법으로 비행 조건을 입력하면 항공기는 컴퓨터에 의하여 재산정을 하고 비행 상태를 변경한다.

(6) 위 두 Mode는 모두 조종사가 입력을 하면 그 과정과 결과가 앞서 언급한 FMA에 나타나게 된다. 비행 Mode는 다음과 같은 종류가 있다.

Guidance	Managed Mode	Selected Mode
Lateral	LOC*, LOC, RWY RWY TRK, GA TRK ROLL OUT	HDG-TRK
Vertical	SRS(TO and GA) CLB, DES, ALT CST, ALT, CST*, ALT CRZ G/S*, G/S FINAL, FINAL APP, FLARE	OP CLB, OP DES V/S, FPA, ALT*, ALT
Speed	FMGC REFERENCE (ECON, Auto SPD, SPD LIM)	FCU REFERENCE

(7) 항공기의 Mode를 나타내주는 FMA는 5개의 Column과 3개의 Line에 아래 그림과 같이 Display 된다. 좌로부터 Auto Thrust Mode, Vertical Mode, Lateral Mode, Approach Capability Statues, 마지막 다섯 번째 Column은 Auto Pilot, FD, A/THR Engagement 상태를 나타낸다.

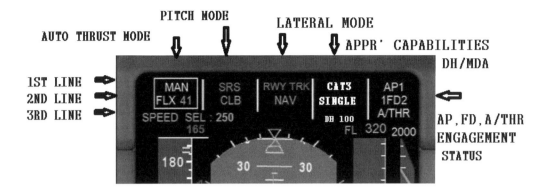

(8) 좌측에 있는 3개의 Line도 Column이라 하며 다음과 같은 의미가 있다.

① First line: Green 색깔로 Engaged 된 Mode를 나타냄.

② Second line: Blue나 Magenta로 Armed 된 Mode를 나타냄. 여기서 Magenta 색깔은 Constraint로 Armed 되거나 Engaged 된 Mode를 의미함.

③ Third line: 특별한 상황을 나타내는 메시지를 표시할 때 사용한다.

예를 들자면 "MAN PITCH TRIM ONLY" 메시지가 Red로 Flashing 한다. 또한 "USE MAN PITCH TRIM"가 Amber로 나오기도 한다.

(9) Lateral Mode의 정의는 다음과 같다.

① RWY: 활주로 반대편에 있는 Localizer를 이용하여 이륙중 항공기를 활주로 중앙으로 유도하는 Mode임. 이륙하기 위하여 Thrust를 TOGA나 FLX로 Set 하면 활주로 반대편에 Loc가 있을 때에만 Rwy가 나오고 Loc가 없으면 나오지 않는다.

② RWY TRK: 항공기가 비행해야 될 경로(Track)가 미리 FMC에 입력이 되어 있을 때 항공기는 이 경로를 따라 비행을 한다. 두 가지 경우에 나온다. 이륙 전에 관제사가 이륙 후 유지할 Heading을 지시하여 미리 Heading을 Set 하였다면 이륙 후에는 Rwy Track이 나타난다. Thrust를 TOGA나 FLX로 Set 하였을 때 나타난다.

③ NAV: FMC에 입력된 Route의 Lateral(횡적 Track)을 따라서 비행하는 Mode로서 이륙 후 HDK/TRK이나 Rwy Track이 선택되지 않았다면 이륙하여 RA 30피트가 되면 자동으로 나타난다. 즉 FMC에 입력한 경로로 비행을 하고 있음을 의미한다.

④ HDG-TRK: Selected Mode로 조종사가 FCU에 선택한 Heading으로 항공기 Lateral Track을 비행하는 Mode다. HDG/TRK을 Lateral의 기본 Mode라 한다. 왜냐하면 FMC에 LEG가 계속 연결되어 있지 않았거나, Flight Director를 On 하지 않고 Auto Pilot을 Engage 한다든가, Plan상의 Route

를 완전히 잃어버렸을 경우 HDG/TRK으로 바뀐다. 예를 들자면 관제사가 Radar Vector를 할 경우에 Heading을 주면 조종사는 FCU에 Heading을 Set 하고 Knob을 Pull 하면 항공기는 선회를 한다. 이때 FMA에는 "Heading"이 Display 된다.

여기서 주의해야 할 사항은 FCU의 Heading Knob를 돌릴 때 관제사의 "Turn Right"냐 "Left"냐에 따라 같은 방향으로 Knob을 돌려주어야 한다. 예를 들어 "Turn Right Heading 320"일 때 Knob을 좌로 돌려 320로 Set 하면 항공기는 우로 선회하는 것이 아니라 좌로 선회를 한다. 선회 방향에 따라 항공기 공중충돌이나 제한 구역 침범에 많은 영향을 끼친다.

⑤ APPR'(Approach) Mode: FCU에 있는 APPR'를 누르면 조종사가 사전에 어떤 접근 종류를 선택하였는가에 따라 Engage 되는 Mode가 달라진다. 만약 FMC에 ILS를 선택하고 APPR'를 선택하면 Lateral Mode는 LOC*, LOC, 수직 Mode는 GS*, GS가 Arm 되었다가 Capture 된다. 그리고 FMC에 비 정밀 접근(RNAV, VOR, NDB)을 선택하고 APPR'를 Push 하였다면 APPR' NAV가 ARM이 되어 나타난다.

⑥ APPR' NAV: FMC에 입력된 비 정밀접근의 강하 경로로 비행하고 있음을 의미한다.

⑦ LOC*: Localizer를 Capture 하였을 때 나타난다. LOC S/w를 눌러 ARM을 시키면 항공기가 활주로 연장선 중심에 다가갔을 때(2.5 Dot) 전파를 포착하여 활주로 중심방향으로 선회가 가능하다는 것을 의미한다. APPR'나 LOC Mode를 선택하였을 경우 나타난다.

⑧ LOC: 항공기가 Loc 주파수를 완전히 포착하여 따라가고, 두 개의 주파수 사이에 있는 정중앙 연장선에 진입하였음을 의미한다.

⑨ LAND: LOC, GS Mode를 선택하고 접근 시 RA(Radio Altimeter: 제3장 참조) 고도 400피트가 되면 Display 된다. Auto Landing 시 이 Mode가 나오지 않으면 Go-Around 해야 한다.

⑩ GA TRK: Go-Around 할 때 적어도 Slats/Flaps이 CONF 1에 있고 Thrust를 TOGA로 Set 하였을 때 나타나며 항공기는 Track을 따라 비행을 한다. 조종사가 Go-Around를 한 후에 Auto Pilot 가 Engaged 된 상태에서 400피트 이상이 되어 NAV를 선택하면 항공기는 자동으로 Track을 따라 비행한다. 만약 조종사가 Selected Mode인 Heading을 선택하였다면 ND를 참고하면서 Manual로 Track을 따라 비행을 하여야 한다.

⑪ ROLL OUT: Automatic Landing을 수행할 경우에 Touch Down 후에 나타나며 항공기 Auto Pilot System이 항공기를 Rwy 중앙으로 유도하고 있음을 의미한다. Touch Down 후에 나오지 않으면 Manual로 항공기를 활주로 중앙으로 유지하여야 한다. FMA에는 ROLL OUT MODE가 나오며 PFD에는 Yaw Bar가 FD 대신 나타나 항공기 위치를 표시한다.

(10) Vertical Mode의 종류와 의미는 다음과 같다.

① SRS Mode: Go-Around나 Take Off 시 사용되며 Speed Reference System이라고도 한다. 조종사가 Thrust Lever를 FLX나 TOGA로 증가시켰을 때 상승 Mode로 나타나며 항공기 속도를 증속하는 고도에 도달하거나 혹은 다른 Vertical Mode를 선택하면 자동으로 Disengaged 된다. SRS는 상승 중 Pitch를 증가 혹은 감소시키면서 특정 속도(V2, V2+10, Vapp)를 유지한다.

② CLB(Climb) Mode: NAV Mode가 Engaged 된 상태에서 상승을 위하여 FCU에 고도를 SET 하면 항공기는 Auto Pilot에 의하여 상승 중간에 ALT CSTR(Constraint: 고도제한)이 있으면 이 고도를 지키면서 이미 FMC에 입력된 상승 계획에 의하여 자동 상승한다. A/THR Mode는 CLB으로 바뀐다.

③ DES Mode: NAV Mode가 Engaged 된 상태에서 강하를 하기 위하여 FCU에 강하고도를 Set 하고 Knob를 Push 하면 Set된 고도로 사전에 입력된 강하 경로로 내려간다. 이때 FMA에는 "DES" Mode가 시현되고 Auto Pilot Mode는 중간에 Set 된 고도를 지키면서 FMA 2 Line에는 "ALT CSTR"가 시현된다. Auto Thrust는 Thrust나 Speed Mode가 된다.

※ 강하나 상승 속도는 Selected나 Managed로 선택될 수 있고, 만약 Managed라면 SPD CSTR, SPD LIM(Limit), HOLD SPD가 고려될 것이다. 그리고 ALT CSTR로 Level Off가 예상되거나, 다음에 Level Off가 되는 고도가 FCU에 Set 한 고도이면서 Blue로 될 경우 Magenta 색깔의 ALT Mode가 항상 Arm 된다.

④ OP CLB, OP DES Selected Mode: 상승이나 강하를 할 경우 FCU에 직접 SET 하여 ALT Knob을 Pull 하면 선택한 고도까지 자동으로 상승 강하를 한다. 이때 중간 고도제한이 있다면 ALT CSTR은 무시되고 그냥 통과하여 상승 혹은 강하를 한다. Auto Thrust Mode는 CLB/IDLE이 그리고 Vertical에는 OPEN CLB/OPEN DES가 FMA에 나온다. 상승 강하 속도는 Selected나 Managed 어떤 것이든 선택 가능하며 ALT가 Arm 되고 목표고도는 PFD에 Blue 색깔로 나타난다.

⑤ ALT CST* ALT CST(Constraint): FCU에 원하는 고도를 Set 하고 상승이나 강하를 하는 도중, 중간고도에 Level Off를 할 경우 중간 고도에 접근하면 곧 Level Off를 한다는 것을 조종사에게 알려주기 위하여 ALT CST*가 FMA에 나타나고 Level Off가 되면 ALT CST로 바뀐다. 이것은 FMC에 입력된 중간고도에 Level Off가 되었다는 의미이다. 이때 상승 강하 Mode인 CLB/DES Mode가 Blue 색깔로 항시 같이 ARM이 되어 Vertical Column의 제2 Line에 Display 되고 FCU에 Set 한 고도에 도달하면 다시 ALT* ALT가 FMA에 나온다. ALT의 의미는 FCU에 Set 한 고도에 도달하였고 Level Off 되었다는 의미이다.

⑥ ALT*, ALT, ALT CRZ: ALT*는 FCU에 Set 한 고도에 도달하여 곧 Level Off를 한다고 알려주는 일종의 예령이며 ALT는 두 가지 경우에 나온다. 첫째는 FMC의 CRUISE Page에 입력한

CRZ 고도와 FCU에 Set 한 고도가 같을 때, 처음에 ALT*가 나왔다가 항공기가 완전히 Level Off가 되면 ALT로 바뀌고 곧 바로 ALT CRZ로 바뀐다. 이것은 FMC에 입력한 고도로 Cruise를 하고 있음을 의미한다. 두 번째는 FMC에 입력한 고도보다 낮은 고도를 FCU에 Set 하여 그 고도에 도달하였다면 FMA는 ALT*가 나왔다가 이어서 ALT가 되고 ALT CRZ로 바뀌지는 않는다.

즉 FMC에 입력한 고도로 비행을 하고 있지 않다는 것을 의미한다. CRZ FL에 도달하면 ALT CRUISE로 바뀌면서 항공기는 Soft ALT Mode가 작동되어 ±50피트 내에서 항공기가 유연하게 고도를 유지하며 변화하는 외부 환경에 적응을 하게 된다. Soft Mode에서 항공기는 Thrust 변화를 최소로 하면서 연료 효율을 증대시키고 승객에게 안락함을 준다.

⑦ V/S-FPA(Vertical Speed, Flight Path Angle) Mode: 항공기를 미리 선택한 강하경로나 혹은 고도를 일정 강하율로 강하하는 데 사용한다. 사용 방법은 원하는 상승이나 강하 고도를 Set 하고 V/S Knob을 돌려 원하는 강하나 상승률로 Set 하고 Pull을 해주면 2번째 Column에 "VS 000"이 Display 된다. V/S Mode는 속도 Protection 기능이 없다.

만약에 속도를 210Kts로 Set 하고 2,000FPM으로 강하를 한다면, 항공기 Auto Pilot은 속도를 유지하기 위하여 Thrust를 조절하는 것이 아니라 현재의 Thrust를 유지한 채 Pitch를 눌러 2,000FPM 으로 강하만을 하기 때문에 속도는 210Kts보다 크게 증가되어 250-260Kts 이상 증가될 수가 있다. 만약에 이때 Flap을 Down 하고 있다면 Flap Over Speed가 될 가능성도 있다.

FPA(Flight Path Angle)는 Heading-V/S Switch(TRK-FPA Switch)를 눌러주면 FCU의 Vertical Switch Knob에 V/S 숫자가 FPA로 바뀌어 V/S 대신에 FPA를 Set 할 수가 있다. V/S는 100FPM(2 clicks) 단위만 SET 할 수가 있고 FPA는 0.1도씩 각도로 Set 할 수가 있어 V/S보다 정밀하게 강하할 수가 있다. 0.1도는 50피트이며 주로 비 정밀접근 시 강하율로 사용한다.

⑧ G/S* G/S(Glide Slope) FINAL Mode: ILS나 비 정밀접근 Final Approach에서 사용하는 Mode이다. FMC의 Arrival Page에서 ILS Approach를 선택하고 FCU의 APPR'를 Push 한 후에 항공기가 선택한 강하 경로에 접근하여 Capture가 되면 G/S*가 나오고 상하 두 주파수의 사이에 완전히 들어갔을 때 G/S가 Display 된다. Final Mode는 FMC에 비 정밀접근을 선택하여 APPR'을 Push 한 후에 강하경로에 접근을 하면 Final Mode가 Display 된다.

⑨ FLARE Mode: Auto landing을 할 때 항공기가 40피트 RA에 도달하면 현재 유지하고 있는 강하율로 항공기를 활주로 중앙에 Pitch와 Yaw 축에 대하여 자동으로 정대를 한다. 이때 FMA에 "Flare"가 Green 색깔로 나오고 30피트 RA에서 항공기는 활주로 중앙에 정대를 하고 Pitch는 들어 올려지면서 강하율은 줄어든다. 이것을 Flare라 한다. Both AP/FD가 Disengaged 되면 Flare도 Disengaged 된다. Main Gear가 Touch Down 되면 Auto Pilot는 Nose Down 명령을 보내고 Flare는

Roll Out로 바뀐다.

⑩ FINAL APP Mode: 비 정밀 접근 시 APP NAV와 Final Mode가 Engaged 된다. 비 정밀접근 시 FMC에 입력한 강하 경로로 강하한다는 의미이다.

(11) Auto Thrust Mode

① MAN TOGA(Manual, Take off Go-Around): 조종사가 Thrust Lever를 Manual로 TOGA 위치로 넣으면 FMA에는 "MAN TOGA"가 Display 되고 색깔은 White, White box가 나오고 A/THR가 Arm 된다.

② MAN FLX XX: Thrust Lever를 FLX에 넣으면 "MAN FLX XX"가 FMA에 나온다. 이때 "XX"는 조종사가 항공기 무게와 활주로 길이, 외부 환경 조건을 따라 이륙 전 Set 한 Flex Temperature에 따라 숫자가 나타난다. 예를 들어 Flex 온도를 50도로 FMC에 입력하고 이륙 시 Thrust 를 "FLX" 위치에 넣으면 "MAN FLX 50"로 FMA에 나타난다. 색깔은 White로 나타나고 Temperature 는 Blue 색깔 숫자로 나오며 A/THR이 Arm 된다. 특별히 TOGA로 이륙할 경우를 제외하고 일반적으로 THR Lever를 FLX로 증가하여 이륙한다.

③ MAN MCT: 하나의 Thrust Lever가 MCT/FLX Detent에 있고 나머지 하나가 이 Detent 위치 이하에 있을 때 나온다. 통상 Single Engine이 되어 한쪽 엔진을 MCT에 넣었을 경우 FMA에 나온다. White 색깔이며 역시 A/THR이 ARM이 된다.

④ MAN THR: 두 엔진이 작동 중일 때 Thrust Lever를 CL 이상 넣었을 경우 FMA에 나오며, Engine Out일 경우 하나의 Engine Thrust가 MCT/FLX 이상에 있고 다른 하나가 그 위치에 있지 않을 경우에 나온다.

⑤ THR MCT: A/THR이 Thrust Mode로 작동하고 있는 상태하에서 하나의 Thrust Lever가 MCT/FLX Detent(engine-out)에 있을 때 나타난다.

⑥ THR CLB: A/THR이 Thrust Mode로 작동하고 있는 상태하에서 어느 하나 Thrust Lever가 CL Detent에 있을 때 Green 색깔로 나온다.

⑦ THR IDLE: A/THR이 Thrust Mode로 작동하고 있는 상태하에서 FMC가 계산에 의하여 IDle Thrust로 지시를 하였을 때 나타난다.

⑧ THR LVR: A/THR이 Thrust Mode로 작동하고 있는 상태하에서 두 개의 Thrust lever가 CL Detent 이하에 있거나, 구동하고 있는 Engine의 Thrust Lever가 MCT 이하에 있을 경우 나타난다.

⑨ A. FLOOR: A/THR이 작동되어 α FLOOR Conditions을 인지하여 Thrust를 TOGA로 증가시키었을 때 나오며 Green이었다가 Amber box가 된다.

⑩ TOGA LK(lock): α FLOOR Condition이 더 이상 없고 Thrust는 TOGA 상태에 계속

머물러 있을 경우에 Green과 Amber box로 FMA에 나온다.

⑪ Speed/Mach Mode: FMC에 입력된 속도나 조종사가 선택하여 FCU 속도계 창에 Set 한 속도로 A/THR이 항공기를 Control 한다는 것을 의미하며, 숫자로 된 속도가 어느 특정고도가 되면 Speed가 Mach로 바뀌게 된다. 이때 FMA에는 Mach가 Display 된다. A/THR이 작동하고 있을 때 나온다.

⑫ LVR CLB: 두 Engine이 작동될 때 Thrust를 줄이는 고도가 지나면 Flashing 하면서 두 번째 Line에 Display 된다.

⑬ LVR MCT: Engine이 Failure 된 후에 항공기 Speed가 Green Dot를 지나면 Thrust Lever를 MCT에 Set 하라는 지시이고 Flashing 한다.

⑭ LVR ASYM(Asymmetric): 두 Engine의 Thrust Lever가 일치하지 않고 있음을 알려준다. 하나의 Thrust Lever가 CL or MCT/FLX detent에 있지만 다른 하나는 이외의 위치에 있을 때 나타난다.

⑮ THR LK(lock): A/THR을 Disconnection(조종사가 FCU의 S/W를 끄거나 혹은 Engine Failure 시) 하면 양쪽 Thrust Lever가 CL detent 혹은 한쪽이 MCT/FLX(Engine out) Detent에 있을 때 Thrust는 변하지 않고 현재 상태로 남게 된다. 이때 FMA에 나타나며 항공기 실제 Thrust가 Climb Power 이상에 Set 되어 있기 때문에 Pitch가 정상 상승각 이상으로 들린 상태 아니면 Over Speed가 되기 쉽다. (Flashing 한다.)

(12) APPROACH CAPABILITIES(FMA COLUMN 5)

① CAT 1: CAT 1 접근 가능함. CAT 2: CAT 2 접근 가능함. CAT 3: CAT 3 접근 가능함. White 색깔로 FMA에 나온다.

② CAT 3 SINGLE: 항공기가 RA ALT(100피트) 이하에서 Fail 시(*FAIL PASSIVE Condition)에도 계속 CAT 3 접근이 가능함.

③ CAT 3 DUAL: **FAIL OPERATIONAL Condition인 상태에서도 CAT 3 접근 착륙이 가능함.

---

* FAIL-PASSIVE AUTOMATIC LANDING SYSTEM: Automatic landing system은 Fail-passive로 만약 한 엔진이 Failure 될 경우 항공기 고도나 비행경로의 변화가 없고 심각하게 Trim이 제한치 밖으로 벗어나는 일도 없다. 하지만 착륙을 Auto Landing으로 할 수가 없다. CAT 3 Single이 Fail passive Automatic Landing System이다. 조종사는 Failure 된 이후에 Manual Flight를 해야 되고 항공기는 100피트 RA 이하에서 Auto Pilot이 Off 되거나 LAND Mode가 없어질 때까지 FMGS는 항공기 상태를 현 비행 상태로 유지한다.

** FAIL-OPERATIONAL AUTOMATIC LANDING SYSTEM: Automatic landing system은 Fail-operational로 접근 중에 Alert Height 이하에서 작동하고 있는 Automatic System으로 한 엔진이 Failure 되었어도 항공기를 Flare 시키고 착륙시킬 수 있다. CAT 3 Dual System은 Fail-passive system으로 Automatic landing system으로 작동한다.

④ DH XXX/NO DH, MDA/MDH XXXX: 조종사에 의하여 FMC PERF' APPR' Page에 입력한 최저치 수치가 FMA에 표시된다. NO DH은 조종사가 수치 대신에 No라고 입력하면 FMA에 No로 표시되며, CAT 3 접근 시 사용한다.

⑤ BARO XXXX: MDA/H를 조종사가 PERF APPR page에 입력하면 FMA에 고도가 Display 된다.

⑥ RADIO XXX/NO DH: CAT 2.3 접근에서 사용되며 DA/H나 NO DH를 입력한다.

(13) AP/FD — A/THR ENGAGEMENT STATUS(FMA COLUMN 5)

① Auto Pilot 사용 상태

AP 1 + 2: Autopilot 1 and 2 모두 Engaged 됨. ILS 접근 시 사용한다.

ILS 접근 수행 때에만 두 개의 AP을 동시에 선택할 수 있다.

AP1: Auto Pilot 1이 Engaged 됨. AP2: Auto Pilot 2가 Engaged 됨.

② Flight Director 사용 상태: X FD Y 형태로 아래와 같이 표시된다.

Ⓐ —(dash): PFD상에 FD가 Engaged 된 것이 없다.

Ⓑ 1FD—: PFD상에 FD 1만 Engaged 됨.

Ⓒ —2FD: PFD상에 FD 2만 Engaged 됨.

Ⓓ 1 FD 2: 정상적으로 FD 1와 2가 Engaged 된 상태.

③ A/THR 상태 표시

A/THR White: A/THR이 작동하고 있음.

A/THR Blue: A/THR이 Arm 되어 있음.

(14) Special Messages(FMA COLUMNS 2 AND 3)

① 세 번째 Line은 다음 세 가지 형태의 Message가 나타난다.

Ⓐ First priority to Flight Control messages

Ⓑ Second priority to vertical Flight Management messages

Ⓒ Last priority to EFIS reconfiguration messages.

② MAN PITCH TRIM ONLY: Loss of L+R elevators일 경우 Red로 Display 된다.

USE MAN PITCH TRIM: F/CTL이 Direct law로 될 때 Amber로 나온다.

③ DISCONNECT AP FOR LDG(Amber): 이 Message는 Non Precision Approach 수행 시 AP/FD가 Minimum —50ft나 400ft AGL에서 (if no Minimum entered) Disengage 되지 않았을 때 나온다. 조종사에게 착륙 전에 AP을 Disengage 하라는 신호이다.

④ CHECK APPR SELECTION(White): 항공기가 TOD 100NM이나 그리고 강하나 접근 중일 때 또한 Non-ILS Approach가 선택되어 있고, 또한 ILS Frequency Channel이 FMC RAD NAV에 입력되어 있을 때 APPR' Mode를 선택하라는 권고 Message이다.

⑤ SET MANAGED SPEED or CHECK SPEED MODE(White: PFD상에도 나옴): 목표속도를 선택하여 비행을 하고 있지만 다음 단계의 속도는 아직 없다.

⑥ SET GREEN DOT SPEED(White): 항공기가 Engine Out Mode에 있고 목표속도가 선택되어 있을 때 이 Message는 FCU에 선택한 속도가 다음과 같은 조건에서 Display 된다. ≤ Green Dot -10 kt, 혹은 ≥ Green Dot +10 kt, 다만 ALT*(Star)와 ALT Mode에서는 예외다.

⑦ SET HOLD SPEED(White): 항공기가 Selected Speed에 있고 FMC Holding Pattern이 입력되어 있으며 항공기가 Hold Speed로 감속 지점 30초 전에 있을 때 나타난다.

⑧ DECELERATE or T/D REACHED(White: Also displayed on PFD): 착륙을 위한 강하지점 (TOD)을 지났어도 Thrust가 줄어들지 않았을 경우에 이 Message가 나타난다.

⑨ MORE DRAG(White): DES mode이고 Idle Thrust일 경우 계산된 강하 경로보다 높고 다음 ALT CSTR로부터 2NM보다도 Intercept 지점이 가깝게 접근할 경우에 강하를 위하여 더 많은 Drag가 필요하다는 의미이다. 이러할 경우 Auto speed를 Control을 하거나 Speed brake을 사용하여 감속하여야 한다. 경험상 후자가 추천된다.

2) B-737 FMA

(1) Flight Management System은 다음과 같이 구성되어 있다.

① Flight management computer system(FMCS)

② Autopilot/flight director system(AFDS)

③ Autothrottle(A/T)

④ Inertial reference systems(IRS)

⑤ GPS

(2) 각 구성품은 독립적으로 작동을 하지만 여러 가지가 복합적으로 작용하여 상호 유기적으로 작동한다. FMC는 모든 상황을 종합하고 FMA에 최종적으로 작동 상황을 Display 한다.

(3) B-737의 FMA는 3개의 Column과 PFD에 Display 되는 Auto Pilot Status CWS Roll, Pitch가 있다.

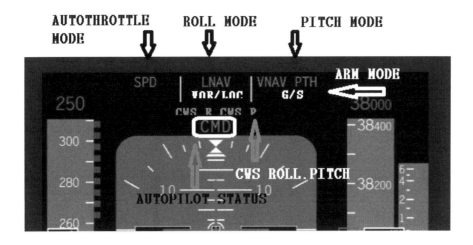

(4) 각 Column별 FMA는 다음과 같다.

Column	F M A	
	Engaged Mode	Armed Mode
Auto Throttle Mode	• N1(green) • GA(green) • Retard(green) • FMC SPD(green) • MCP SPD(green) • THR HLD(green) • ARM(white)	
Roll Mode	• HDG SEL(green) • VOR/LOC(green) • LNAV(green)	• VOR/LOC(white) • LNAV(white)
Pitch Mode	• TO/GA(green) • V/S(green) • MCP SPD(green) • ALT/ACQ(green) • ALT HOLD(green) • G/S(green) • FLARE(green) • VNAV SPD(green) • VNAV PTH(green) • VNAV ALT(green)	• G/S(white) • V/S(white) • VNAV(white) • FLARE(white) • G/S V/S(white)
기 타	CWS Roll Engaged • CWS R(amber) CWS Pitch Engaged • CWS P(amber)	Autopilot Status • CMD(green) • SINGLE CH(amber) • FD(green)

(5) Auto Throttle Mode의 FMA 정의는 다음과 같다.

① N1: FMC의 N1 Limit Page에 입력한 Thrust가 Display 됨.

② GA: Auto Throttle은 MAX Thrust에서 약간 줄어진 Go-Around Power를 Set 한다.

③ RETARD: Auto Throttle이 After Stop 위치까지 움직여 줄어들면서 동시에 Thrust도 줄어들며 RETARD가 FMA에 Display 된다. ARM Mode가 뒤이어 나타난다.

④ FMC SPD: Auto Throttle은 항공기 속도를 FMC에 의하여 지시된 속도를 유지한다. 이때 최대 Thrust는 입력된 N1이며 이 이하 Power로 제한된다.

⑤ MCP SPD: MCP에 Set 한 속도(IAS/MACH)를 Auto Throttle이 유지한다. 이때 최대 Thrust는 입력된 N1이며 이 이하 Power로 제한된다. 조종사가 직접 MCP에 Set 하는 속도이며, MCP 상의 LVL CHG, V/S를 선택할 때 Speed 창이 열린다. 이때 조종사는 Speed 창에 원하는 속도를 직접 Set 하여야 한다.

⑥ THR HOLD: Thrust lever의 Auto Throttle servos가 없어진다. 조종사는 Thrust를 Manual로 Set 할 수 있다. 84 Kts에서 나오는 이 Mode의 목적은 Reject Take Off 한다든지 혹은 N1 최대치를 증가시킬 수 있어 조종사가 이상 상황에서 Thrust를 원하는 방향으로 Set 할 수 있게 만든 것이다.

⑦ ARM: Auto Throttle mode가 Engaged 되지 않는다. Thrust lever Auto Throttle servos가 없어진다. 조종사가 Thrust Lever를 움직여 Manually로 Set 할 수 있다. 이때 Minimum Speed Protection이 제공된다.

(6) Pitch Modes의 FMA 정의는 다음과 같다.

① TO/GA: Takeoff, Go-Around로 구분된다.

Ⓐ Take Off TO/GA: F/D Switch를 ON 하고 Throttle 앞쪽에 붙어 있는 TO/GA Switch를 Push 하면 Power가 자동으로 들어간다. 이때 AFDS(Auto Flight Director System)는 다음 순서에 의하여 Pitch 자세를 지시한다.

ⓐ 60 knots IAS까지 Pitch Bar가 10도 Nose Down을 지시한다.

ⓑ 60 knots IAS가 되면 Down 된 Pitch Bar가 15도로 올라간다.

ⓒ Rotate Speed 이후 이륙이 되면 충분한 상승률을 유지할 때까지 Pitch를 15도로 올린다. 이후 Pitch는 MCP Set 속도+20 Knots를 유지한다. 만약 조종사가 실수를 하여 F/D를 Off 하고 이륙을 시도하여 TOGA를 Push 하였다면 80 knots IAS, 2,000feet AGL 이하에서 그리고 Lift Off가 된 150초 이내에 TO/GA를 Push 하면 TO/GA는 Engage 된다.

Ⓑ Go-Around TO/GA: 다음과 같은 상황에서 TO/GA Switch를 Push 하면 Engage 된다.

ⓐ 2,000feet RA 이하 비행 시

ⓑ Takeoff Mode가 아닌 경우

ⓒ 2,000feet RA 이상에서 Flaps이 내려져 있거나 G/S이 Capture 되었을 경우

ⓓ F/D ON 혹은 OFF 된 상태에서 TO/GA가 Engage 되면 F/D는 Roll Mode를 Control 하여 Ground Track을 따라가기 시작하고 Pitch를 15도로 들어 올린다. 사전에 입력된 상승률에 도달하면 Pitch는 항공기 무게에 따라 선택된 Flap 위치에 의거 속도를 조절한다.

② VNAV(Armed): 이륙하기 전에 VNAV가 Arm이 된다. 이륙 후에는 400피트 RA에서 자동으로 Engage 된다.

③ VNAV(Engaged): MCP의 VNAV Switch를 Push 하면 Engage 된다. FMC는 Vertical Profile을 비행하기 위하여 AFDS의 Pitch와 A/T Mode를 Control 한다.

④ VNAV SPD: AFDS(Autopilot Flight Director System)는 Airspeed Indicator와 FMC에 CLIMB or DESCENT pages에 입력되거나 선택된 FMC Speed를 유지한다.

⑤ VNAV PTH: AFDS는 FMC 고도와 혹은 Pitch Command에 의한 강하 경로를 유지한다. 즉 Auto Pilot에 의하여 FMC에 입력된 경로를 따라 비행한다.

⑥ VNAV ALT: VNAV profile과 조종사가 Set 한 MCP Altitude가 상충될 때 항공기는 MCP Altitude에 Level Off 한다. 그리고 Pitch flight mode Annunciation은 VNAV ALT가 된다.

⑦ V/S(Armed, Engaged): MCP의 V/S Switch를 Push 하면 Mode는 Armed, Engaged 된다. 조종사가 Vertical Speed Thumb wheel을 UP, Down으로 원하는 상승, 강하 FPM을 Set 한다. FMA에 V/S Pitch Mode가 나타나고 속도계 창은 열리고 항공기 속도는 Speed Mode로 바뀌면서 현재 유지하고 있는 속도를 유지한다. 이때 조종사는 원하는 속도를 Set 하여야 한다. 만약에 ALT ACQ Mode가 Engaged 되었을 경우 MCP에 새로운 고도를 100피트 이상 Set 하면 Pitch Mode는 자동적으로 V/S Mode로 바뀐다.

⑧ ALT ACQ(Acquisition): 전환 기동 단계로 조종사가 Set 한 MCP 고도로 상승 혹은 강하하기 위하여 V/S, LVL CHG, 또는 VNAV Climb이나 Descent Mode를 사용할 경우에 고도에 도달한 것을 알려주기 위하여 나타난다.

⑨ Level Change(LVL CHG): LVL CHG Switch를 Push 하면 Light가 들어오고 MCP에 Set 한 고도로 직접 상승 혹은 강하한다. Pitch Mode Annunciation은 Climb 혹은 강하 시 MCP SPD가 나타난다. Auto Throttle Annunciation은 상승 시 N1, 강하 시에는 RETARD가 나왔다가 ARM으로 바뀐다. IAS/MACH가 display 되고 속도계 창은 목표속도가 나온다. 항시 원하는 속도를 Set 하여야 한다. Glide Slope이 Capture 되면 LVL CHG는 사라진다.

⑩ ALT HOLD: 두 가지 경우에 나타난다. MCP에 Set 한 고도에 도달하였을 때, 다른 하나는 MCP의 ALT Hold Switch를 선택하였을 경우이다. 후자는, 조종사가 고도를 상승, 강하하는 도중에 ALT Hold Switch를 Push 하면 현재 상승 혹은 강하하는 고도에 Level Off 된다. 이때 약간의 고도 Overshoot가 일어나 강하율에 따라 달라지지만 Push 한 고도의 ±100~300피트에 Level Off 된다.

⑪ MCP SPD: Pitch로 IAS/MACH Window의 Airspeed 혹은 Mach에 따라 Pitch를 조절하면서 Guide 된다.

⑫ G/S(Armed): AFDS가 G/S capture를 하기 위하여 Arm 됨.

G/S(Engaged): AFDS가 ILS Glide slope을 따라감.

⑬ FLARE(Armed): Dual A/P가 Engaged 된 ILS approach 중에 LOC와 G/S capture 되고 1,500feet RA 이하에서 FLARE가 Display 된다. 이때부터 두 개의 A/P이 협동하여 Coupled로 비행 상태를 Control 한다. 이것을 Coupled Approach라 한다. 또한 A/P Go-Around Mode를 Arm 한다.

FLARE(Engaged): Dual A/P ILS approach 수행 시 Flare가 50피트 RA에서 Engage 된다. FLARE 이후에 Autoland Flare 기동이 시작된다.

(7) Roll Modes

① LNAV(Armed): AFDS가 이륙 전에 LNAV를 Arm 시키고 50피트 RA에서 LNAV가 Engage 된다.

② LNAV(Engaged): AFDS는 FMC에 입력한 Route를 찾아 들어가고 추적하며 유지하기 위하여 다음과 같은 조건이 충족되어야 한다.

Ⓐ 비행하려는 Route의 3NM 이내에서 Inbound 방향으로 Heading을 유지하고 있어야 한다.

Ⓑ 비행하려는 Route의 3NM 밖에 있을 때 90도 이내의 Intercept Angle 이내에 있어야 한다.

③ HDG SEL: MCP의 Heading Mode를 Push 하면 Heading 창이 열리고 현재 Heading을 지시하게 된다. 조종사가 돌려 원하는 Heading으로 Set 하면 항공기는 자동 선회를 한다. 이때 FMA 에는 "Heading"이 Display 된다. Knob를 좌로 돌려 Set 하면 항공기도 좌로 선회한다.

④ VOR/LOC(Armed): MCP의 VOR/LOC을 Push 하면 선택된 VOR or LOC COURSE가 Arm 된다.

VOR/LOC(Engaged): 조종사가 선택한 VOR Course 혹은 LOC가 선택되면 Inbound Front Course를 따라 비행한다.

(8) B-737 Intervention 특성: B-737 항공기와 A-320 항공기 MCP(FCU)의 주요 차이점은 Intervention이다. Boeing 계통과 B-737 항공기는 Speed Intervention Altitude Intervention 두 가지 기능이 있다.

① Speed Intervention(SPD INTV) Switch

Ⓐ VNAV가 Engaged 된 상태에서 Speed Intervention(SPD INTV) Switch를 Push 하면 선택된 IAS/Mach 창에 교대로 IAS/MACH가 나타났다가 Blank(창이 닫히고 아무런 수치가 나타나지 않음) 된다.

Ⓑ IAS/MACH Display가 Blank 되지 않을 경우에는 FMC의 Speed Intervention이 작동된다. FMC 목표속도가 나타나고 IAS/MACH Selector에 조종사가 요구되는 속도를 Set 할 수 있다.

Ⓒ IAS/MACH가 Blank 되면 FMC에 의하여 계산된 속도가 Active 되고 Airspeed Indicator에 속도가 지시된다.

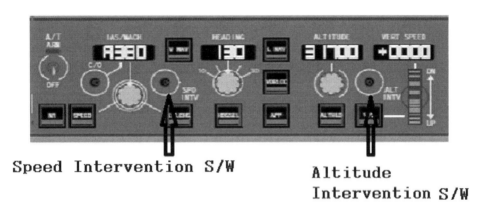

Speed Intervention S/W   Altitude
                                Intervention S/W

② Altitude Intervention(ALT INTV) Switch: 조종사가 고도를 Control 하기 위하여 고도계 Set Switch를 상황에 따라 Push 하는 행동을 말한다. 이렇게 함으로써 FMC에 Set 된 중간 Constraint 고도(강하 중간에 지켜야 할 제한 고도)를 삭제하고 순항과 강하 고도를 조종사가 원하는 방향으로 Control 할 수가 있다. 다음 세 가지 경우로 나눌 수가 있다.

Ⓐ VNAV Climb 중에 Push 하면

ⓐ Set 한 MCP 고도보다 가장 낮은 FMC 제한 고도가 삭제된다.

ⓑ 현재 항공기 고도가 FMC Altitude Constraint를 유지하고 있다면 고도를 삭제함으로써 새로운 고도로 올라갈 수 있게 한다. 이때 MCP에 새로운 고도를 Set 하여야 한다.

ⓒ 한 번씩 누르면 하나의 Alt Constraint 고도가 삭제된다.

ⓓ MCP 고도를 현재의 FMC 고도보다 높게 Set 하면 FMC Cruise 고도는 MCP에 Set 한 고도가 된다. FMC Cruise 고도는 ALT INTV Switch를 사용하여 Cruise 고도 이하로 감소시킬 수 없다.

Ⓑ VNAV Cruise 중에 Push 하면

ⓐ MCP 고도를 현재의 FMC Cruise 고도보다 높게 Set 하면 FMC는 MCP에 Set 한 고도를 Cruse 고도로 인식하고 상승을 한다.

ⓑ MCP 고도를 FMC Cruise 고도로 Set 하면 FMC는 조기 강하를 시작한다. FMC Cruise보다 낮은 고도를 ALT INTV Switch로 입력할 수 없다.

Ⓒ VNAV Descent 중에 Push를 하면

ⓐ MCP에 Set 한 고도 중에서 가장 높은 FMC 고도 제한이 삭제된다.

ⓑ 만약 현재 항공기 고도가 FMC Altitude Constraint를 유지하고 있다면 고도를 삭제함으로써 새로운 고도로 내려갈 수 있게 한다. 이때 MCP에 새로운 낮은 고도를 Set 하여야 한다. 만약 모든 고도 제한이 VNAV Path 강하 도중에 삭제된다면 속도는 VNAV Speed로 자동으로 바뀐다.

(9) 기타

① Autopilot Control Wheel Steering

Ⓐ CWS(Control Wheel Steering) Engage Switch: CWS S/W를 눌러 Engage 하면 CSW R, CSW P Mode가 FMA에 나오고 A/P은 이 Mode에 의하여 항공기를 Guide 한다. 이 Mode가 되면 A/P은 조종사가 Control Wheel에 가한 힘의 정도에 따라 항공기 컴퓨터는 이것을 인지하여 항공기를 유도한다.

Ⓑ Control에 가하는 힘은 통상 Manual 비행을 할 때와 유사하다. 조종사가 힘을 가하여 Roll과 Pitch 자세를 변화시키고 다시 힘을 빼면 A/P은 조종사가 힘을 가하여 만들었던 자세를 계속 유지한다.

Ⓒ 예를 들자면, 조종사가 CSW A/P Switch를 눌러 CSW P.R Mode로 전환하고, 항공기의 Pitch를 7도 상승, 15도 Bank를 Wheel에 가하여 만든 다음 Control Wheel에서 Hand Off 하면 항공기는 상승 7도, Bank 15도로 상승선회를 하게 된다. 선회를 하여 원하는 Heading이 되면 조종사가 Bank를 조절하여 Roll Out 하면 된다. 또한 원하는 고도에 도달하면 Level Off 조작을 하여 수평비행을 하면 된다. 일종의 Semi Auto Pilot이라 할 수가 있다.

Ⓓ Bank가 6도 이내에 있을 때 가해진 힘을 Release 하면 Wing Level이 되면서 현재의 Heading을 유지하게 된다. 그리고 Bank 6도 이내에서 Release 할 때 Heading이 Holding이 되는 특성은 다음과 같은 경우에는 없어진다.

ⓐ Landing Gear Down 상태하 1,500feet RA 이하일 때

ⓑ TAS 250Knots 혹은 그 이하에서 F/D VOR Capture 시

ⓒ APP Mode에서 F/D LOC capture 시

② Autopilot Status

Ⓐ CMD(green): Auto Pilot이 Engaged 되었음.

Ⓑ SINGLE CH (amber): Dual A/P이 Engage 되지 않고 항공기의 결함이나 제한 사항으로 한 Channel만 Engage 됨. Single CH만 Engage 되면 Auto Landing이 불가능하고 착륙 최저치가 CAT 1보다 더 높게 된다.

Ⓒ FD(green): Flight Director가 On 되어 정상 작동하고 있음을 의미함.

제3장

Civil Airline 항공기 기본 SYSTEM (2) -항공기 보조 System

제1절

Warning/Caution and Fire System

1. 개요

항공기에 비상이나 비정상 상황이 발생하였을 경우 조종사에게 이러한 상황을 알려주는 방법이 몇 가지 있다. Master Warning, Caution 등 항공기 상황에 따라 Red나 Amber Light가 들어오는 시각적인 경고방법과 소리로 나타내는 Aural과 Voice Sound 경고가 있다. 또한 항공기 Engine이나 Galley, 화장실, 화물칸에 연기가 발생하고 불이 났을 경우 이것을 인지하여 발생한 화재를 진압하는 장치가 구비되어 있다. 먼저 조종사에게 경고를 알려주는 제일 일반적인 방법인 경고등에 대하여 알아보자.

2. 조종사에 대한 경고 방법

1) Master Warning/Caution Light

MCP(FCU) 좌우측 Panel에 조종사 눈높이로 부착되어 있는 붉은 경고등이 들어온다. Engine Fire와 같은 심각한 상황은 Red Warning Light가 일반 비상 상황은 Caution Light가 들어온다.

B-737은 Engine에 불이 나면 각 Engine에 두 개씩 설치된 Fire Sensing Cable에 의하여 인지되어 Master Warning Light, Fire Light, Engine Start lever Light가 동시에 들어온다. A-320 항공기도 Engine Fire가 되면 Master Warning Light와 Fire Switch, Master Switch Lights가 들어와 조종사가 시각적으로 인지할 수 있도록 하였다.

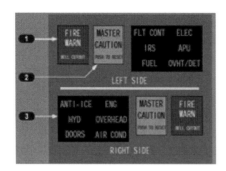 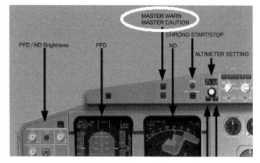

B-737 Warning Lights		A-320 Master/Caution Lights
① Fire warning	② Master Caution	③ System Annunciator Lights

2) 항공기 Engine Fire System은 Sensing Cable과 더불어 Smoke Detection System도 있다. 이 System은 통상 Lavatory(화장실)와 Cargo Compartment(화물칸) 그리고 전자장비실에 장착되어 연기 발생 시 또는 불이 났을 경우 이것을 탐지하여 경고를 울려준다.

3) Engine Fire와 Apu Fire, 그리고 Cabin Altitude가 급격히 상승하여 Emergency Decent가 필요할 경우 등은 Warning Light가 들어오고 동시에 조종사에게 소리로 경고를 해주는 Aural Sound가 울린다. 통상 "따르르릉" 소리가 계속 끊이지 않고 들리는데 조종사가 Warning light를 Push 하면 소리가 그친다. 불이 아닌 항공기 큰 결함이 생기면 Master Caution Light가 들어오며 이 경고 역시 Aural Sound가 동반되어 나온다.

4) B-737은 동시에 관련 System Annunciator Light가 들어오며 EICAS(ECAM)에 Emergency Title이 Display 된다. 조종사는 QRH(Quick Readiness Reference: 비상조치 참고철)를 펼쳐서 관련 절차에 따라 비상절차를 수행해야 한다. A320은 "땡" 소리가 나면서 E/WD(Engine/Warning Display)와 SD(System/Status Display)에 Red, Amber 혹은 Yellow로 경고문구와 실행하여야 할 비상절차가 Display 된다. 비상상황을 해결하기 위하여 Displayed 된 절차와 QRH에 의거 실행을 한다.

3. 여러 경고 시스템

위에 소개한 여러 경고장치 외에 다음과 같이 조종사에게 Warning이나 Caution을 주는 System 이 있다.

1) Take off Configuration Warning: 항공기가 이륙하기 위하여 Power를 증가시킬 때 다음과 같은 경우에 경고음이 나온다.

(1) Flap이 Take off 위치에 있지 않을 때,

(2) Speed brake lever가 DOWN position에 있지 않을 때

(3) Parking brake가 Set 되었을 때

(4) Stabilizer trim이 Takeoff range에 있지 않을 때

(5) FMC에 Take off Power를 입력하지 않았을 경우

2) 고도 경보 시스템: 조종사가 Set 한 고도보다 300피트 이상 벗어날 때

3) Landing Gear Configuration Warnings: 특정고도(700피트 혹은 800피트)까지 Landing Gear Down Lock이 되지 않았을 경우. 혹은 Up Lock이 되지 않았을 때

4) Cabin altitude warning: Cabin altitude가 10,000feet를 초과할 때

5) Mach/Airspeed Warning System: 항공기의 Vmo/Mmo(최대 속도와 최대 Mach) 속도를 초과할 때

6) Stall Warning System: 항공기가 Stall에 진입하였을 경우 Artificial stall warning device에 의하여 경고음과 stick shake가 발생한다. 조종사가 Max Power로 넣어주어야 한다. A320은 경고음이 나오면서 *Alpha Prot가 걸려 자동으로 Max Power가 들어간다.

7) Wind shear Warning: 항공기가 Wind Shear에 접근이 예상되거나 혹은 진입하였을 경우

8) Traffic Alert and Collision Avoidance System(TCAS): 비행항적이 가까이 접근하여 충돌할 위험이 있을 경우

9) Bank Angle Alert: 항공기 Bank가 제한치를 초과하였을 경우

10) GPWS(Ground Proximity Warning System): 항공기에 장착된 RA(Radio Altitude) 장비에 의하여 측정되고 다음과 같은 경우에 경고가 나온다.

(1) Excessive descent rate

(2) Excessive terrain closure rate

(3) Altitude loss after takeoff or go-around

(4) Unsafe terrain clearance when not in the landing configuration

(5) Excessive deviation below an ILS glide slope

---

* Alpha Prot: 항공기 기수가 급격히 들리어 임계 Angle of Attack에 달하면 자동으로 항공기 기수가 Down 되고 Power는 Max로 증가됨.

4. Fire 진압 System

1) Fire Protection Controls and Indicators

Engine이나 Apu에 불이 나면 이것을 진압할 수 있는 장비가 모든 민간항공기에 마련되어 있다. 불이 나서 경고를 받게 되면 조종사는 절차에 의거하여 Fire 진압조치를 취하게 된다. 아래 그림은 B-737 Fire Protection Controls and Indicators이다.

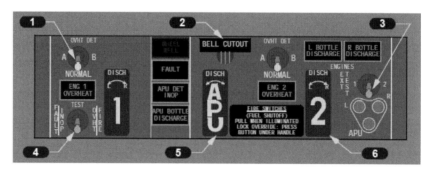

① Overheat Detector Switch ② Fire Warning BELL CUTOUT S/W
③ Extinguisher TEST Switch ④ Fault/Inoperative and Overheat/Fire TEST Switch
⑤ APU Fire Switch ⑥ Engine Fire

2) 조종사의 Fire 진압 절차는 해당 Engine Fire Switch를 Pull And Rotate를 하면 된다. 그렇게 하면 항공기에 공급되는 연료와 Hydraulic, Oil 그리고 Engine에서 나와 각 계통으로 들어가는 압축 공기 등이 완전히 차단되면서 2개의 소화기에서 소화액이 뿌려지게 된다.

아래 그림은 A-320 Fire Protection Control and Indicators다. 조종사는 해당 Engine이나 APU의 FIRE pb의 커버를 올리고 눌러준 후 AGENT1, AGENT2 Pb(Push Button)과 APU AGENT pb을 10초 후에 눌러주면 화재 진압이 시작된다.

① ENG 1 FIRE pb ②③ AGENT 1 and AGENT 2 pb ④ APU FIRE pb sw

3) B-737은 다른 항공기와는 다르게 Engine과 APU 이외에 Main Gear가 접혀 들어가는 Wheel Well에 이륙활주를 하다가 과열되거나 파손된 Tire로 인하여 발생할 가능성이 있는 화재를 인지하고 진압하는 장치가 별도 마련되어 있다.

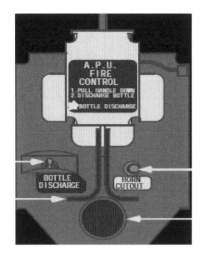

B-737 Main Gear Wheel Well에 장착된 Fire System
(C) Cargo Fire And Smoke Detection/진압 System

항공기 Cargo Compartment(화물칸)와 Lavatory(화장실)에 화재나 연기가 발생하였을 경우 이것을 인지하고 화재 진압을 할 수 있는 장치도 마련되어 있다. B-737 항공기에는 아래 그림과 같은 장비가 장착되어 있다. Lavatory에는 화재를 인식하고 자동으로 소화기를 작동하여 진압할 수 있는 장치가 있다. Cargo Fire일 경우 조종사 계기판에 있는 탐지 System에 Warning이 발생하면 조종사가 Discharge Switch를 눌러 화재를 진압한다.

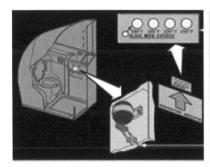

Lavatory

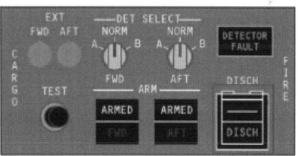

Cargo fire Detect

다음 그림은 A-320 항공기에 장착된 Lavatory와 Cargo Compartment 그리고 전자장비실에 장착되어 있는 System이다. 모든 화장실 쓰레기통에는 자동 진압장비가 설치되어 있다.

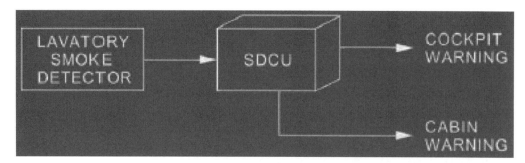

Lavatory Warning System

Cargo에 화재 발생 시 Discharge Switch를 눌러 진압한다.

다음 그림은 A320 항공기 전자장비실에 설치된 화재, 연기 감지장치다.

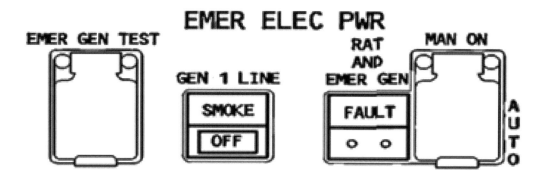

제2절

Anti Ice System

항공기가 고고도로 순항을 하고자 고도를 상승할 때 표준 대기압 상황하에서 고도 1,000피트를 상승하면 기온이 섭씨 2도씩 강하한다. 지상 온도가 섭씨 15℃이고 항공기가 35,000피트로 순항비행을 한다면 항공기가 순항하는 고도의 온도는 영하 55가 된다. 실제 비행 시 외기 온도도 영하 40-55도 사이가 되며 계절별로 온도가 달라진다. 한여름 활주로 온도가 40도라고 한다면 고도 35,000피트 상대적 온도는 80-95도나 차이가 나 인간이 생활할 수 있는 온도 범위를 생각할 때에 극한 온도에서 비행을 하고 있는 것이다. 고공에서 순항하는 비행기는 항상 영하 수십 도의 온도에서 비행을 한다. 따라서 항공기 외부에 돌출되어 외부 공기 상태를 측정하는 Pitot tubes, Static Ports, AOA vanes, Total Air temperature Probes 등이 얼어버릴 수가 있다. 이것을 방지하기 위하여 항공기가 시동이 걸리면 자동적으로 전기 Power가 들어가 Heating을 시켜준다.

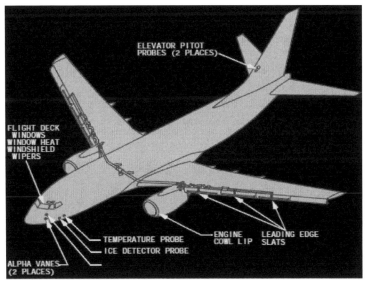

B-737 Anti ice System(Airbus도 이와 유사함)

또한, 항공기가 강수가 있는 지역이나 구름에 들어가면 항공기 Wing이나, Engine Intake, Cockpit Window에 Icing이 생기게 된다. 이렇게 항공기 외부에 Icing이 생기면 항행에 심각한 영향을 미칠 수가 있다. 이러한 Icing이 발생되지 않게 하거나 제거하기 위하여 항공기에 여러 장치를 하는데 이것을 Anti Ice System이라 한다. Anti Ice System에는 Probes Heat System. Wing Anti Ice System, Engine Anti Ice System, Window Heat System 등이 있다.

1. Wing Anti Ice System

항공기 Engine에서 뽑아낸 뜨거운 공기를 Leading Edge Slats에 흘러 보내어 항공기 Wing 표면에 Icing이 서리지 않게 한다. 아래 그림은 B-737 Wing Anti Ice System이다. Airbus도 이와 유사하다.

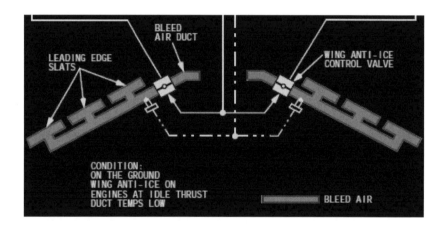

2. Engine Anti Ice System

Engine Turbine에서 뽑아낸 Bleed Air를 Engine Nacelle 부분에 보내어 Icing이 생기지 않도록 한다.

3. Window Heat System

조종석 앞 Window는 전기 Heating 장치가 있어 Defogging과 저온에서 비행하는 Window를 보호하기 위하여 Heating을 시킨다.

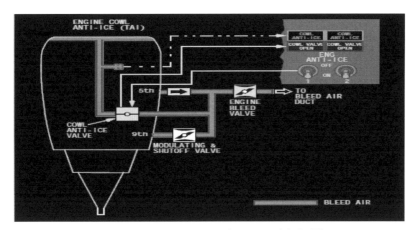

B-737 Engine Anti Ice System(Airbus도 이와 유사함)

제3절
Radio Altimeter(RA)

비행 중인 항공기에서 지표면으로부터의 절대 고도를 측정을 위한 고도계이다. 통상 2개의 장비가 장착되어 AGL 2,500피트부터 그 이하 항공기의 고도를 지시해준다. 비행기의 동체 밑에 있는 송신 안테나에서 지상을 향해 전파를 발사하고 지표면에서 반사하여 되돌아오는 시간에 의해 절대 고도를 측정한다. ILS 착륙장치의 고도, Landing Gear 작동, GPWS, 감압 등 지면과의 고도 상관관계가 필요한 여러 가지 항공기 계기와 장비를 작동하는 기준 고도를 제공한다.

RA 측정기 장착 위치 및 측정원리

RA Displayed On PFD

제4절

GPWS(Ground Proximity Warning System)

과거 항공기 사고의 상당한 원인이 *CFIT에 의한 사고임이 조사에 의하여 밝혀졌다. 이에 따라 항공기가 지표 및 산악 등의 지형에 의도하지 않게 접근할 경우 인공음성과 경고음 그리고 조종사 비행계기에 이상접근을 경고하는 장치가 설치되었다. 이 장비는 RA(Radio Altimeter)를 사용하며 경보는 회피 조작을 수행한 후 항공기가 위험한 상태로부터 벗어날 때까지 지속된다. 조종사가 이 경고를 임의로 끌 수는 없다. 이 장비를 GPWS라 한다. 경보를 발하는 조건과 경고문구는 다음과 같다. Boeing과 Airbus 항공기가 약간은 다를 수 있으나 기본적인 개념은 동일하다.

① Excessive descent rate ("SINK RATE" "PULL UP")

② Excessive terrain closure rate ("TERRAIN" "PULL UP")

③ Altitude loss after take off ("DON'T SINK")

④ Unsafe terrain clearance ("TOO LOW — TERRAIN" "TOO LOW — GEAR" "TOO LOW — FLAPS")

⑤ Excessive deviation below glideslope ("GLIDESLOPE")

⑥ Excessively steep bank angle ("BANK ANGLE")

⑦ Windshear protection ("WINDSHEAR")

이 GPWS에도 단점은 있다. 어느 지형지물 바로 다음에 가파른 절벽이 있다면 GPWS는 가파른 절벽의 접근 강하율을 산정을 못하는 단점이다. 이 단점을 보완하기 위하여 공항을 중심으로 일정한 반경의 GPS 지형정보를 입력하여 모든 지형지물에 대하여 회피기동 경고를 내도록 하였다. 이 체계를 EGPWS(Enhanced GPWS)라 한다.

---

* CFIT(Controlled Flight Into Terrain): 조종사가 비행기를 조종하고 있는 상태에서 항공기가 의도하지 않게 지면, 산, 물, 장애물을 향해 비행하여 충돌하는 사고.

항공기에 장착된 GPWS 경고장치

　　조종사에게 들려주는 경고음은 여러 가지가 있으나 대표적인 한 가지만 소개한다. 만약 항공기가 정상보다 급한 강하각으로 접근 시 일차적으로 Caution인 Aural Alert "SINK RATE, SINK RATE"가 반복된다. 그러다가 수정이 되지 않으면 "Pull Up, Pull Up" 경고음이 나오고 GPWS 경고등이 들어오며 PFD에 "Pull Up"이 Display 된다.

Windshear Detection Function

Wind Shear는 짧은 구간에서의 급작스러운 공기 흐름의 변화라고 말할 수 있겠다. Final에서 비행 중 승강계 500fpm 변화, 속도 15Kts, 항공기 자세 5도 이상 변화가 있을 때 WindShear가 있는 것으로 판단한다. 만약 Severe Wind shear에 들어가면 항공기는 Stall에 진입하고 지면 가까이에서 이러한 현상에 진입하였다면 수직으로 항공기가 떨어져 지면 충돌을 야기할 수도 있다. 이런 변화를 감지하는 장치를 모든 민간항공기에 구비하고 있다. 항공기 제작사는 조종사가 Windshear에서 벗어나는 비상절차를 설정하여 실행하고 있다.

Windshear 탐색은 항공기 탑재 Radar에 장착된 PWS(Predictive Windshear System)에 의하여 탐색이 되며 조종사가 인지할 수 있도록 ND, Radar와 PFD상에 나타나며 경고음이 나온다. 조종사는 Windshear 경고음이 나오면 접근을 포기하고 Go-Around를 한다든지 혹은 이륙을 하지 말아야 한다. 이륙 후 Windshear에 진입하였다면 항공기 기종별 절차에 따라 상승하여 벗어나야 한다. 다음 그림은 B-737/A-320 Windshear 범위를 보여준다. 기종에 관계없이 대략적으로 이 범주에서 WindShear를 탐색할 수 있다. PFD와 ND에 나타나는 Windshear 경고이다. (Windshear 경고: 별지 그림 6 참조)

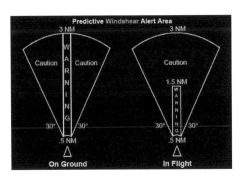

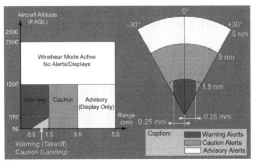

제6절

Weather Radar

1. Radar 작동원리

1) Airborne Weather Radar(WX RDR)는 X Band 주파수를 사용하여 송출 안테나로 전파를 방출하고 수신기를 통하여 반사되어 오는 전파를 잡아 Scope에 도시하게 된다. 전파를 내보낸 시간과 반사파가 돌아오는 시간을 측정하여 목표물과의 거리를 결정하고 Beam을 좌우로 Scan 하여 목표물의 방위를 산정한다.

2) B-737의 Waether Radar(WXR-2100 Multiscan Radar)는 TCAS, ACARS, EFIS, CMC/CFDS, Radio Altimeter, EGPWS, DADC, IRS or ADIRU에 연결되어 복합적으로 작동하고 Display 한다. A-320 WX Radar(RDR-4A/B)도 B-737과 유사하게 여러 가지 System에 연결되어 기상 이외에 Windshear 등을 탐지하여 ND에 Display 한다.

3) 항공기 기상 Radar는 다음 두 가지 방식으로 Scan을 한다.
(1) Plan Position Indicator(PPI): 레이더의 상하각도를 고정하고 좌우로 회전하면서 탐색하는 방법이다. 안테나가 360도 회전하는 것을 Surveillance Scan이라 하고 그 이하 각도의 Scan은 Sector Scan이라 한다.
(2) Range Height Indicator(RHI): 레이더는 방향 각도를 일정하게 하고 상하의 각도는 변화하는 Scan이다. 상하각도는 일반적으로 수평에서부터 천장 높이까지 탐색을 한다.
(3) Airborne WX RDR은 보통 PPI 레이더 Scan을 사용한다.

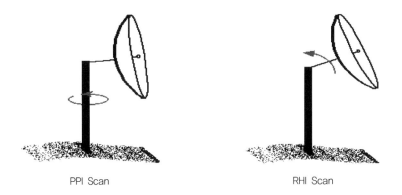

PPI Scan   RHI Scan

4) Airborne WX RDR는 통상 3도 폭을 가진 Beam을 좌우 90도 총 180도를 회전시켜서 비행 좌우 방향 목표물을 탐색하고 상하의 고도에 대한 탐색은 Tilt를 UP, Down 하여 Search를 한다.

5) WX RDR Beam은 다음과 같은 구조로 되어 있다.

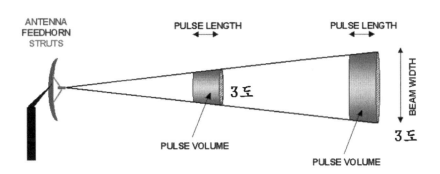

6) Plan Position Indicator(PPI) 형태의 안테나를 사용하고 있는 항공기 탑재 RADAR는 목표물의 전체적인 형태를 잡는 것이 아니다. Radar Beam이 탐색하여 Scope에 도시하는 형태는 구름이나 강수현상이 있는 지역 전체를 나타내주는 것이 아니라 아주 일부분의 단면을 표시해준다. 즉 입체의 평면도라고 말할 수가 있고 수평으로 자른 단면을 위에서 내려다보는 것과 같은 것이다. 따라서 조종사는 단면과 평면도를 보고 전체의 윤곽을 머릿속에 그려내어야 한다.

7) Beam(폭 3도)이 거리에 따라 그리고 Tilt를 1도 Down을 하였을 때의 탐색할 수 있는 범위는 아래 그림과 같다.

< Beamwidth cross-section diameter versus distance>

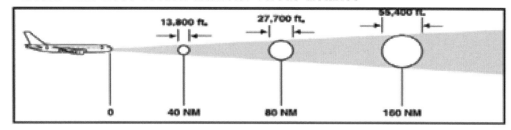

±6,900피트, ±13,850피트, ±17,700피트

<3 degree conical shaped beam>

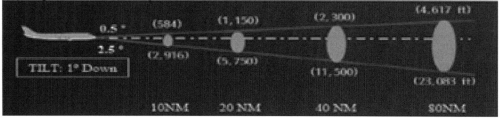

2. Wx Radar 구성, 작동

1) 최근의 RADAR는 몇 개의 Switch만으로 간단히 Control을 하게 되어 있다. B-737과 A-320
이 사용하고 있는 Wx Radar Control Panel은 다음과 같다.

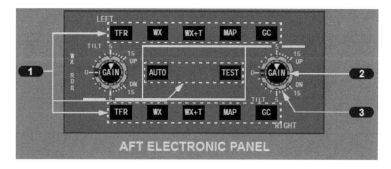

B-737 WX Radar Control Panel

① Weather Radar Mode Switches: 원하는 Mode를 선택 Switch
② GAIN Control: Radar의 수신강도를 높인다.
③ TILT Control: 안테나의 각도를 상하로 조절가능하다.

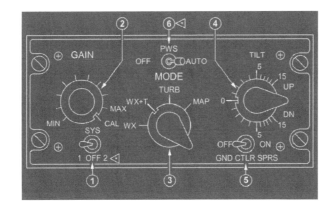

A-320/321 WX Radar Control Panel
① Radar sw: On, Off Switch   ② GAIN knob
③ Display mode selector   ④ TILT knob
⑤ GND CLTR SPRS sw ON: Screen의 지상 잡음을 제거함.
⑥ PWS sw: Windshear ON, OFF S/W

2) 모든 민간항공기에 소형 Wx Radar가 최소 1대씩 장착되어 있다. 항공기는 원칙적으로 계기 비행을 해야 하기 때문에 만약에 기상 레이더가 비행 전에 작동되지 않는다면 이륙할 수가 없다. 기상 Radar의 탐색 기본 원리는 대기 중의 습도이다. 그런데 같은 구름이라도 습도가 많지 않는 구름은 탐색이 되지 않는다. Radar는 습도의 강도에 따라 색깔로 구분하여 조종사에게 보여준다. 제일 강한 강수지역 표시를 Red 색깔로 표시하고 그 다음에 Magenta, Yellow, Green으로 나타낸다. 붉은 색으로 나타나는 지역은 강한 강수지역이며 Echo 지역이라 한다.

거리를 최대 320NM부터 10혹은 5NM까지 조절하여 Echo를 찾아볼 수 있으며 만약 강한 Echo 강수지역을 탐지하였다면 미리미리 회피하여야 한다. 고도별 구름으로부터 최소 회피 기준이 설정되어 있으며 조종사가 회피를 결정하였다면 관제소에 회피 요구를 하고 동의를 얻어야 한다.

3) 조종사는 Cockpit에 있는 Switch를 조작하여 Radar 각도와 거리, 고도, 강도를 조절하여 Echo 상태에 따라 회피할 것인지 여부를 결정하여야 한다.

4) 세부적인 RDR 영상 판독에 대한 기법과 회피기동 방법, 절차는 제6장을 참고하기 바란다. (레이더와 ND에 집힌 ECHO: 별지 그림 7 참조)

제7절

TCAS(Traffic Collision Avoidance System)

1

TCAS는 항공기의 공중충돌을 방지하기 위하여 항공기가 비행하는 항로의 주변을 Transponder 를 통해 감시하여 알려주는 항공기에 장착된 공중충돌 방지 시스템이다. 공중 출동 방지 시스템은 항공기용 Transponder가 출현하면서 현실화가 되었다. 초기 장비를 BCAS(Beacon Collison Avoidance System)라고도 한다. 여기서 비콘(Beacon)은 항공 교통관제에서 사용하는 레이더 비콘 시스템의 Transponder이다. 이후에 새로운 Transponder인 Mode S가 개발되어 활용되었다.

2

TCAS는 Transponder를 통하여 공중에서 상호 질문을 하여 거리, Track, 고도, 속도를 측정하여 계산한 후 이것을 분석하고 충돌 가능성이 있는 물체를 결정한다. 충돌 가능성이 있는 항공기를 찾는 항공기를 Identifier라고 하며, 충돌 가능성이 있는 다른 항공기를 Proximate 항공기라고 한다.

3

TCAS를 탑재한 각 항공기는 정해진 범위 내에 있는 다른 모든 항공기에 1,030MHz 주파수로 문의 방송을 하며 이 주파수를 수신한 다른 모든 항공기는 1,090MHz 주파수로 응답을 한다. 이 문의 와 응답의 반복은 매초 몇 차례 행하여진다. 이러한 지속적인 통신 교류를 통해서 주변 공역에 존재하 는 잠재 충돌 위협 항공기(Closest Point of Approach)에 대한 시간을 계산한다.

시간 계산은 상대 항공기의 위치, 고도, 속도에 의한 접근율(Closure rate)을 거리로 나눈 것이다. 이렇게 문의와 응답 그리고 계산하여 찾아낸 항적의 위협도를 분석하여 도시하고 충돌위협이 있는 항적은 조종사에게 경고음과 계기에 표시하여 동시에 조종사가 충돌을 피하기 위하여 비행할 방도를 알려준다.

4

최근에는 식별자(Identifier), 현재 위치, 고도, 대기속도와 같은 정보를 포함한 ADS-B(방송형 자동종속감시: Automatic Dependent Surveillance Broadcast) 신호가 1,090MHz 주파수로 송신된다. 이것을 수신한 항공기는 ADS-B 메시지를 분석하여 항공기 계기상에 Display 한다.

5

ADS-B를 좀 더 설명하자면, GPS(Global Positioning System) 위성 항법 시스템과 1,090MHz 전송 링크를 이용하여 항공기의 정보를 일정 주기마다 지상의 항공교통관제(ATC: Air Traffic Control)와 다른 항공기에 자동으로 방송(Broadcast)하는 항공기 감시 체계이다. ADS-B 시스템은 항공기의 감시 정보인 항공기 식별부호, 위치, 속도(GAS), 방향 등을 1초 단위로 지상의 ATC 시스템과 다른 항공기에 방송한다. 이렇게 모든 항공기가 자신의 정보를 방송하여 내보냄으로써 다른 항공기는 이것을 수신하여 항적에 대한 접근 예측 능력을 향상시키었으며 약 100NM 이상의 원거리에서 수신할 수 있게 되었다.

6

TCAS Mode에는 다른 항적의 접근과 거리, 고도, 속도에 따라 RA, TA 등으로 구분한다. 그리고 TCAS는 조종사에게 항적이 접근하여 충돌할 수 있다는 것을 계기와 Voice로 경고하며 회피기동을 할 수 있는 기동지침도 알려준다.

7

TA는 Traffic Advisory라고 하여 조종사에게는 충돌 위협이 될 수 있는 항적을 나타낸다. 40초 이내에 접근하는 항적을 "Traffic Traffic"이라는 경고음을 조종사에게 보내고 계기에 도시한다. 이때 조종사는 충돌가능성에 따라 항적을 주시하고 대비하여야 한다.

RA는 Resolution Advisory 항적으로 25초 이내에 접근하여 충돌가능성이 높아 회피를 해야 하는 항적 정보이다. 이때는 PFD상에 회피 구역이 도시되어 조종사는 항공기를 회피구역으로 기동시켜야 한다.

회피기동은 좌우로 선회하는 것보다는 상승이나 강하를 한다. 이밖에 6NM 이상이나 고도가 1,200피트 이상 차이 나는 항적을 ND에 전시하는데 이 항적을 Proximate라 한다. 조종사에게 경고하는 Voice는 상황에 따라 여러 가지가 있다. 다음은 대표적인 상승 강하 기동을 지시하는 Voice Message다.

"TRAFFIC TRAFFIC": TA 항적 탐지
"CLIMB CLIMB": PFD의 안전구역으로 상승하라는 지시
"INCREASE CLIMB"(twice): 상승률이 적을 때 더 상승하라는 지시
"DESCEND DESCEND": PFD 안전구역으로 강하하라는 지시
"INCREASE DESCEND"(twice): 강하율을 추가하라는 지시
"ADJUST VERTICAL SPEED, ADJUST": 상승이나 강하율을 조절하라는 지시
"CLEAR OF CONFLICT": 위협항적이 없음.

아래 그림은 Airbus의 PFD에 도시된 회피기동과 조종석에 있는 Transponder 장비다. 회피기동은 PFD의 그린 영역에 머물러 있도록 상승, 강하를 수행해야 한다. 회피기동은 PFD 우측에 나타나 있는 빨간 색깔의 영역에서 녹색의 영역으로 상승, 강하율을 조절하여서 진입하여야 한다. (B-737 TCAS 회피구역: 별지 그림 8 참조)

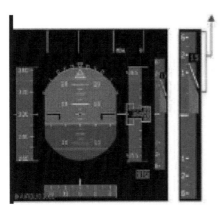
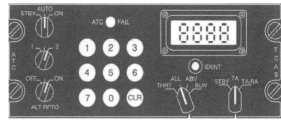

Radio Communication

1

민간항공기에는 VHF, HF의 두 가지 통신 장비가 탑재되어 있다. 통상 3개의 VHF 장비가 탑재되어 2개는 지상관제소나 항공기간의 통신을 수행하고 나머지 하나는 예비 혹은 ACARS (Communications Addressing And Reporting System) 장비 수신으로 사용을 하고 있다. HF도 두 개의 장비가 탑재되어 VHF가 통달할 수 없는 지역(통상 200NM)에서 항공기 Position 보고 용도로 사용하고 있다. VHF가 도달하지 않는 대양지역에서 사용하는 HF는 ATC가 아닌 *ARINC (Aeronautical Radio Incorporated) 즉 민간통신 사업자가 운영하고 있다. 조종사는 민간 사업자와 통신을 하고 민간 사업자는 다시 ATC와 통화를 하여 ATC의 관제지시를 조종사에게 통보하고 이 것을 Relay 하는 중계 관제를 하는 데 사용한다.

2

보통 2개의 VHF Radio 주파수를 Set 할 수 있도록 되어 있으며 한쪽에서 Set 후 Trans Switch를 누르면 주 통화 장비에 자동으로 이송된다. 항공기 Radio는 Radio Tuning Panel과 Audio Control Panel로 구성되어 있다. Radio Tuning Panel은 조종사가 사용할 VHF 혹은 HF 주파수를 선택하고 Frequency를 Set 한다. Audio Control Panel은 선택한 주파수의 송수신 강도를 조절할 수 있으며, 여기 에는 조종사와 Cabin 근무자, 조종사와 정비사 그리고 승객에 대한 방송을 할 수 있는 장비가 같이 장착되어 있다.

---

* ARINC: 미국의 항공 정보기술 기업으로 항공기와 관련된 통신 서비스를 제공하는 기업임.

HF에는 ARINC에서 조종사를 부를 수 있는 SELCAL(Selective Calling) System이 있다. 이 장치는 ARINC에서 항공기마다 부여된 4자리의 이용 신호(Selcal code)를 말하며, ARINC에서 이 코드를 사용하여 조종사를 호출하면 조종사 Cockpit의 HF Audio Panel에 불이 들어오면서 "땡" 혹은 "뚜르르" 소리가 난다. (제6장 참조)

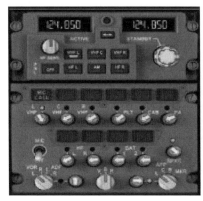
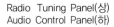

Radio Tuning Panel(상)
Audio Control Panel(하)

Radio Tuning Panel

제9절

ACARS(Aircraft Communication Addressing and Reporting System)/CPDLC/SATCOM

1

미국의 항공 통신 사업자인 ARINC 사가 제공하는 공대지 Data Link System(메시지를 주고받는 형식의 통신망)이다. VHF/HF 무선 전화에 의존하던 항공 운항 관리 통신 중 정형적인 데이터 통신으로 대체하고 음성 통신은 조난, 긴급 통신 등 비정형적인 통신으로 국한시킨다는 국제민간항공기구(ICAO)의 권고에 따라 ARINC 사가 개발한 초단파(VHF) 데이터 통신 시스템이다. ACARS는 항공기 사양에 따라 VHF 또는 Satellite로 데이터 통신을 한다. SATCOM Data Link 장비가 장착되어 있는 항공기의 ACARS 수신 지역은 일부 극지방을 제외한 세계 전 지역이다. VHF Data Link만 장착된 항공기의 경우 반드시 작동하고 있는 VHF 지상 설비의 가용 범위 내에 있어야 한다. ACARS System 은 항공기 주 컴퓨터인 FMC에 병합하여 사용한다.

2

ACARS를 통해 전송 수신되는 데이터 종류는 아래와 같다.

1) ATC Clearance, 기상 Data 접수
2) 비행 상태 보고, Engine Data 및 항공기 성능 Parameter
3) 비행시간 비행기 위치 정보
4) Flight Plans ETA(도착 예정시간) 보고 등

3

이밖에 CPDLC(Controller Pilot Data Link Communication)는 Digital 통신과 위성장비를 이용하여 관제사와 운항승무원 간의 통신이 문서 전달 방식으로 이루어지는 정확하고 진보된 데이터 통신 방법이다. 현재 장거리 운항하는 항공기에 장착되어 있다.

Weather UP Link   CPDLC   SATCOM

4

인공위성을 통하여 통신을 하는 SATCOM(Satellite Communication)이 있다. SATCOM은 항공기와 지상 간에 음성과 데이터 통신을 제공하는 수단으로 수신지역이 일부 극지방을 제외한 세계 전 지역이며 양 방향 통신이 가능하다. 데이터 통신은 통상적인 데이터링크 절차에 의해 자동으로 전달된다. ACARS는 항공기가 VHF 데이터 수신지역에서 벗어난 경우 SATCOM 장착 항공기는 자동으로 SATCOM을 선택할 수 있는 기능이 있다.

SATCOM은 음성통신을 위한 전화번호를 SATCOM Directory에 저장하고 있으며, 수동으로 전화번호를 입력하여 통신하고자 하는 경우는 국제전화번호 형식으로 입력해야 한다. 위 두 System 모두 FMC에 연결되어 사용하고 있다.

제4장

조종사의 비행 임무수행

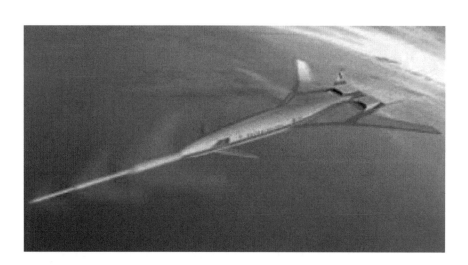

제1절
조종사 출퇴근

1

조종사는 비행출발 시간을 기준으로 하여 출근을 하고 비행임무가 끝나면 곧바로 퇴근을 한다. 각 회사마다 출근 시간이 약간씩 다르지만 대체로 국내선은 항공기 출발 1시간~1시간 20분 이전, 국제선은 1시간 30분~50분 이전에 출근을 한다. 출퇴근은 자가 차량을 원칙으로 하나 회사에서 운영하는 차량을 이용하여 출퇴근을 할 수 있다.

아시아나항공은 회사와 김포공항에 자체 주차장이 있어 개인 주차를 하고 있고 대한항공은 회사에 주차하고 임무를 수행한다. 인천공항 주차는 개인적으로 하되 대한항공은 장기 주차증을 개인 비용으로 지급한 뒤 이를 제출하면 주차비용을 회사가 지불해주고 있다.

2

여러 Low Cost 항공사는 개별적인 주차를 하고 있고 회사에서 지원을 하고 있지 않다. 다만 항공사 직원이라는 명목으로 주차 할인이 조금 있을 뿐이다. 모든 Low Cost 항공사 조종사들은 두 Major 항공사처럼 되기를 원하고 있다.

3

조종사는 출근 시간을 정확하게 지켜야 한다. 항공기가 정시에 출발하여야 하고 대체 조종사가 없기 때문이다. 가끔가다 교통흐름이 좋지 않아 출근이 지연되거나 늦어 당황될 때가 있다. 출근 시간을 지키기 위하여 출근시간대에는 전철을 이용하거나 미리미리 집을 나서야 한다. 자가용으로 출근을 한다고 하면 사전에 교통 흐름을 세밀히 파악하고 우회도로를 미리 알아 놓고 우회 도로를 이용할 때 출근 소요 시간을 알고 있어야 한다.

많은 조종사들이 공항을 중심으로 거주를 하여 출퇴근에 지장이 없도록 하고 있다. 통상 부조종사는 20-30분 먼저 출근하여 조종사 브리핑 준비를 한다. 출근 후 브리핑을 하고 항공기 출발 시간 전에 항공기로 향한다.

조종사의 근무 시간과 휴식 시간

1

항공사에서 조종사에게 일일 비행임무를 최대 다섯 Leg까지 주도록 규정되어 있다. 여기서 Leg라는 것은 한 공항에서 출발하여 다른 공항으로 착륙하는 한 구간의 비행을 말한다. 국내선을 예로 들자면 김포−제주노선을 왕복 2회 총 4 Leg를 기장 한 명, 부기장 한 명에게 임무를 주고 있다. 4 Leg 임무 수행 후 제주까지 한 번 더 갈 수 있지만 제주에서 김포로 돌아올 때는 승객으로 돌아와야 한다.

이번에는 조종사 근무시간에 대하여 알아보자. 통상 김포−제주 비행시간은 항공기에 따라 다르나 평균 1시간 10분을 잡고 있으며 4회 왕복할 때 비행시간은 총 4시간 40분(=승무시간)이고 근무시간은 leg 구간별 비행 간격이 40분이라면 비행 브리핑 시간을 포함하여 전부 3시간이 된다.

이렇게 될 때 총 비행 근무 시간은 7시간 40분이 된다. 여기서 조종사가 주의해야 할 문제가 있다. 비행이 정상적으로 진행될 경우 비행근무시간이 7시간 40분이 되지만 만약에 비행 중간에 2회에 걸쳐 항공기가 고장이나 정비하는 데 총 7시간이 걸렸다면 이 조종사들은 항공법에 의하여 마지막 4 Leg를 비행할 수 있느냐 없느냐의 문제에 봉착하게 된다. 이런 문제를 해결하기 위하여 조종사는 반드시 자기 근무시간과 휴식 시간을 알고 여러 Leg를 비행할 경우 이것을 계산하여 기상 이변으로 다른 공항에 *Divert 하거나 정비문제가 발생하여 여러 시간 지체가 되었을 때 반드시 숙지하여 계산하고, 회사 통제실/센터와 협의하여 사전에 조치를 해야 한다.

2

조종사 근무 시간과 휴식 시간은 항공법 시행규칙 제143조 별표 24에 의하여 각 회사마다 규정을 하여 시행을 하고 있다. 조종사의 근무시간과 휴식시간을 이해하려면 항공법 시행규칙 제143조 별표 24에서 정의가 된 다음 비행시간에 대하여 알고 있어야 한다.

---

* Divert: 기상, 항공기 결함 등으로 계획된 목적지에 착륙하지 못하고 다른 공항으로 전개 착륙함.

1) "승무시간(Flight Time)"이란 이륙을 목적으로 비행기가 최초로 움직이기 시작한 때부터 비행이 종료되어 최종적으로 비행기가 정지한 때까지의 총 시간을 말한다.

2) "비행근무시간(Flight Duty Period)"이란 운항승무원이 1개 구간 또는 연속되는 2개 구간 이상의 비행이 포함된 근무의 시작을 보고한 때부터 마지막 비행이 종료되어 최종적으로 항공기의 발동기가 정지된 때까지의 총 시간이다.

3) 연속되는 24시간 동안 12시간을 초과하여 승무할 경우 항공기에는 휴식 시설이 있어야 한다.

3

항공법에서 조종사 비행시간과 휴식 시간에 대하여 다음과 같이 규정하고 있다. 운항승무원 편성 최대 승무시간과 최대 비행 근무시간이다.

기장 1명, 부기장 1명일 경우: 승무시간 8시간, 비행 근무시간 13시간
기장 1명, 기장 외의 조종사 2명: 승무시간 8시간, 비행 근무시간 16시간
기장 2명, 기장 외의 조종사 2명: 승무시간 16시간, 비행 근무시간 20시간

4

운항승무원의 비행근무시간에 따른 최소 휴식시간 기준은 다음과 같다.

비행근무시간	휴식시간
~ 8시간까지	8시간 이상
8시간 초과 ~ 9시간까지	9시간 이상
9시간 초과 ~ 10시간까지	10시간 이상
10시간 초과 ~ 11시간까지	11시간 이상
− 중략 −	
19시간 초과 ~ 20시간까지	24시간 이상

위 표에서 비행근무시간 8시간까지 휴식시간은 8시간을 가져야 한다. 8시간 초과하여 1시간을 초과할 때 초과시간 만큼을 더하여 휴식을 하여야 한다. 참고로 운항승무원의 연속되는 28일 동안 총 100시간 365일 동안의 최대 승무시간은 1,000시간이다.

5

이상과 같은 항공법 시행규칙에 의거 앞서 예를 든 김포 제주노선 왕복 2회 중 항공기 결함으로 인한 30분 이상 지연발생 시 조종사는 나머지 한 Leg를 비행할 수가 없다. 따라서 조종사는 운항 통제실/센터와 협의하여 조종사를 교체하여야 하며 교체된 조종사는 다음 비행 때까지 최소한 13시간을 휴식하여야 한다.

6

이번에는 국제비행을 예로 들어 승무시간과 비행근무시간에 대하여 계산해보자. 심야비행으로 인천에서 중국 계림(중국 남서부)까지 조종사 2명이 왕복으로 계획되었다고 가정하자. 이러한 비행을 *Quick Turn Around라고 한다. 인천에서 계림까지 비행시간은 3시간 20분이 걸리고 중국 계림 공항에서 인천까지 3시간이다. 그런데 계림에 착륙하려고 하는데 갑자기 기상이 나빠졌고 기상이 좋아질 것을 기다려 1시간 동안 Holding(체공) 하다가 홍콩 공항으로 1시간이 걸려 **Divert 하였다. 승무시간은 5시간 20분이 걸렸고 비행근무시간은 6시간 50분이 걸렸다. 홍콩에서 연료를 추가로 넣고 대기하다(총 1시간 20분) 기상이 좋아져서 홍콩 공항에서 이륙하여 다시 계림에 착륙하였고, 비행시간은 1시간이 소요되었으며 비행근무시간은 2시간 20분이 소요되었다. 아래 도표를 통하여 간략하게 살펴보자.

비고	근무시간	승무시간(소계)	비행근무시간(계)
비행 브리핑	1+30		1+30
인천 → 계림		3+20 (3+20)	4+50
계림 Holding		1+00 (4+20)	5+50
계림 → 홍콩		1+00 (5+20)	6+50
홍콩 지상	1+20		8+10
홍콩 → 계림		1+00 (6+20)	9+10
계림 지상	1+00		10+10
계림 → 인천		3+00 (9+20)	13+10

---

* Quick Turn around: 왕복 2 Leg를 조종사의 교체 없이 계속 비행하는 형태.
** Divert: 기상 등의 이유로 목적지에 착륙을 하지 못하고 교체공항으로 회항함.

7

이러한 경우 조종사는 계림을 이륙하여 다시 인천에 갈 수 있는지 여부를 확인해보자. 인천에서 홍콩에 내려 다시 계림까지 총 승무시간은 6시간 20분이 소요되었고 계림에서 인천으로 귀환시간 3시간을 포함하면 총 9시간 20분이 된다. 이 시간은 조종사 2명이 비행할 수 있는 승무시간 8시간 규정을 초과하는 것이다.

그리고 조종사 2명의 총 비행근무 시간 13시간 규정도(13시간+10분) 초과하여 조종사는 비행근무시간과 승무시간 초과로 귀환비행을 하지 말아야 한다. 만약에 조종사가 이러한 계산을 하지 못하고 비행을 하였다고 한다면 법령에 의거 수천만 원의 벌과금을 부여받고 조종사는 비행정지 명령을 받을 수가 있다.

8

이러한 상황에서 기장은 지점장과 협의하여 아래의 상황조치를 하여야 한다.

1) 운항 통제실/센터와 통화를 하여 현 상황과 비행 운항 불가 이유 통보
2) 전 승무원의 휴식을 위한 호텔 확보
3) 다음 비행 계획 접수
4) 운항보고서 작성

제3절

조종사의 비행 임무 수행, 절차

1. 비행준비 및 브리핑

1) 조종사는 출근을 하여 제복으로 갈아입고 아래와 같은 비행준비를 한다.

(1) Weather Information

(2) NOTAM Information

(3) Operational Flight Plan

(4) *ATS Flight Plan 사본

(5) **Overfly and Landing Permits: 부정기 운항 시 항로상의 통과국가와 영공 통과 허가 번호 및 목적지 Landing Permission Number를 확인한다.

(6) 항공기 ***Defer(정비이월) 사항

(7) ****Route Guide

(8) 기타 비행에 대한 지시사항

2) 국제선은 운항관리사가 일부 준비해 주지만 국내선은 조종사가 직접 컴퓨터로 비행계획 자료를 출력해서 비행준비를 해야 한다. 최근에는 전자장비(EFB: Electronic Flight Bag, I PAD)를 도입하여 컴퓨터에 입력된 모든 비행 계획 자료를 조종사가 출력을 하여 비행임무를 수행하고 있다. 브리핑 준비가 완료되었으면 임무 조종사가 참석하여 지휘기장(Pilot In Command)의 주관하에 아래와 같이 브리핑을 수행한다.

---

* ATS(Air Traffic Service) Plan: 목적지까지 통과하는 항공관제소에 통보하기 위한 비행계획서.

** Overfly and Landing Permits: 해당국가 영공 통과 혹은 착륙 허가 번호.

*** Defer(정비이월): 부품이 없거나 작업을 수행할 수가 없어 수리를 연기하여 수행함. 제6장 참조.

**** Route Guide: Jeppesen Charts(계기비행 기본 절차와 여러 항법에 관한 기본 지침과 법칙 등 조종사가 지켜야 할 사항을 수록하였음)

(1) 출발지, 목적지 및 교체공항 기상자료를 확인하고 비행 계획서상에 승객 수, 비행시간, 연료탑재, 비행경로, 비행경로상 Wind shear, 최대 이륙중량, 최대 착륙 가능중량, 교체공항 등을 확인한다.

(2) 출발지 및 목적지 NOTAM을 확인한다. 이때 필요하다면 Jeppesen Chart의 Airport Layout을 이용 확인한다.

(3) 항공기 정비 상태와 MEL/CDL을 확인하여 비행에 어떤 영향을 미치는지 그리고 조종사와 정비사가 조치해야 할 사항을 면밀히 확인하여 조치 사항에 대해서는 메모를 해둔다.

(4) 기타 운항관련 자료를 확인 브리핑하고 합동 브리핑을 할 사항을 메모를 한다. 특히 Filed 된 ATS(Air Traffic Service) Plan과 *Operational Flight Plan의 Date, Route 등을 비교하고 필요 시 **RVSM 등 인가사항 등을 확인한다. 그리고 ***Charter 항공기라면 Over Flight/Landing Permission Number를 확인한다.

(5) 조종사의 휴대서류/품목, 비행경험, 각종 자격 등과 국제선일 경우 목적지 국가의 입국 제한 사항을 확인한다. 가끔 국제선 운항 시 여권을 미소지하거나 출입증을 분실 또는 잃어버리는 조종사가 있다.

2. 항공기로 출발

1) 국내선은 출입국 관리소를 거치지 않고 안전 검색대만 거쳐서 항공기가 주기되어 있는 주기장으로 간다. 검색대를 들어가기 전에 회사에서 발행한 승무원증을 공항 보안원이 검사를 한다. 국제선은 출입국 관리소에 출국 등록을 해야 한다. 원래는 여권을 제출하여 확인을 받아야 하지만 조종사는 별도로 등록 되어 승무원증에 인식코드를 심어놓아 자동 출입이 되도록 하였다. 국내선과 마찬가지로 검색대는 승무원용이 별도로 마련되어 있다.

2) 조종사는 항공기에 도착하여 별도로 출발한 Cabin(객실) 승무원과 합동 브리핑을 수행하여야 한다. 합동 브리핑 내용은 다음과 같다.

---

* Operational Flight Plan: 조종사가 비행 임무를 수행하기 위한 비행계획서.
** RVSM: Reduced Vertical Separation Minimum(수직 분리 축소공역: 제6장 참조)
고도 FL290에서 FL410 사이의 항공기간 수직분리 기준을 1,000FT 단위로 축소하여 운영하는 공역.
*** Charter: 전세기. 정기 노선은 아니고 승객을 미리 확보하여 특정한 기간 내에 운영하는 부정기편의 일종.

(1) 계획된 비행시간, 고도, 항로

(2) 항로 상, 목적지 기상(예상되는 Turbulence 고도와 시간)

(3) 승객 예약 상황 VIP, CIP(Company Important person), 환자 등

(4) 보안 고려사항

(5) 화물 상황(필요시)

(6) 목적지 국가 특별 *CIQ 절차

(7) 승무원 상호간의 협조사항

3. 항공기 점검, 지상작동

1) 승무원은 항공기에 도착하여 먼저 합동브리핑을 수행하고 각자 항공기 점검에 들어간다. 기장은 Check List(점검표)에 의거 항공기 내부와 외부점검을 수행한다. 부기장도 Check List에 의하여 항공기 내부 점검을 수행하고 컴퓨터 입력 작업을 수행한다.

2) 사무장은 항공기 Cabin 점검을 수행 후 기장에게 점검기록부에 서명을 받는다. 기장은 항공기 외부 점검 완료 후 기내 점검과 모든 컴퓨터 입력 사항을 확인한다. 준비가 끝이 나면 기장은 Flight Plan에 최종 서명을 한다.

3) 모든 기내 점검이 완료되면 승객 탑승을 허가하고 Boarding(승객 탑승)을 시작한다. 항공기 내·외부 점검을 하면서 조종사가 반드시 주의해야 할 사항을 정리하면 아래와 같다.

(1) 항공기 정비이월(Defer)이 있을 경우 반드시 **MEL/CDL를 찾아 관련 정비와 정비사 절차(M Procedure)를 수행하였는지 그리고 운항할 때의 Penalty가 조치가 되었는지 확인한다. 조종사는 관련 MEL/CDL을 펴놓고 읽어가면서 확인하고 조종사 절차를 수행하여야 한다. 조종사 절차를 "O"(operational) Procedure(조종사 절차)라 한다.

(2) 항공기 Log Book(비행기록부) 서명하기 전 정비이월(Defer) 이외의 항공기 결함을 확인하여 이것을 해결한 후에 비행에 들어간다. 그리고 정비사가 ***"M"(Maintenance) Procedure(정비사 절차)를 수행하였는지 반드시 확인해야 한다. (세부내용 제6장 참조)

(3) 총 비행거리와 시간, 주입된 연료와 비행계획서와의 연료가 다른지 확인하고 비행계획서에

---

* CIQ(세관 입출국): Customs, Immigration & Quarantine의 약어.

** MEL/CDL(Minimum Equipment List/Configuration Deviation List) (제6장 참조)

*** M Procedure: MEL/CDL상에 비행 전 정비사가 수행하여야 절차 (제6장 참조)

기록한다. 비행거리가 50NM 이상 차이가 나면 비행 Route가 제대로 입력이 되었는지 재확인한다.

(4) 좌표로 입력하는 Way Point는 정확한 좌표가 입력이 되었는지 확인한다.

(5) 객실점검, 항공기 내부점검이 완료되고 승객이 다 탑승하면 지상직원이 *Weight & Balance(Load Sheet) 서류를 가져온다. 조종사는 승객수를 확인하고 이륙 연료 그리고 기본 항공기 무게, 항공기 무게중심(CG: Center of Gravity), Trim Set 수치를 항공기 FMC(컴퓨터)에 직접 입력하고 비행계획서와 비교하여 오차를 대조한다. 이때 모든 수치가 허용된 오차 내에 있어야 한다. 허용오차 밖이면 다시 계산을 하여 입력을 해야 한다.

(6) 항공기 IRS Align은 반드시 항공기가 움직이기 전에 이루어져야 한다. IRS Align을 시도하였으나 완전한 Initialization이 되지 않았을 경우 재 Align을 수행한다. 만약 Push Back 이후에 Error가 났을 경우 현 위치에서 움직이지 말고 Align을 재시도 한다.

(7) 점검이 완료되었으면 Check list를 수행하여 주요항목이 제대로 수행되었는가를 재확인한다.

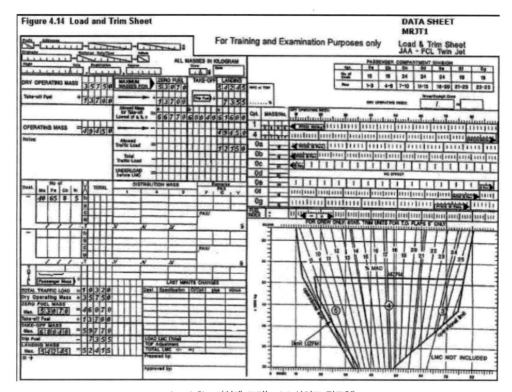

Load Sheet(실제 크기는 A4 사이즈 정도임)

---

* Weight & Balance(Load Sheet): 항공기에 관련된 모든 무게(항공기기본 무게, 연료, Cargo, 승객 등)를 산정하여 기록하였으며, 항공기의 무게 중심과 Trim 수치를 계산하여 기록한 문서.

(8) 부기장은 ATC Clearance를 받고 비행계획서에 명시된 Route와 컴퓨터에 입력한 Route와 Departure 등을 확인하여 수정 입력한다. 기장은 Review 한다.

(9) 조종사는 이륙 ATC Clearance를 받고나서 이륙 전 브리핑을 수행한다. Check List에 의한 항목에 대하여 실시하되 이륙 시 Reject T/O 절차와 각 공항별 *Single Engine 이륙 절차를 Remind 하여야 한다.

(10) 모든 비행준비가 완료되고 사무장이 승객수와 문을 닫는다는 통보를 하게 되면 승객수를 확인하여 Load Sheet 인원과 일치하는가를 확인한다. 승객이 실제 탑승인원과 서류에 명시된 인원이 맞지 않는 경우가 있다. 이때는 반드시 확인하여야 한다.

(11) 조종사는 다음 사항을 확인 후 ATC에 **Push Back을 요구한다.

    ① 모든 문이 다 닫혀 있는지 확인   ② 항공기 IRS Align 확인

    ③ Boarding Bridge 분리   ④ 정비사가 준비되었는지 확인

    ⑤ Parking Brake Set 여부   ⑥ 주변에 지상충돌 가능성 있는지 확인

(12) Push back 단계에서 조종사나 정비사가 실수한 실제 사례를 보면

    ① 모든 문을 닫았으나 문틈 사이가 벌어져 이륙 후 회항한 사례와

    ② IRS가 Align되지 않은 항공기로 이륙하여 회항한 경우가 있다.

    ③ 그리고 Boarding Bridge가 분리되지 않은 상태에서 Push Back을 하여 항공기가 손상된 사례도 있고, 또한 Parking Brake가 Release 되지 않은 상태에서 서둘러 Push Back 하다가 Towing Car의 ***Towing Bar가 부러진 사례도 많이 있다.

Towing car

Towing bar

---

* Single Engine 이륙절차: 공항마다 한 엔진이 부작동 시 비행해야 할 코스, 절차가 설정됨.
** Push Back: 항공기를 Boarding Bridge에서 분리하고 시동을 걸기 위하여 뒤로 미는 것. 항공기는 뒤로 가지 못하기 때문에 지상에 별도 장비를 이용 뒤로 밀어야 함.
*** Towing Bar: 항공기와 Towing car를 연결시켜 끌거나 밀어줄 수 있도록 쇠로 만든 지주.

(13) 항공기 Push Back 시나 Engine Starting을 할 경우 항시 주변을 확인하여 장애물이 없을 경우에 수행하고 *Cross Bleed Start 할 때도 정비사에 의하여 완전히 항공기 뒤가 Clear가 된 상태에서 Power를 증가하도록 한다.

(14) 항공기 시동 후 결함이 발생하였을 경우 정비사와 통화하여 가능한 한 결함을 수정한 후에 비행을 하도록 하고 조종사는 해당 결함에 대하여 MEL/CDL을 확인하여 조치사항을 확인한다. Circuit Breaker는 점검 LIST에 나와 있는 것을 제외하고는 절대 조종사 임의대로 Reset 하지 말아야 한다.

(15) 이륙 전 항공기 결함 발생 시 항공기 결함을 수정 후 이륙하도록 한다. 필요하다면 정비사에 의하여 Defer(정비이월: 제6장 참조)를 걸고 조종사와 정비사 절차를 수행 후 비행을 하도록 한다. 조종사는 MEL/CDL을 확인하여 정비사 절차가 나와 있고 조종사 절차도 Cockpit에서 수행할 수 없는 사항이 있을 경우 다시 Ramp로 들어와 수정 후 비행을 하여야 한다. 결함이 수정되기 전에는 비행을 해서는 안 되는 결함 항목도 상당수에 이른다.

(16) 항공기 Engine Starting후 **Landing Gear Safety Pin과 Towing 하기 위하여 Nose Landing Gear에 꽂아 놓은 Nose Wheel Steering Pin이 뽑혀진 것을 반드시 확인하여야 한다. 특히 첫날 비행 시작 전에 항공기 외부 점검 시 Landing Gear Safety Pin이 제거되었는지 확인해야 한다. 대부분 항공기가 전날 비행을 마친 후 지상 안전을 위하여 정비사는 Landing Gear Safety Pin을 꽂아 놓는다.

아침 첫 비행 시나 항공기가 장시간 주기장에 있었을 경우 Landing Gear Safety Pin을 뽑지 않고 이륙하였다면 Landing Gear가 올라가지 않는다. 이러한 회항사례가 실제 여러 번 발생하였다. 국토부는 2억 원을 벌과금으로 관련 회사에 부과하였다. Nose Wheel Steering Pin이 꽂혀 있으면 Taxing을 할 수 없다.

(17) 조종사는 Engine Starting 후 정비사가 Pins을 완전히 뽑고 안전하다는 신호를 주고받은 후에 Taxi를 수행한다. 정비사는 손을 흔들어 보이고 Steering Pin과 항공기 각종 Pin을 제거하였으며 항공기 외부에 문제가 없음을 그리고 조종사는 항공기 내부에 이상이 없음을 상호간의 신호를 주고받는다.

---

* Cross Bleed Start: APU가 부작동 할 때 한 엔진을 외부 장비로 시동을 걸고 Push Back 후 남은 엔진을 시동이 걸린 항공기의 공기압을 이용하여 시동함.
** Landing Gear Safety Pin: 항공기의 Gear가 접히지 않도록 마련한 일종의 Locking 장치.

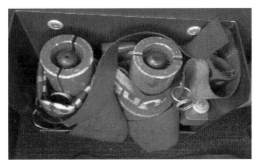

조종석 Box에 보관 중인 Safety Pin

Nose Gear
(Safety Pin이 꽂힌 Landing Gear)

Main Gear

4. Taxi(지상 활주)

ATC에서 이륙 활주로로 향하기 위한 Taxi Clearance를 주면 조종사는 차트에 의하여 Taxi Route를 확인하고 Taxing을 시작한다. Taxi 중에 이륙을 하기 위한 모든 기재 취급을 마치고 Check list를 완료한다. 대부분 Taxi Instruction은 Runway Holding Point까지 준다. 중간에 Stop 하여야 할 경우에는 별도로 지점을 지정하여 그 지점까지만 준다. 부조종사는 기장이 정확한 Route를 가고 있는지 Chart를 보면서 확인하고 다른 Taxi Way로 들어가지 않도록 미리 조언을 한다. 특히 *"Hold Short" "Hold on"에 대한 의미를 잘 알아듣고 수행하여야 한다.

Taxi 중에 반드시 지켜야 할 여러 가지 사항이 있다. ATC에서 주는 항공기 Traffic 정보를 잘 알아듣고 철저히 지시에 따라야 한다. 만약에 애매모호하다면 확실히 재확인하여야 한다. 조종사는 다음과 같은 사항을 유의하여야 한다.

1) ATC에서 주는 Route를 잘못 알아듣고 다른 Taxi Way로 진입하는 경우.

2) 착오에 의하여 막다른 Taxi Way로 오 진입. 혹은 인가도 하지 않은 Taxi way로 진입하여 Taxi 수행.

3) 활주로 Cross Clearance를 받지 않고 그냥 건너가는 경우.

이 경우 착륙이나 이륙하는 다른 항공기와 충돌 가능성이 높기 때문에 조종사는 활주로를 건너가기 전에 다시 한 번 확인해야 한다. 해마다 5-6건씩 발생하는 중요한 위반 사례이다. 2016년, 인천 공항에서 이륙 도중 활주로를 허가 없이 횡단하는 항공기를 발견한 Tower에서 이륙 활주를 하고 있는

---

* Hold Short: 지시하는 지점에 못 미처서 대기하시오.
  Hold on: 지시하는 지점 위에서 대기하시오.

항공기를 Rejected Take off 시키어 다행히 조종사가 신속하게 이륙 단념을 수행함으로써 항공기간 충돌이나 Runway 이탈은 발생하지 않았다. 하지만 이륙 단념한 항공기의 Tire가 Flat이 되고 Landing Gear 계통에도 문제가 발생하여 항공기 중정비를 수행한 사례가 있다.

4) Hold Short 지시를 이행하지 않고 계속 Taxi 하는 경우.

5) Taxi 순서를 지키지 않고 다른 항공기보다 먼저 진입하는 경우.

6) Runway Holding Point를 지나 활주로 가까이 접근하는 경우 ATC 위반이 된다. 만약 이때 접근 착륙하는 항공기가 있으면 ATC에서는 접근 항공기를 Go-Around 시키게 된다.

7) 특히 기상이 나쁜 상태의 *CAT1, CAT2 혹은 CAT3 상황에서 Holding Short Red Light Line 을 절대 침범해서는 안 된다.

8) 기상이 나쁠 경우 각 공항 ATC에서는 이륙하기 위하여 지상 활주를 한 항공기에 Holding Point을 별도로 지시해준다. CAT I Holding Point와 CAT 2.3 Holding Point 지점이 각기 다르다. 이렇게 Holding Point가 설정되어 있는 이유는 항공기 Holding Point가 대부분 ILS 안테나 부근에 있어 항공기가 가까이 접근하면 전파교란이 일어나 접근하는 항공기 계기에 영향을 주기 때문이다. 따라서 절대 Holding Point를 넘어가서는 안 된다.

9) Taxi 도중 이륙 Rwy가 바뀌는 경우가 종종 있다. 이륙 전 다음과 같은 절차를 수행하고 확인 후 이륙해야 한다.

(1) Departure Rwy, SID Change   (2) Performance Data 구하여 다시 입력

(3) MCP/FCU(Airbus) Set(Heading, 고도)

(4) Progress/Fix Page Change   (5) Nav Radio Page Change

(6) Engine Out Procedure 확인   (7) Briefing

---

* CAT1, CAT2. CAT3: ILS 계기 접근의 종류, 기상 상태에 따라 접근 종류와 접근 최저치 등 절차가 달라진다. 세부내용 제5장 참조

Holding Point

후쿠오카 GP Hold Line

5. 이륙(Take Off)

활주로 대기 지점에 도착하였으나 여러 항공기가 대기하고 있다면 승객에 대한 방송을 수행하여야 한다. 이때 대기 소요시간 계산은 활주로 하나만 가지고 이착륙을 하고 있다면 한 대당 3분 30초를 계산하면 된다. 만약 앞에 항공기가 4대 대기하고 있다면 자신은 5번째 이륙 순서가 되고 3분 30초 ×5=17분 30초가 지나서야 이륙을 할 수 있는 것이다. 활주로가 2개 이상 있어 이륙만 하는 활주로라면 항공기당 2분을 계산한다. 이렇게 시간 계산을 하여 손님들에게 몇 분 후에 이륙 가능하다고 방송을 한다.

Tower에서 '이륙 허가(Cleared for Take off)'를 하거나 활주로에 들어가서 대기하라(Line up and Wait)는 지시가 나오면 객실에 이륙 신호를 보내고 최종 이륙 준비가 되었는가를 점검하면서 활주로에 진입한다. Cleared for Take off 혹은 Line up인지 확실히 구분하여야 한다. 관제사나 조종사의 착각, 조종사의 비행 점검, 기재취급, 타 항공기의 경계, Radio의 복잡과 혼란으로 인하여 이륙허가를 받지 않고 이륙하는 경우가 있다.

이륙 중 무거운 항공기가 짧은 시간에 고속으로 가속이 되면서 여러 가지 상황이 발생되고 있다. 이를 대비하여 조종사는 고도의 집중 및 항공기 점검 확인과 기재취급을 정확히 수행하고 주의를 기울여야 한다.

1) 이륙 기재 취급을 절차에 의하여 정확하게 해야 한다. 그렇지 않으면 *Take Off Configuration Warning이 울린다. 이륙 정대 전에 반드시 확인한다.

---

* Take Off Configuration Warning: 이륙을 위한 규정된 기재취급이나 절차를 수행하지 않고 Power를 증가시킬 때 조종사에게 경고음이 들리고 경고메시지가 나옴.

(1) Take off Flap set   (2) Take off Trim set

(3) Speed brake Lever up   (4) Parking Brake Off

(5) Take off Speed 입력, 이륙 Power가 Set 되었는지 확인하여야 한다.

2) 이륙 정대 중에 확인해야 할 사항은 다음과 같다.

(1) 이륙해야 할 활주로를 반드시 확인해야 한다. 시정이 나쁘다든가 오인에 의하여 ATC에서 준 이륙활주로가 아닌 다른 활주로나 심지어 Taxi Way상에서 이륙 정대하거나 이륙하는 경우가 있었다. Runway Number를 확인해야 한다.

(2) 초기 이륙 후 유지해야 할 고도가 정확히 Set 되었는지 MCP(FCU)를 재확인한다.

(3) SID 제한 사항을 확인한다. 고도, 속도 제한 등

(4) 이륙 정대 전에 접근 활주로의 비행경로(Final)와 착륙 항공기의 활주로 개방을 확인한다.

(5) Take off Clearance를 명확히 듣고 이륙 활주해야 한다. 불명확한 지시로 오인을 하여 이륙활주 하는 경우가 있다.

3) Take Off Power를 Set 하였는데 Warning이 나온다면 즉시 Reject Take off를 하여야 한다. Rejected Take off(이륙단념)를 수행하였다면 각 기종마다 여러 가지 수행하여야 할 절차가 있다. 기본적으로 다시 주기장으로 가서 정비 작업을 수행 후 상황에 따라 재이륙할 수 있다. 만약 항공기 기재 취급이나 조종사가 즉시 수정 가능한 사항이라면 연료점검, Brake Temperature 등을 재확인 후 이상이 없다면 주기장에 들어가지 않고 재이륙할 수 있다.

이때 반드시 Flight Director를 OFF 하고 다시 On 하여야 한다. 항공기 컴퓨터는 Take off Power가 Set 된 시간과 위치를 인식하여 Reject를 하였다고 하더라도 FD를 On, Off를 하지 않으면 계속 비행하고 있는 것으로 알고 모든 수치를 계산하기 때문에 다시 Reset 하여야 한다. Reset를 하지 않고 비행하면 많은 항공기 위치와 여러 가지 비행 Data에 오차가 발생하게 된다.

4) 이륙 전에 바람방향을 받고 측풍이 많다면 이를 감안하여 측풍 수정절차를 적용하여 이륙한다. (제6장 측풍 계산방법 참조)

5) 이륙 중 일어날 수 있는 모든 비상사태에 대비하여 Rejected Take off를 한다든가 안전하게 계속 이륙을 결심하여야 한다.

6) Take off Power set 후 계기를 점검하여 이상 유무를 확인한다.

7) 이륙 중 Engine Failure나 Engine Fire에 대비하여 절차를 Remind 하면 이러한 상황이 발생하더라도 여유 있게 대처할 수 있게 된다.

8) 이륙 전에, 이륙 후 회항 시 착륙 가능 최대 항공기 중량을 알고 있어야 한다. 만약 이륙 후에 회항을 해야 하나 그다지 긴급한 사항이 아닐 경우에는 반드시 최대 착륙 중량이하로 연료를 소모 후 착륙을 해야 한다. 만약 착륙 최대 중량이상으로 착륙을 하였다면 항공기 기골 검사 등 중정비를 수행하여야 한다.

9) 항공기의 이륙 중량이 가볍거나 혹은 CG가 뒤로 가 있는 항공기(A-320)는 이륙 중 *Rotation 할 시에 한꺼번에 들리는 경향이 있어 Rotation Speed와 양을 조절하여야 한다. 초당 4도 이상 들리면 FOQA에 기록이 된다. 무엇보다 **Tail Strike가 일어날 가능성이 매우 높아진다.

10) 앞 이륙 항공기가 Heavy일 경우 전방기의 후류를 피하기 위하여 이륙 간격을 반드시 지켜야 한다. 이륙 간격은 바람에 따라 다르나 무풍 시 2분 간격을 지켜야 한다. 이륙중 항공기가 앞 항공기의 후류에 진입하게 되면 위험한 상황에 진입할 수가 있다. V1 이후 후류에 진입하게 되면 MAX Thrust 를 넣고 기종별 Wind Shear 절차를 따른다.

11) 측풍 이륙절차

(1) 강한 측풍 이륙 시 Power Set를 계산한 Power보다 몇 도 온도를 낮추어 여유 Thrust로 Set 하는 것이 좋다. Line Up을 하여 Standing Take off를 수행한다. 이유는 측풍이 많을 경우 이륙 중 A-320 항공기는 Crab으로 이륙 활주를 하며, B-737은 Rudder와 Aileron을 상호 상반되게 역 조작을 한다. 따라서 두 항공기 모두 Aileron을 사용하게 되어 Spoiler가 나오기 때문이다. 측풍이 많으면 B-737 항공기는 측풍세기에 따라 Full 위치까지 Aileron을 눕힌다. 그리고 측풍 반대 Rudder를 받치면 서 방향 유지를 하여야 한다. Rudder를 지그시 받쳐 주어 Center Line을 유지하고 초기에 틀어진 궤적 을 바꾸어 다시 중앙선으로 들어오지 말고 약간 벗어난 그 축선을 따라 계속 이륙활주를 시작한다. 속도증속이 됨에 따라 Control Wheel 눌러준 것을 Release 해주며 100kts 정도에서 완전히 풀어준다.

(2) Airbus 320/321 항공기도 여유 Power를 Set 하여 주고 Standing Take off를 수행한다. 측풍이 적을 때는 Rudder만을 사용하여 이륙을 하고, 측풍이 많을 때만 약간의 Aileron을 사용한다. 경험상 측풍이 15KTS 이상이 불면 풍상 쪽의 날개가 들리기 시작한다. 강 측풍이 불어 풍상 쪽의 날개가 들리는 정도가 많으면 약간의 Aileron을 풍상으로 눕혀준다. 풍상 쪽으로 Aileron을 눕히게 되면 Spoiler가 순간적으로 나온다. 이것을 상쇄시키기 위하여 여유 Power를 Set 하는 것이 좋다.

(3) Rotation은 B-737 항공기는 Wing Low 상태로 Pitch Up을 수행한다. Airborne이 되면 Rudder와 Aileron을 Neutral에 놓는다.

---

* Rotation: 항공기를 부양시키기 위하여 Elevator를 들어 올리는 비행조작, After Stick이라고 함.
** Tail Strike: 이착륙 중 과도하게 항공기의 Pitch가 들리어 항공기 뒷부분이 지면에 닿는 현상.

(4) A-320/321 항공기는 Airborne이 되면 곧바로 Rudder를 Neutral로 놓아 Crabbing으로 상승하도록 한다. 만약 Rudder를 중립에 놓지 않으면 항공기가 Rudder가 들어간 쪽으로 Bank가 Rudder 사용량만큼 들어가 항공기가 불안정한 자세가 된다. 또한 Crabbing이 적은 상태에서 Rudder를 중립에 놓으면 이륙 후 가능한 한 빨리 Auto Pilot을 사용하여 이륙 Track을 벗어나지 않도록 한다.

(5) 측풍이 심할 때 방향을 잘못 유지하면 Noise Abatement 측정지역으로 들어가서 소음 규제에 걸릴 수가 있다. 가능하면 상승 SID 궤적을 정확히 적극 유지하여야 한다.

6. 상승(Climb)

1) 이륙 후 Gear UP을 한 다음 SID의 LNAV 궤적에 따라 정확히 비행을 하고 있는가를 Check 하여야 한다. 만약 Manual로 비행을 하고 있다면 반드시 정확히 항법을 하고 있는가를 VOR의 CDI를 확인하여야 한다. 항공기가 바람에 밀려가거나 혹은 조종사가 허용한계를 벗어나 정확한 궤적으로 비행을 못하게 되면 위반사항이 되어 국토부로 통보가 오고 행정처분을 받게 된다.

2) Noise Abatement 절차를 지켜야 한다. 대부분의 공항에는 이륙 Corridor에 Noise Abatement check Point를 여러 곳에 설치하여 소음이 규정치 이상 초과 시 과태료를 부과하고 있다.

3) 항공기 점검 시 SID상의 Below 고도는 MCP(FCU)에 Set 하고 FMC에 나와 있는 고도는 삭제를 한다. 왜냐하면 ATC에서 Below 고도보다 더 높은 고도를 주면 중간에 수평이 되기 때문이다.

4) 상승 중 고도, 속도를 항시 Monitor 하여 SID 절차에 따라 비행을 하지 않을 경우 조기 발견하여 수정하여야 한다. 또한 Landing Gear가 잘 올라가고 Door가 잘 닫혔는지 확인하여야 하며 그렇지 못하였을 경우에 대비하여야 한다. Boeing과 Airbus 기종에 관계없이 모든 항공기의 Gear Door의 UP 제한속도가 항시 Landing Gear Up 제한속도보다 적기 때문에 Landing Gear가 올라가고 Door가 열린 채로 속도가 많이 증속이 되었다면 Gear Door가 풍압에 찢어질 수 있는 구조적인 손상을 입을 수가 있다.

5) 항공기가 Noise Abatement에 따라 일정 고도에서 증속이 되면 Flap을 올린다. 이때 속도가 Flap Up 속도를 넘지 않도록 유의하여야 한다. 가끔 올리는 것을 착각하여 반대로 더 내리는 경우가 생겨 Overspeed가 발생하곤 한다.

6) Wind Shear는 대부분 이륙 후나 접근 시 발생한다. 조종사는 이륙 중 Wind Shear 경고가 있을 경우 이를 벗어날 절차를 항시 생각하고, 발생하면 즉시 조치를 해야 한다.

7) 항공기간의 근접비행은 이륙이나 착륙 등 좁은 지역에 많은 항공기가 몰려 있을 경우 발생한다. 따라서 조종사는 TCAS 경고를 Monitor 하고, 경고 발생 시 즉시 회피 기동을 하여야 한다.

8) 이륙 후 Bird Strike(조류충돌)나 Engine Compressor Stall 발생 가능성이 많다. 처치절차를 잘 알고 조치하여야 한다.

9) SID를 따르지 않고 ATC에서 직접 관제 시 ATC 지시를 잘 알아들어야 한다. 조종사와 관제사간 제일 Miss Understanding 되는 ATC 용어는 숫자 Two와 Three와 Right/Left Turn 등이다. 관제 지시 Left Heading 220도를 잘못 알아듣고 Right Turn 320도로 선회하거나, 고도 FL220를 FL320로 잘못 인식하는 등 조종사가 관제 지시를 잘못 듣고 엉뚱한 방향으로 선회하는 경우가 허다하다. 애매할 경우 항시 다시 확인하여야 한다. 최근에는 Right 방향을 Romeo side, Left 방향을 Lima Side로 알기 쉽고 이해하기 쉽게 구분하여 ATC와 통화한다.

10) 비가 오거나 이륙 상승 항로에 CB형 구름이 있을 경우 반드시 Radar를 Monitor 하여 회피할 준비를 한다. 만약 구름에 들어갔을 때나 Icing 지역을 비행할 경우 *TAT 10도 이하이고 습도가 많을 경우 해기종 절차에 따라 Anti icing 사용을 고려해야 한다.

7. 순항(Cruise)

1) 항공기가 순항고도에 이르면 Check List에 의하여 점검을 한 후에 승객들에 대한 기장방송을 수행한다.

2) 객실 온도는 Cabin에서 조절을 할 수 있는 항공기와 조종사가 조종실에서 조절해야 되는 경우로 구분된다. 조종사가 조절해야 하는 경우는 통상 24도로 Set 하나 계절과 비행 시간대에 따라 약간씩 달라진다. 특히 동양 사람들과 서양 사람들과의 기내 온도는 1~2도 차이가 날 수 있다. 겨울에는 25도, 여름에는 24도를 그리고 심야시간대에는 25도 혹은 26도를 유지하는 것이 동양인에게는 쾌적함을 준다. 항공기는 굉장히 건조하고 공기가 항시 순환이 되고 있어 지상의 습한 상황보다 1~2도 정도 낮게 느껴진다. 밤샘 운행 시 담요를 제공하지 않는 항공기는 온도를 1도 높인다.

3) 장거리 비행 시에는 Step Climb 고도를 확인하여 가능하다면 최적 순항(Optimum) 고도로 비행할 것을 추천한다.

---

* TAT(Total Air Temperature): 항공기가 고속으로 비행을 하면 항공기 표면의 공기가 압축이 되어 온도가 올라가게 된다. 이 온도를 말한다. 예를 들어 항공기 밖의 외기 온도(=SAT)가 −10도라면 압축된 공기에 의하여 항공기 표면온도는 영상 1~2도가 될 수 있다.

4) 순항고도로 상승하면서 *Turbulence(공기요란)가 있는 고도와 없는 고도를 Check 해둔다. 순항고도에 올라가서 Turbulence가 심할 경우에 미리 알아놓은 고도로 강하를 하거나 ATC 혹은 같은 구역을 비행하는 다른 항공기로부터 정보를 받아서 가능하다면 Turbulence 없는 고도로 변경한다.

5) 항로상에서 무엇보다 중요한 것은 **CB형 구름을 회피하는 것이다. 만약에 강수가 있는 저기압 지역으로 비행을 하게 된다면 Radar를 이용하여 강수대가 가장 적은 구역으로 비행할 것을 추천한다. (기상 레이더 사용방법, Thunder Storm 회피방법, 제6장 참조)

6) 순항 중에 10,000피트 이상의 High Terrain 지역(예: 타이완 동부지역, 일본 서부 산악지역, 몽고, 앵커리지, 히말라야, 뉴기니아, 중국 서부지역 등)을 비행할 경우에는 Flight Plan상에 명기된 ***MEA와 En route Chart에 명시된 ****MORA를 확인하여 Emergency Decent에 대비하여야 한다.

7) 항로상의 고도를 동일하게 유지하고 있다면 겨울과 여름 중 어느 계절이 연료가 더 소모될까? 여름은 밀도 고도가 낮아 겨울과 비교하여 연료가 더 소모된다. 10도가 차이난다면 1% 정도가 더 소모된다. 항로상에서 Optimum 고도보다 높거나 낮으면 역시 연료가 더 소모된다. 최상은 항시 Optimum 고도를 유지하는 것이다.

8) 항로상에 Head wind가 심하다면 당연히 연료소모도 많게 된다. 이때 최적순항속도도 증가하게 된다. 역으로 Tail Wind가 불면 감소한다. 연료소모를 최소화하려면 최적 순항 고도에서 Long Range Cruise 속도로 비행하면 가능하다. 순항속도에 영향을 주는 요소는 G/W, 순항고도, Wind, 온도 등이다.

9) 때때로 ATC에서 최고 고도, 최저속도를 지킬 것을 요구한다. 항공기 성능상 유지하지 못할 경우에는 직접 ATC에 현 상황을 말하여 조종사가 원하는 방향으로 되어야 한다.

10) 순항 중 최적고도를 유지할 수가 있다면 좋지만 많은 항적이 같은 시간대에 같은 항로를 비행함에 따라 대부분 최적고도로 비행을 못하는 것이 현실이다. 때로는 컴퓨터가 계산한 최대고도에

---

* Turbulence(공기요란): 공중에 흐르는 공기는 항시 일정한 흐름을 보이지 않고 난류가 흐를 경우가 많다. 이러한 곳을 비행하면 항공기는 심하게 흔들리게 된다. 일반 차량으로 비교하자면 아스팔트 포장도로를 달리다가 비포장도로를 달리는 것과 유사하다.

** CB(Cumulonimbus): 강한 소나기형 뭉게구름, CB형 구름 속에는 강한 난류와 주먹보다 큰 우박과 Hail이 존재하여 이 구름 속으로 비행한다면 항공기가 큰 피해를 입을 수 있다.

*** MEA(Minimum En-route Altitude): 장애물 회피요건을 충족하는 Radio Fixes 사이의 최저고도로 Navigation 신호의 수신을 보장 받을 수 있는 고도

**** MORA(Minimum Off-Route Altitude) 항로상 중앙선이나 Fix의 끝으로부터 10NM 내로 한정된 장애물을 회피할 수 있는 고도임. 5,000피트를 초과하는 장애물이 있을 경우는 이 고도를 유지하면 2,000피트의 장애물 회피가 됨.

근접한 순항고도로 상승하라는 지시를 받기도 한다. 이때 ATC에서 준 고도가 Max 고도 -1,000 정도 되면 그 고도로 상승하여도 된다. 예를 들어 Max Altitude가 38,100피트라면 최대 37,000피트까지는 상승을 해도 된다. 초기에는 연료손실이 많지만 나중에는 연료가 절감된다. 이때 주의해야 할 점은 유지할 수 있는 속도 범위대가 너무 좁다는 것이다. Stall Speed와 Max Speed scale 사이의 범위가 현저히 줄어든다. 따라서 Turbulence가 있을 경우에는 그 고도로 상승을 하지 않는 것이 좋다. MAX 고도까지 상승은 가능하지만 Stall Speed와 MAX Speed 사이의 Margin이 거의 없게 되어 Turbulence 나 악 기상에 조우 시 Stall이나 MAX Speed를 초과할 수가 있다.

11) 상승 중이나 순항 중에 *CAT 구름을 발견한다면 즉시 이 구역을 벗어나야 한다. CAT 구름은 인지하기가 어렵다. 만약에 인지 없이 이 CAT에 진입하면 항공기가 Stall에 진입할 가능성이 대단히 높고 승객이 부상을 입거나 심지어 사망까지 이를 수가 있다. 따라서 제트 기류에 인접하여 비행시 주간에는 전방을 주시하여 CAT 형태라고 생각되는 구름은 피하는 것이 최상의 방법이다. 만약에, 이러한 구름에 진입하였다고 하면 Max Power를 넣고 고도를 강하하여 Stall에 진입하지 말아야 한다. 고도 강하 후에는 그 원인과 결과를 ATC에 Report 하고 비행 후에는 항공 안전 장애보고서나 기장보고서를 제출하여야 한다. (CAT 구름 발생 원리 및 CAT에 진입한 객실: 별지 그림 9 참조)

12) Maximum Altitude

컴퓨터는 Maximum Certified Altitude(항공기 구조상 최대속도), Thrust Limited Altitude(최소 상승률로 상승가능속도), Buffet or Maneuver Limited Altitude(40도 bank로 선회 시 0.3G의 Margin이 있는 속도) 중 가장 낮은 속도를 Maximum Altitude로 선택한다.

13) **RVSM 공역 진입 전 점검표에 의하여 점검을 하여야 한다. 제일 중요한 것은 기장과 부기장의 고도계의 고도 차이가 제한치 이내(200피트 차이)여야 한다. 순항고도에 달하면 고도별 바람과 온도를 컴퓨터에 입력하고, Flight Plan과의 연료와 시간 차이, 입력한 Route와 Leg를 확인한다.

14) 순항 비행 시 ***Waypoint가 다가오면 점검절차에 의하여 확인하되 제일 중요한 것은 다음 Waypont가 정확히 입력되었는지 확인하여야 한다. 특히 유의해야 할 점은 Waypoint가 좌표로 되어 있을 때 정확한지 좌표를 읽으면서 확인하여야 한다. 예를 들어 E131.56을 E132.56으로 입력하였다면

---

* Clear air turbulence(청천요란): 구름이 거의 없는 상층 대류권과 성층권 내에서 발생하는 난류를 말한다. 청천난류는 주로 제트 흐름 부근에서 발생하는데, 그 이유는 제트 흐름 부근에서 바람 시어가 커서 소용돌이가 생기기 때문이다. 이때 약간의 말린 구름이 발생한다.

** RVSM(Reduced Vertical Separation Minimum): 고도 29,000-45,000 사이의 고도에서 항공기간의 고도 분리를 1,000피트로 운영하는 지역 (제6장 참조)

*** Waypoint: 항로상에 설정된 비행경로 지점. Waypoint와 Waypoint 사이 구간을 Leg라 한다.

거리 오차는 최대 60NM이나 차이가 난다. 이때 비행 Heading도 참고하여야 한다. 즉, Flight Plan의 Heading과 FMC에 나와 있는 Heading이 같아야 한다. 또한 다음 Waypoint까지 비행소요시간을 Check 한다. 60NM 차이가 난다면 항로비행 시간은 7~9분 정도 차이가 난다.

15) 가끔 ATC에서 항로를 변경하는 경우가 종종 있다. 이런 경우에는 조종사는 다음 절차에 의하여 수정을 한 뒤에 비행을 하여야 한다.

(1) ATC에서 수정한 Clearance를 Flight Plan에 기록하며 Read Back 한다.

(2) 새로운 항로를 FMC(MCDU)에 입력한다.

(3) Flight Plan에 새로운 Waypoint 좌표가 표시될 수 있도록 수정한다.

(4) 경로와 거리를 FMC Data와 상호 비교한다.

(5) En Route Chart를 보고 Waypoint의 좌표를 재확인한다. 복잡하거나 제한된 공역 또는 Route를 확인하기 곤란한 상황이라면 ATC에 계획된 항로(SID 또는 STAR 포함)의 Waypoint로 *"Direct" 비행이나 Radar Vector를 요구한다.

16) 항공기 Position Report 중 유의사항은 다음과 같다.

(1) 주파수 변경 후 ATC나 타 항적이 통화하는 것을 Monitor 한다.

(2) 주파수 변경 후 최소한 5초를 Monitor 한 후에 통화를 시도한다.

(3) 위치보고는 간략하게 수행한다. (Call sign, 고도, 속도, 위치)

(4) HF RADIO 구간 보고는 제6장 HF 보고 절차를 참조한다.

17) 순항비행 중 항상 Suitable Airport에 대한 기상을 파악하여야 한다. 기장은 목적 공항의 기상 상태와 연료잔량을 점검하여 계획된 연료로 비행이 가능하면 목적 공항으로 계속 비행하고, 계획된 연료보다 부족하면 교체공항으로 비행하도록 운항여부를 결정한다.

18) 비행 중 항로상에서 기상을 파악하는 방법은 다음과 같다. Route Guide(Jeppesen Chart)에서 주파수 및 방송 시간대를 확인하여 기상을 파악한다.

(1) **VOLMET(VOL(=flight) Meteorological Information): HF 주파수로 일정한 시간대에 주요 공항에 대한 예보와 현재기상을 맹목 방송을 한다.

(2) ***AEIS(Aeronautical En route Information Service): 일본 지역의 각 항로관제 교통 센터가

---

* DIRECT: 굽어진 항로에서 여러 Waypoint를 거치지 않고 먼 곳에 있는 Waypoint로 직접 비행함.
** VOLMET: 국제선을 비행하는 항공기의 운항에 필요한 항공 기상 통보. 주요 비행장의 일기 개황 및 예보를 맹목방송을 함. 태평양 지역에서는 호놀룰루, 오클랜드, 샌프란시스코, 도쿄, 홍콩 등지의 항공 기상대의 무선국에서 이 지역을 항행하는 항공기국을 대상으로 HF대의 전파를 국제적으로 협정된 방송 시간에 따라 차례로 방송함.
*** AEIS: 비행 중인 항공기에 대하여 항로상의 기상, NOTAM, PIREP 등 최신 정보를 제공함.

운영하는 기지국이나 미국의 경우 *FLIGHT WATCH에서 해당 공항의 기상을 요청하여 취득한다.

(3) ACARS: MCDU ACARS에서 기상 또는 ATIS 정보를 공항 상황에 따라 시간대별로 취득한다.

(4) **ATIS(Automatic Terminal Information Service): 목적지 공항에 접근 중 VHF 또는 VOR(해당 공항) 주파수로 목적지 공항 기상자료를 취득한다.

(5) 위의 여러 방법으로 기상자료를 얻지 못하였을 경우 또는 특별한 기상이 있을 경우 Company Radio 또는 공항 ATC를 통하여 기상자료를 취득한다.

19) 조종사가 En-route에서 부주의하여 ATC로부터 경고를 받는 경우는 항로 유지를 못하고 고도를 지키지 않는 경우다. 이러한 사안이 발생하는 원인은 의사소통이 잘못되어 일어난다. 특히 고도를 지키지 못하면 공중충돌 위험이 매우 높다. 현대 항공기는 GPS에 의하여 비행을 하여 모든 비행기가 오차 없이 정확히 항로비행을 하고 있다. 따라서 동고도인 경우 공중충돌 위험이 거의 100%로 매우 위험한 상호 접근 비행을 하고 있어 조심해야 하고 고도를 정확히 유지하여야 한다.

20) 특히 동남아 남부지역에서 한국으로 귀환할 때 비행방향이 180-360도일 때는 짝수 고도를, 360-180도 방향으로 바뀌면 홀수 고도를 유지해야 한다. 이러한 전환 지역(예: 마닐라 FIR)에서 ATC의 지시를 정확히 이해하고 고도를 지켜야 한다.

21) 고도 30M' 이상에서 순항속도 M0.01은 대략 4-5Kts이다. M.77을 유지하다 M.76을 유지하여 순항을 한다면 한 시간에 4-5Kts만큼 시간 차이가 난다는 의미이다. 이 속도는 약 1분도 되지 않는 속도이다. 만약 4시간을 이 속도로 비행한다면 총 16-20NM이 늦게 되고 분당 7Kts 속도로 비행 시 겨우 3분 차이밖에 나지 않는다. 따라서 시간 조절을 하려면 속도보다 경로로 조절하여야 한다. Holding을 한다면, 한 바퀴에 대략 6분을 추가하면 된다.

8. Energy Management(항공기 에너지 관리: 강하 및 접근)

1) 개요

민간항공 여객기 분야에서 사용되고 있는 용어 Energy Management란 무슨 의미인가? 일반적으로 물리학에서 순항하고 있는 항공기의 Energy를 다음 공식에 의하여 계산한다.

$$\text{항공기 에너지 } E=\text{위치에너지}(mgh)+\text{운동에너지}(1/2mv^2)$$

---

* Flight Watch: 미국 내에서 비행정보를 제공하는 기지국.
** ATIS(Automatic terminal information service): 공항 내에서 기상 등 비행정보를 제공함.

이 에너지 공식에서 항공기의 총 에너지는 항공기 고도가 높으면 높을수록 위치에너지가 커지고, 그리고 속도의 제곱에 비례하고 있음을 알 수가 있다.

만약, 항공기가 35,000피트, Mach 0.80으로 순항 중에 있다고 한다면 위 공식에 의거 계산을 하면 그 에너지는 실로 엄청나다. 여기서 Energy Management라 함은 통상 순항하고 있는 항공기가 착륙을 위하여 강하를 시작해서 활주로에 안착을 하여 속도가 완전히 줄어들고 항공기의 모든 에너지를 소진시키어 에너지를 Zero로 만드는 과정이며 이 과정을 적절하게 Control 하는 것이 항공기의 에너지 Management라고 말할 수가 있겠다.

즉 항공기가 착륙을 하여 정지 상태로 만드는 것은 위치에너지 고도를 Zero로 만들고 속도에너지 또한 Zero로 만드는 것으로써 $E=0= mg \times 0 + 1/2m \times 0^2$가 되는 과정이다. 다른 방식으로 말하자면 **Energy Management는 전 비행과정에서 항공기 위치에 따라 적절한 에너지를 감소시켜 유지하는 것으로 이를 위하여 외부적인 여러 비행환경을 반영하고 항공기의 대기 속도, 추력과 항력, 비행경로 상에서의 에너지 균형을 유지하는 일이다.**

2) Energy Management를 하는 목적은 무엇이며, 제대로 관리하지 못한다면 어떤 일이 일어날까?

(1) 미국의 비행안전 연구팀은 1984년부터 1997년까지 총 76건의 접근 및 착륙 사고와 전 세계의 심각한 사고 중 70%에서 Unstabilized Approach(저고도/저속 또는 고도 High/고속 접근)가 사고 요인이라고 분석을 하였다. 이러한 사고는 항공기 에너지의 부적절한 관리로 에너지를 과도하게 유지하였거나 또는 아주 적은 에너지를 유지하여 사고로 발전하게 되었다. 분석결과 접근속도가 느리거나 저고도를 유지하여 에너지가 적었을 경우가 36%를, 34%의 경우가 과도한 에너지를 갖게 됨으로써 사고로 연결되었다.

(2) 이와 같이 사고원인을 분석한 결과 대부분이 Unstabilized Approach가 주된 원인이 되었다. 따라서 Energy Management의 목적은 이 Unstabilized Approach를 없애어 항공기 사고를 미연에 방지하기 위한 것이며, 부수적으로는 적게나마 연료를 아끼려는 것이다.

(3) 대부분의 Unstabilized Approach는 특히 항공기가 접근하는 동안 에너지 상태를 평가하거나 관리할 수 없는 조종사의 비행 능력의 부족함이 원인이 되고 있고 이것이 사고의 주된 요인으로 작용하고 있다. 이러한 사고는 대부분 조종사의 피로가 많이 누적된 상태에서 접근 중에 발생한다. 항공기가 정상적인 범위를 벗어나는 것을 감지하여 즉각 수정조작을 못해주면 비정상적 접근 가능성이 더욱 높아진다. 조종사가 에너지 관리를 잘못하여 에너지가 아주 적게 된다든가(저속/저고도) 또는 과도한 에너지(고속/고도 아주 높음)로 인해 접근 및 착륙 사고가 발생하게 되며 다음 중 하나가 포함된 사고로 발전될 수 있다.

① Loss of control(조종 상실)　　　② Undershoot on landing(미달 착륙)

③ Hard landing(Over G 착륙)　　　④ Tail strike or Runway(이탈)

⑤ Runway overrun(활주로 초과 정지)

(4) 이러한 안전사고가 발생하는 원인은 다음과 같은 요인이 하나 혹은 두 가지 이상이 복합 병행되었을 때 일어난다.

① Excessive sink rate(과도한 강하율)

② Incorrect flare technique(late or early flare 등, 서툰 착륙 조작)

③ Excessive airspeed(과도한 속도)　　　④ 부적절한 Power Control

⑤ Loss of visual references(시각 참조물 상실)

3) 항공기 에너지 관리 조건

(1) 조종사의 임무중 하나인 에너지 관리의 또 다른 목적은 항공기의 에너지 상태를 제어하고 Monitoring 하는 것이다. 곧 항공기 에너지를 관리하는 것은 대기 속도, 추력과 항력, 비행경로의 균형을 유지하는 일이다. 따라서 조종사는 비행단계 별로 항공기 착륙 외장, 비행경로, 속도 및 추력 등 적절한 에너지 조건을 유지해야 하고, 저·고 에너지 상태에 놓여 있을 때에 항공기를 정상 상태로 가능한 한 빨리 회복시켜야 한다.

(2) 조종사가 항공기 에너지 상태를 변화시키는 변수는 다음과 같다.

① Airspeed and airspeed trend(속도와 속도증감의 경향성)

② Altitude(Vertical speed or flight path angle: 강하율 혹은 강하각)

③ Drag(Speed brakes, slats/flaps and landing gear로 인하여 발생)

④ Thrust

(3) 조종사의 과도한 비행임무를 완화하거나 돕기 위하여 장착된 여러 자동비행장치 즉 Autopilot, Flight director, Auto throttle, Aircraft instruments, Warnings and Protections 등의 모든 기능과 활용 방법 그리고 한계를 잘 이해하여야 한다.

4) 항공기 에너지를 잘 관리하기 위해서는 다음과 같은 지식도 있어야 한다.

(1) 강하와 감속

① 먼저 조종하고 있는 항공기의 특성을 이해하는 것이 중요하다. 현대 여객기 대부분은 공기역학적으로 낮은 항력을 가진 "Clean" 상태이므로 강하하면서 감속되는 경우가 거의 없다. 미국국립교

통안전위원회의 연구에 따르면 Outer Marker(OM)에서 높은 속도를 유지하면 Auto Pilot에 의한 Glide Slope의 Capture와 정의된 Stabilization 고도에서 항공기가 Stabilization이 되는 것을 방해할 수 있음을 알아내었다. 그럼에도 불구하고 ATC는 공항의 Field Elevation이 높더라도 Outer Marker(OM)에서 높은 속도(160~200knots)를 유지하기를 권장하고 있다. 왜냐하면 Field Elevation이 높을 때 속도를 줄이면 저 에너지 상태에 돌입될 가능성이 있기 때문에 계기비행(IMC) 조건에서 Outer Marker(OM)의 3~4NM 범위 내에서는 항공기 속도 제한이 ATC에 의하여 발부되어야 한다고 결론을 내렸다.

② PIC(Pilot in command)는 여러 비행환경 조건에서 항공기의 관성, 제한 및 승무원 능력을 고려하여 에너지를 관리할 책임이 있다. 여러 변수 중에 바람은 중요한 역할을 한다. Outer Mark에서 160Knot를 유지하고 있을 때, 정풍 30Knot일 때와 배풍 30knot일 때에 같은 속도를 유지하는 것은 에너지 유지 차원에서 큰 차이가 난다. 그러므로 ATC의 속도지침이 PIC가 준수할 수 없는 경우 즉시 ATC에 통보해야 한다.

(2) 항공기 감속 특성: 항공기 감속 특성은 항공기 유형과 중량에 따라 다르지만 다음과 같은 일반적인 값을 적용할 수 있다.

① 수평 비행 상태에서 감속도

Ⓐ Approach Flaps을 Down 한 경우: NM당 10 ~ 15knots

Ⓑ Landing gear and landing flaps: NM당 20 ~ 30knots

② 강하 상태에서의 감속

Ⓐ 일반적으로 **Final에서 3도의 강하각과 항공기 외장이 Clean을 유지한 상태에서 감속은 불가능하다.**

Ⓑ Slats만 내리고 Flaps를 내리지 않은 상태에서 Glide Slope을 Capture 하였을 때 1,000 피트를 강하하면서 착륙 외장을 유지하고 3NM을 비행하게 되고 Final Speed로 감속되어 안정된 강하를 할 수가 있다. 즉 Flap1을 내린 상태에서 모든 착륙 외장을 유지하게 되면 1,000피트를 강하하고 3NM을 비행하게 된다. (이때의 속도가 GAS 180kts일 때임) 예를 들어 FAF가 2,000피트인데 FAF 3NM 전에서 Flaps 1 상태에서 3,000피트를 유지하고 있다면 landing Gear를 내리고 Flaps Full까지 내리는데 1,000피트 강하가 되어 2,000피트로 FAF에서 Glide Slope Capture가 가능하고 속도도 1,000 피트에서 Stabilized가 될 수 있는 FAF 속도까지 감속이 된다는 것을 의미한다.

Ⓒ Speed Brake을 사용하면 더 빠른 감속을 할 수 있지만 대부분 Speed Brakes는 1,000 피트 AFE 아래 또는 Flaps가 내려진 상태에서는 허용되지 않는다. 모든 감속장치 Spoilers, flaps and landing gear의 효과는 속도가 감소함에 따라 줄어든다. 일반적으로 Slats은 FAF 3NM 전까지 내려져야 한다.

ⓓ 다음 도표는 3도 강하경로에서 10 knots/NM의 보수적인 감속률을 기반으로 한 Outer Mark(OM)에서의 항공기 감속 기능과 최대 속도이다.

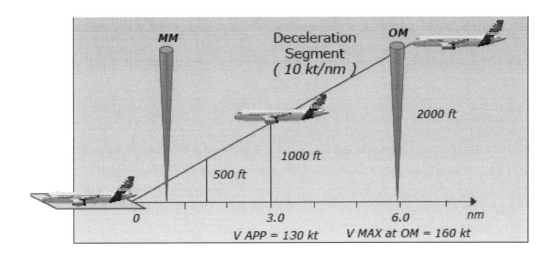

예를 들어, IMC 상태이고 최소 Stabilization 지점이 공항 고도(AFE) 1,000피트이며, FAF가 130 knots, OM(6NM)와 Stabilization 지점(공항 고도 1,000피트) 사이가 3NM이라면 항공기가 3NM을 비행할 때 감속은 NM당 10 knots × (6NM − 3NM) = 30 knots가 된다. 따라서 AFE 1,000피트 높이에서 130knots로 항공기가 안정화되기 위해서는 OM에서 유지될 수 있는 최대 속도는 130 knots + 30 knots = 160 knots이다.

ATC가 Outer Mark에서 High Speed 유지를 지시할 때 위의 계산법에 의하여 최대 유지할 수 있는 속도를 계산할 수가 있다. 만약 배풍이 10Knots가 불고 있다고 한다면 위의 속도에서 10knots 이상을 감속하여야 한다.

(3) 항공기 추력 곡선(Power Curve)

① 아래 그림은 어느 한 항공기의 속도에 따라 요구되는 추진력(Thrust)의 요구 곡선을 보여준다. 이 도표를 Power Curve라고도 한다.

② 항공기 추력 곡선은 다음과 같이 세 부분으로 나누어 생각할 수 있다.

Ⓐ 비행할 수 있는 최소 추력 포인트: 그래프의 제일 밑 부분의 최소점

Ⓑ 최소점 바로 오른쪽에 있는 그래프의 곡선부분과

Ⓒ 최소점 왼쪽에 있는 그래프의 곡선부분을 파워 곡선의 뒷면(Back Side of the Power Curve)이라고 부른다.

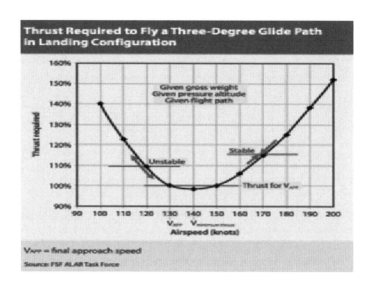

Thrust Required to Fly a Three-Degree Glide Path in Landing Configuration

Vapp = final approach speed
Source: FSF ALAR Task Force

③ 다음과 같은 상황에서 Unstabilized Approach를 하는 동안 항공기의 추력은 Back Side of the Power Curve 영역에 진입하게 된다. Ⓐ 속도가 V$_{REF}$ 이하로 감속되는 경우 Ⓑ 추력은 Idle 상태로 감소되고 그 상태를 유지하고 있을 때.

따라서, 이 파워 곡선의 뒷면이라고 불리는 왼쪽 곡선은 유도 Darg가 많아 속도를 더 빠르게 유지하는 데 필요한 Power보다 이미 속도가 감속된 상태의 속도를 유지하거나 증속하는 데 더 많은 Power가 필요하다. 그리고 사용 가능한 추력과 비행에 필요한 추력의 차이는 상승 또는 가속 기능을 나타낸다. Back Side Power 곡선에 진입하여 이것을 벗어나려 더 많은 Power를 넣지 않으면 결국은 항공기 Stall 영역에 진입하게 된다.

④ Power 곡선의 오른쪽 곡선 부분은 일반적인 비행작동영역이다. Thrust 밸런스 즉, 비행에 필요한 추력과 사용 가능한 추력 사이의 균형이 되어 있고 안정적이다. 따라서 주어진 추력 수준에서 가속하는 경향은 비행하기 위해 필요한 추진력을 증가시켜서 항공기를 초기 속도로 되돌린다. 반대로, 파워 커브의 뒷면은 불안정한 상태다. 주어진 추력 수준에서 감속하는 경향은 비행을 하기 위해 필요한 추진력을 증가시키고, 속도가 줄어드는 쪽으로 진행된다.

⑤ Final Approach Speed는 일반적으로 파워 곡선의 뒷면 쪽에 약간 치우쳐 있으며, 최소 추력 속도는 V$_{SO}$(접지 시 Stall Speed)의 1.35-1.4배 정도 된다.

⑥ 결론적으로, 속도가 Vref(Vapp) 이하로 줄어들게 되면 속도를 회복하기 위하여 같은 속도라도 더 많은 Thrust가 요구되며 조종사는 이런 항공기 특성을 이해하고 Vref(Vapp) 이하로 속도가 감속되지 않게 조작을 해야 한다.

(4) Next Target and Decision Gates의 개념

① Next Target(다음 조작 목표 설정): 비행하는 조종사는 전 비행 과정을 통하여 다음에 수행할 목표(Next Target)를 설정하고 이를 수행하여야 한다. 특히 강하, 접근 단계에서는 다음 수행할 비행조작과 항공기 에너지 관리에 대하여 미리 생각하여 항공기의 위치에 따라 적절한 에너지를 유지하여야 한다. 이것을 "Think Ahead"라고도 한다. 다음 수행할 비행 목표를 결정하기 위한 비행 요소는 다음과 같다. Ⓐ 항공기 위치 Ⓑ 고도 Ⓒ 항공기 외장 Ⓓ 속도 Ⓔ Vertical Speed Ⓕ 항공기 상태 Ⓖ Thrust 설정 상태(Final 접근 경로를 따라 접근 속도를 유지하기 위하여 추력이 안정된 상태인지. Idle Power보다 많이 Set 되어 있는지) Ⓗ 기상 Ⓘ 활주로 상태 Ⓙ 접근 형태 Ⓚ Star or Radar vector Ⓛ 타 항적

② 다음 조작 목표와 요소가 하나 이상 충족되지 않을 것으로 예상되면, 지체 없이 필요한 시정 조치를 하여야 한다. 하지만 이러한 시정 조치가 잘 이루어졌는지 혹은 항공기의 에너지가 제대로 단계별로 유지되었는지 Check Point가 있어야 된다. 이 점검지점을 Decision Gates라고 한다. Decision Gates는 다음과 같이 설정 운영할 수가 있다.

Ⓐ 10,000피트 통과 지점: 잔여거리와 속도, 위치 에너지를 점검한다. 또한 접근 중 정배풍의 영향을 분석하여 강하율과 속도를 조절한다.

Ⓑ IAF: 최초 Flap Set 여부를 확인하고, IAF 상공에서의 유지 고도에 따라 강하율을 계산하고 landing Flap Set 가능성을 확인한다.

Ⓒ FAF: 속도와 고도를 점검하여 항공기 외장을 유지하면서 정상적인 강하율로 강하 여부와, 1,000피트 통과시 Stabilized Approach 가능성을 확인한다.

Ⓓ 1,000피트(VFR시 500피트): Stabilized 접근이 되지 않았을 경우 최종 Decision Gate이다. 이 Gate 이후에는 반드시 Go-Around를 수행하여야 한다.

③ 항공기가 착륙외장으로 Final 단계에서 최소 안정고도에서 Stabilized 접근이 되지 않고 약간의 수정만 하여 안정된 접근이 되지 않을 때는 반드시 Go-Around를 해야 한다.

④ Stabilized Approach 접근이 되었다 함은 접근 요소가 모두 안정이 되어 있고, 접근요소 중에서 하나만의 기준이 초과되어 PM이 그 초과 요소만을 Call out 하였을 경우를 말한다. 즉 여러 요소가 복합적으로 안정이 되지 않았을 경우를 Unstabilized Approach라 한다.

5) 항공기 연료 소모

TOD 이후의 항공기의 연료소모는 TOD를 기준으로 빠른 강하 혹은 늦은 강하 시, 강하 중에 Altitude 제한 고도, 강하 Speed와, 강하 시 항공기 자중과 바람의 영향에 의하여 결정된다.

(1) TOD 기준으로 빠른 강하와 늦은 강하 시 연료 소모 비교

아래 도표는 A-321 항공기가 TOD를 기준으로 빠른 강하를 하였을 경우와 늦게 강하를 하였을 경우의 연료 소모를 나타낸 것이다. 항공기마다 연료 소모가 다르겠지만 B-737 항공기에 적용해도 거의 유사한 결과를 도출할 수가 있다.

도표에서 TOD Optimum보다 10NM 전에 강하 시 28Kg(약 60LBS)이 더 소요된다. 이번에는 반대로 10NM을 늦게 강하하면 42Kg(약 93lbs)의 연료가 더 소모된다. 곧 늦은 강하가 더 연료 소모가 많다. (33Lbs)

(2) 고도제한: 아래 도표에서 10,000피트에 고도 제한이 Mandatory At 고도이면서 각기 10NM과 20NM로 수평구간이 설정되어 있다면, 10NM 수평비행 시 21Kg(46Lbs), 20NM 비행 시 34Kg(75Lbs)이 더 소요가 되는 것을 보여주고 있다.

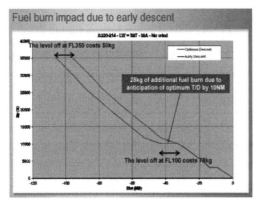

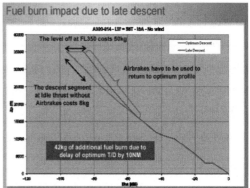

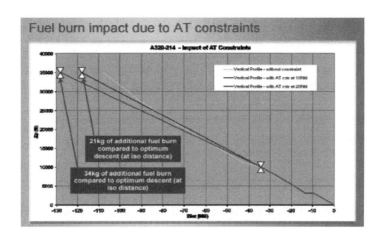

※ 상기 두 요소만을 보았을 경우 TOD에서 크게 벗어나지 않고 중간고도에서 수평비행을 한다고 하더라도 그다지 많은 연료가 소모되지 않는다는 것을 알 수 있다. 하지만 고도 강하나 속도 감속이 늦어 Unstabilized Approach가 되어 Go-Around를 한다면 이보다 10-20배의 연료소모가 더 증가하게 된다. 따라서 TOD를 적절하게 계산하여 **Unstabilized Approach가 발생되지 않도록 연료 소모에 신경 쓰지 말고 조금 미리 강하할 것을 적극 추천한다.** 최근에 Unstabilized Approach는 High Energy 상태에서 주로 발생하기 때문이다. (출처: FAA, Airbus 자료)

6) Unstabilized Approach를 방지하기 위한 강하 기법

(1) 강하 준비와 브리핑 수행

① 조종사는 목적지에 접근하면 목적지 최신 기상을 파악하여 착륙 접근을 준비한다. 접근절차(Arrival)를 Set Up 하고 TOD 10분 전까지 착륙 브리핑을 완료한다. 착륙 브리핑에 관한 사항은 각 항공사별로 상세히 규정되어 있다. 착륙 30-40분 전에 승객에 대한 방송을 하여 객실이 착륙 준비를 하도록 한다.

② 강하(접근) 준비는 PM이 준비하고 PF가 확인한다. 강하 전 STATUS Page에서 Message와 A-320은 Upper ECAM Memo 사항을 점검하여 브리핑에 포함될 사항을 확인한다. QRH를 Check 하고 착륙 중에 수행해야 될 사항과 NOTAM 자료와 해당 Route Guide Chart도 확인하여 브리핑에 포함한다.

③ 접근 중 ATC의 Radar Vector가 예상되면 FMC에 입력된 STAR는 다시 수정되어야 한다. 예를 들어 Track Distance, 고도, 속도 제한 등은 다시 입력이 되거나 수정되어야 하는데, 이것은 FMC에 나타나는 TOD를 가급적 실제 비행과 유사하게 나타내기 위한 것이다. 그리고 FMC에 바람 예보 Data를 입력해야 실제 TOD 지점을 정확히 나타낼 수가 있다. 이를 위하여 가능하다면 바람 Data는 강하지점에 근접되어 있는 Waypoint와 강하 Profile에 있는 Waypoint에 모두 입력이 되면 TOD가 실제와 근접해진다.

④ 목적지 기상이 좋지 못하여 접근이 불가능할 것에 대비하여 교체공항의 기상도 파악하여 기상이 더욱 나빠져 착륙이 불가능할 경우에는 교체공항으로 Divert도 고려하고 있어야 한다.

(2) 강하(DESCENT)

① 효율적, 경제적인 강하 지점은 바람과 온도 등 기상자료를 입력하여 산출된 Top of Descent(TOD)와 계산된 Descent Profile을 유지하는 것이다. 경제적인 연료를 사용하여 강하하기 위해서 가능하다면 Clean Configuration을 유지하고 다음 사항들을 고려한다.

Ⓐ 배풍이 많이 불 때는 이것을 감안하여야 한다. 앞에서 언급한 바와 같이 배풍 10KTS 당 1NM을 추가하여, 만약 배풍이 100KTS가 분다고 하면 TOD 20NM(10+10NM) 전에서는 강하를 시작해야 한다. (세부내용 Ⓒ번 참조)

Ⓑ 안전에 지장이 없다면 Drag를 최소화하고 Idle Power를 유지한다. 배풍이 강한 상태 (EX 100kts 이상)에서 배풍을 감안한 강하를 하지 않고 강하 시기가 많이 늦었다면 그리고 강하 Mode 를 Managed Mode로 하였을 경우 순간적으로 MAX Speed를 초과할 가능성이 많다. 이런 경우에는 Manage Descent를 수행하지 말고 FLCH나 Vnav Speed(B-737), Open Descent Mode(A-320)로 강하 하여 Over Speed가 일어나지 않도록 한다.

Ⓒ 바람상태에 따른 TOD 결정

ⓐ 바람의 상태와 바람의 변화 즉 정풍의 감소 혹은 배풍의 증가 등을 면밀히 살펴보 고 시기적절하게 비행경로를 조절하여야 한다. 10,000피트까지의 강하 프로파일은 전형적으로 3,000ft당 10NM의 강하율로 강하하는 것이 추천되며, 정풍 혹은 배풍이 불 경우 이것을 반영하여 강하율을 재설정하여 주어진 고도와 속도를 준수하여야 한다. 여기서 알아야 할 사항은 모든 바람 Data를 입력하였더라도 FMC는 모든 바람에 대하여 100% 반영을 하지 않고 현재의 바람과 입력된 바람의 평균치를 사용한다.

ⓑ 이용 가능한 비행경로 Vector를 활용하여 강하 Profile을 모니터 할 수 있다. Touch Down까지 남은 Track Distance(NM)를 나눈 수치가 FPA(Flight path angle) 즉 강하각이 된다. 다음과 같은 공식에서 유지하여야 할 강하 Angle과 FPM 즉 강하율을 계산해낼 수 있다.

이동할 거리(NM) = FL(ΔFL) / FPA(도) = 강하 Angle(Degree)

강하 Angle(Degree) = Decent gradient(%) × 0.57

Decent rate(fpm) = Decent gradient(%) × Airspeed(kts=GAS)

예를 들어 FL340에서 FL100까지 총거리 Track Distance 80NM을 평균 GAS 420kts로 강하한 다고 하면 강하 Angle은 ΔFL ÷ Distance= 240 ÷ 80NM = 3도이다. 이때 평균 강하율은 3도 ÷ 0.57 × 420 GAS = 2210Fpm이다.

ⓒ 배풍의 강도에 따라 강하 지점을 어떻게 잡아야 할 것인가 즉 TOD 설정이 매우 중요하다. 아래 그래프는 에어버스의 정, 배풍 30kts에 따라 달라지는 TOD를 나타낸다. (B-737 항공 기도 적용 가능)

아래 도표는 각기 정풍과 배풍 30Kts일 때 TOD의 변화를 보여준다. 바람의 변화가 30KT일 때 7.5NM. 10kts당 2.5NM의 TOD 변화가 있다. 이 변화는 모든 항공기에 적용이 가능하다. 만약 배풍이 50kts가 분다고 하면 정상 강하보다 12.5NM 전에서 강하를 하여야 한다. 하지만 고도 10,000

피트까지 FMC에 입력한 바람이 실제와 다른 경우가 많아 안전 Factor를 반영하여 배풍일 경우 바람 세기÷10+10NM=TOD 공식을 사용하여 강하를 수행한다. 정풍일 경우에는 여유 거리를 두기 위하여 TOD 10NM 전에서 강하를 한다.

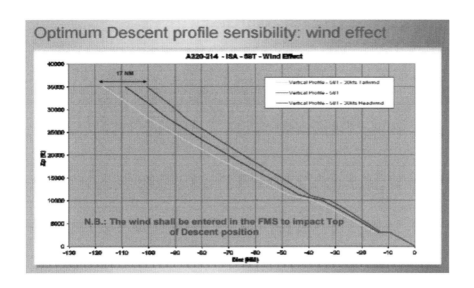

② FMC의 Track Distance, Raw Data DME, Level off Symbol(Altitude Range Arc) 등을 참조하여 적절한 강하 Profile을 유지한다. 이때 미리 강하하여 조기에 Level Off 하는 것을 피해야 한다. 또한 너무 늦게 강하하여 Flap이나 Speed Brake을 과도하게 사용하는 조작 등도 피한다. 따라서 초기에 Boeing 항공기는 VNAV PATH나 VNAVspeed, Airbus에서는 DES Mode를 사용하여 컴퓨터가 계산한 강하율로 강하하는 것을 추천한다. Airbus는 만약 강하가 늦었다면 Max Overspeed 가능성 때문에 Open Descent mode를 추천한다.

③ FMC가 계산한 TOD보다 빨리 혹은 늦게 강하할 때의 절차는 다음과 같다. Vnav(NAV) Mode에서는 ATC로부터 별도의 강하 제한이 없는 경우 Vnav Path나 Vnav speed(B-737) 혹은 DES(A-320) Mode를 사용한다. HDG/TRK Mode로 비행할 경우 FLCH(B-737), OPEN DES(A-320) Mode를 사용하고, FMC LEG나 F-PLAN Page상의 TOD와 착륙 활주로까지의 Total Track Distance를 고려한다. Total 잔여 Track Distance를 알아내기 위하여 예상 Radar Vector Waypaoint로 자주 Direct를 하거나, 불필요한 Waypoint는 지워서 다음 목표 지점까지의 항공기 경로를 단순화시킨다.

Ⓐ Early Descent: ATC에서 일찍 강하 요구 시 정상 강하경로까지 낮은 강하율을 위해 B-737은 Vnav speed를 유지하고 A-320은 DES Mode를 사용하면 초기에 1,000Fpm으로 강하하다가 Descent Profile에 Intercept 되면 (FMC에서 계산한 거리가 되었을 때) Idle Power로 강하한다. 필요시

V/S Mode(1,000fpm)로 강하율을 조절하다가 Managed Mode로 강하할 수 있다. Auto Pilot 강하절차인 VNAV PATH, VNAVspeed(B-737), Open DES, DES Mode(A-320)를 이용하면 위의 강하조작이 간단명료하게 실행된다.

    Ⓑ Delayed Descent: TOD가 지나게 되면 PFD와 MCDU상에 B-737은 "DES PATH UNACHIEVEABLE" 혹은 A-320은 "DECELERATE" Message가 나타난다. 이때는 강하 지시가 있을 때까지 속도를 250 Knots 혹은 Flap Maneuvering Speed나 혹은 Green Dot Speed로 감소시키고, 강하 지시가 나오면 Managed Speed Mode인 Vnavspeed 혹은 DES Mode를 사용하여 강하한다. 강하 시에는 줄였던 속도를 서서히 FMC 기본 강하속도로 증속을 시키되 너무 깊은 강하각으로 내려가지 않게 한다. 깊은 강하각이 나올 때에는 속도를 20Kts 정도 감속시켜 급한 강하율을 조절한다. 그리고 상황에 따라 다르지만 경험상 2,500-3,000FPM 강하를 추천한다. 이 경우 조종사는 *Vmo/MMO와 속도 Margin을 주의 깊게 Monitor 해야 한다. 또한 강하 도중 "More Drag"가 나오면 MSG가 사라질 때까지 Speed Brake을 사용하여 강하율과 속도를 조정한다.

    ④ 고고도에서 강하 시에는 가능하다면 Speed Brake은 25,000피트 이하로 강하한 후에 사용을 추천한다. 고고도에서 사용을 지양하는 것은 항공기 성능상 Stall Speed에 접근되고, 승객에게 안락함을 주기 위한 것이다. 하지만 Speed Brake은 필요할 때 언제라도 사용한다.

    ⑤ Descent Monitoring

    Ⓐ ND와 PROGRESS Page에 나타난 VDEV을 모니터하여 더 많은 강하각이 필요한지 판단한다.

    Ⓑ A-320 항공기는 HDG/TRK Mode로 비행 시 Lateral F-PLN으로부터 벗어나 있으므로 DES Mode를 사용할 수 없지만 Cross Track Error가 5NM 내에 있을 경우 ND에 VDEV이 계속 나타나므로 참조할 수 있다.

    Ⓒ AP/FD와 A/THR Mode에서 ND상의 비행경로에 강하 도달지점인 Level off Symbol(Altitude Range Arc)이 나타나므로 이것을 이용하여 강하를 모니터한다. N-D상에 나타나는 Level Off 지점을(Symbol이 지시하는 위치) 확인하여 강하율을 추가할 것인가 아니면 줄일 것인가를 결정한다. B737은 Altitude Range Arc라 하고 A320에서는 Level off Symbol이라 부른다.

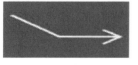

    Altitude range arc   Level off Symbol

* VMO/MMO: 항공기 제한 최대속도/제한 최대 Mach Number

ⓓ VNAV 혹은 NAV Mode에서 HDG/TRK으로 변경되면 B-737은 FLCH나 V/S Mode로 A-320은 Open Des 혹은 V/S Mode로 비행을 하여야 한다.

ⓔ B-737은 FLCH V/S Mode는 FMC에 의한 속도와 중간 고도제한 조정기능이 없기 때문에 요구되는 속도/고도 조절은 Speed Intervention을 하여 PF가 직접 원하는 속도로 Set 하여 비행을 한다. V/S Mode 사용 시에는 Speed Intervention을 하였다 하더라도 강하율이 초과되면 속도는 Set 된 속도보다 더 증가하게 된다.

ⓕ 강하조작 시 일시적으로 급격한 강하와 제한속도를 초과하지 않도록 강하율과 속도를 모니터 한다.

(4) 10,000피트 이하에서의 Energy Management

① 10,000피트 고도에 달하면 객실에 착륙 접근 신호를 Seat Belt를 3-4회 On, off 하여 착륙 준비를 완료하도록 한다. 조종사는 ILS를 On 하여 Tuning을 하고 반드시 Identification(ID)을 수행한다. ID 하는 방법은 PFD상에 주파수와 3-4자리 Alphabet으로 도시된다. 예를 들면 김포 Rwy 32L인 경우 주파수는 108.3 ID 문자는 IKMO이다. 조종사는 이 두 가지를 반드시 확인하여야 한다. 모르스 부호로 주파수가 맞는지를 직접 청취하는 방법도 있다. VOR, NDB 접근시도 ID를 반드시 확인하여야 한다.

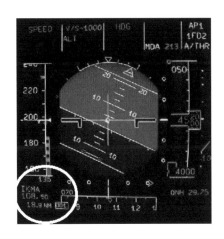

② 강하 도중 Radar Vector 시 가능한 예상 경로에 따른 Waypoint를 자주 Update 하여 최상의 Vertical Deviation Data를 참조한다. 또한 FMC 항법 정확도가 터미널 영역과 접근중 적용 가능한 기준을 충족시키지 못하면 Raw Data를 사용하여 항공기의 위치를 사전에 확인하여야 한다. 확인이 되기 전 MEA 또는 Sector MEA 아래로 강하해서는 안 된다. Raw Data를 참조하여 항공기 위치를

확인 후에 계속 강하를 할 수가 있다. 아래와 같은 사용 가능한 모든 계기 및 차트를 참조하여 강하 프로파일을 모니터링 해야 한다.

  Ⓐ FMC상 사용할 수 있는 Vertical-deviation indication

  Ⓑ 항법 장비와 계기에서 참조할 수 있는 Raw Data

  Ⓒ 강하 차트나 접근 profile

③ 250 KIAS 이하에서 비행하는 10,000ft 미만에서는 다음과 같은 Rule of Thumb(대략적 경험 법칙)을 적용하여 강하를 수행한다.

  Ⓐ Touch Down 30 NM 지점에서 고도 AFE 9,000피트 이하 유지

  Ⓑ Touch Down 15 NM 거리에서 고도 AFE 3,000피트 유지

   (감속 및 Flaps/Slats Extended를 위하여 고도를 미리 강하)

   일반적으로 정풍이 불 경우 다음과 같은 간략 공식을 적용한다.

   ⓐ 10M' 이하에서는 잔여 거리당 300Fpm 유지

   ⓑ 거리 15NM 이내에서는 잔여 거리당 200FPM 유지

   ⓒ **평균적으로 10,000 이하에서는 거리당 250FPM 유지를 추천한다.**

  Ⓒ 배풍이 불 경우

   ⓐ 배풍 20-30KTS가 불고 있을 경우 거리당 250FPM 유지

   ⓑ 배풍 40-50KTS일 경우 거리당 200FPM 유지

   ⓒ 15NM 거리 이내이고 배풍 50kts일 때 마일당 150FPM 유지

④ 위의 두 공식을 평균으로 하면 **정풍이 불 경우 거리당 250FPM을 유지**하면 적절한 에너지를 유지하여 Unstabilized Approach의 가능성을 완전히 제거한 안전한 강하각을 유지한 것이다. 그러나 4-6,000피트 사이의 배풍이 50Kts 이상 불 경우가 있다. 이럴 경우는 거리당 200FPM 이하로 계산할 필요가 있으며 가급적 빨리 고도를 내려가고 Radar Vector에 의한 Short Pattern 접근은 가능한 한 삼가는 것이 좋다. 또한 속도를 조기에 줄여서 Flap Overspeed가 되지 않도록 유의해야 한다. 공중에서 PF 임무중 머리로 암산하여 고도를 계산한다는 것은 상당히 어렵다. 따라서 다음과 같은 연산법을 적용하면 편리하다.

35×250을 필기 연산법으로 계산하면 복잡하여 계산이 잘되지 않는다. 따라서 홀수계산을 하지 말고 짝수로 계산하라. 즉 35NM을 36으로 잡고 36×200=7,200에 36×50=1,800+7,200=9,000피트이다. 여기서 더 간략히 36÷2=18에다 100단위만 감안하여 1,800으로 하면 된다. 하나 더 예를 들자면 27NM일 때 28×2=56+(28÷2)=70 즉 7,000피트의 고도가 된다.

위 소개한 계산법이 복잡하면 다음과 같은 개략적인 방법으로 계산한다.

거리 × 300 – 거리별 Factor = 강하 가능고도

거리별 Factor는 60-51NM – 2,500피트, 50-41NM – 2,000피트, 40-31NM, – 1,500피트 30-21NM – 1,000피트를 빼준다. 예를 들면 44NM이 남아 있을 경우 44×300–2,000=11,200이다. 이와 같은 계산법은 항공기를 FAF까지 속도를 감속하고 고도를 강하시키어 Landing Configuration을 안전하게 만들 수 있는 에너지의 감속방법이다.

⑤ 정풍 30Kts가 부는 경우와 배풍 30kts가 불 경우 에너지를 관리하는 데 있어 주의할 사항은 무엇인가? 바람이 정·배풍 30Kts 차이가 있을 때 GAS는 60kts가 차이 나며 이것을 FPM으로 계산하면 다음과 같다.

무풍시 만약 항공기 속도가 210TAS라 한다면 분당 비행거리는 3.5NM이다. 이때 정풍이 30kts면 180GAS가 되어 분당 3NM을 비행하게 된다. 이번에는 배풍이 30kts면 분당 4NM을 비행하게 되고 강하각 3도를 유지하여 강하한다고 할 때 강하율은 각기

30kts 정풍이 불면 3도 ÷ 0.57× 180 = 947 FPM

30kts 배풍이 불면 3도 ÷ 0.57× 240 = 1263 FPM이 된다.

즉 바람이 ±30kts일 경우 그 영향으로 316 FPM이 차이가 난다. 배풍이 불면 분당 316피트를 더 강하를 못하고 그만큼 높아지게 된다.

좀 더 바람에 대한 항공기의 강하 영향을 살펴보면, 만약 IAF가 비행장으로부터 15NM에 있고 FAF가 6NM, 2,000피트 고도라면 정풍이 30kts이고 속도를 210IAS로 강하할 때 15NM에서 2,000+(947×2분)=3,894피트를 유지하면 Flap을 Down 하고 감속도 할 수 있는 정상적인 접근 고도가 된다. 하지만 같은 15NM 거리에서 이번에 배풍이 30kts 불게 되고 같은 고도, 속도를 유지하고 있다고 하면 더 깊은 강하각(1,263FPM)으로 강하를 해야 되며 통상 강하율이 1,000FPM을 넘을 때 정상적인 방법으로 고도 강하와 속도 감속 그리고 Flap을 Down 할 수 없다.

왜냐하면 이때의 항공기 총 에너지 즉 배풍이 불 경우의 위치 에너지는 2,000+(1,263×2)= 4,526피트를 유지하고 있는 것과 동일하고 여기에 Kinetic 에너지도 상대적으로 60kts가 높기 때문이다. 그러므로 같은 지점에서 배풍시 같은 고도 같은 속도를 유지하고 있다고 하더라도 총 에너지가 많기 때문에 Unstabilized Approach 가능성이 매우 높아진다.

※ 결론적으로 같은 접근 Pattern에서 정풍과 배풍의 차이는 조종사가 생각하는 이상으로 항공기의 에너지를 배가하게 되므로 미리미리 접근 고도와 속도를 줄여주어야 Unstabilized Approach 가능성을 줄일 수가 있다.

⑥ 정풍에 의한 Low Energy 유발

Ⓐ 정풍이 많이 불 경우 Low Energy 상태에 돌입될 가능성이 매우 많다. 따라서 이때는

최저 속도 이상 유지할 것을 고려해야 한다. 통상 Final에서 Vref(Vapp)는 Stall Speed의 1.3배(B-737), 1.23배(A-320)를 더하여 유지하고 있다. 예를 들어 Vref(Vapp)가 140kts일 때 Stall Speed는 140÷1.3=108kts(B-737)와 140÷1.23=114kts(A-320)이다.

에어버스는 정풍이 많이 불 경우 항공기 FMC는 Vref(Vapp)를 정풍에 비례하여 속도를 증가시켜 유지하고 있다. 통상 정풍÷3의 수치를 더하여 속도를 유지한다. 정풍이 40Kts면 14kts를 더하여 Vref(Vapp)를 유지한다. B-737은 조종사가 정풍÷2의 값을 Vref(Vapp)에 추가하여 MCP에 Set 하고 접근을 한다. 이때 실제 GAS는 Airbus 320은 140k+14k-40k=114kts가 된다.

B-737은 140k+20k-40k=120Kts가 된다. 즉 거의 Stall Speed에 근접하여 속도와 Power(THR)을 유지하고 접근을 하고 있다. 그런데 여기서 문제는 Gust Factor가 있어 순간적으로 정풍이 10kts 불어나고 Auto Throttle(Thrust)이 제대로 속도를 유지 못하여 Vref(Vapp)-5kts 될 때까지 Power를 넣지 않고 있었다면 실제 항공기 GAS는

Airbus = 140k+14k-50k-5k= 99kts ＜ Stall Speed(114kts)

B-737 = 140k+20k-50k-5k=105kts ＜ Stall Speed(108Kts)가 된다.

두 항공기 모두 Stall Speed 이하로 감속되어 Low Energy 경고가 나오게 된다. 이러한 경고는 실제 발생되고 있는 사례이며 정풍이 많이 불고 Gust가 있을 경우에 조종사는 실제 GAS를 계산해보아 일정 속도 이하로 감속이 되지 않게 관리하여야 한다. 에어버스는 Gust의 1/3수치를 더해준다든지 혹은 정풍의 1/2를 더하여 속도(GAS)가 120Kts 이하로 줄지 않도록 해야 한다. 또한 FMC에 Wind Gust를 Normal Wind에 더하여 입력하면 이런 문제를 해결할 수 있다.

B-737도 같은 개념으로 속도를 유지하되 Auto Throttle이 미처 따라가지 못하므로 Auto Throttle을 Manual로 직접 Control 하는 것도 방법이 될 수가 있다. 만약에 ATC에서 바람에 의한 최저 유지 속도 이하로 감속을 지시할 경우 조종사는 자신의 최저 속도를 말하고 그 이상의 속도를 유지하는 것이 좋다.

Ⓑ Low Energy 경고가 나오면 에어버스는 순간적으로 Alpha Proot가 작동되어 Power가 Max로 들어가고 Auto Pilot이 Off 되고 TOGA Lock이 걸리기 쉽다. 조종사는 이때 고도의 여유가 있으면 이 상태를 Control 하여 재접근할 수 있지만 고도가 낮거나 수정 여유가 없을 경우 반드시 Go-Around를 수행하여야 한다.

B-737 항공기는 만약 Auto Throttle를 사용하고 있다면 *Speed Reversion 현상에 진입될 수가 있다. 이때 Power가 TOGA까지 들어가므로 이것을 수정하지 않으면 VOR이나 LOC의 강하 Path나

---

* Speed Reversion: B-737 항공기는 Auto Throttle Mode를 사용하여 Final 접근시 Vref(Vapp)-5kts 이하로 감속되면 자동적으로 Power가 TOGA로 들어간다.

GS/LOC Capture 상태에서 벗어나기 때문에 즉각적으로 조종사가 수정조작을 해주어야 한다. 용이치 않으면 Final Gate에서 Go-Around 수행이 최상책이다.

⑦ 접근 방법은 Arrival 절차에 의하거나 관제사의 Radar Vector 직접 관제에 의한다. 접근 도중 고도가 높다고 생각되면 10,000피트 이하에서는 속도를 250KIAS를 유지하고 있을 때 Speed Brake을 사용해야 감속효과가 훨씬 높다. 만약 Flap을 내리기 위하여 감속을 이미 하였을 경우 혹은 고도가 높다고 생각되면 Flap을 내리고 Speed Brake을 사용할 것을 추천한다. 기종에 관계없이 대략적으로 수평상태에서 10Kts 감속시키는 데 1NM이 소요된다. (세부적인 강하율 다음 절 참조)

연료소모가 많아지지만 첫 Flap을 내린 이후에 Speed Brake을 사용하면 강하율이 제일 많아진다. Flap이 Down 되면 Drag도 그만큼 증가되기 때문이다. 하지만 모든 기종에서 Flap을 Drag를 증가시키기 위한 용도로 사용해서는 안 된다. B-737은 Flap Down을 하지 않고도 210Kts에서 Speed Brake을 사용할 수가 있다. 언제든지 필요시 즉각 사용하여 속도를 줄이지 못하여 고도가 높아지는 것을 방지하여야 한다. A-320/321 항공기는 Green Dot(Flap Maneuvering) 속도 근처에서는 Flap을 Down 하고 사용하여야 한다.

항공기 무게에 따라 다르지만 착륙 접근 중 Clean 상태에서 Speed Brake을 사용하면 VLS가 220-235KTS까지 올라와 Speed Brake을 다시 넣어야 한다. B-737은 Flap Maneuvering 속도 근처에서 Speed brake 사용은 Stall Speed에 무관하게 사용할 수 있다.

⑧ 항공기가 수평 상태에서 다음과 같은 감속 특성을 갖는다. (B-737, A-320 항공기 공통으로 적용이 가능하다.)

ⓐ Clean 상태: 10 knots/NM (20 knots/NM with S/B)

ⓑ Flaps Extended 상태: 약 10 to 15 knots/NM

ⓒ Landing gear down and flaps full 상태: 20 to 30 knots/NM

ⓓ 3 degree glide path + landing flaps and gear down 상태: 10 to 20 knots/NM.

⑨ 항공기 Speed 감속: 10,000피트에서 250KIAS를 유지하고 Radar Vector를 받을 때 상황에 따라 다르나 다음과 같이 감속을 한다. 여기에서 Flap Maneuvering 속도는 B-737은 210KIAS, A-320은 Green Dot 속도이다. A-320/321도 대략 착륙 중량에 따라 다르나 Flap Down을 즉시 할 수 있는 속도가 210KIAS 정도이다.

ⓐ Touch Down 20-25NM에서 Flap Maneuvering 속도로 감속한다.

ⓑ 전방에 접근 항공기가 있을 경우 전방기 항공기의 속도를 참조하여 속도를 감속한다. 대략 전방 10NM 앞에 있고 착륙 장주 내에 있다면 Flap Maneuvering 속도로 감속한다.

ⓒ Arrival STAR에 전방기가 있다면 전방기가 FAF상에 있을 때 10NM 정도 거리를 유

지할 수 있도록 감속을 한다. IAF 접근 전까지는 10-12NM의 거리를 유지한다.

      Ⓓ 전방기가 착륙시 Final 7NM 정도의 간격을 유지할 수 있도록 감속을 하며 이를 위하여 항공기 외장을 유지한다. 착륙만을 전용으로 하는 2개 이상의 활주로를 가진 공항에서 ATC 속도 Control에 의거 4-5NM까지 거리를 단축 유지할 수 있다.

      Ⓔ 만약 전방기가 없거나 후속항공기가 없을 때는 Short Pattern을 예상해야 한다. 이럴 경우 Touch Down 20NM 정도에서 감속을 하여 15NM이나 IAF 2-3NM 전에서 Flap Maneuvering 속도로 감속을 한다.

      Ⓕ 접근 주파수로 변경하여 Contact 하였을 경우 많은 항공기가 있다거나 혹은 Radar Scope상에 여러 접근 항적이 잡혔을 경우 Flap Maneuvering 속도로 미리 감속하여 연료소모도 줄이고 접근 Sequence를 맞추어 준다. 그리고 전·후방기와의 적절한 간격을 유지하도록 한다. 통상 10-12NM을 유지하는 것이 좋다. ATC에서 속도를 지정해 주는 경우도 있지만 나 홀로 많은 속도로 비행을 한다든지 미리 강하를 한다든지 하는 것은 잘못된 에너지 관리이다.

   ⑩ Flap/landing Gear Down

      Ⓐ 전방기가 없거나 #1 Track이면서 Short Pattern으로 접근시 감속이 되면 바로 최초 Flaps 1을 내린다. 사각 장주 Pattern이라면 Turning Base Roll out 이후 고도가 3,000-3,500피트에서 감속을 하면서 Flap을 내린다.

      Ⓑ Short Pattern이면서 Intercept Angle이 되었을 경우 혹은 LOC가 미리 Capture 되고 Glide Slope이 One Dot일 경우 Flaps 5(B-737), A-320의 경우 Flaps 2를 내린다. 거리상으로는 Touch Down 거리로부터 대략 12-9NM 사이이다.

      Ⓒ 접근 항공기가 많고 Radar Vector를 받을 경우 항공기 거리 간격을 적절히 유지하면서 감속하고 FAF 전에 Landing Gear를 Down 하고 Landing Flap을 내린다. 기타 절차는 해기종 절차에 의거한다.

   7) 강하, 접근 일반사항

   (1) 현재 기상 조건과 비행 상황에서 수용하기 어려운 ATC 지시(High Potential Energy Approach, Excessive descent rate 등)에 대해서는 적절한 대체 관제를 요구한다. 예를 들자면 Turbulence가 있는 지역에서 최대 속도 혹은 최대 강하율로 증가시킨다든지 혹은 CB형 구름이 있는 곳으로 Radar Vector를 줄 경우 현 상황을 말하여 대체 관제를 수행하도록 조언한다.

   (2) 강하하면서 기상이 나쁜 지역은 피하여 접근을 하되 절차는 순항과 동일하다. 특히 발달된 CB형 구름에는 절대 들어가지 말아야 한다. 또한 접근 Radar에서 회피 관제를 할 수 없다고 생각하고

적극적으로 관제소에 Radar Vector를 요구하여 회피하면서 접근을 수행한다.

(3) Arrival 수행 시 Chart에 의하여 고도, 속도를 준수하며 절차에 의하여 접근을 수행한다. 상당 수의 조종사들이 Chart에 의한 접근을 수행하다가 제한 고도를 못 지키는 경우가 많다. 특히 Below나 At or Above 고도를 지키지 못하거나 제한된 속도를 초과하는 경우도 있다. Radar Vector는 항적이 많을 경우 혹은 적극관제가 필요할 때 사용된다.

ATC는 접근 관제 시 상황에 따라 고도 속도를 많게 혹은 적게 유지하여 접근할 것을 주문한다. 안정된 접근을 위해서 필요하다면 고도강하나 감속을 요구하여 속도를 줄이지 못하거나 고도를 내리지 못하여 Unstabilized Approach가 되는 것을 사전에 방지하여야 한다.

(4) 공항근처에 모든 항공기가 이착륙을 수행하느라 모여든다. 항시 공중충돌에 대비하여야 한다. 90% 이상 Near Miss 사례가 공항 근처에서 발생하고 있다. 통상 이착륙 항공기가 교차하는 지역에서 TCAS 상황이 많이 발생되고 있다.

(5) 항적이 많거나 활주로 상태에 따라 항공기를 Holding(공중대기) 시킬 경우가 간혹 있다. 항공기의 FMC는 ATC 지시에 의거 Holding 절차를 손쉽게 입력할 수 있도록 설계되어 있다. 조종사는 Holding 지시를 받았을 경우 FMC에 절차대로 입력을 하고 컴퓨터 실행을 하면 된다.

다만 여기서 Holding Speed는 각 공항마다 다를 수가 있다. 따라서 조종사는 접근 전에 접근 공항의 En route Charts상의 Holding 절차와 속도를 미리 알고 있어야 한다. 애매하거나 잘 모를 경우는 ATC에 문의하여 속도를 지켜야 한다.

(6) 불운하게도 Final 선상에 CB가 형성되는 경우가 있다. 이런 경우 우회하여 가능한 한 피하되 내려갈 수 있는 최저 고도까지 내려가 짧게 Final을 유지할 수가 있다. 만약 최저고도까지 내려갔지만 너무 높아져 내릴 수 없을 경우에는 Go-Around를 수행하여야 한다. 그리고 구름이 지나갈 때까지 Holding이나 교체 공항으로 회항하여야 한다. 무리한 접근은 사고 유발의 최첨예 요소가 된다. 이때 조종사 판단이 절대적으로 중요하다. 이 단계에서 과거 사고사례를 보면 다음과 같은 유형으로 나눌 수가 있다.

① 접근 단계에서 Imbedded(잠재)된 CB형 구름을 구분을 하지 못하고 진입하여 우박과 Hail 그리고 벼락을 맞아 항공기 외부에 손상을 입는 경우.

② CB를 피하여 접근하려고 최저고도로 내려갔지만 주변 지형을 고려하지 못하여 지면 충돌이 된 경우

③ CB형 구름 밑으로 비행하려다 Windshear나 Microburst에 진입하는 경우

④ CB형 구름에 일부 진입하여 접근하였으나 CB에 내재된 여러 기상 현상에 의하여

Unstabilized 되었으나 무리하게 계속 접근하려다가 비정상적인 착륙에 이어 Runway 이탈이나 Over Runway 사태가 발생한다.

⑤ 겨우 CB형 구름을 회피하여 접근하였으나 CB 구름이 이미 활주로에 도달하여 활주로 상태가 내릴 수 없는 상태가 되거나, 앞이 보이지 않으나 Go-Around 하지 않고 계속 무리하게 접근하여 착륙하다가 활주로 이탈, 활주로를 지나 전복되는(Over Runway) 등의 사태가 발생한다.

CB 진입 후 우박 피해 입은 항공기
(Radome 탈락, 조종석 유리 파손)

활주로 이탈사고
(항공기 기골, 엔진 파손)

(7) 강하, 접근 중에 접근 공항의 기상이 악화되어 Approach Ban 절차를 적용할 경우가 발생한다. 다음 장의 접근 절차에 의하여 수행을 하고 Holding 혹은 Divert에 대하여 생각해야 한다.

(8) 교체공항으로 Divert 할 경우에는 ATC에 교체공항까지의 Airborne ATC Clearance를 요청하여 받는다. ATC Clearance를 요청하고 받는 도중에 연료가 충분하면 Holding을 할 수 있고 Divert 공항을 향하여 Radar Vector로 비행을 할 수가 있다. Clearance를 받고 FMC에 입력을 하여 비행을 한다. 최신 항공기에는 Divert 공항과 Route를 입력하면 접근절차까지 동시에 입력을 할 수 있도록 Soft Ware가 준비되어 있다. Airborne ATC Clearance의 예를 들면 다음과 같다. (김해에 접근하다 김포로 Divert 상황)

P: KMH APP C/S, Request ATC Clearance to divert RKSS

A: C/S, Cleared to RKSS Direct KALOD Via A582 BITUX then GUKDO Maintain FL200

P: Read back

(9) 강하 중 에너지 관리를 잘못하여 속도도 많고 높아졌을 경우의 비행 조작은 제5장 ILS 접근 시 수정 조작절차를 따른다. 비 정밀접근 절차 수정조작도 ILS 접근과 동일하다.

(10) Arrival(STAR) 접근 중 혹은 Radar Vector 시 Descent Adjustment

① VNAV PATH(B-737), DES(A-320) Mode 사용 강하

Ⓐ Constraint 고도가 "At or Above"일 경우: MCP(FCU)상에 특정 Waypoint에서의 Constraint 고도보다 낮은 고도를 선택하여 강하할 수 있다. 이때 PF/PM은 각각의 Waypoint에서 Constraint 고도 이상(At or Above)으로 항공기가 통과하는가를 LEG Page(B-737) F-PLAN Page(A-320)에서 반드시 확인하고, 예상된 Level Off 위치를 ND상에서 Level off Symbol(Altitude Range Arc)을 통해 확인한다.

Ⓑ Constraint 고도가 "At or Below"일 경우: MCP(FCU)상의 Waypoint Constraint 고도를 선택하고 예상된 Level Off 위치를 ND상에서 Level off Symbol(Altitude Range Arc)을 통해 확인한다.

Ⓒ Waypoint 이전에 Constraint 고도에 도달하여 FMA상에 "ALT HOLD"(B-737) "ALT" Green이 Engaged 되면 PF는 다음 고도를 MCP(FCU)에 선택하고 FMA "VNAV Path"(B-737) "DES"(A-320) Mode를 Arm 시킨다.

② Selected FLCH(B-737) Open DES(A-320) Mode 사용강하: FLCH(B-737), Open DES(A-320) Mode는 LNAV(B-737) NAV(A-320) 또는 HDG/TRK Mode(Both A/C)에서 사용할 수 있으며, Waypoint에서의 Constraint 고도에 무관하게 강하를 한다. 따라서 반드시 지켜야 할 고도가 있을 경우에 그 고도보다 낮은 고도를 MCP(FCU)에 Set 해놓고 이 Mode를 사용하면 지켜야 할 Constraint 고도를 지키지 못할 경우가 생긴다. B-737 항공기는 FLCH나 V/S Mode를 사용할 때는 현재의 유지된 속도로 Speed 창이 열리므로 원하는 Speed를 반드시 Set 해주어야 한다.

③ LNAV(B-737) NAV(A-320) Mode에서 접근경로상의 Constraint 고도를 지켜야 될 경우 MCP(FCU)에 Constraint 고도를 선택하고 ND상에서 Level Off Symbol(Altitude Range Arc)을 참조하여 Constraint 고도를 유지한다.

④ Selected Vertical Speed(V/S) Mode

Ⓐ Vertical Speed Mode는 MCP(FCU)에 V/S Mode를 선택한 강하율로 강하할 수 있도록 FD가 지시한다. 이때의 속도는 A-320 항공기는 Selected 또는 Managed Speed를 유지하며 Auto Thrust는 자동으로 Managed Speed를 유지하도록 Power를 조절한다. B-737 항공기는 원하는 속도를 Set 해주어야 한다.

Ⓑ V/S Mode는 속도보호 기능이 없기 때문에 V/S Mode 사용 시 강하율이 항공기 성능을 초과하게 되면 항공기 속도는 제한속도(Flap Limit)까지 증가될 수가 있다. 따라서 V/S Mode를 사용하여 강하 시 깊은 강하율을 위한 강하 조작은 가능한 한 피한다. 그리고 Terminal Area 내에서 정교하게 강하율을 조절할 필요가 있을 경우, 항공기의 유지 속도에 따라 1,500FPM 정도까지 사용하여 강하할 수 있지만 통상 Maneuvering(Green Dot) 속도 근처에서 1,000FPM 이내의 강하율을 사용하도록 권장한다.

ⓒ 항공기의 고도 강하가 정상 Profile 이하로 비행할 경우는 V/S를 1,000FPM-500FPM 이내의 강하율로 정상 Profile까지 강하한다.

ⓓ V/S Mode를 사용하여 CDA 접근을 수행할 수가 있다. VnavPath나 DES Mode를 사용하게 되면 FMC는 AT or Above 고도를 Waypoint에서 높게 통과하는 것이 아니라 미리 Level off 한다.

이런 조작은 다음 구간이 Steep 한 강하율을 가지고 있다면 그 구간에서 고도 속도 유지가 어려워진다. 따라서 이러한 구간은 V/S를 사용하여 CDA 접근을 하여 일정하게 강하할 것을 추천한다. (예: 김포 Arrival)

⑤ Descent Speed 조절

Ⓐ 정상적인 강하속도는 ECON Speed를 원칙으로 하나 ⓐ Turbulence 지역 통과 시 ⓑ Waypoint에서의 속도, 고도 제한 ⓒ Local Restriction 또는 ATC 지시 등과 같은 비행 여건에 따라 조절될 수 있다.

Ⓑ 강하속도를 변경하여 강하할 경우 강하 전 FMC에 강하속도를 입력하거나 Selected speed로 강하한다.

ⓒ 10,000FT 이하에서는 250 knots 또는 공항에서 지정한 속도를 유지한다. Managed Speed를 사용하기 위해서는 LEG Page나 F-PLAN Page에 *Default 속도를 입력한다. 만일 250 knots 또는 지정된 속도를 초과하여 강하가 필요한 경우 ATC에 High Speed 인가를 얻은 후 Selected Speed나 FMC에 원하는 속도를 입력하여 Managed Speed를 유지한다.

(11) 다음은 항공기 외장이 Clean 상태이거나 Speed Brake 사용 시 B-737 항공기의 속도에 따른 강하율이다.

Target	Rate of Decent(Typical)	
	Clean	With Speed brake
0.78M/280kts	2,200fpm	3,100fpm
250kts	1,700fpm	2,300fpm
210kts	1,100fpm	1,400fpm

① 위 표의 강하율은 Power Idle 상태에서 항공기 자중에 의하여 약간씩 변화가 있지만 대략적으로 강하 Plan을 세우는 데 이용할 수가 있다. B-737과 A-320/321 항공기의 Gross Weight는 유사하므로 이 강하율은 두 기종에서 유용하게 사용할 수 있는 수치이다.

---

* Default: 운항상 미리 정해진 수치 혹은 컴퓨터에 의하여 입력된 수치.

② Cruise 고도에서 10,000피트로 강하 시 FLCH 혹은 VNAVPATH(B-737) OPEN DES(A-320) Mode로 강하하면 Idle Power로 강하하면서 2,200fpm으로 강하하게 된다. FMC를 확인하여 고도가 약 1,000피트가 높다고 나오면 약 1분여 이상 Speed Brake을 사용하면 정상 경로에 진입할 수가 있다.

③ 10,000피트 이하에서는 250KTs를 유지하여야 하기 때문에 분당 강하율을 1,700fpm으로 강하할 수가 있다. 이때 반드시 Check 해야 할 것은 바람 방향이다. 배풍이 불면 강하율은 더 줄어들게 되므로 이것을 반영하여야 한다.

④ B-737의 Flap Maneuvering Speed는 Gross Weight에 따라 다르나 대략적으로 210kts이며, A-320 항공기의 Maneuvering Speed는 200Kts, A-321은 210kts 정도가 Green Dot Speed이다. 따라서 이 속도를 유지하고 강하를 하게 되면 1,100fpm 강하가 되며 이때 Speed Brake을 사용하면 300fpm 정도 강하율을 증가시킬 수가 있다.

8) 잘못된 Energy Management 실제 사례

(1) 개요: 다음에 소개하는 사례는 실제 발생한 사고로 High Energy 상태에서 Low Energy 상태로 변이가 되어 최종적으로 3G 이상으로 Harding Landing을 한 전형적인 에너지 관리의 실패사례이다. 이 사고는 에너지 관리를 잘못하여 발생하는 다섯 가지의 사고 중 다음 2가지의 유형에 해당한다.

① Undershoot on landing (활주로 미달 착륙)

② Hard landing (Over G 착륙)

(2) 조종사가 수행한 항공기 접근 착륙 조작과 발생과정

① 137명이 탑승한 Airbus가(A319-100) VOR/DME 접근을 수행함. 기장과 부기장은 1만 시간 이상의 비행경험이 많은 조종사들이었음. NOTAM에 ILS 사용 불가능이라고 명시되어 있었으나 확인하지 못하고 ILS 착륙 브리핑을 하였다가 뒤늦게 VOR/DME 접근에 대한 브리핑을 수행함. 이때 Go-Around 절차나 구체적인 Missed Approach 절차를 포함시키지 않았으며, 기장은 Managed Approach를 사용하겠다고 통보함.

② 항공기는 Final 9.6NM 부근에서 Final Course를 Intercept 하였고, Flap은 1에 설정되었으며 Autopilot(Mode: NAV 및 FINAL DES=Rnav)와 Autothrust가 Engaged 된 상태로 3,000피트, Selected SPD 200 KIAS를 유지하였으며 기장은 항공기 속도를 줄이기 위해 Landing Gear를 내림.

③ Threshold으로부터 7.7NM 부근에서 조종사는 속도를 Manage로 변경하여 200KIAS에서 Vref(Vapp)인 134KIAS로 감속을 시작하였다. 정상적으로는 이때 Flap 3(B-737의 F30에 해당)에 설정되었어야 함. 7.7NM에서 항공기는 2,440피트를 강하하고 있었으며 얼마 후에 Final Approach Fix를

2,000피트(정상 고도) 188KIAS로 통과함.

④ Threshold로부터 5.2NM 부근에서 기장은 Autopilot을 OFF 하였으며 항공기는 1,780피트에서 186KIAS로 강하함.

⑤ Threshold으로부터 5NM 지점에서 Flap 3 선택속도보다 2kts 높은 188 KIAS에서 기장은 Flap 3을 지시하였고 부기장은 Flap 3으로 내리려 하였으나 속도가 제한치를 초과하여 다시 Flap 2(B-737의 F15와 유사)로 설정한 뒤 ATC 교신에 응답하여 "Clear to Land" 허가를 받음.

⑥ 기장은 갑자기 ALT Selector Knob를 당겼고(FLCH Mode 선택과 동일) FCU(MCP)의 Selected Altitude가 2,000피트이었기 때문에 항공기는 Flight Path Angle을 Tracking 하는 상태에서 Open Climb(B-737의 FLCH와 같은 개념)으로 변경되었다. 이때 Autopilot가 해제되어 있었기 때문에 기장은 Manual로 항공기 Pitch를 올리지 않아 고도는 올라가지 않고 강하 Glide Path가 유지된 상태로 Auto Thrust는 엔진을 계속 가속시켜 속도가 증가하게 됨.

⑦ Threshold로부터 4.5NM 부근에서 항공기가 일시적으로 1,530피트 MSL, 185KIAS로 Level Off 하였을 때, 부기장은 Flap Lever를 3에 설정하였고 속도가 193 KIAS로 증속이 되면서 Flap Over Speed를 지시하는 Master Warning이 울려 나왔고 Chime 소리도 반복적으로 나옴.

⑧ 기장은 Manual 비행으로 Flight Path Angle을 다시 3.2도로 설정하여 FMA상에 Auto Thrust가 SPEED Mode로 변경되었고, Track과 Flight Path Angle Tracking이 비행경로에 접근하게 됨.

⑨ 부기장은 다시 Flap 2를 설정하였고 기장은 이때 Autothrust를 Off 함.

⑩ 부기장은 Flap 2를 설정한 6초 뒤에 Flap 3을 다시 내렸고, 항공기는 Thrust Lever가 Idle인 상태에서 300fpm의 강하율로 1,420피트 상공을 182 KIAS로 강하함.

⑪ 기장은 현재 고도가 너무 높다고 판단하여 강하율을 1,400fpm으로 증가시켰고 활주로 Threshold 1.9NM 전에 PAPI Glide Path에 Established 됨.

⑫ 활주로 Threshold 1.5NM 전에 155KIAS 500피트 AGL에 있었기 때문에 조종사는 다시 Profile상에 돌아왔다고 인지하였으며, GPWS는 "400"를 자동 Call out 함. 4초 뒤에 기장은 500피트 "Stable Approach"라고 Call Out 하였고 이어서 "100 Above, Minimums, Runway in Sight"까지 Call Out 함.

⑬ 항공기는 Threshold 1NM 전에 Idle Thrust 상태에서 370피트 AGL을 146 KIAS로 (Vapp 보다 12kts 많음) 강하하고 있는 상태임.

⑭ Threshold로부터 0.5NM 부근에서 200피트 AGL, 570fpm 강하율로 Vapp 속도(134KIAS)까지 감소됨.

⑮ Threshold 0.2NM 전에서 80피트 AGL 통과시 123 KIAS, 650fpm, 9.9도 Angle of Attack

로 강하하면서 항공기 Nose Up이 되기 시작하였으며, 40FT AGL에서 속도는 115 KIAS까지 감소하였고 Pitch는 9.9도 Nose Up 상태, Angle of Attack 13.9도, Auto Call out은 "30"이 나왔으며 이때 증속을 위해 Thrust Lever를 Maximum Takeoff Thrust 위치(TOGA)로 변경하였으나 엔진은 Touch Down이 될 때까지 4%만 Spool Up(Power가 증가) 됨.

⑯ Touch Down은 활주로 Threshold 125피트에 이루어졌으며 이때 15.3도 Angle of Attack, 7.7도 Nose Up, 108 KIAS, +3.12G로 Hard Landing 됨.

(3) 사고 요인 분석

① Final Approach Fix 전에 높은 에너지(200KIAS, 3,000피트)를 유지하고 있음으로써 항공기 외장을 제대로 유지하지 못하였음.

② Automation의 잘못된 이해 및 운용

ⓐ Final에서 Auto Pilot과 Auto thrust를 Disengaged 한 목적이 불분명함: 비정상 상황에서는 오히려 Auto Pilot를 최대로 활용하여 조종사의 Load를 줄여야 됨.

ⓑ FCU(MCP)의 잘못된 조작으로 Auto Thrust는 강하에서 상승 Mode로 Idle Power에서 Climb Mode로 바뀌어 Power가 들어감. 이것으로 인하여 에너지가 줄어들어야 함에도 불구하고 오히려 증가됨.

ⓒ Power와 속도가 증가됨에 따라 항공기는 Final Approach Fix와 500피트 최종 Arrival Decision Gate에서 Approach Profile 위로 벗어났고, Flap 3 Overspeed 경고음이 울려 이에 대응하기 위해 PF는 Auto Thrust를 OFF 해버림. (B-737 항공기는 Auto Throttle을 Off 하여 비행가능하나 Airbus에서는 Auto Thrust Off 비행을 추천하지 않음, Auto Throttle을 off 상태에서는 항공기 속도를 Check 하여 미리미리 Power를 증가시켜야 됨.)

ⓓ Auto Thrust Lever가 Idle로 된 상태에서 Max Power로 증가시킨다고 하더라도 Power가 증가되려면 가속시간이 필요함(Spool up이라 함) 즉 항공기 Power 성능과 Auto Thrust에 대한 이해가 부족하였음.

③ 항공기 에너지 관리 미흡으로 항공기는 높은 속도로 Final Approach Fix Arrival Gate를 통과하였고 속도도 확인하지 않고 Flap Configuration을 지시함.

④ 최종 Gate인 500피트에서 Unstable 접근을 인지할 수 있는 Call Out을 놓쳤고 결과적으로 조종사는 "Unstable Approach"라는 사실을 흘려버림. 또한 기장은 항공기 속도가 높고 Thrust가 Idle 이었던 Unstable 한 조건에서 "Stable" Call out을 하였으며 Unstable 상태에서도 Approach를 계속함.

⑤ Over Speed Warning이 나오면 즉시 접근을 중단하고 Go-Around를 추천함. 최종 Gate에서 Unstabilized일 경우 반드시 Go-Around를 하여야 했으나 수행하지 않음.

⑥ 부기장은 비행시간과 경험이 많음에도 불구하고 Flap Down에만 신경 쓰고 전체적인 비행에 관하여 전혀 조언을 하지 못함.

⑦ 기장 부기장은 Stabilized Approach에 대한 기본적인 절차를 이행하지 않고 목적의식이 전혀 없는 오직 착륙만 하여야겠다는 심리 상태로 착륙조작만을 수행함.

※ 결론적으로 이 사고는 High Energy에서 Low Energy 상태로 변이된 아주 잘못된 에너지 관리로 인하여 발생하였으며, Unstabilized Approach인데도 Go-Around를 수행하지 않고 무리하게 계속 접근한 전형적인 CFIT의 한 사례임.

9) Radar Vector 접근 시 Energy Management 사례

(1) 개요: 다음은 김포, 제주, 김해공항에서 STAR에 의하여 접근을 하다가 Radar Vector로 유도될 경우와 Direct로 IAF로 비행을 할 때 Energy 관리 방법에 대하여 살펴보기로 한다.

(2) 김포공항

① 김포공항 접근 및 기상, 이착륙 특성

Ⓐ 서울, 인천공항과 여러 공항이 인접되어 있으며 비행훈련을 수행하고 있어 장주가 복잡하고 공중 충돌의 위험성이 있다.

Ⓑ Rwy 32L/R Final상에 관악산이 있고 Final 2NM에 야산이 있어 북서풍이 강하게 불 때면 상시 Turbulence가 발생하여 항공기에 영향을 미친다.

Ⓒ 서울, 인천공항 이륙과 착륙 Corridor가 김포공항 이착륙 코스와 중복되어 있다. 따라서 인천공항 활주로와 김포공항 활주로 사용 방향을 가급적 일치시키기 위하여 배풍이 불 때도 Rwy를 바꾸지 않는 경우가 있다.

Ⓓ 계기 접근 절차 특성

ⓐ 주변 공항의 접근 중복으로 인하여 대부분 Waypoint 고도가 높게 설정되어 감속이나 고도 처리에 애로가 있다.

ⓑ Traffic 간격조절 등의 이유로 특정 지점까지 High Speed를 유지하도록 요구를 하고 있어 나중에 감속과 고도 처리에 신중을 기하여야 한다. 거리 간격보다 중요한 것이 Stabilized Approach이기 때문에 이를 감안하여 Normal Speed를 요구할 것을 추천한다. 대부분 이러한 상황에서 Flaps Over Speed와 Unstabilized Approach가 발생한다.

ⓒ 관악산, 청계산 등으로 인하여 False Capture 가능성이 많다. 따라서 In Range에서 Capture 하도록 강력 추천한다. (False capture: 제5장 참조)

ⓓ 바람이 남동-남서풍이 불면 대부분 기상이 나빠지고 있는 상황이다. 이때 Rwy 32L/R로 사용 중이면 고도 속도 처리에 매우 유의하여야 한다. B-737 항공기는 250kts 이하에서 제한 없이 Speed Brake을 사용가능하므로 필요시 즉시 사용하여 감속하고, A-320/321 항공기는 VLS로 인하여 No Flap 상태에서 Speed Brake를 사용할 수 없음으로 미리미리 속도를 줄이든지 혹은 Flaps 1을 사용한 후에 Speed Brake를 사용하여야 한다.

ⓔ Rwy 32R/14L에는 Rwy Center Line Light가 없다. 따라서 접근 및 이륙 기상치가 높다. 조종사는 이륙 전 반드시 기상 제한치를 확인하여야 한다.

ⓕ Rwy 14L/R 접근 시 주의 사항

- Rwy 14L/R를 사용할 경우에도 SEL VOR을 통과한 이후에 배풍이 많이 불면 속도 처리가 급하여진다. 따라서 상황 파악을 정확히 하여 가급적 Dock Do 전후에서 4,000피트를 유지하여 높아지는 것을 방지한다.

- 겨울철 북서풍이 강하고 Rwy 14R로 접근 시 DOKDO IAF 이후에 배풍이 30-40KTS나 혹은 더 많이 불 경우가 있어 Glide Slope Capture를 못할 경우가 있게 된다.

- Rwy 14L/R 접근 시 Final이 Over 되면 P-518 침범 가능성이 많다. 한강을 절대 넘어서는 안 된다. 과거 운중 상태에서 14L로 접근하다가 Localizer Over Shoot가 되어 P-518을 침범한 사례가 있다. 그 이후로 특별한 사유가 없는 한 14L 접근은 중단되고 이륙할 때만 사용하고 있다.

ⓖ Rwy 32L/R 접근 시 유의 사항

- Step Down 고도가 많다. 모두 지켜야 할 고도이다.

- VOR 32L/R 접근 시 FAF로부터 Broken Angle로 되어 있다. 이때는 V/S, FPA Mode를 사용하여 접근하여야 한다.

- Hokan IAF가 Rwy 32L/R의 연장선상에 있지 않고 중간에 위치하고 있다. 김포 Approach에서는 Hokan을 통과하여 다음 Waypoint(PUDUB: 17.7 NM)로 접근하거나 통과하고 나서 Localizer를 Capture 하기를 권장하고 있다.

- VOR보다 RNAV를 다음 사유로 인하여 추천한다.

  · RNAV 접근은 일정하게 강하할 수 있고 Broken Angle(제5장 참조)이 없기 때문에 Auto Mode를 사용하여 접근할 수가 있으며 절차가 간단하다.

  · 접근 MDA가 더 낮다.

	RNAV	VOR
32L	610피트	740피트
32R	650피트	740피트

② Rwy 32 접근

Ⓐ RKSS 32L/R는, 서·남쪽에서 접근하는 항적은 OLMEN을 16,000, 혹은 17,000피트로 강하 유지하고, 동·남쪽에서 접근하는 항적도 GUKDO에서 16,000피트로 강하 유지하도록 인천 Control에서 관제를 한다.

Ⓑ 두 Waypoint에 접근하면 Seoul Approach에 관제 이양되며, 서울 Approach에서는 접근 항적의 숫자에 따라 Radar Vector나 Arrival의 비행 경로를 유지하도록 관제를 한다. 항적이 많지 않을 때 OLMAN으로 접근할 경우 IAF인 HOKAN으로 Direct 유도된다. GUKDO에서도 HOKAN으로 Radar Vector 되며 고도는 교차하는 항적에 따라 다르나 12,000피트 정도의 중간고도나 7,000피트로 강하를 지시한다.

Ⓒ 중간 고도를 지시할 경우에는 다른 항적으로 인한 공중충돌 방지를 위하여 항적의 영향이 없어질 때까지 유지된다. HOKAN에서 7,000피트를 유지 강하한다고 생각을 하여 계속 강하율과 속도를 조절한다. 통상 HOKAN, PUDUB, FAF로 Direct 비행을 지시한다.

Ⓓ 만약 GUKDO나 OLMAN에서 직접 Direct로 7,000피트 강하를 지시받았다면 일단 Idle Power 강하를 시도한다. 따라서 FMC상 LEG나 Direct Page에서 Direct HOKAN으로 Execute(Insert) 하면서 초기에 FLCH나 Open DES Mode로 강하를 한다. FMC의 Progress나 Descent F-plan에서 HOKAN까지의 거리를 확인하고 여기에 강하율 NM당 250피트를 곱하여 강하할 수 있는 고도를 계산하여 현재의 고도가 높은지 낮은지 판단을 한다. 예를 들어 36NM 잔여거리라면 강하할 수 있는 고도는 36×250피트=9,000피트이다. 만약 OLMAN에서 17,000피트를 유지하였다면 현재의 강하율과 속도를 유지할 경우에 HOKAN에서 7,000피트에서 딱 유지할 수 있는 고도이다. 그런데 이 강하 고도는 250KIAS에서 Flap Down Speed로 감속을 고려하지 않은 고도이다. 감속에 필요한 추가적인 거리가 필요하기 때문에 목표 Waypoint의 3-4NM 전방에 Level Off 되도록 한다.

따라서 Speed Brake을 사용하여 Level off Symbol(Altitude Range Arc)을 HOKAN 3-4NM 전에 위치하도록 조절한다. 그리고 HOKAN에서의 고도가 At 혹은 Above로 되어 있지만 김포공항의 Arrival은 전 구간이 3도 강하각을 유지하도록 설정되어 있기 때문에 Flap Maneuvering 속도를 유지하면서 Flap을 Down 하며 감속하기가 쉽지 않다. 특히 배풍이 불 경우 Flap을 Down 하면 오히려 증속이 되므로 HOKAN에서 고도를 7,000피트로 통과할 것을 추천한다. CDA 강하기법으로 통과시에도 가능한 한 7,000피트에 가깝게 통과하도록 조작을 해준다.

　　ⓔ OLMAN에서 STAR를 따라 강하를 하다가 HOKAN으로 Radar Vector를 하더라도 STAR에 따라 고도 속도를 유지하다가 Direct HOKAN이 나오면 앞과 같은 조작을 하여준다.

　　ⓕ GUKDO에서 접근할 때도 동일하다. 항적이 밀려 있을 때는 DOKDO에서부터 좌우로 지그재그 비행을 하다가 Direct HOKAN을 지시한다. 앞 항공기와의 간격을 생각하여 강하율을 조절하되 경험상 FLCH나 Open DES Mode로 가능한 한 빨리 고도를 강하할 것을 추천한다.

　　ⓖ 때로는 Direct HOKAN을 주면서 10,000피트 이하에서 속도 제한을 없애기도 한다. 특별한 경우를 제외하고 ATC에서 "NO Speed Restriction"이라고 하여도 일부러 Power를 더 증가하여 280-300KIAS의 High Speed로 빨리 강하할 필요는 없다. HOKAN에서 고도와 Flap을 Down 할 수 있는 에너지만큼만 유지하여 접근할 것을 추천한다. 왜냐하면 저고도에서 고속을 유지하다가 Speed Brake을 사용할 경우에 많은 연료가 소모되며 자칫 Unstabilized Approach를 유발하고 Over Speed나 승객의 안락함에 영향을 주기 때문이다.

　　ⓗ 특별한 ATC 지시가 없는 한 HOKAN에서 Flap Maneuvering(Green Dot) 속도로 줄일 것을 추천한다. HOKAN 이후 강하각이 3도로 설정되어 Flap Down 시 속도가 줄지 않고 오히려 증가한다. 따라서 Flap을 Down 할 때나 ATC에서 Maneuvering 속도 이상으로 유지 지시하였을 경우 Speed Brake 사용을 고려해야 한다.

　　ⓘ Flap1은 PUDUB 근처에서 수행하며 ILS나 LOC Arming도 PUDUB을 지나 In Range에서 수행한다. (김포 ATC에서 요구함.) 매 Flap Down 시 속도에 유의하고 감속이 필요 시 Landing Gear Down 전에는 과감히 Speed Brake 사용을 한다. 이때 ATC에서 특정 속도 유지 요구를 지시받고 유지하고 있다면 "Request Normal Speed"를 요구하여 감속을 한다.

　　ⓚ 다음은 각 지점에서 Direct로 비행 시 거리이다.

　　　　ⓐ OLMAN → HOKAN: 25NM

　　　　ⓑ OLMAN → GANJI → HOKAN: 34NM

　　　　ⓒ GUKDO → HOKAN: 28NM

　③ Rwy 14R 접근

　　Ⓐ Rwy 14R 경우에도 Rwy 32와 동일하게 OLMAN과 GUKDO에서 접근이 시작되며 고도 강하도 동일하게 주어진다.

　　Ⓑ 항적이 많을 경우에 STAR를 따라 비행을 하지만 항공기의 앞뒤 간격이 충분할 경우에는 통상 KALMA로 12,000피트 강하를 지시하면서 다음과 같은 Clearance를 준다. "C/S Direct KALMA, After KALMA Descend Via OLMAN(GUKDO) 1D Then Cleared to ILS Z Rwy 14R Approach"

ⓒ 상기 ATC 지시에 의거 KALMA까지의 고도 Restriction은 없어진다. 이때 조종사 임의로 KALMA까지 12,000피트로 강하가 가능하며 KALMA 이후에는 접근 Chart에 의한다. 속도는 10,000피트 이상이기 때문에 기종별 Descent Speed로 강하를 하되 앞뒤 항공기 간격에 따라 감속 혹은 증속이 가능하다.

ⓓ SEL VOR 통과 시 고도는 10,000피트와 속도는 *Flap Maneuvering(Green Dot)를 추천한다. 왜냐하면 다음 구간에서의 강하율이 급하기 때문이다. 김포공항의 STAR 고도는 주변 공항과 이륙항공기와의 분리를 위하여 전반적으로 고도가 높게 설정되어 있다. SEL부터 강하 Mode는 B-737은 FLCH, VNAVPATH, V/S Mode와 A-320은 Open Des, DES, V/S(FPA) Mode가 있다. 적당한 Mode를 선택하여 강하를 한다. V/S Mode를 선택하면 1,000fpm으로 일정하게 강하가 가능하나 배풍이 불면 더 많은 fpm으로 강하를 해야 한다. 역시 강하각이 깊어 Flap Down 시 감속을 하려면 Speed Brake 사용이 예상된다.

ⓔ DOKDO에서 10NM 거리인 SSOO4에서 7,000피트 이상을 유지하여야 하므로 GAS를 240Kts(210KIAS)를 유지하고 있다면, 2.5분 만에 3,000피트 강하를 할 수 있는 1,200fpm을 유지하여야 한다. 이 강하율은 속도를 오히려 증가시키므로 Flap을 Down 하기 전이나 Down 이후에 Speed Brak을 사용하여 감속을 시키고 계속 강하를 하여야 높아지지 않는다.

ⓕ ATC에서 속도를 Flap Maneuvering Speed 이상으로 유지할 것을 지시하였을 경우 Flap Down을 위해서는 "Normal Speed"를 요구하고 Speed Brake를 사용하여 감속을 하거나 A-320은 감속을 한 후 Flap Down을 하고 Speed Brake을 사용하여 고도를 강하한다.

ⓖ DOKDO 3-4NM 전에는 Flap을 Down 하고 속도를 180KIAS 이하로 줄여 Final Turn 하기 전에 두 번째 Flap을 내리고 이 구간에서는 속도보다 고도를 빨리 2,800피트로 강하를 하여 GS를 Capture 하도록 한다. 통상 배풍이 많이 불어 고도 강하가 되지 않아 GS Capture를 위에서 수행하여야 하며, 수정 조작이 지연되거나 늦을 경우 Unstabilized Approach가 될 가능성도 있다.

(3) 제주 공항
① 제주공항 접근 및 기상, 이착륙 특성
ⓐ 활주로 폭이 45m로 좁고 연중 측풍이 강하며 특히 겨울 측풍은 활주로를 폐쇄해야 할 정도로 심하다.

---

* Flap Maneuvering Speed(B-737). Green Dot Speed(A-320): Single Engine 시 최소 연료소모로 비행할 수 있고 정상비행 시에도 항시 Flap을 Down 할 수 있는 속도

Ⓑ 봄, 여름 혹은 초가을에 남지나해에서 저기압이 몰려올 경우 또한 여름에 남동, 서풍이 강하게 불면서 다음과 같은 기상 특성을 보인다.

ⓐ Rwy 07 Final상에서 심한 Windshear 현상이 일어난다. 보통 강한 저기압이 몰려올 때 1,000-5,000피트 부근에서 50-60K의 강한 배풍이 분다.

ⓑ 양 배풍 현상이 일어난다. 지상풍은 정풍이나 측풍일지라도 10피트 이상의 고도에서는 양쪽 방향에서 배풍이 불게 된다. 이런 현상이 일어나는 이유는 한라산이 제주도 중앙에 위치하고 있어 한라산을 넘지 못한 공기가 양방향으로 우회를 하고 정상을 넘은 바람은 일종의 Down Wash 현상을 일으켜서 제주 공항 상공으로 소용돌이 바람이 되어 일시적인 공동 현상이 생긴 공항 지역 상공에 공기를 채워 주면서 강한 소용돌이가 일어난다. 또한 한라산을 우회한 두 가닥의 바람은 Rwy 07과 Rwy 25 지역에 각기 배풍을 만들어낸다. 양배풍이 불 경우 Tower에서는 정풍으로 관측이 되나 실제 10피트 이상은 배풍이 불고 있다.

ⓒ 이처럼 양 배풍이 불 경우 Rwy 상공 10-30피트 부근에서 Power를 Idle 하여도 침하가 일어나지 않고 계속 밀려나간다. 제한치에 접지하지 못할 경우에는 과감하게 Go-Around를 수행하여야 한다. 착륙을 계속 한다면 Pitch를 오히려 낮추어야 하는데 그러다가 잘못되어 Nose Gear부터 Touch Down이 되면 대형사고로 발전할 수가 있다.

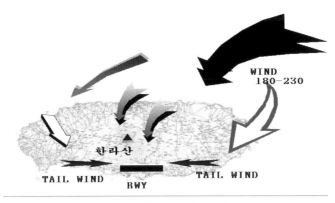

제주공항 춘·하계 바람 특성

ⓓ 1990년대 초 캐나다 출신 기장이 양 배풍 상황에서 Flare를 하던 중 계속 밀려나가는 것을 인지한 부기장이 Go-Around를 두 번씩이나 조언을 하였지만 끝내 활주로 1/2 이후에 Touch Down을 하여 활주로를 Overshoot 하여 이탈하고 화재가 발생하여 항공기가 전소된 사건이 있었다. 최근에도 지속적으로 이러한 현상이 발생하여 많은 항공기가 착륙을 하지 못하고 Go-Around 하여 타 공항으로 Divert 하는 일이 종종 있다.

ⓔ 겨울철에는 거의 측풍착륙을 예상하고 있어야 한다. 320-350도에서 바람이 강하게 불 경우에는 측풍으로 대부분 나타나고, Rwy 25 접근 시 활주로 진입 전 Wind shear가 나타난다. 바람이 약해지면 한라산을 넘어가지 못하고 한라산에 부딪혀서 Rwy 07 방향의 정풍으로 나타난다.

ⓕ 온도의 변화에 따라 측풍의 강도를 짐작할 수가 있다. 온도가 3도 이하로 갑자기 급강하를 하면 30kts 이상의 바람이 불 것으로 예상하면 틀림없다. -1도가 되고 눈이 내리기 시작하면 측풍이 제한치를 넘게 되고 결국은 활주로 Closed가 된다. 이에 따라 조종사는 강 측풍에 대한 착륙기술을 갖추고 있어야 한다. (측풍 착륙 기술: 제4장, 측풍과 정풍 Factors 계산법: 제6장을 참조)

ⓖ 320-350도 측풍이 강할 경우 이륙은 Rwy 31도 고려해볼 수가 있다. 이때는 Power를 계산치보다 더 많이 Set 하고 Wind를 Zero로 고려하거나 TOGA Power를 사용하면 Take off Performance를 개선할 수 있다. 경험상 정풍 20kts 이상 불 때 혹은 Rwy 25나 07로 이륙 시 Gust가 많아 방향유지에 애로가 예상될 경우 Rwy 31 이륙을 추천한다.

ⓗ 제주공항 제1의 특성은 강풍이 불거나 강한 저기압이 몰려 올 경우 접근 중에 Wind Shear가 발생하는 것이다. 따라서 Wind Shear 경고가 나왔을 경우 경고가 약하더라도 Go-Around를 절대적으로 수행해야 한다. 접근 브리핑 시 절차 Review를 하면 여유 있는 Go-Around를 수행할 수가 있다.

ⓘ Rwy 07 이륙 시 정풍이 20kts 이상 불지 않으면 P7 Intersection Take off를 추천하지 않는다. V1 Speed 이전에 Reject Take off 시 잔여 Rwy가 너무 짧다.

ⓙ 해무가 갑자기 몰려오는 경우가 있다. CAT2 접근이 가능하다.

ⓚ Main Rwy가 Closed 되었을 경우 Rwy31으로 VFR Circling 접근을 하는 경우가 있다. 제주기상과 활주로 상태에 따라 Rwy31 Visual 착륙을 사전에 연구하고 대처하여야 한다.

ⓛ 아래 그림은 Rwy 31 Visual 접근 절차이다. 보통 LOC 25로 접근하여 4-5NM 정도에서 모든 Configuration을 유지하고 장주로 진입한다.

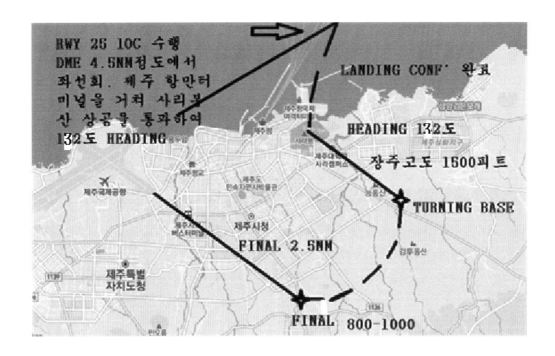

- 접근 전 Nav Data에 참고점을 입력하여 LNAV 절차에 따른다.

- ILS, LOC나 RNAV, VOR Final 4-5NM에서 장주로 Turn 한다. FAF를 지나기 전 모든 Landing Configuration을 완료하여야 한다.

- 제주항만을 거쳐 주변에 하나만 있는 산봉우리를 지나 Down Wind로 계속 선회를 한다. Down wind에 진입하면 Turning Base 지점이 금세 다가온다. 선회시기를 놓치지 말아야 한다.

- Turning Base 이후에 측풍이 불기 때문에 밀려서 너무 거리가 멀어지지 않게 하고 정풍이 불기 때문에 Final이 낮지 않도록 유의하여야 한다. Pattern에 명시된 고도는 MSL이다. FE 120피트를 더하여 유지한다.

- Rwy 길이는 6233피트이며 Rwy 31 끝 1200피트 부근에 Displaced Threshold Mark가 있다.

- Displayed Threshold 우측 밖에 Circling Guidance Lights가 있다.

- 착륙 후 필요시 180도 Turn을 하여 Rwy 이탈하여야 한다. Go-Around 할 경우 Radar Vector를 받는다. (제5장 Circling Approach 참조)

② Rwy 07 접근

Ⓐ 제주 Rwy 07 접근은 Arrival을 따라 비행을 하다가 YUMIN이 가까워지면 Arrival의 한 지점에서 Radar Vector를 수행한다. 북쪽 지역에서 접근시 인천 Control에서 DOTOL이나 DOTOL 10NM 전에서 16,000피트나 17,000피트를 유지하도록 지시한다.

Ⓑ 제주 Approach에서는 항적이 많을 때 "C/S, Cleared DOTOL 2p Approach Decent 고도(12,000피트)"라고 접근 Clearance를 준다. 이때 항공기간의 간격을 조절하기 위하여 유지해야 할 속도도 지시한다. 만약 어떠한 속도 지시도 없을 경우 기본적으로 접근 Chart에 명시된 속도를 유지하되 앞, 뒤나 동쪽에서 접근하는 항적을 감안하여 속도를 감속하여 접근할 수 있다.

Ⓒ STAR의 경로에 따라 접근을 하다가도 앞 항공기간의 거리 조절을 위하여 Direct로 중간 Waypoint에 유도된다. (예 Direct PC624)

Ⓓ 항적이 많을 경우 앞 항적과의 거리는 Flap Maneuvering(Green Dot) 속도로 줄였을 때 12NM 정도를 유지하면서 비행경로를 유지하면 좋다. 따라서 현재 Maneuvering 속도가 아닐 경우에는 적당한 거리가 유지되면 감속을 한다.

Ⓔ 앞 항적 항공기들의 경로를 ND로 잘 Monitor 하여 나의 궤적을 예상하고 잔여 거리를 계산하여 강하율을 조절한다.

Ⓕ 자주 Waypoint를 Update 하고 Track Distance를 계산하여 강하율을 조절한다. IAF인 YUMIN에 접근하면 Flap을 Down 하기 위하여 감속을 한다.

Ⓖ 항적이 많을 경우에는 MEDON까지 유도하고 "Direct KONDE Descent 3,000피트 Cleared ILS Z Rwy 07 Approach"를 허가한다.

Ⓗ 항적이 적거나 앞에 접근하는 항공기와의 간격이 충분할 때는 "Direct YUMIN Descent 4,000피트"를 준다. 이때 "Direct YUMIN"을 한 뒤에 두 가지 Check 사항이 있다. 첫 번째는 Total Track Distance이며, 둘째는 Level off Symbol(Altitude Range Arc) 위치이다. 초기 DOTOL을 출발 시부터 YUMIN으로 Direct를 받았다면 10,000피트 이상에서는 Level off Symbol(Altitude Range Arc)을 YUMIN 10NM 전방에 올려놓고 강하를 하고 10,000피트 이하가 되면 Level Symbol을 YUMIN 3-4NM 이전에 있도록 강하율을 조절한다.

Ⓘ 속도는 별도 지시가 없는 한 250KIAS를 유지하고 강하를 하다가 Level off 1,000피트 전방에서부터(YUMIN 전방 7-8NM) 감속을 하여 YUMIN 3NM 전에 Level off 하고 첫 Flap을 Down 하도록 한다.

Ⓙ 겨울에 배풍이 심하여 바람이 40-50kts 불 경우에는 YUMIN 전에 170KIAS로 감속하여 YUMIN에서 강하를 시작할 때부터 KONDE 이전에 Flap5(B-737) Flap2(A-320)를 수행하고

Final Turn을 한다. 강한 배풍에 Final Over가 예상되고 고도를 못 내려가 GS Capture를 위에서 해야 되기 때문이다. 속도를 미리 감속해 놓으면 YUMIN 이후에 고도 강하에 애로가 있을 경우 속도를 증가시켜 고도 강하를 할 수가 있다.

Ⓚ 동쪽에서 MAKET 2P STAR로 접근하는 항공기는 통상 ATC에서 MAKET 고도를 16,000피트로 유지하도록 지시를 한다. 이때 다음 다섯 가지 방식으로 유도된다. 첫째는 MAKET에서 STAR 경로로 비행을 하다가 Radar Vector로 유도되는 경우, 둘째는 MAKET에서 STAR의 중간 Waypoint로 유도되는 경우, 셋째는 항적이 없을 경우 Direct YUMIN으로 유도되며, 네 번째는 YUMIN 방향(Heading 250 혹은 260도)으로 Heading을 주다가 전방기와의 간격이 유지되면 Direct YUMIN으로, 다섯 번째는 드문 경우이나 한라산 뒤쪽(서귀포 방향)으로 Radar Vector 관제를 한다. STAR를 따라 비행이 요구될 경우 다음과 같이 Clearance를 준다. "C/S, Cleared MAKET 2p Descent Maintain 12,000'(10,000')" 혹은 Direct Point을 준다.

Ⓛ 앞의 4가지의 경우, 제주 Approach에서 이륙항공기가 있을 경우 Rwy 25로부터 7NM 정도 접근을 할 때까지 고도를 12,000'까지만 강하를 지시해준다. 왜냐하면 김포로 향하는 항공기가 좌선회하여 10M'로 상승을 하고 있어 접근하는 항공기와 조우되는 구간이기 때문이다. 따라서 고도 16,000피트에서 12,000피트로 강하 시 Level off Symbol(Altitude Range Arc)를 Rwy 25로부터 7-10NM의 Abeam에 오도록 강하율을 조절한다. 항적이 Clear 되면 ATC는 고도 강하를 준다.

Ⓜ Direct 비행 시 비행거리는 다음과 같다.

  ⓐ DOTOL → YUMIN: 52NM

  ⓑ DOTOL → CHANY: 34NM, CHANY→ YUMIN: 52NM

  ⓒ MAKET → YUMIN: 61NM

  ⓓ MAKET → KEROM: 48NM, MAKET→ CHANY: 52NM

③ Rwy 25 접근

Ⓐ Rwy 25일 경우에도 Rwy 07과 유사하게 ATC에서 접근하는 항공기를 Control 한다. DOTOL에서 접근시 ATC는 "C/S, Cleared DOTOL 2T Descent 7,000' Cancel ALT Restriction"라는 접근 Clearance를 준다. Arrival에 명시된 속도를 유지하며 고도를 강하한다. 고도 강하는 Traffic 상황에 따라 강하 Mode를 달리한다. 접근하는 항공기가 많이 있다면 WOODO까지 가서 HANUL로 비행을 하므로 Track Distance를 계산하여 V/S Mode를 사용할 수가 있다.

Ⓑ 속도와 고도 강하는 Rwy 07접근과 동일하다. 다만 DOTOL에서부터 HANUL IAF까지의 총거리가 Rwy 07보다 짧아 강하를 할 때 이것을 감안하여야 한다. 겨울에는 DOTOL에서 접근시 강한 배풍이 예상됨으로 가능한 한 빨리 강하할 것을 추천한다.

ⓒ 동쪽에서 접근시에도 DOTOL과 유사하다. "C/S, Cleared MAKET 2T, Descend and Maintaion 12,000피트 Speed 230Kts, CNX Alt Restriction"이라고 접근 Clearance를 준다. 이때는 MAKET 2T 비행경로, 고도와 속도를 유지하고 강하한다. 접근 항적들의 궤적을 ND에서 Check 하여 강하각을 선정한다. 멀리 WOODO까지 항적이 있다면 나의 접근 경로도 동일하게 예상하여 전 구간에서 일정하게 고도를 강하하도록 강하율을 유지한다.

ⓓ Radar Vector를 받더라도 Heading이 동쪽 방향이고 앞에 항적이 있다면 WOODO 근처까지 비행하다가 HANUL로 비행할 것으로 생각하면 무리가 없다. 이러한 상황에서는 속도를 Maneuver 속도로 일찍이 감속하여도 무방하다.

ⓔ 항적이 없을 경우 MAKET에서 Direct HANUL로 지시하며 ILS 접근 Clearance를 준다. 이때에도 Track Distance을 확인하여 강하율을 앞과 같은 요령으로 설정하고 HANUL 3~4NM에서 Flap Maneuvering Speed(Green Dot Speed)를 유지하도록 고도와 속도를 조절한다.

ⓕ Direct 비행 시 비행거리

ⓐ DOTOL → HANUL: 38NM

ⓑ DOTOL → WOODO: 43NM

ⓒ MAKET → HANUL: 33NM

ⓓ MAKET → WOODO: 24NM

(3) 김해공항

① 김해공항 접근, 기상, 이착륙 특성

Ⓐ 지형적 특성

ⓐ Rwy 36 북쪽 지역에 돗대산(1247피트, 380m 활주로 북 3NM)과 신어산(630m, 돗대산 북 2NM) 등이 산재해 있어 이착륙에 크게 제한을 받는다.

ⓑ 낙동강 삼각주를 댐과 하구 둑으로 막아 농토로 만들었고 삼각주 일부 지역에 공항을 만들었다. 활주로를 중심으로 동서북 방향이 산들에 싸인 분지이다.

ⓒ 공항 동쪽에는 낙동강 본류, 서쪽 3km 지역에는 지류가 흐르고 북·동쪽에 높은 산들이 산재해 있다. 공항 남서쪽에도 불모산(801m) 봉화산(329m) 등의 산이 산재해 있다.

ⓓ 공항 남쪽에 을숙도와 낙동강 하구, 모래톱이 있으며 이곳이 철새들의 군락지이다.

ⓔ 철새들의 또 다른 군락지인 주남저수지가 북서쪽 20km 부근에 있어 아침과 저녁에 낙동강 하구와 주남저수지를 왕래하며 공항 서쪽 부근이 철새들의 이동 경로다. 따라서 VOR-A Final이나 Circling Downwind에서 조류 충돌에 유의하여야 한다.

Ⓑ 기상특성

ⓐ 겨울에는 북서풍이 우세하여 좌측 60도 방향 측풍이 우세하다.

ⓑ 봄, 여름, 초가을에 저기압이 다가올 때 초기에는 동풍이 불다가 남서풍으로 바뀌며 두 가지 현상이 발생한다.

- 동풍이 불 경우 Final에서 산을 타고 넘어온 소용돌이 때문에 항공기가 크게 흔들린다. 통상 500피트 이하가 되면 줄어든다.
- 저기압이 가까이 오면 남서풍이 50kts 이상 불 경우가 있다.

ⓒ 봄부터 가을까지 기단이 안정되었을 경우 오후 들어서는 해풍이 불어 220-180도 방향에서 배풍이 10-15Kts가 일중 지속된다.

ⓓ 연중 강수량이 많고 겨울에는 한 번 정도 눈이 쌓이기도 한다. 그러나 최근에는 온난화 영향으로 영하로 내려가는 날이 적고 여름에는 해풍의 영향으로 온도가 크게 올라가지 않는다.

ⓔ 봄부터 가을까지 맑은 날씨인데도 오후에는 해풍이 불어 Rwy 18L/R로 접근을 해야 되고, 때때로 220-250도 방향의 강풍이 불 경우 Circling 접근을 할 때에 강한 우측풍 상태로 착륙을 하여야 한다.

ⓕ 해무가 바다에서 몰려올 경우가 봄·가을철에 가끔씩 있다.

Ⓒ 접근 및 착륙 특성

ⓐ 두 개의 활주로가 가까이 있으며 군용항공기 이착륙이 빈번하게 수행되고 있어 장주가 복잡하고 지연이 일어난다.

ⓑ 두개의 활주로에 각각 ILS가 구비되어 있고 VOR 접근도 가능하다.

ⓒ VOR 36L/R 접근 MDA가 매우 높다. 36L(1,460피트), 36R(1,460피트) 또한 VOR 시정치(3mile)가 VDP 거리(L: 6.3NM, R: 6.2NM)보다 가까워 때로는 VDP에서 활주로를 보지 못할 경우가 있다.

ⓓ 접근중 이착륙 군항공기가 VFR 장주를 유지하며 민항기 접근하는 사이사이에 이착륙을 수행하여 공중 경계를 잘하여야 한다. 서쪽 장주 Pattern에 많은 항공기가 이착륙을 위하여 대기하고 있다.

ⓔ 비 정밀접근 중 Tower에서 주는 시정치와 실제 조종사가 볼 수 있는 가시거리가 다르다. 우시정을 사용하기 때문이다. 따라서 조종사는 접근 절차에 따라 DA/MDA에서 시각 참조물이 없다면 반드시 즉시 Missed Approach를 수행하여야 한다.

ⓕ 배풍이 많이 불 경우 Ceiling이나 시정치에 따라 접근 형태가 달라진다. Ceiling이 1,700피트, 시정이 3마일 이상일 경우 VOR-A 접근을 한다.

ⓖ VOR-A 접근 기상 이하에서는 LOC Then Circling 접근을 수행한다.

ⓗ Circling 접근이 되지 않는 기상에서는 배풍 15kts까지 접근 가능하다. 따라서 배풍 착륙에 대한 절차를 잘 알고 숙달되어 있어야 한다.

ⓘ VNAV 접근 절차가 Rwy 36L/R 설정되어 있고 최저고도도 VOR보다 낮다. Rwy 18L/R 접근을 위하여 VOR-A, RNAV-B가 설정되어 있다. Circling과 기타 접근절차는 제5장을 참고하기 바란다.

ⓙ 항공사마다 각 공항의 접근 절차를 설정하여 운영하고 있다. 접근 전에 접근 공항의 특성과 절차를 숙독하여 안전운항을 하여야 한다.

② 접근 방법

Ⓐ 김해공항의 접근은 세 방면에서 이루어지고 있다. 서남쪽에서 접근 시 TOPAX로 (ZULBI 1 RNAV), 동쪽에서는 DIMON 1 RNAV로 DIMON이나 NARAE를 통하여, 그리고 북쪽에서는 GAYHA 1 RNAV로 MASTA를 통하여 GAYHA나 GEOJE로 접근을 하고 있다. 주로 항로상에 있는 위의 세 Waypoint에서부터 Radar Vector가 시작되어 Final로 유도되며 항적이 없을 경우 DIRECT로 GEOGA, TIBOL, ZULBI, DIMON, GEOJE로 유도된다.

Ⓑ 제주나 동남아에서 올 때 TOPAX를 통하여 접근할 경우의 Radar Vector에 대하여 알아보자.

ⓐ TOD에서 강하를 요구하면 다른 항적과 관계가 없을 때 TOPAX에서 11,000피트로 강하 유지하도록 ATC에서 지시한다. Level off Symbol(Altitude Range Arc)을 TOPAX 7-10NM에 놓이도록 강하율을 조절한다. 겨울에는 강한 배풍으로 TOD를 늦게 잡으면 깊은 강하각으로 강하를 하게 되거나 Final에서 고도가 높게 된다.

ⓑ TOPAX 10-15NM 전에 김해 Approach에 관제 이양이 되고 Approach에서는 항적에 따라 항공기 Pattern을 조절한다.

- 항적이 5대 이상 많을 경우, 초기 Heading을 360도나 010를 주어 거제 Waypoint까지 유도하다가 다시 Heading을 170도나 180도로 해상으로 Vector 하여 전방기와의 간격을 유지하고 Final로 유도한다. 혹은 ZULBI나 GAYHA에서 Holding을 한다. 이때 속도는 즉시 Flap Maneuvering Speed(Green Dot Speed)로 줄이고 고도 강하는 1,000-500fpm을 유지한다.
- 항적이 많지 않을 경우에는 항공기 앞뒤 간격 유지를 위하여 남쪽 바다로 장주를 연장하여 Radar Vector를 한다. 전방기를 참조하여 대략적인 Track Distance를 계산하여 강하율과 속도를 유지한다.

- 항적이 얼마 되지 않고 전방기가 Final상에 있다면 바로 Final로 유도된다. 이때는 Final Extension을 시키어 Final이나 IAF까지의 Total Distance를 파악한다. 잔여거리× 250피트를 하여 현재 고도가 높은지 낮은지 판단한다. (고도 거리 계산 방법 앞 절 참조) Level off Symbol(Altitude Range Arc)은 IAF일 경우 3-4NM 이전에 Final Approach Fix일 경우에는 5-6NM 전에 위치하도록 강하율을 조절한다. 고도가 높다고 판단되면 즉시 Speed Brake을 사용한다. 겨울에는 배풍이 있으므로 배풍의 영향 판단을 잘 하여야 한다.

- 고도는 ATC에서 아예 항적이 없을 경우에 3,000피트 강하를 지시한다. 이때 Short Pattern으로 진입하게 되며 Track Distance가 20-25NM 정도에서 감속을 시작하고 감속이 되어 Track Distance 15-17NM 정도에서 첫 Flap을 내린다. 이후 Final Intercept Angle이 되면 두 번째 Flap을 내리고 고도를 2,100피트로 더 내려가야 하는지 여부를 판단하여 요청하여야 한다. 만약 Heading을 조금 우로 돌려 LOC가 먼저 Capture 된다면 Heading을 변화시키고 반드시 GS Capture를 하기 전에 Loc를 Capture 하도록 고도를 조절한다.

- 고도처리가 되지 않아 높아질 것이 예상되면 첫 Flap을 Down 하고 Speed Brake을 사용한다. Speed Brake는 원하는 속도가 된 상태에서 Glide Slop Indicator가 수평 이상으로 올라올 때(1/2 Dot)까지 사용한다.

ⓒ 이번에는 김포공항이나 북쪽에서 MASTA로 접근하는 절차를 살펴보자.

ⓐ ATC에서 군 공역에 항공기가 없을 경우에는 항로상에서 Direct MASTA를 지시하고, TOD가 되어 강하를 요구하면 혹은 ATC에서 항적관제의 목적으로 17,000피트로 강하를 지시한다.

ⓑ 관제 이양지점이 MASTA이므로 특별한 경우를 제외하고 MASTA 이전에 17,000피트 이하로 강하를 허락하지 않는다. 왜냐하면 대구 공항 이.착륙 항적과의 고도분리 때문이다. 따라서 조종사는 MASTA 이전에 미리 level off를 하지 않도록 MASTA 7-10NM 사이에 17,000피트 강하가 이루어지도록 강하율을 조절한다. 배풍이 많이 불 때는 속도를 250KIAS로 줄여 김해 Approach에서 고도를 강하시킬 때 다시 속도를 ECON Descent Speed로 증속하여 강하율을 증가시킬 수가 있다.

ⓒ 김해 Approach로 관제 이양이 되면 항적에 따라 고도 강하와 접근 Pattern을 다음과 같이 지시한다.

- 항적이 많을 경우, Decent 고도는 10,000피트나 12,000피트로 주고 감속을 지시한다. 감속을 지시하지 않았을 때라도 접근 항적이 많을 경우에는 속도를 230KIAS나 그 이하로 감속한다. ND를 확인하면 접근 항공기 숫자를 대충 짐작

할 수가 있다.

- 민간항공기의 접근이 많지 않더라도 군항공기가 이착륙을 하고 있다면 Long Pattern을 예상하여야 한다.

- 접근하는 항적이 없거나 Leading Traffic일 경우 Short Pattern이나 GEOJE를 통하여 ARC Turn 접근을 주기도 한다(ILS Y). 또한 ILS Z 접근 시 ZULBI로 유도된다.

- 항적이 많아 Long Pattern이 될 경우 고도 강하는 V/S Mode를 사용하여 1,000FPM 이하로 강하를 한다. 이때 MASTA로부터 총 Track Distance는 대략적으로 70NM 정도다. 17,000피트를 70NM 거리에서 강하할 때의 강하율은 17,000÷70×4NM(분당 평균 비행거리)= 970FPM이 된다.

ⓓ GEOJE IAF를 거쳐 ARC으로 접근을 할 경우(ILS Y 접근) MASTA에서 17,000피트를 유지하면 상당히 높다. ATC에서 "Direct GEOJE IAF Descent 6,000 Cleared ILS Y Rwy 36L/R Report Leaving GEOJE"를 주면 MCP(FCU)에 6,000피트를 Set 하고 Idle Power로 강하를 시작한다. 초기고도가 높아 Level off Symbol(Altitude Range Arc)은 훨씬 밖에 놓일 것이다. 즉시 Speed Brake을 이용하여 Level off Symbol(Altitude Range Arc)이 GEOJE 4-5NM 이전에 올 때까지 사용한다. 감속은 Level off 이후나 이전에 강하각을 줄이면서 수행한다. GEOJE를 지날 때는 Flap Maneuvering (Green Dot) 속도로 통과를 한다. 이때 Flap Down은 ARC가 길고 고도 강하율이 적기 때문에 GEOJE IAF 이후에 수행한다.

ⓔ Short Pattern은 항적이 없을 때 수행한다. ATC가 MASTA에서 Heading을 170도와 고도 강하를 4,000피트로 주면 Short Pattern으로 유도를 하는 것이므로 즉시 Speed Brake을 사용하면서 고도를 강하한다.

- 이때는 Level off Symbol(Altitude Range Arc)이 GEOJE(ZULBI) IAF 근처에 와 있을 때까지 Speed Brake을 사용한다.

- ATC에서 Heading이 170도로 주면 GEOJE(ZULBI) IAF의 좌측으로 비행하게 되며, GEOJE(ZULBI) IAF 못 미쳐서 140나 150도로 Heading을 준다.

- 중간 고도 Check 사항으로 Short Pattern일 경우 Rwy Abeam이 되면 고도가 6,500-6,000피트정도 유지하면 정상적으로 강하를 하고 있는 것이다. 이때의 총 Track Distance을 20NM로 잡고 거리당 강하율을 200fpm으로 한다.

- 첫 Flap은 Base Turn 이후 거리가 15NM 정도에서 고도는 3,000-3,500피트에서 수행한다.

- 두 번째 Flap은 Intercept Heading이 이루어졌을 때 내리고 고도 강하는 GS을 참

조하여 계속적으로 GS Indicator가 수평 이상 1/2 Dot 선상에 계속 위치시키면서 강하를 한다. 때로는 고도, 속도 처리를 위하여 Intercept 되기 전에 Landing Gear 를 Down 할 수도 있다.

ⓕ 이번에는 공항 동쪽 일본 방향에서 DIMON(NARAE)로 접근할 때의 에너지 관리에 대하여 알아보자.

- 동쪽 일본에서 올 때 KALEK에서 20,000피트를 유지하도록 ATC에서 지시한다. 하지만 통상 KALEK 10NM 전에서 16,000피트까지 강하를 지시한다.

- 곧바로 ATC는 김해 Approach로 이양이 되면서 다음 3가지 경로로 항공기를 Final 까지 유도한다. 항적이 없을 경우 기본적으로 NARAE(DIMON)로 유도하고, 항적 이 다소 있을 경우에는 남서쪽 방향으로 Down Wind를 Extend 하여 유도한다. 마지막으로 항적이 많을 경우에는 서쪽 장주로 유도되어 서쪽 장주에서 접근 중인 항공기와의 Sequence에 맞춘다.

- NARAE(DIMON)로 직접 유도될 때에 NARAE에서 6,000피트, DIMON에서 7,000 접근하기에 높은 고도이다. NARAE(DIMON)에서부터 Track Distance가 적어 고도를 강하하면서 감속을 하기에 애로가 있기 때문이다. 편서풍이 많이 불 때에는 고도 처리에 많은 도움이 되나 배풍인 동풍이 불 경우는 고도 속도 처리에 유의를 하여야 한다. (NARAE와 DIMON은 좌표가 거의 동지점이나 유지해야 할 고도는 1,000피트가 차이난다.)

- NARAE 접근 전에 최초 Flap을 하고 NARAE 이후 고도 속도 처리가 어렵다고 판단될 경우에 즉시 Speed Brake을 사용하여야 한다. 실제 비행수행 결과 **DIMON에서 7,000로 접근시 DIMON 이전에 초기 Flap을 Down 하고, 강하 시 Speed Brake을 사용하더라도 속도 감속과 고도 처리가 불가능하다. 따라서 Extend Pattern을 하든지 고도를 6,000로 강하할 것을 요구해야 한다.**

- 후쿠오카에서 접근 시에는 항적이 많을 경우 NARAE(DIMON)에서 Holding을 하기도 한다. 항적이 없을 경우에는 직접 Final로 유도된다. 이때 고도가 높기 때문에 Speed Brake 사용을 고려하고, 많이 높을 경우에는 ATC에 Extended Radar Vector나 혹은 Cross Final Course를 요구한다.

- 항적이 아주 많을 경우에는 아예 서쪽 장주로 유도되기도 한다.

ⓖ INBOK에서 TIBOL이나 IAF로 Direct로 비행 시 거리가 가까워(21NM) 고도, 속도 처리가 되지 않는다. Heading을 요구하여 충분한 거리를 확보한다.

ⓓ Direct 비행 시 비행거리는 다음과 같다.

    ⓐ TOPAX → FAF: 32NM, TOPAX → GEOJE: 23NM, Zul

    ⓑ TOPAX → CF36L/R: 28NM

    ⓒ KALEK → NARAE: 39NM

    ⓓ INVOK → NARAE: 16NM, INVOK → CF36L/R: 20NM,

    ⓔ MASTA → GEOJE: 37NM, MASTA → GAYHA: 17NM,

        MASTA → ABEAM OF AIRPORT: 27NM

    ⓕ GEOJE → FAF: 11NM, GAYHA → ZULBI: 13NM,

    ⓖ TOPAX → ZULBI: 15NM, TOPAX → TIBOL: 23NM,

    ⓗ KALEK → DIMON: 46NM, INBOX → DIMON: 18NM

    ⓘ INVOK → TIBOL: 21NM.

※ **고도 처리 예:** TOPAX에서 TIBOL로 Direct로 주고 접근 Clearance가 났을 경우 강하할 수 있는 고도=거리×250피트=23×250=5,750피트, TOPAX에서 고도 11,000피트를 유지하고 있다면 TIBOL 고도 3,300피트를 유지하려면 3,300+5,750피트=9,050피트만 강하할 수 있어 11,000-9,050=1,950피트는 Speed Brake을 사용하여 강하하여야 한다. 거리당 300fpm으로 강하 시에도 800피트가 높다. 정풍이 적게 불고 더군다나 배풍이 불 경우에는 많이 높아진다. B-737은 Progress Page, A-320은 Decent Page에서 현재의 고도가 Minus(-)가 될 때까지 Speed Brake를 사용한다. (-500피트가 되었을 때 여유 있는 강하가 된다.)

9. 최종접근 착륙

1) Approach Ban(계기접근의 금지) 절차를 잘 알고 이해하고 있어야 한다. 비행을 하다보면 가끔씩 목적지 기상이 악기상이라서 접근을 못할 경우나 Go-Around를 해야 하는 경우가 있다. Approach Ban 절차를 다음과 같이 적용을 하여 안전하게 착륙이 보장되지 않을 경우에는 부담 없이 교체공항으로 Divert 하여야 한다.

(1) IAF를 통과하기 전에 ATC에서 착륙 공항의 기상이 *착륙최저치가 되었다고 하면 아예 접근을 중단하고 Holding을 하며 날씨가 회복될 때까지 기다리든지 혹은 연료나 여러 사항을 고려하여

---

* 착륙최저치(Landing Minimum): 계기 착륙 최저기상조건(운고, 가시거리, 시정)으로 ILS, VOR 등 각 절차에 따라 기상 수치가 달라진다. 정밀한 접근이 가능할수록 착륙가능 기상수치가 낮아진다.

교체공항으로 회항을 하여야 한다.

(2) 항공기가 IAF를 통과 후 FAF/FAP 도달 이전에 공항 기상이 Landing Minimum 이하로 통보되면 FAF/FAP까지만 접근할 수 있다. 이것은 IAF 통과 전에는 날씨가 착륙 접근치보다 좋았지만 갑자기 나빠져 ATC에서 이것을 조종사에게 통보하면 더 이상 접근을 하지 말고 Go-Around나 적당한 지점에서 Holding을 하다가 기상이 호전되면 재접근하여야 한다. 항공기가 FAF/FAP를 접근하였을 때 Landing Minimum 이하가 되었을 경우에도 마찬가지로 Missed Approach를 수행하여야 한다.

(3) FAF/FAP 통과 후에는 공항기상이 Landing Minimum 이하로 통보되더라도 설정된 Minimum 고도(MDA/DA/DH)까지 접근을 계속할 수 있다. 만약 이때 Runway 또는 Visual Reference를 육안 확인하고 안전착륙이 확실할 시 Landing을 수행하고, Runway 또는 Visual Reference를 육안 확인하지 못하였을 경우에는 Missed Approach를 실시하여야 한다.

(4) Approach Ban에 관련된 정책은 국가별로 상이할 수가 있다. 따라서 착륙이전에 해당 국가에 대한 Approach Ban 절차를 확인 후 적용하여야 한다.

2) 접근 Chart에 의거 접근을 할 경우에는 가능하다면 CDA(Continuous Decent Approach)와 CDFA(Continuous Descent Final Approach) 개념에 의거 접근한다. CDA 접근 방법은 항공기 강하 Mode 중의 하나인 *V/S Mode를 이용하여 다가오는 Way point 위에 Level off Symbol을 올려놓고 정교하게 강하율을 조정하여 Waypoint를 통과하는 방법이다.

3) Radar Vector에 의하여 접근 시 속도 유지를 위한 Mode 사용은 Boeing 계통에서는 FLCH, Airbus 계통은 Open Descend Mode 사용을 권장한다. 위 두 Mode에서는 항시 Speed를 위주로 Power는 Idle로 강하를 하기 때문에 강하율이 좋고 Over Speed 가능성이 적기 때문이다. 강하율을 1,000FPM 이하로 확실히 GS을 Capture 하고 VOR 등 접근 시 FAF 고도를 유지할 수만 있다면 V/S mode를 사용할 것을 추천한다.

4) Autopilot를 사용하여 접근할 경우 조종사는 최소한 FAF를 통과한 이후에는 조종간과 Thrust Lever에 손을 올려야 하며 만약 항공기 성능이 만족스럽지 않은 경우 즉시 Autopilot를 풀고 Manual Flight를 수행할 준비를 한다.

5) 모든 접근 항법 장비에 대하여 Glide Slop 전파를 잡아 타기 위해서는 전파가 올라오는 각도

---

* V/S(Vertical Speed) Mode: Vertical Speed Indicator를 이용하여 100Fpm까지 정밀하게 강하할 수 있음. A320은 강하 Angle 로 되어 0.1도인 50fpm까지 control 할 수 있다.

보다 밑에서부터 접근하여 Glide Slope Beam을 잡아야 한다. (제5장 참조) 또한, Localizer나 VOR의 측면에서 전파를 잡아 원하는 경로로 들어가려면 이번에는 경로로 들어가는 Intercept Angle이 최소 90도 이내여야 한다. 확실한 전파를 따라 잡기 위해서는 작은 각도로 Intercept Angle을 잡을 것을 추천한다.

6) Flap을 내릴 때 속도를 확인한 다음 내려야 한다. 설사 기장이 Flap을 내릴 것을 지시하였더라도 반드시 속도를 Check 하여 속도가 제한치를 벗어날 경우에는 부기장은 "Stand By"를 Callout 하면서 기장에게 속도가 많은 것을 알려준다. Flap을 내린 후에도 증속이 되어 초과될 가능성이 있을 경우에는 Flap을 다시 올리든가 아니면 Pitch UP 혹은 Speed Bake을 사용하여 Over speed가 되지 않도록 한다.

7) ATC에서 Clean Configuration 속도보다 적은 속도를 유지하도록 지시하지 않는 한 Flap을 Drag Device로 사용하지 말아야 한다.

8) 항공기가 활주로에 안전하게 착륙을 하기 위해서는 강하와 접근단계에서 안정된 비행을 하여야 하고 특히 IAF 이후부터는 Stabilized Approach를 추천 한다. Stabilized Approach란 단어 그대로 항공기가 안정되게 접근 착륙하는 것으로 규정된 고도와 속도 그리고 여러 절차를 잘 지키어 착륙하는 것을 말한다. 1,000피트 통과 시에는 착륙외장을 완전히 갖추고 최대 1,000FPM 이내로 접근 착륙하여야 한다.

9) 착륙을 위해 접근 중 적용되는 *최저 안전고도(Minimum Safe Altitude) 이하에서 1,000ft HAT(HAA)까지 최대 강하율은 IMC(IFR)에서 Nautical Mile당 600ft(9.8% or 5.6°: 변환방법 제6장 참조)를 초과하지 않도록 권고된다. 이 강하율은 예상치 못한 상황 발생으로 기인된 CFIT 상황을 회피하기 위해 설정된 기준이다. 예를 들면 표준대기온도, 고도 5,000ft, 무풍, **IAS 200kts일 경우 TAS 는 215kts로 Nautical Mile당 600ft의 강하율은 약 2,150fpm이다. 즉 TAS × 100FPM = 최대 강하율이다. 실제 비행 시 ***TAS가 자주 변화하여 적용하기가 어려우므로 좀 더 간략하게 설정된 최대 강하율(Maximum Descent Rate)은 다음과 같다.

   (1) 5,000ft ~ 2,000ft AGL: 3,300FPM

   (2) 2,000ft ~ 1,000ft AGL: 1,500FPM (C) 1,000ft AGL 이하: 1,000FPM

---

* 최저안전고도(MSA): 활주로 반경 25NM 내에서 최고 높은 장애물 + 1,000피트 고도, 각 공항별 Jeppesen Charts에 명시되어 있다.

** IAS(Indicated Air Speed): 계기에 나타나는 속도

*** TAS(True Air Speed): 진대기 속도, 무풍상태에서 온도 고도가 고려된 속도

10) 접근 중 Turbulence, Windshear, Gust Wind 또는 급격한 Wind Direction의 변화 등으로 가끔 짧은 시간 동안 순간적으로 Stabilized Approach 기준을 Overshoot 할 수 있다. 이러한 경우 GPWS가 울리거나 계기에 경고가 나타나면 즉시 비행경로를 조정하거나 Go-Around를 해야 한다. 접근 중 나올 수 있는 경고 종류는 다음과 같다.

(1) Excessive Terrain Closure Rate일 경우: PULL UP, TERRAIN, TERRAIN PULL UP, TERRAIN AHEAD PULL UP, TOO LOW TERRAIN, TERRAIN AHEAD 경고가 나온다.

(2) Excessive descent rate: SINK RATE, DON'T SINK 경고가 나온다.

(3) Unsafe terrain clearance when not in the landing configuration: "TOO LOW GEAR" – "TOO LOW FLAPS" 경고가 나온다. 이때 1,000피트 도달하기 이전에 Landing Configuration을 완료하여야 한다. 그렇지 않으면 Go-Around를 수행해야 한다.

(4) Excessive deviation below an ILS glide slope: GLIDE SLOPE(G/S)이라는 경고음이 나온다. 만약 비 정밀접근을 하여 G/S 아래 비행이 된다면 G/S을 맞추거나 G/S Mode를 Off 한다.

(5) Wind shear Warning

(6) Altitude loss after go-around

11) 항공기가 Final에 접근하여 *DH or MDA에 도달하였을 때 다음의 경우를 제외하고는 인가된 최저 강하고도(DH/MDA) 미만으로 강하할 수 없다.

(1) 정상적인 강하율로 강하하여 **TDZ 내에 안전하게 착륙할 수 있는 위치에 있을 때.

(2) 기상이 ***Published Minima 또는 Company Minima 이상일 때.

(3) 활주로 시각 참조물(활주로 혹은 Lights)을 육안확인하고 있을 때. 이 단계는 결심하여 착륙하는 매우 중요한 상황이다. 하지만 조종사가 단호하게 Go-Around를 수행하지 못하여 사고가 발생하기도 한다. 최저고도에서 계속 접근 중 시각 참조물을 잃어버렸을 경우 즉시 Missed Approach를 수행해야 한다. MDA에서 활주로를 보고 착륙을 시도하였으나 활주로 진입직전 활주로가 순간적으로 사라졌을 경우에도 다시 보일 것이라는 생각을 갖지 말고 즉시 Missed Approach를 수행하여야 한다.

---

* DH(Decision Height): 정밀 접근에서 사용되는 최저로 강하할 수 있는 고도로 이 고도에서 시각 참조물이 보이지 않을 경우 Missed Approach를 하여야 하며 강하타성을 허용한다.
MDA(Minimum Decent Altitude): 비 정밀 최저고도이며 강하타성을 허락지 않는다. 따라서 항공기 강하타성을 고려하여 MDA 고도보다 높은 고도에서 Missed Approach를 수행해야 한다.
** Touch Down Zone: Landing Runway Threshold(끝)로부터 3,000FT 또는 활주로 길이의 1/3 중 짧은 것.
*** Published Minima 또는 Company Minima: Jeppesen Charts에 명시된 각 접근 착륙절차에 명시된 최저 기상치, Company Minima는 Published Minima에서 회사 사정에 맞게 설정한 기상 제한치.

Wind Shear 경고 상황하에서 무사히 착륙을 하였으나 지상 활주단계에서
극심한 Wind Shear가 발생하여 항공기가 재부양되면서 뒤집어 떨어진 사례

12) Runway Threshold(끝)에 접근하였을 때 항공기가 안전하게 착륙할 위치와 속도를 유지하고 있어야 하고, 그렇지 못하면 즉시 Go-Around 해야 한다.

(1) Flare 할 때까지 허용 범위 안에서 Target air speed 유지.

(2) 정상적인 기동으로 안정적인 비행경로상에 위치.

(3) Touchdown Zone에 안전착륙을 할 수 있는 위치.

13) 항공기가 안전한 착륙을 할 수 없을 때 착륙을 포기하고 다시 상승하여야 한다. 다시 상승하는 절차를 세 가지로 구분하며 정의는 다음과 같다.

(1) Missed Approach: Instrument Approach 중 계속 접근을 수행하지 못하거나 Landing을 완료하지 못한 채 조종사에 의해 수행되는 상승 기동(Maneuver)을 말한다. 이후 비행경로와 고도는 Approach Chart를 따른다.

(2) Go-Around: Landing을 위한 Approach를 포기하는 것을 말한다. 접근을 계속하지 못하게 되었을 때 항공기의 Configuration과 Power를 변경하면서 접근을 포기하는 조종사의 행위 자체를 일컫는 일반 용어다. 시계접근(Visual) 또는 Instrument Approach의 구분 없이 사용된다. ATC에 의해 지시될 때 Heading이나 고도 등 추가 지시가 따른다.

(3) Rejected Landing: 설정된 최저접근고도/지점 도착이후 착륙을 포기하고 Visual로 수행되는 Go-Around를 말한다. 계기접근에서는 발간된 MAP을 지나서 시작되는 Go-around를 일컫는다. 예를 들어 Threshold(활주로 끝)에 접근하였을 때 Tower에서 Go-Around 시키거나, 혹은 조종사가 활주로 가까이에서 안전한 착륙이 불가능하다고 판단되어 Go-Around 할 때 이것을 Rejected Landing이라 한다.

RNAV 접근 MDA 1,500피트에서 RWY가 보여 착륙을 시도하였으나 활주로 끝에 거의 들어와서 안개가 순간적으로 끼어 보이지 않자 Missed Approach를 수행하지 않고 "보이겠지" 하는 마음으로 머뭇거리다가 너무 낮게 내려와 활주로 접근등과 항법 시설인 Localizer를 들이받고 활주로 우측으로 이탈한 사고.

14) Missed Approach(Go-Around) 결심과 수행은 안전운항을 위한 중요한 요소로서 조종사의 명확한 결심과 절차의 수행이 요구된다. 조종사는 Missed Approach(Go-Around)를 주저하여서는 안 된다. Missed Approach(Go-Around)를 결심하고, 실행하는 것은 안전 운항을 확보하기 위한 정상적인 절차의 이행으로 해석하고 절대 절차를 잘못 수행한 것으로 해석해서는 안 된다. 따라서 안전한 착륙을 위해서는 여러 번 Missed Approach를 수행하여도 무방하다. 그렇지만 Stabilized Approach가 아닌데 계속 접근하였다면 *FOQA(QAR)에 기록이 되어 비행 후에 문책을 받을 수 있다.

15) Missed Approach(Go-Around) 조건은 다음과 같다.

(1) Situation Awareness(상황인식)가 의심되거나 상실 시.

(2) 비행계기, ILS 구성품의 고장(Glide slope, Localizer), PF/PM 간의 비행계기상 현저한 차이 발생. (예, PF/PM 간 고도나 속도 차이가 현저할 때)

(3) 활주로에 다른 비행기가 있을 경우나 기상이 착륙 제한치보다 낮아졌을 경우, 기타 안전에 영향을 끼치게 될 경우 ATC가 지시한다.

(4) Landing Configuration이 1,000FT AFE(Above Field Elevation)에서도 이루어지지 않았을 경우. 그리고 IMC 상태에서 1,000피트, VMC(VFR)에서 500FT AFE에서 Stabilized Approach 불가할 때.

(5) 항공기가 결심고도(DH), 최저 강하고도(MDA) 도달 시, VDP나 MAP(실패접근 점) 도달하였으나 시각 참조물을 확인하지 못하였을 경우.

(6) GPWS, TCAS, Windshear Alert 발생 시.

---

* FOQA (QAR) Flight Operational Quality Assurance (Quick Access Recorder): 비행 중 발생한 안전사고와 이벤트의 위험요인을 분석하기 위하여 이착륙과 중요단계비행 결과를 녹화한 것.

(7) 착륙접지구역(TDZ) 내의 안전한 접지가 불가능하거나, 착륙접지구역 내의 접지가 가능하더라도 잔여 활주로 내에서의 안전한 정지가 의심스러울 때.

(8) ATC에서 접근 항공기를 Contact 하지 못하였을 경우.

(9) 비정상 상황 발생으로 안전착륙 불가 시.

(10) 활주로에 정대되지 못했을 경우.

(11) 500FT AFE에서 Tower에 의해 제공되는 Wind가 제한치를 초과한 경우.

(12) 1,000FT 미만에서 강하각 수정을 위하여 1,000FPM 이상이 요구될 때.

16) Missed Approach(Go-Around)는 MDA나 DH에서 활주로나 시각 참조물을 보지 못하였을 경우 수행하여야 한다. 이때 수평 비행을 하지 말고 즉시 상승할 것을 추천한다. 다만 MAP 도달 이전에 Missed Approach를 수행하는 경우 보호구역내에 남아있기 위하여 고도는 상승을 하면서 MAP까지 직진 비행 후 Missed Approach Track을 따라야 한다. 그리고 일단 Go-Around 조작이 시작되었다면, Go-Around 결정을 번복해서는 안 되고 계속 수행해야 한다.

17) Single Engine(어느 한 Engine Failure)이 되어 접근하다가 MDA(H)/DA(H) 미만의 고도에서 복행을 수행하였다면 Flap Retract 후 Safe Maneuvering Speed가 되고, 최저 안전 고도에 도달할 때까지 직진 상승한다. 그러나 직진상승 경로에 장애물 등으로 인하여 선회하게 되는 Engine Out Departure Procedures가 발견되었다면 이것을 따라 비행한다.

18) Missed Approach, Go-Around, Reject landing 절차

(1) 조종사는 Missed Approach(Go-Around, Reject landing)를 Call Out 하고 동시에 항공기 Pitch를 15도 각도로 들어 올리면서 Power를 TOGA로 넣는다. 이때 PM은 한쪽 손으로 Flap을 One Step 올리면서 항공기 Pitch가 15도인가 그리고 FMA상에 TOGA Mode가 Display 되었는지 확인을 한다. 만약 Pitch가 15도가 아니고 적거나 너무 많이 들렸거나 TOGA가 들어가지 않았을 경우 반드시 Call out 해주고 두 번을 조언하였으나 수정이 되지 않는다면 PM이 항공기 Control을 이양하여 Pitch를 들어준다.

(2) 이 단계에서 PM이 수행해야 할 제일 중요한 사항은 Pitch를 15도 이상으로 들어 올렸는가를 조언하는 것이다. Pitch를 15도로 들어 올리면 TOGA Power가 들어갔더라도 더 이상 증속이 되지 않고 Flap Over Speed가 방지할 수가 있기 때문이다. PF는 PFD에 나타난 자세와 FMA을 필히 확인하여야 하고, PM의 조언을 무시하지 말고 확인하여 수정을 하도록 한다. 이후 절차는 항공기 기종별로 수행을 하면 된다.

낮은 고도에서 Reject Landing 시 활주로에 접지되지 않도록 순발력 있게 Pitch를 들어 올려야

한다. 상당수의 항공기가 Pitch가 낮아 Flap Speed를 초과 하고 있고, Auto Throttle과 Auto Pilot이 Off 된 상태에서 때로는 Pitch를 너무 많이 들고 Power가 증가되지 않아 Stall 상태에 진입하기도 하였다. 하지만 과도한 Pitch Up은 Tail Strike를 유발할 수가 있다.

Reject Landing 중 Tail 부분이 활주로에 접촉되어 불꽃이 일어나는 Tail Strike

(3) Go-Around의 결정: 항공기의 에너지가 매우 높거나 낮은 상태에서 조종사가 Go-Around를 결정하였다면 마음을 바꾸어 다시 착륙하려고 시도를 하지 않는 것이 중요하다. 예를 들어 부기장이 PF 임무를 하다가 Go-Around를 시도하였을 때 기장이 그것을 Override 하여 다시 착륙을 시도하는 것은 대단히 위험하다. Runway overrun, Runway overshoot, 지상이나 장애물과의 충돌은 Go-Around 를 시도하다가 결정을 번복하여 다시 착륙하는 과정에서 일어난다.

10. 착륙(Landing)

1) 착륙하는 방법은 기본적으로 계기접근을 하여 Auto Pilot을 이용한 Auto Landing과 활주로를 육안 확인하면 Auto Pilot을 끄고 Manual 비행으로 착륙 하거나. 날씨가 좋을 경우 Radar 관제를 하여 Visual Landing을 하는 방법이 있다. 이 Visual Landing 방법은 이착륙하는 항공기가 많을 경우, 신속한 이착륙 관제를 위하여 사용한다.

2) Auto Landing은 항시 할 수 있는 것이 아니고 기상제한이 따른다. 정풍 30kts, 측풍 20kts, 배풍 10kts 이상이 불면 Auto Landing 제한치를 초과하여 반드시 Manual 비행을 하여야 한다. 경험상 측풍 15kts가 넘어가면 돌풍이 불기 시작하여 항공기 Auto System이 따라가지 못하여 불안한 착륙을 야기할 수가 있다. 따라서 이때는 조종사가 정밀하게 Control 하는 Manual 착륙을 추천한다.

3) ILS 혹은 비 정밀접근을 하여 Manual 비행으로 착륙을 시도할 시에 조종사는 Flight Director 나 강하각을 참조할 수 있는 Flight Path Vector를 끝까지 Center를 유지하거나 일치시켜야 한다. 수정 조작은 기본 계기 비행에서 습득한 수정조작을 적용하면 된다. 즉 초동을 먼저 발견하고 수정 조작은 아주 세밀히 작은 Bank와 Pitch를 사용하여야 하고, 이탈되었다고 많은 양으로 수정하면 점점 더 수정 량이 많아져 control이 어렵게 된다.

ILS의 경우 Flight Director의 수평을 지시하는 Horizon Bar의 중앙에 자그마한 사각형이 있다. 여기에 Pitch Bar와 Yaw Bar가 중첩되는 한가운데를 일치시키면 된다. 작은 사각형은 상하 좌우 약 2도를 지시한다. 따라서 모든 조작은 이 사각형 내에서 이루어져야 한다.

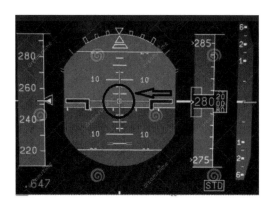

Flight Director

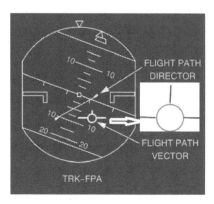

Flight Path Vector

4) 특히 Fly By Wire Side Stick인 경우 Auto Trim이 되고 있으므로 수정 조작을 해놓고 곧바로 또 다시 수정조작을 하지 말고 Auto Trim이 종료되면 다시 수정조작을 하여야 부드럽게 비행을 할 수 있게 된다. 컴퓨터가 조종사의 수정 입력 신호를 계산하여 다시 Servo를 움직이는 단계가 시간이 필요하기 때문이다. 따라서 조종사는 필요에 따라 이율배반적인 행동을 해야 한다. 어느 때는 집중하여 또 어느 때는 부지런히 눈을 돌려 Cross Check를 하고 수정 조작을 해주어야 한다. Fly By Wire가 아닌 Yoke(Wheel)라도 수정조작은 같은 원리로 수행되어야 하며, *Manual Trim을 자주 사용하여 조작을 하고 어떤 경우는 Wheel을 움직이지 말고 Trim을 한두 번 click 하여 조종해야 할 경우도 있다.

5) 모든 접근에서 500피트(**AFE)가 되면 Landing Configuration을 재확인하고 최종 착륙 준비 완료를 확인한다.

---

* Manual Trim: Yoke의 좌우측 손잡이 우측이나 좌측 끝에 Trim이 부착되어 있다.
** AFE(Above Field Elevation): 착륙할 목적지 공항의 표고에 계기고도를 더한 수치, 예를 들어 비행장 표고가 100피트라면 100+500=600피트가 AFE가 된다.

6) Final상에서 Power Control은 신속히 그리고 Small량으로 수행한다. Fly By wire의 경우 Auto Thrust가 Power를 Set 해주니 Power Control에 대한 부담감은 없겠으나 조종사가 한꺼번에 많은 양을 수정할 때 Auto Thrust는 조종사의 조작에 따라가지 못한다. 즉 조종사가 Pitch를 증가시키거나 감소시킬 때 Power도 같이 증감이 되어야 하는데 컴퓨터의 인식 시간이 있어 빈번하게 많이 수정할 때 대부분 뒤따르지 못한다. 따라서 가능하다면 Pitch 조작 양을 적게 수정하여야 한다. Yoke를 이용하여 Manual Flight를 하는 비행은 *Trend Vector를 잘 주시하고 미리미리 Pitch와 Power를 조절하여야 한다.

Yoke와 Trim   Trend vector

7) 기회가 주어지는 대로 Final 선상에서 Auto Pilot을 Off 하고 Manual Flight로 접근을 수행하여 Flight Director 유지 연습을 하는 것을 추천한다.

8) 항공기 Power는 유지해야 할 Final 속도에 따라 달라지는 것은 당연하다. Final 유지속도는 착륙 Flap 선택과 항공기 무게, 바람, 기온 등에 따라 달라진다. 이러한 여러 가지 변수가 있어 정확한 Power를 알아내는 것은 어렵다. 항공기 무게에 따른 기본 Power를 알고 있으면 속도 Control에 어려움이 없게 된다.

9) Power 사용은 Pitch와 Bank를 Control 하는 것처럼 소량을 사용하여 유지하는 것이 추천된다. 먼저 항공기 무게에 따라 산정된 Power를 Set 한다. Power Set 후 많다면 Trend가 올라갈 것이고 적다면 내려갈 것이다. Trend Vector가 10kts 정도 위나 아래를 지시한다면 2% 정도를 줄였다 Trend가 없어지면 다시 1%를 넣는다. 속도가 적을 때에는 반대로 Control 하면 된다.

10) Flight Director와 Power와의 관계를 알아야 한다. Pitch를 변화시키면 당연히 속도도 증감현상이 나타난다. 만약에 Power를 일정하게 Set 해놓고 Pitch를 UP/Down 시키면 Pitch를 올릴 때 속도

---

* Trend Vector: PFD상에 화살표로 나타나고 10초 후에 증가나 감소될 속도를 지시한다.

가 줄어들 것이고 Pitch를 내릴 때 속도는 증가를 한다. 따라서 현재 일정한 속도로 가고 있지만 외부 환경의 변화로 Pitch를 올리게 되면 Power도 자연스럽게 증가되어야 한다. Pitch를 내릴 때는 이와 반대 현상이 일어날 것이다. 그래서 각 기종별로 Pitch 1도당 대략 어느 정도 Power 변화가 있는지 미리 알아놓으면 Power 조작에 큰 도움이 될 것이다. Auto Pilot이 Out 되었을 경우를 대비하여 5,000 피트에서 Clean일 때 수평을 위한 Pitch Attitude와 Power set, 그리고 여러 Flap 위치에서 마찬가지로 Attitude, 속도 Power를 알고 있으면 대단히 유용하다.

11) 항공기가 MDA+50피트나 DH 고도에 도달하였으나 활주로나 시각 참조물을 보지 못하였다면 즉시 Missed Approach를 수행하여야 한다. 대부분 너무나 서둘러 Missed Approach 절차를 제대로 지키지 않기 때문에 이 단계에서 사고나 혹은 많은 Near Miss 사례가 발생하곤 한다. Missed Approach(Go-Around)를 하는 요령과 절차를 좀 더 세부적으로 설명하자면 아래와 같다.

(1) PM은 MDA+150피트, DH+100피트에서 One Hundred 그리고 MDA+50피트, DH에서 Minimum이라고 Call Out 한다.

(2) PF 조종사는 Go-Around라고 말하면서 Pitch를 15도로 올리면서 동시에 Power를 TOGA로 증가시킨다.

(3) PM 조종사는 Flap을 One Step 올리면서 PF의 조작을 확인한다. PF가 Pitch를 15도로 유지하고 있는지 Power는 TOGA로 들어가 있는지 확인을 한다. 확인 방법은 PFD상의 자세를 확인하면서 FMA에 TOGA가 나타났는지 확인하고, 이 두 가지가 이루어지지 않았다면 PF에게 조언을 한다. 두 번의 조언에도 수정이 되지 않으면 PM이 Control을 이양 받거나 아니면 PM이 조작을 한다.

(4) 세 가지 조작 즉 Pitch 15도, TOGA Power 증가, Flap이 One Step Up이 이루어지고 안정되게 상승한다면 "Positive Climb"을 Call out 하여 Landing Gear를 올리고 항공기가 400피트 이상 상승하거나 이미 그 고도 이상 상승하고 있다고 하더라도 "Four Hundred"를 Call Out 하고 기장은 LNAV나 HDG SEL Mode를 선택한다.

(5) PM은 Tower에 알리고 Radar Vector와 상승고도를 받는다. 별다른 지시가 없으면 Go-Around 절차에 의거 계속 비행을 한다.

(6) 항공기가 안정이 되면 After Take Off Checklist를 수행한다.

(7) Missed Approach(Go-Around)에서 조종사 Miss 사례가 많고 실제 사고도 많이 일어났다. 특히 구름 속에서 Pitch를 들어 올리면서 항공의학적인 착각이 발생하여 자세를 잃어버리면서 추락을 한 경우가 다소 있다. 부기장은 계기를 끝까지 Monitor 하여 기장을 보조하고 조언해야 한다. 만약에 접근 시 구름속이라면 절대 Auto Pilot을 Disengage를 하지 말고 Missed Approach도 Auto Pilot을 이용하여 수행할 것을 적극 추천한다. 통상 기장을 조언하고 기장 조작에 대하여 일종의 감독 위치에 있어야

할 부기장이 더 흥분하고 절차를 잊어버려 Gear나 Flap을 안 올린다든지 혹은 자세를 잊어버려 이상
자세에 들어가 이 단계에서 사고나 여러 가지 Event와 FOQA가 기록되는 상황이 발생기기도 한다.

또 다른 두 사례는 Power를 넣지 않고 Pitch만 들어올려 Stall에 진입하여 추락하는 사례다. 그리고
Pitch를 들어 15도까지 올리지 못하여 속도가 급격히 증속되어 Flap Overspeed가 되는 경우가 허다하다.

좌: Go-Around를 수행하였으나 너무 늦게 Power를 넣어 해안 방조제에 Hit.
우: Missed approach를 하다가 구름 속에 들어가 착각에 의하여 지상으로 충돌.

12) 항공기가 Minimum 이후에 활주로에 진입하게 되면 항공기 양력에 가장 영향을 끼치는 현상
인 *Ground Effect가 발생한다.

(1) Ground Effect는 어느 활주로를 막론하고 일어난다. 특히 Wing이 큰 민간항공기는 전투기나
소형 항공기보다 훨씬 많은 Ground Effect가 일어난다. 따라서 조종사는 100피트를 지나 활주에 가까
이 들어올수록 Pitch가 들린다는 것을 알고 이를 막아주어야 한다. 대부분 상당수의 경험이 적은 조종
사들이 이것을 막지 못하여 목측이 높아지면서 속도와 Power까지 줄어들어 Hard Landing의 빌미를
주기도 한다. 조종사는 끝까지 Flight Director가 사라질 때까지 정확히 Center에 유지하여야 한다.

(2) Ground effect는 Wing 길이의 고도까지 내려가면 유도항력이 1.5% 감소하고, 1/4 고도로
내려가면 23.5%, 1/10 고도까지 내려가면 47.6% 감소된다.

즉, 항력이 감소됨에 따라 양력은 증가하여 Floating 현상이 나타난다. 대략적으로 조종사가
Ground Effect를 인지할 수 있는 고도는 Wing 길이의 절반 고도에서 시작된다. A320 항공기 Wing
길이는 약 111(34m)피트이고, B-737의 Wing 길이는 113피트이므로 Ground Effect는 대략 110피트
부터 시작되고 고도 50피트에 접근하면 심하게 일어나기 시작한다. 따라서 조종사는 이 현상을 이해
하고 활주로 끝단에 진입하게 되는 고도 100피트부터는 항공기의 Pitch가 들릴 것을 예상하고 들리지

---

* Ground Effect: 항공기가 지상에 가까이 접근하면 항공기 Wing로부터 Down Wash가 생김으로써 양력이 발생하여
Floating이 되는 현상.

않게 조종간을 꽉 잡든지 오히려 눌러주어야 한다. 그리고 Pitch가 눌러짐에 따라 속도가 증가된다는 사실도 알아야 한다. 눌러주는 양은 Flight Direct를 Center에 계속 유지하는 양만큼이기 때문에 정확한 양을 언급하기는 어렵다.

13) Flare 직전까지 Flight Director를 유지하여야 한다.

(1) B-737 항공기 Flight Director는 ILS 접근 혹은 VFR 접근으로 3도 강하율로 활주로에 접근하였을 경우 RA(Radio Altimeter) 50피트가 되면 Flight Director가 사라진다. 조종사는 50피트까지 즉, Flight Director가 없어지기까지 단호하게 물고 있어야 한다. A-320/321은 Roll out 기능이 있어 항공기가 Touch Down 되면 사라진다. Flight Director를 악착같이 유지하는 것을 끝까지 물고 있다고 표현을 한다.

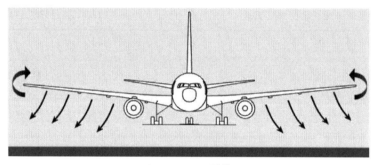

Ground Effect 발생

(2) 상당수의 조종사들이 Flight Director를 끝까지 보지도 유지도 않고 활주로만 보고 착륙을 하려는 경향이 매우 짙다. B-737의 경우 RA 50피트 근처에서 Flight Director가 없어지면서 Ground Effect가 일어나 계속 내려온 Glide 각도를 유지하지 않으면 Pitch는 조종사가 인식을 하지 못하게 들리어 고도가 높아져 착륙하기에 매우 어려운 상태가 된다.

(3) 따라서 조종사는 Flight Director를 없어질 때까지 유지하고 Flight Director가 사라지더라도 유지하였던 그 Pitch를 (이때 필요하다면 fpm이나 강하각을 보고) 계속 유지하면서 30피트부터 Power를 줄이기 시작한다.

(4) RA 50피트 도달 시까지 Flight Director(계기 자세)와 활주로를 보는 비율을 7:3 혹은 6.5:3.5 정도로 하여 확고하게 자세를 유지하여야 한다.

(5) 이때 Power는 빈번하게 아주 미세한 양으로 조절해준다. Power 변화가 많으면 Power에 따라 Pitch도 역시 변하기 때문이다.

14) 착륙접근과 Flare 기술은 B-737과 A-320/321이 약간 다르기 때문에 분리 설명을 한다.

11. B-737 항공기 접근 착륙 기술

1) B-737 항공기 이착륙 특성

(1) B-737 항공기는 접근할 시에 Auto Throttle을 이용하고 최종 착륙을 할 때는 가급적 Manual 비행으로 수행하는 것이 좋다. Fly By wire 항공기처럼 측풍이나 돌풍에 Auto Throttle이 외부상황에 잘 따라가지 못하기 때문이다.

(2) Flap 내리는 속도가 최대 250KIAS로 High Speed이기 때문에 감속과 고도 강하에 여유가 있고 Speed brake을 사용하여도 Stall Speed Margin이 많아 감속하는 데 유리하다. 하지만 가감속이 빨라 Flap Over speed 가능성이 많다.

(3) Idle Power에서 강하율이 많아 고도 처리에 보다 유리하다.

(4) Auto Pilot 비행에서 Manual Flight를 시작할 때 예상 Power보다 많은 Power를 증가시켜야 현재 유지하고 있는 *Target 속도를 유지할 수 있다. 특히 정풍이 불 경우 Power를 초기에 2~3% 증가시켜야 한다.

(5) 증·감속 지연 시간이 있고 배풍, 정풍에 따라 항공기 착륙에 영향이 많다.

(6) Touch Down 시 속도가 약간 많더라도 Power를 감소시키면 급격히 떨어진다. 특히 정풍일 경우 그 영향이 더 크다. 따라서 Flare 단계에서 Power 사용은 침하하는 양을 느끼면서 감소시켜주고 정풍이 많이 불 경우에는 Power On Landing을 추천한다. Power On Landing은 Touch Down 되면서 Power Idle 상태가 이상적이다. 하지만 정풍이 많이 불 경우 Touch Down 후 Idle이 되어도 무관하며 착륙거리에 크게 영향을 끼치지 않는다.

(7) 항공기 기고가 낮게 설계되어 있어 이착륙 시 항공기 Tail Strike 발생이 되기 쉽고 착륙 중 Bank가 지면 Wing이나 Engine의 밑 부분이 지면에 닿을 가능성이 매우 높다. 따라서 이착륙 시 측풍이 심할 경우 Rudder를 사용하여 방향을 조절할 때 경사가 지기 때문에 Control Stick을 눕혀 Bank 지는 것을 방지하고 있다.

(8) B-737 계열별로 착륙 중량이 다르기 때문에 중량에 따라 속도 가감속 특성이 달라져 속도 유지에 어려움이 많다. 중량이 가벼울수록 Idle Power로 감속이 잘 되지 않아 접근 시 고도 처리가 어렵다.

(9) TOGA Power가 굉장히 커서 급격하게 속도가 가속이 되어 여러 가지 Over Speed가 일어날 가능성이 많다.

(10) B-737은 Auto landing 시 **Roll out 기능이 없다. F-D가 50피트에서 없어지기 때문에 이 기능이 없다.

---

* Target Speed: FMC에서 계산한 속도나 조종사가 비행계기에 Set 한 유지해야 할 목표 속도

2) Speed와 Power Control 요령

(1) 기종별로 약간 상이하나 일반적인 Rule로 53-56%, FLAP 40 시 +7%, 5,000LBS 가감 시 ±2%를 Set 한다.

(2) Power Control 시 초기에 예상 파워를 Set 하였다면 F-D를 보고 Pitch UP, Power 증가, Pitch Down Power 감소를 소량으로 해준다. 1,000피트 부근에서 속도를 맞추기 위하여 증가시켰다면 초기에는 증속되지 않다가 고도 700피트 지나서 반응이 나타나며 계속 증가되려는 경향을 보인다. 착륙 중량이 무거울 때 더 많은 시간을 두고 지연되어 나타난다. Trend Vector를 잘 보고 Lead Point를 잡아 유연히 반량 Control을 하여 TGT Speed +5K 정도를 계속 유지한다.

(3) Trend Vector에 따라 줄이고 넣어주는 양을 달리해야 하겠지만 Wind Shear가 있지 않는 한 ±5% 이상 Power를 사용하지 않는 것이 매끄러운 조작에 도움이 된다.

(4) 200피트에서 Power Check 하여 속도가 맞아 있으면 Gross Weight에 일치한 Power를 Set 한다. 대략 55-57%를 Set 해주나 착륙 중량에 따라 가감한다.

(5) 100피트에서 최종 Power Set를 완료하고 활주로를 멀리 반대편 끝 부분 2/3지점을 본다. 이 때 Ground Effect에 의하여 Pitch Up 현상이 발생하는데 더 이상 올라가지 않게 반으로 내려가야 할 양의 절반만 Pitch를 Down 시켜주고 기다리면 정상 목측이 된다. 고도 100'이하에서 약간 높아져도 조금만 Pitch를 눌러주고 기다린다. RA Count가 빨라지면 원래의 강하각으로 유지한다.

(6) 도는 바람, 예를 들어 고도 1,000피트 부근에서 배풍이 불다가, 고도 500-300피트 부근에서 정풍으로 바뀌는 바람이 봄과 여름철에 많이 발생한다. 이런 현상이 있을 경우 속도 유지는 무엇보다 중요하다. 배풍이 불 때면 배풍의 영향으로 증속이 된다. 이때 Power를 1-2% 예상 Power보다 줄여준다. 배풍에서 정풍으로 바뀌면 즉시 Power를 예상 Power보다 1-2% 추가하여 SET 한다. 강한 정풍으로 바뀌어 Pitch와 속도가 떨어지면 즉시 Power를 +5% 증가시키고 속도가 +5K가 되려면 다시 원 Power +1~2%로 감속해주어야 한다. 정풍이 불다가 배풍으로 바뀌면 이번에는 반대로 조작을 해주는데 대부분이 이 수정조작이 늦어 많은 속도로 최종 접근하는 경우가 많다. (269면 <14. 비정상 상황하 착륙 조작 수정> 참조)

(7) 배풍착륙 시 Ground Effect가 사라져 오히려 접근하는 데 Pitch 변화가 적어 안정된 최종 접근이 가능하다. 목측이 정상적이면 30피트부터 Power를 줄여준다. Power 줄이는 양은 정풍보다 조금 많게 하고 20피트에서 밀리면 과감히 Power를 줄여주고 10피트 이전에 Idle 해도 된다.

(8) 배풍 때 속도가 많으면 Pitch가 급격히 들리므로 Power를 줄였다가 속도가 줄어들기 시작하면 예상 Power의 2-3% 정도만 증가시켜준다. 이때 Pitch를 많이 눌러주었으면 RA Count가 빨리 나

** Roll out 기능: 착륙 후 항공기를 계속 활주로 중앙에 유지하는 Auto Pilot 기능.

오기 때문에 *Flare도 30피트에서 빨리 시작한다. 100피트 이하에서 F-D를 따라가지 말고 한 지점에 Aiming 하여 계속 강하하고 속도를 Power로 Control 하고 **RA Count 속도에 따라 Power와 Pitch를 조절한다.

(9) 일반적으로 속도 Control 하는 기준은 다음과 같다

① Auto Landing을 할 경우 Touch down 시 Idle이 되도록 Auto Throttle을 줄인다.

② Flare 중 정상적으로 5Kts가 줄어든다. Touch Down은 Vref-5Kts보다 적은 속도로 이루어 진다. Manual로 비행 시 Flare 할 때까지 Vref+5Kts (Vref+바람 수정치)를 유지한다. 추가된 속도는 Touch Down 전에 줄어들 것임.

③ Gust Correction은 Touch Down 때까지 유지한다.

3) 기본적인 Flare 조작 요령은 다음과 같다.

(1) 100피트에서 R/W 전체를 보고 항공기 자세를 유지하면서 50피트 이후에는 시야를 Rwy 중 간 부분으로 옮기면 침하율을 느끼기에 좋다. 초기에 활주로를 멀리 보았지만 Flare 이후 시선을 Touch Down 지점으로 옮겨야 나머지 Flare를 하는 데 도움이 된다.

(2) 일정한 강하율과 일정한 속도를 유지하고 있을 때 Flare 하는 지점선정에 도움을 준다. 고도 100피트에서 정상 강하율을 유지하면서 50피트 Call이 나오고 30피트 될 때 Flare를 시작한다.

(3) 이론상으로 Main Gear가 대략 20피트에 도달할 때 Flare를 한다고 하지만 Main Gear가 20피 트 되는 시기를 알기가 쉽지 않기 때문에 30피트 Call out이 나오면 Power를 조금 줄여주면서 침하가 일어나면 Pitch를 약 2-3도 들어올린다. 최초 Initial Flare를 이렇게 함으로써 강하율 700-900FPM에 서 절반으로 줄이게 된다. Pitch를 들어주는 감은 이륙 시 Pitch UP을 해주는 감으로 Tension을 느끼 는 정도가 좋고 Pitch Up Rate가 크면 Floating이 되어 Hard landing이 되기 쉽다. 한꺼번에 너무 많이 들리지 않도록 한다.

(4) 최초 Flare를 하고 나서 Power를 천천히 Idle로 줄여주고 Pitch는 조금씩 서서히 받쳐주어 강하율을 더 줄여준다. 20피트 Call out이 나오면 Power를 동시에 죽 줄여주며 계속 약간의 Pressure를 느끼며 받쳐 주면서 10피트에서는 거의 Power를 Idle로 줄여주며 침하율이 많으면 받쳐 주고 적으면 Hold를 지속적으로 해준다. Power를 Idle 하면서 Touch Down 하면 좋으나 상황에 따라 즉 바람이나 속도 그리고 Flare를 수행한 고도와 자세에 따라 달라진다.

---

* Flare: 착륙을 하기 위하여 항공기 강하각을 줄여주고 자세를 들어 올려주는 비행조작.
** RA Count: 항공기가 착륙 Configuration을 하고 활주로에 가까이 접근하면 기종에 Flare 할 시 RA 고도를 기계적으로 불러준다. (50,40,30,20,10,5)

(5) 서서히 Power를 Idle로 줄여줌으로써 Touch Down 후 자연스럽게 Nose Gear가 내려지게 도움을 준다. 전형적인 Flare 시간은 4-8초이며 Touch Down 자세는 4-7도가 추천된다. 이상적인 착륙 형태는 Touch Down 하면서 Throttle Idle이 되는 것이다.

(6) 여러 번 나누어 Pitch Up을 지속적으로 해주고 원하는 Pitch(2-3도, 즉 5-7도)가 들린 이후에는 Back Pressure를 Hold 해주는 개념으로 한다. 정확하게 이론적으로 말하자면 4-5도 들린 후 나머지 1-2도를 Pitch Hold를 통하여 들어준다. Smooth 한 Touch Down을 위하여 Flare를 연장하지 말아야 한다. Flare를 한꺼번에 오래 하는 것은 좋지 않지만 Back Pressure는 계속 유지하고 있어야 한다. Floating된 상태에서 고도판단이 부적절 시 Tail Strike가 발생될 수 있다.

(7) 일반적으로 정풍이 10-15K로 불 경우 20피트 Call Out을 듣고 천천히 Power를 빼준다. 배풍 시에는 30피트 Call Out을 듣고 줄여주기 시작한다. 속도가 많을 경우 40피트에서 Idle로 줄일 것을 고려한다. 감소시킬 때 한꺼번에 Idle까지 줄이지 말고 평상보다는 꽤 빠르다는 감으로 줄인다. Flare를 할 때 각 고도별 간격 즉 접근 Rate에 따라 그리고 활주로가 다가오는 침하량 정도에 따라 받쳐주는 양을 달리한다. 보통은 Thirty 한 박자, Twenty 한 박자 반, Ten 한 박자, Five 한 박자, 그리고 Touch Down이 되는 Call Out 리듬이 이상적이다. 이 정도 박자면 약 6-8초 정도가 되어 이상적 Flare가 된다.

(8) Flare를 너무 많이 하거나 항공기가 Touch Down 된 후에는 Pitch를 증가시키지 말아야 한다. 자칫 Tail Strike가 일어날 수 있다. Flare를 급격히 하고 Thrust가 많이 Set 되어 있으면 Floating이 된다.

(9) Touch Down 후에 항공기 Nose Wheel을 계속 hold 하지 말고 떨어지도록 놓는다. 하지만 급격한 Nose Wheel이 떨어지는 것을 방지하기 위하여 떨어지는 중간에 약간 힘을 뒤로 받쳐주어 Hold 해주면 자연스럽게 떨어진다. Pitch가 높은 상태에서 Nose Wheel이 떨어지는 중간에 약간 Holding을 해주지 않으면 자칫 High G나 심지어 Nose Tire가 Flat 되는 경우가 발생한다.

12. A-320/321 항공기 접근 착륙 기술

1) A-320/321 항공기 이착륙 특성

(1) Approach Idle Power의 Thrust가 높아 감속하는 데 애로가 있다.

(2) Speed Brake를 사용하면 Stall Speed의 Upper 부분이 급하게 올라오기 때문에 Clean 상태, Vapp 속도가 140kts가 넘게 되면 Speed Brake를 사용하여 235kts 이하로 감속하기가 어렵다. 통상

항공기 속도를 Flaps 제한속도인 230KIAS 이하로 감속하고 Flap을 Up 한 상태에서 Speed Brake을 사용하여 감속을 하려면 Stall Speed가 급격히 증가하여 Speed Brake를 다시 넣어야 한다.

(3) Auto Thrust를 사용하여 접근 및 착륙을 한다. 컴퓨터의 지연반응으로 인하여 바람에 대한 대응 능력이 떨어진다. 따라서 정풍이 많이 불 경우 이것을 감안하여 Vapp를 증가시키는 것도 고려해 보아야 한다. 그리고 Go-Around 할 시 Power보다 Pitch Up, Flaps One Step Up을 수행한다. A/THR 은 Power를 자동으로 현재의 Speed로 유지하기 위하여 Max까지 증가시키기 때문이다.

(4) Fly By Wire의 Side Stick으로 전기적인 신호를 받은 컴퓨터에 의하여 관련된 Servo를 Control 하기 때문에 예민하고 시간지연이 있다. 또한 Auto Trim이기 때문에 Feed back 시간이 필요하여 Trim 작동시간이 지연되어 나타난다. 따라서 Manual 비행을 할 경우 Side Stick을 천천히 움직여 Trim이 수정될 때까지 기다려 다음 조작을 한다. 모든 조작을 천천히 적은 양으로 수행한다.

(5) Flap Speed 제한치가 낮아 Over Speed가 자주 일어난다. 연료 효율성을 증대시키기 위하여 구조적으로 튼튼하지 못하게 설계되어 있다.

(6) Fly By Wire의 특징으로 각 계통의 컴퓨터가 2개 이상 out 되었을 경우 *Alternate Law로 바뀌며 착륙 시 Auto Pilot, Auto Thrust를 사용할 수 없고 Manual 비행으로 정밀하게 Control 하여야 한다. Manual Power Control 요령은 B-737 절차를 참조한다.

(7) 항공기 기고가 높아 Tail Strike나 착륙 중 Bank가 들어가 Engine Nacelle 부분이 활주로와 접촉(Contact) 가능성이 줄어든다.

(8) A-320과 A-321의 주 차이점은 항공기 구조로 인하여 CG 위치가 많이 다르고 이 CG 차이로 인하여 이착륙 조작이 다르다. 상황에 따라 다르나 A-320은 대체적으로 CG가 뒤로 가 있고(30% 이후) A-321(25%)은 앞에 있다. 이륙이나 착륙 시 CG가 뒤에 있는 A-320 항공기는 예민하므로 Pitch Control에 유의하여야 한다. CG가 평균보다 뒤로 가 있는 항공기는 동일한 Back Pressure를 가하면 더 많은 Pitch Up이 된다.

(9) 양항비가 높아 Green Dot Speed에서 강하율이 적고 Flap 1 상태에서 3도 강하각을 이루고 Flap 2를 Down 할 경우 속도가 오히려 증속되어 배풍이 많을 경우 Over speed 가능성이 한결 높아진다.

(10) Flare 할 시에 조종사에게 Side Stick Feel을 느끼게 하기 위하여 8초간에 2도를 자동으로 Down 시켜주는 기능을 만들었다.

(11) 강한 측풍착륙 시 De-crab을 사용할 경우 De-crab Angle을 5도까지만 수정하여 주고 5도의 Crab으로 착륙을 하여도 된다. FCTM(기종 비행조작 설명서)에 이 용어를 Residual Angle이라고

---

* Alternate Law: 항공기 각 부분의 컴퓨터가 2개 이상, 관련 Flight Control 계통, Hydraulic System이 out 되면 Normal Law에서 Alternate Law로 바뀐다. 조종사는 Manual Flight를 해야 한다(제2장 Auto Pilot 참조)

정의하고 있다. (측풍착륙 참조)

(12) Pitch를 올릴 때 한꺼번에 올릴 필요가 없고 일정하게 가하고 있으면 지속적으로 Pitch가 Up, Down이 된다. 따라서 Flare를 B-737처럼 일시에 2-3도 들어주는 것이 아니라 약간의 Back Pressure를 가하고 있으면 Pitch가 계속 들리게 된다. 어느 경우에는 Pitch 변화를 느끼지 못할 정도다.

2) Speed와 Power Control 요령

(1) Boeing 항공기와는 달리 Auto Thrust를 사용하기 때문에 Manual Flight 시에는 특별히 속도 혹은 Thrust를 Control 할 필요가 없다.

(2) 다만 정풍이 많을 경우 Final 속도를 Wind 정풍 Factor의 1/3로 나눈 수치가 5KTS보다 클 때 Performance Page Final Speed난에 *VLS+ 1/3 Wind Factor 수치를 입력하면 된다. Gust 수치는 입력하지 않아도 되나 Wind Shear가 있을 때 Gust 수치를 1/3로 나누고 더하여 입력을 하면 Auto Thrust의 반응이 늦어 속도가 많이 줄어 VLS이하로 감속되는 것을 방지해 줄 수가 있다.

(3) Pitch와 Bank Control이 급하지 않을 때 Auto Thrust가 Power를 적절히 Control 할 수가 있고, 안정된 자세로 강하를 하게 되면 AUTO Trim도 여유 있게 작동되어 부드러운 접근을 할 수가 있다.

(4) Power Idle 시기는 바람의 양에 따라 정한다. 정풍이 많이 불 경우 Power on Landing을 해야 될 때가 있다. 통상 20kts가 불면 10피트에서 30kts가 불면 Touch Down 직전에 줄여도 된다.

3) 기본적인 Flare 조작 요령은 다음과 같다.

(1) Boeing 항공기와 기본적으로 Flare 방법만 다르고 동일한 조작이다.

(2) 고도 100피트에서 Ground Effect가 나타나므로 가능하다면 30피트까지 Flight Director를 Center에 유지하여야 한다.

(3) 30피트가 되면 Power를 Idle 하고 Pitch를 아주 서서히 올린다.

(4) Pitch 올리는 Rate를 계산하면 다음과 같다. 자세계기를 참조할 때 착륙할 때의 Pitch는 5-6 도가 좋다. 이때 실제 자세계상의 접근 각은 Vapp 속도에 따라 다르지만 2-3도 정도며, 가장 안정된 자세는 2.5도 유지되었을 경우다. 이럴 경우 실제 강하는 -3도로 강하하지만 항공기 AOA는 2.5-4.5 도까지 들린 상태가 된다. 항공기 특성상 8초간에 2도가 Down 되니 Flare를 하지 않고 가만히 놓아두 면 2도가 Down 되어 Touch Down 시 자세계기는 0.5도가 AOA도 0.5-2.5도가 될 것이다.

---

* VLS: Selectable Speed: 조종사가 Manual로 Set 할 수 있는 최소속도, 통상 A-320은 Stall Speed*1.23, B-737은 Stall Speed*1.3.

(5) 착륙 계기 자세를 5.5도로 잡을 때 조종사가 Pitch Up을 해야 될 각도는 5.5-2.5=3도가 되며 2도가 자연적으로 Down 되는 Pressure를 감안하면 Pitch를 3+2=5도 드는 감으로 들어주어야 한다. 처음 Flare에서부터 Touch Down까지 8초가 걸린다면 5도를 8초간에 들어 올려야 하고 초당 0.62도의 힘으로 들어주어야 한다.

(6) 초당 0.62도는 아주 미세한 양으로 항공기 기수가 들리는 것을 조종사가 인지할 수 없을 정도의 Pitch량이다. 이륙 시 초당 3도를 Pitch Up 할 때와 비교 하면 그 양을 어림할 수가 있다.

(7) Flight Path Angle을 -3° 유지하여 Flare 시 VAPP에서 -8 knots가 감소(Speed Decay라 함)되면 착륙 시 Pitch Attitude는 7.6°(A321 6.6°)의 자세, 그리고 활주로에 접지 시의 Flight Path Angle은 약 -1°정도 된다. 이때의 강하율은 약 180FT/min이다. VAPP가 5knots 감소하게 되면 항공기가 활주로에 접지시의 Pitch Attitude는 약 1.3°증가한다. 따라서 실제 Pitch 변화율 3도일 경우 Speed Decay는 3÷1.3×5=11.5kts가 감소하게 된다.

(8) A-320/321 항공기 착륙 시에도 부드러운 착륙을 위하여 연장된 Flare를 하지 말아야 한다. 통상 일반적으로 말하는 *Firm Landing을 수행하는 것이 항공기 감속과 제동에 좋다.

(9) A-320 항공기 착륙은 A-321과 약간 달리하여야 한다. A-320은 CG가 뒤에 있기 때문에 조금만 Pitch Up을 하여도 조종사가 생각하는 것보다 더 많이 들린다. 따라서 Flare를 20피트부터 수행해도 된다. 30피트부터 할 때는 A-321보다 더 작은 양으로 Pitch Up을 해야 한다.

(10) 조종사가 범하는 공통 과실은 다음과 같다.

① 고도 100피트 전부터 시작되는 Ground Effect를 막아주지 못하고 속도가 늘어나고 고도도 계속 내려가지 못하고 높아진다.

② 고도 100피트가 되면 대부분의 조종사들이 활주로만 보고 착륙하려는 경향이 매우 짙다.

③ 공통과실 해법은 Threshold 통과 고도 최소 30피트까지 무슨 일이 있어도 FD를 Center에 유지하라. A-320/321 항공기의 FD는 Touch Down 후에 없어지기 때문에 Flare 할 때까지 GS을 계속 유지할 것을 추천한다.

13. 측풍착륙 절차(B-737, A-320/321 공통)

1) 측풍 착륙방법은 De-crab, Crab, Side Slip 방법이 있다.

2) B-737과 A-320/321 항공기 측풍 착륙 기본은 Crabbing으로 접근하여 활주로에 진입 후에는

---

* Firm Landing: 가벼운 충격을 이용한 착륙 방법으로 접지 후 속도감속이 좋다.

De-crab 방법을 사용한다. Dry Rwy에서 측풍이 심할 경우 De-crab과 Crabbing을 병합하여 동시에 사용한다.

3) 현재 측풍착륙 제한치는 기종을 불문하고 최대 30Kts이다. 그럼 지상 가까이서 Flare 중 측풍이 30Kts가 불 때 항공기가 얼마나 활주로 중앙 축선에서 Off 되어 있을까? 실제 경험상 Final 500피트 이하에서 항공기 기수가 틀어지는 양은 항공기 기종에 관계없이 3Kts당 1도이다. 따라서 30Kts면 10도가 Off 되어 활주로에 접근하게 된다.

4) 그러므로 측풍 30Kts가 불 때 최대 10도가 측풍방향으로 돌아가 있게 된다. 실제 10도면 Final 선상에서 활주로가 좌측 혹은 우측에 있다는 착각이 들 정도의 많이 Off 된 각도이다. 만약 측풍이 21Kts가 분다고 하면 Off Set 각도는 7도가 된다. 이런 방식으로 계산하여 접근하면 측풍착륙에 많은 도움이 된다.

5) B-737 항공기는 기고가 낮고 Wing 높이가 낮아 Bank를 많이 주면 Wing이나 혹은 Engine Nacelle이 지면에 닿게 된다. 그래서 가능한 한 Wing을 수평으로 유지하여야 한다. 수평으로 유지하려면 풍하의 Rudder를 서서히 받쳐주면 기수가 Center로 돌아오면서 Bank가 지게 된다. 이때 Aileron을 눕혀 Bank를 잡아준다.

6) B-737 항공기는 Flight Director가 없어지는 50피트까지 FD를 끝까지 물고 강하한다. Rwy Center Line을 유지하다가 30피트 지나면 풍하 쪽 Rudder를 지그시 받쳐 주면서 Aileron을 풍상 쪽으로 Wings Level이 될 때까지 눕혀준다.

7) 항공기 기수가 축선과 같아지는 완전한 De-crab을 할 필요는 없다. 반면에 Rwy Center를 맞추기 위하여 지속적으로 Bank 수정을 적은 양으로 해준다. 너무나 많은 Bank가 들어가지 않도록 한다.

8) B-737은 측풍이 17Kts 이상 시 Flaps 15, 20Kts 시 Flaps 30, 23Kts일 경우 Flaps 40 상태에서 Zero De-crab 착륙은 추천되지 않는다. 즉 이 의미는 완전한 De-crab을 하여 착륙하지 말고 어느 정도 Crab 방법을 혼합하여 착륙하라는 것으로 해석할 수 있다. Airbus의 Residual Angle과 같은 의미이다.

9) A-320/321 기종은 De-crab을 다 하지 말고 Crab을 최대 5도까지 남겨두라고 공식적으로 교범에 명시되어 있다. 예를 들면 측풍 30Kts가 불어 10도 Crabbing이 되었다면 Rudder를 사용하여 항공기 기수를 5도만 줄이고 5도는 Crabbing으로 착륙해야 한다.

10) 여기서 우리가 유추 해석할 수 있는 한 가지 사실이 있다. 모든 기종에서 부기장의 측풍 착륙 제한치는 15Kts이다. 이 제한치는 앞에서 설명한 잔여 각도 5도와 같은 양이다. 즉 부기장 제한 치는 De-crab을 하지 않고 Crab만으로 착륙해도 되는 각도인 5도를 설정하여 15kts가 측풍 제한치로 된 것이다.

11) De-crab으로 착륙 후 방향 유지를 잘하여야 한다. 측풍 특성상 Weather Vane 현상으로 항공 기 기수가 풍상 쪽으로 틀리면서 항공기는 풍하 쪽으로 밀려나간다. 이것을 막아주기 위하여 들어간 Rudder는 그 상태를 유지하고 Aileron만 풍상 쪽으로 눕혀준다.

12) Final상에서 Tower로부터 Wind 정보를 받고 빨리 Cross Wind와 정·배풍 Factor를 계산할 수 있는 방법이 제6장 2절에 소개되어 있다. 몇 번 숙달하면 어느 각도의 측풍이라도 금세 계산을 하여 측풍착륙에 도움이 많이 될 것이다.

13) De-crab을 하면서 Flare를 놓쳐서는 안 된다. Hard Landing 가능성 때문에 유의하여 정상적 인 Flare를 수행하여야 한다. 측풍이 심할 경우는 Vapp 속도를 몇 Kts 증가시켜 주면 급격한 강하는 막아줄 수 있다. 만약에 Gust가 있다면 바람의 양에 따라 일부 속도를 몇 Kts 증가시켜주면 부드러운 착륙이 가능하다.

14) 측풍이 많이 불고 Gust가 있을 경우 De-crab 과정에서 Spoiler가 순간적으로 나올 수 있고 항공기 삼타가 불일치가 되기 때문에 급격하게 속도가 감소할 수도 있다. 따라서 위에서 언급한 추가 속도를 가지는 것을 고려해볼 만하다.

15) 강 측풍(15Kts 이상)에서 Crab 착륙 방법은 구조적인 결함을 가져올 수 있기 때문에 추천되 지 않는다.

14. 비정상 상황하 착륙 조작 수정

IFR이든 VFR이든 항공기가 활주로에 들어와서 고도 100피트를 통과하여 50피트를 지날 때 어 떠한 상태에 있는가에 따라 착륙조작도 달라져야 한다. 따라서 50피트 통과할 때 상황에 따라 어떻게 조작을 수행하여야 할지 착륙 수정조작에 대하여 살펴보기로 한다. Threshold 50피트에서 항공기가 다음 6가지 범주의 상황에 처하게 될 것이며 각각의 경우 어떻게 조작해야 될까 생각해보자. 각 경우 에 따라서 조종사 비행 조작 수정에 대해서 살펴보자.

1) 속도가 많을 경우

(1) 접근 강하각이 3도 Glide를 따라 정상적으로 강하하였지만 속도 Control이 미숙하여 속도가 10Kts 정도 증가되었을 경우이다. 10Kts 이상 증가되었다면 Unstabilized Approach 조건에 해당한다. 하지만 10Kts보다 적을 경우에는 자세를 그대로 유지하면서 Power를 3-5%만 줄여주고 기다려야 한다.

(2) 이 상황에서 한꺼번에 많은 Power를 줄이거나 Idle을 한다면 이번에는 침하율이 많아 Hard Landing이 되기 쉽다. 대부분 공항에서 착륙 Zone은 3,000피트이기 때문에 착륙거리에 비교적 여유는 있다. 조금 멀리 2,500피트 부근에 착륙한다고 생각하고 Power를 줄여 놓고 기다리며 Flare를 20피트 정도에서 조금 늦게 하면서 Flare 양을 좀 많게 한다.

(3) 30피트 Call out이 나오면 Power를 완전히 idle로 줄인다. Floating이 되지 않도록 Pitch를 지속적으로 조금씩 올려준다. Pitch가 정상 착륙 Pitch인 4-7도보다 낮을 수도 있다.

(4) 한편, A-320/321 기종은 Auto Throttle의 인지와 명령 실행 단계가 늦어 Gust가 있을 때 속도가 많을 경우가 생기게 된다. Pitch는 3도 Glide를 계속 유지하면서 Power를 30-40피트 Callout이 나올 때 Idle로 줄인다. Flare는 20피트에서 수행하고 이후 Pitch Up은 정상과 같이 지속적으로 수행한다. Touch Down 할 때 Pitch가 낮을 수도 있다.

2) 목측이(고도) 높아졌을 경우

(1) Ground Effect에 의하여 고도가 높아지는 경우가 다반사다. 만약 조종사가 잘못하여 고도를 계속 내려가지 못하여 높아졌다면 급하게 서두를 필요가 없다. 정상 강하각으로 눌러주고 늘어나는 속도만 Power를 줄여서 맞추어준다. (고도가 많이 높아졌을 경우 FD를 보고 3도 강하율을 만들어주면 강하율이 급격히 증가되어 Call Out이 대단히 빨라진다. 이때는 원래 강하각(700-800fpm)으로만 눌러준다.)

(2) 참고로 50피트에서 ILS Glide Slope 1 Dot가 높아졌다면 실제 고도는 얼마나 높을까 아래 그림을 보면 이해가 쉽게 될 것이다.

(3) 제5장 ILS 편에서 살펴볼 것이지만 3도 Glide Slope으로 내려올 때 항공기가 Threshold에서 I Dot 높다면 그 고도는 단지 7피트(2M) 밖에 되지 않는다. I dot가 높다면 아마 그 지점에서 *PAPI는 3White로 보일 것이다. 따라서 조종사는 원래의 강하각을 유지하면서 정상적인 조작을 하여 착륙을 하면 된다. 정상보다는 약간 멀리 Touch Down 될 것이 예상된다. 이때 Power 줄이는 시기도 고려

---

* PAPI(Precision Approach Path Indicator) 착륙하려고 하는 항공기에 활주로 착륙지점까지의 진입각을 알려주는 항공기의 착륙을 유도하는 지시등. (제5장 참조)

하면 거의 정상적인 착륙을 할 수가 있다. 하지만 부적절한 처치 즉 목측이 높은 상태인데도 높은 곳에서 Flare를 할 경우 속도가 줄어들고 Pitch도 계속 들리는 상황이 발생한다.

(4) 항공기가 Stall 속도에 도달하여도 Touch Down이 되지 않고 Pitch를 순간적으로 혹은 계속적으로 들고 있으면 항공기가 Stall에 들어가 뒷부분이 먼저 활주로에 닿는 Tail Strike가 발생하기 쉽다. (제5장 Glide Slope 편 참조)

속도 고도가 현저히 낮아 활주로에 미달하여 착륙한 항공기, 그 결과이다.

3) 속도가 적고 목측이 낮아졌을 경우

(1) 이런 상황은 두 가지 원인에 의하여 일어날 수가 있다. 첫 번째는 정풍성 돌풍이 갑자기 불어오는 것이다. 정풍성 돌풍이 갑작스럽게 많아지면 항공기 기수가 떨어지면서 속도가 현저히 줄어든다. 이런 현상은 조종사의 부주의한 Pitch 조작이나 Power 사용 미숙에 의하여 일어날 수가 있다.

(2) 즉시 기수를 받치면서 Power를 넣어야 한다. Power는 더 이상 고도 강하가 일어나지 않고 약간의 증속이 되는 정도만 넣어야 한다. 항공기가 어느 정도 침하하였는지 속도가 얼마나 줄었는지에 따라 Power가 들어가야겠지만 대략 5~6% 정도 Power를 보충하고 속도가 붙어나려고 할 때 다시 3~4% 정도 줄여주어야 안정된 속도로 접근할 수가 있다.

(3) 이럴 경우 항공기 자세는 이미 착륙 자세가 되어 있다. Power는 가능한 한 늦게 줄이고 Pitch도 약간 1~2도만 더 들어주는 단계에서 착륙을 시도하여야 한다. 이 단계에서 조종사들이 실수하는 일은 Pitch가 이미 들린 상태에서 Pitch를 더 들리는 조작과 Power를 정상적인 조작이 되었을 경우처럼 미리 줄여버리는 것이다. 이런 조작을 하면 항공기는 급격하게 강하하여 Hard Landing이나 Tail Strike가 일어날 가능성이 많다. Soft 착륙을 위한 열쇠는 Power 줄이는 시기와 Control이다. 속도도 적고 PAPI가 4 Red일 경우에는 수정하려고 하지 말고 즉시 Go-Around 해야 한다.

항공기를 Runway상에 세우지 못하고 활주로를 지나 불규칙하고 굴곡진 지면을 지나면서 항공기가 몇 개 부분으로 분리되며 화재가 발생하여 전소된 사고

4) 속도가 많고 고도가 낮은 경우

이러한 경우는 Flight Direct를 잘못 유지하여 순간적으로 고도가 내려가 속도가 붙은 경우이다. 빨리 Pitch UP을 하여 항공기를 안정시키는 것이 중요 하다. Power는 그대로 두고 Pitch만 증가시킨다.

5) 속도도 많고 고도도 높은 경우

(1) 이러한 상황이 되면 PM이 Unstabilized Approach를 Call out 하기 전에 Go-Around를 해야 한다. 상당수의 조종사가 이러한 경우 어떻게 해서든지 착륙을 하려고 시도하고 PM 조종사도 적극 조언을 하지 않아 겨우 착륙을 하였지만 결국은 사고로 연결되는 경우가 상당수이다. Go-Around가 최상책이다.

(2) Go-Around 절차도 성급히 수행할 필요가 없다. 대부분 착륙을 하지 못하고 Go-Around를 하기 때문에 자기 기량의 미숙함을 보여준다고 생각하여 흥분하여 절차를 잊어버리고 규정된 Pitch를 못 들어 주어 Over Speed가 되거나 혹은 Pitch를 너무 많이 들고 Power도 넣지 않아 Stall 직전으로 되는 사례가 상당히 많이 벌어지고 있다. Go-Around는 비행의 연장이고 절차의 연장이다. 조종사는 자신의 비행조작 능력에 자격지심을 가져서는 절대 안 된다.

6) Wind shear 경고 상태나, 정배풍이 바뀔 때의 착륙

(1) Wind shear가 심하여 경고가 나오면 해기종 절차에 따라 Go-Around를 해야 한다. 경고가 한번만 나온다고 해도 Go-Around를 추천한다.

(2) 통상 강하율 변화 ±500FPM, 자세변화 ±5도, 속도변화 ±15kts 이상일 경우 Wind shear라 한다. 하지만 이 수치 이하에서 착륙을 시도할 때 경고가 나오지는 않아도 심하게 고도, 속도 변화가

생겨 정밀한 Control을 하지 못하여 Hard Landing을 하기가 쉽다. 경험상 Windshear 경고가 나오지 않는 속도 변화가 10kts 이하라도 자세를 유지하여 착륙하기에 어려움이 따른다.

(3) 접근하면서 PFD에 나오는 바람의 변화를 잘 확인하여 바람의 방향이 갑자기 바뀔 때 항공기 자세를 아주 작은 양으로 Control 하는 것이 중요하다.

(4) 만약 접근 중 배풍이 10kts가 불면 GAS가 증가되어 정상보다 강하각이 2도 정도 깊어진다. 그러다가 정풍으로 갑자기 바뀌면 이번에는 Pitch가 들려야 하는데 보통 +5Kts가 증가되면 1도가 증가된다. 곧 배풍 10kts에서 정풍 10kts로 바뀌면 대략 총 4도 이상의 자세변화가 있게 된다. 이 항공기 자세를 적절히 따라가지 못하면 Unstabilized App'가 될 가능성이 많다.

(5) 해기종 절차에 따라 외장을 유지하고 Vref(Vapp) 속도를 증가시키며, B-737 항공기는 배풍에서 정풍으로 바뀔 때 Power를 빨리 더 많이 넣어주어야 한다. 착륙 시 정풍으로 바뀐다면 Power 줄이는 시기를 늦추고 배풍이 불 경우에는 이와 반대조작을 한다. Glide Slope(GS) 경고가 나오면 즉시 Go-Around 수행한다.

(6) A-320 같은 Auto Thrust 사용 항공기는 바람의 변화에 따라 미처 Auto THR이(컴퓨터가) 따라가지 못하여 생각보다 심하게 자세와 속도변화가 일어난다. Unstabilized App'에 해당되면 즉시 Go-Around를 해야 한다.

15. 착륙 활주 및 개방(Landing Roll and Runway Exit)

1) 항공기가 Touch Down이 되면 Reverser를 Full로 사용한다. Reverser를 사용할 때 항공기 Pitch 가 들릴 수가 있으니 이를 막아주어야 한다. Thrust Reverser는 고속에서 사용할수록 효과가 좋으므로 접지 후 즉시 사용한다.

2) 동시에 방향 유지에 유의하여야 한다. Center Line에 Touch Down이 되지 않았을 경우 즉시 Center Line으로 들어가지 말고 현 지점에서 직진 활주를 하거나 Runway 끝 중앙지점을 보고 방향을 유지하여야 한다.

3) 항공기 Nose는 자연스럽게 놓는다. 다만 한꺼번에 놓으면 충격이 굉장하여 자칫 Nose Tire의 Flat이 야기될 수가 있으니 Nose Wheel이 떨어지는 중간에 살짝 잡아주어 가속적으로 떨어지지 않게 한다.

4) 측풍이 있을 경우 Weather Vane 현상이 일어나 항공기 기수가 측풍방향으로 틀어지기 때문에 High Speed에서 이것을 Rudder로 막아주고 들리는 Wing에 대해서는 Aileron을 사용하여 막아준다.

여기서 A320/321 항공기만은 Aileron을 사용하지 말아야 한다. 왜냐하면 Wind 쪽으로 두 개의 다른 Down Force를 만들어내 Weathercock(Wx vane) 현상이 더 많이 일어나기 때문이다. 또한, Reverser의 효과를 감소시키고 Side force를 유발하여 Contaminated Runway상에서는 측풍에 미끄러워지기가 쉽기 때문이다. 하지만 B-737 항공기는 Control Stick을 눕혀야 한다. 기고가 낮아 많이 들리면 엔진 Nacelle이 지면에 Touch 될 가능성이 있다.

5) Wet나 Contaminated Runways상에서 Braking은 한결 조심스럽게 해야 한다. 가장 좋은 것은 Auto Braking과 Anti skid System을 최대로 이용하는 것이다. High Speed에서 Manual Braking 사용은 추천되지 않는다.

6) 항공기의 Spoiler는 대부분 항공기가 Main Gear가 Touch Down 되고 Throttle Idle이 되면 나오도록 설계가 되어 있다. Spoiler 사용은 Landing Distance를 줄이는 데 많은 도움이 된다. 접지 후 Auto Spoiler가 Fully Extend 되지 않으면 기장은 즉시 수동으로 Extend 해야 한다

7) Manual Braking은 남아 있는 활주로 거리에 따라 사용해야겠지만 일반적으로 활주 거리에 여유가 있을 경우 Auto Braking이 Manual보다 더 효과적일 경우가 많다. Maximum Braking이 필요하지 않다면 Auto Braking을 이용하는 것을 추천한다. 상당수의 조종사가 100Kts 정도에서부터 Manual Braking을 사용하여 제동을 하고 있는데 가급적 Auto Brake를 이용하고 활주로 길이에 여유가 있다면 Reverse를 Idle Reverser 위치로 놓고 Manual Brake 사용을 권한다.

8) 정확한 활주로 개방을 위하여 NOTAM과 Route Guide Airport Chart의 High Speed Taxi Way 및 중간 유도로 위치와 Number 등을 사전에 확인하고 Taxi Route에 대하여 브리핑을 수행하여야 한다. 착륙 후 Taxi in Route에 대하여 명확히 파악하고 있어야 한다.

9) 활주로상에서 180° 선회 후 개방을 할 경우 ATC의 특별한 지시가 없다면 반드시 지정된 장소(Turning Pad) 혹은 End of Runway에서 선회하여야 한다. ATC에 활주로 개방(Runway Vacated) 보고를 할 경우 항공기 동체가 활주로를 완전히 벗어난 후 실시한다. 지정된 Taxi way로 개방할 것을 지시받았을 경우는 이를 따라야 하나 안전이 우선적으로 고려되어야 하며, 필요 시 안전한 Taxi Way로 개방할 수 있도록 요청한다.

10) 활주로를 횡단할 때 반드시 Tower의 지시가 있어야 되고 횡단하기 전 조종사는 꼭 확인하여야 한다. 조종사의 착각이나 부주의로 인하여 Tower의 인가 없이 횡단하거나 이륙을 하여 일어난 사고가 해마다 여럿 발생된다.

이륙하는 항공기와 착륙 활주하는 항공기와의 Incursion(침입) 조우 장면

16. Taxi In And Parking

1) 활주로에서 개방한 후 Parking Spot까지 ATC에서 주는 Taxi in Route를 확실히 파악하고 도중에 장애물이 있는지도 알고 있어야 한다.

2) 조종사가 정확한 Taxi Way Route를 가지 못하고 다른 길로 접어들어 가거나 막다른 Taxiway로 오진입하는 경우가 많이 일어나고 있다. 이러한 경우 지상충돌을 한다든가 Taxi Way 주변에 있는 장애물에 충돌하는 일도 발생한다.

3) Taxi way가 좁아지거나 혹은 여러 경로가 겹쳐진 Taxi Way상에서는 항공기간의 거리를 생각하여 다른 항공기가 완전히 통과한 다음에 Taxing을 하도록 한다. 항공기의 Wing끼리 충돌할 가능성이 많이 있다.

4) Wing 끝의 안전한 장애물 통과 폭과 넓이를 조종사는 정확히 알 수가 없다. Wing이 조종석 좌석보다 훨씬 뒤에 있고 후퇴각이 져 있기 때문이다. 따라서 Taxi Way상의 공사지역은 주의하여 통과하여야 한다. 특별히 유도로 옆에서 공사 중인 크레인이나 굴삭기를 조심하여야 한다. 지상 유도로상에서 많은 항공기간 그리고 지상 방비와 지상 충돌 사건이 발생하고 있다.

5) Taxi Way상의 기재취급 등은 Taxi가 안전하게 이루어질 때 수행하고 조종사는 안전하게 Boarding Bridge나 Spot에 도달하도록 최선을 다해야 한다.

6) Ramp에 접근하여 다른 항공기와의 접촉을 더욱 조심하여야 한다. 만약 의심스럽다면 항공기를 멈추고 지상 유도사의 확인하에 계속 진입을 하거나 항공기 여러 부위가(특히 Wing 끝) 완전히 Clear가 되었다고 판단되었을 경우에만 Taxing을 하도록 한다.

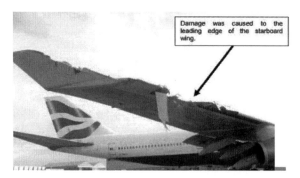

Damage was caused to the leading edge of the starboard wing.

좌: 지시된 Route가 아닌 Taxing을 하다가 주변 장애물에 부딪혀 손상된 Wing
우: 지시된 Route가 아닌 Taxing을 하다가 인접된 다른 항공기의 Wing과 부딪혀 Wing 일부가 부러져 떨어져 나가는 장면

7) Boarding Bridge에 진입하기 전 주변에 주기된 항공기와의 간격도 확인을 하여야 한다. 의심스럽다면 역시 지상 *유도사(Marshaller)에게 신호를 하여 확인을 하도록 하고 가능한 한 Wing man(walker)의 Clear 신호를 확인 후 진입한다.

8) 주기장에 진입할 때에 Boarding Bridge 위치도 확인하여야 한다. 부적절한 위치에 있어 항공기와의 충돌이 발생하기도 한다.

9) 안개가 아주 짙게 끼어 있을 경우에 항공기 유도사나 Center Line이 보이지 않는다고 Light를 켜서는 안 된다. 유도사가 항공기의 Lights 때문에 거리를 판단하지 못하여 적절한 유도를 하지 못한다. 유도사가 보이지 않을 정도의 짙은 안개라면 항공기를 그 상태에서 정지시키고 Towing Car에 의하여 Parking을 하여야 한다. 실제 항공기 유도사와 조종사 간의 상호호흡이 맞지 않아 주기 지점을 지나 건물에 충돌하는 사건도 발생하였다.

10) Ramp 지역에서는 규정된 속도를 반드시 지켜야 한다. Contaminated 되었거나 Icing 지역에서는 특별히 신경을 기울여 속도를 규정된 속도 이하로 유지하여 주기할 것을 추천한다. 과거 사고사례로 완전히 빙판이 된 주기장에서 규정된 속도를 지키어 Taxing을 하여 지정된 지역에서 제동을 하였지만 항공기 자체가 High Energy 상태가 되어 정지하지 못하고 타성에 의하여 계속 미끄러져 건물에 충돌한 사건이 발생하였다. 아예 지상 Towing에 맡기는 것이 상책이다.

11) 유도사(Marshaller)나 **Docking Guidance System의 식별 혹은 유도 없이 항공기를 Boarding Bridge 쪽으로 선회해서는 안 된다. 주기장 내에 장애물 여부를 확인하여 주기장 안전선(Equipment

---

* 유도사(Marshaller): 항공기를 주기장에 안전하게 주기하도록 유도하는 사람.
** Docking Guidance System: 항공기 무인 유도 주기 장치. 아래 그림은 Docking Guide System으로 항공기의 위치에 따라 자동 유도하는 장면.

Restraint Line) 안에 장애물이 있을 경우 항공기를 정지시키고 장애물을 제거 후 진입한다.

12) 항공기를 Gate Lead-in Line에 정대하는 것은 기장의 책임이며 유도 중이라도 항공기 외부 경계를 철저히 하고 즉시 정지할 수 있는 안전한 Taxi 속도를 유지하고 장애물의 Clearance가 의심스러우면 바로 항공기를 정지시켜야 한다. 부기장은 유도사 또는 Docking Guidance System에서 정지 신호가 나오거나 장애물의 Clearance가 의심스러울 경우 즉시 기장에게 조언해야 한다. Taxi In Speed 는 즉시 정지할 수 있는 저속으로 줄여서 천천히 진입한다.

좌: 주기장의 간격이 좁고 조종사가 Center Line을 유지하지 않아 Wing끼리 부딪힌 사건
우: Boarding Bridge와 충돌한 항공기의 좌측 엔진 부분

13) 주기장 지역 내 장애물로부터 Wing Tip Clearance를 확보하기 위해 필요하다면 Wing Man(Walker)들이 배치될 것이다. 만약 유도담당자가 Wing Tip Clearance를 확신하지 못하여 긴급정지 신호를 보내면 즉시 정지하여야 한다.

14) Docking Guidance System에 항공기 Type이 표시되는 경우 Stand 쪽으로 선회하기 전에 항공기 Type이 정확하게 표시되어 있는지 확인한다. 만일 잘못된 항공기 Type이 표시되었다면 즉시 항

Marshaller

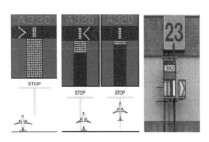

Docking Guidance System

공기를 정지시켜야 한다. Docking Guidance System이 정상 작동되지 않는다고 의심될 경우 항공기를 정지시키고 정상작동이 확인되거나 유도담당자의 수신호가 있을 경우 계속 진입한다.

17. 비행 종료 및 퇴근

1) 비행이 종료되면 비행시간 등 항공기 Log(탑재용 항공일지)를 규정에 따라 기록하고 특히 항공기 Out 사항은 꼼꼼하게 사소한 것이라도 적을 것을 추천한다. 이것은 항공기의 작동 경향성 파악과 항공기의 어느 부분이 반복 결함이 발생하고 있는지 알 수 있는 단서가 된다. 사소하더라도 반복적인 결함은 반드시 기록이 되어 차기 시간 정비나 혹은 중정비 기간 중에 완전한 수정을 기하여야 한다.

2) 많은 조종사들이 Log에 기록을 하지 않고 정비사에게 경향성만 참고로 이야기하는 경우가 있는데 비행 종료 전이나 후에 들어오는 정비사는 항공기에 대하여 주요 정비 책임을 지고 있는 것이 아니라 단순한 서비스 정도만 담당하기 때문에 정비를 담당하는 정비팀에 알리기 위하여 필히 기록하여야 한다. 기록하지 않으면 정비를 하지 않는다.

3) 만약 비행 중에 안전 장애요소나 보고할 사항이 발생하면 기장은 조종사 대기실에서 작성하여 보고한다. 요즈음은 컴퓨터를 통하여 24시간 이내에 보고를 하면 되기 때문에 비행 종료후 퇴근 시간이 촉박하거나 너무나 늦은 시간이라면 다음날 컴퓨터로 보고를 하여도 무방하다.

4) 퇴근은 자유스럽게 하나 상당수의 조종사가 다음 비행 준비를 하기도 한다. 퇴근 시간이 늦어져 시내버스가 끊어지면 몇몇 회사는 퇴근 비용을 지원하기도 한다. 일단 개인 지출 후 나중에 정산한다.

5) 밤을 새워 Quick Turn Around 비행을 하였을 경우, 자가 퇴근은 가능한 한 지양하고 버스나 택시를 이용할 것을 추천한다. 과거 여러 조종사들이 안개 속에 자가 운전을 하여 퇴근하다가 교통사고가 일어난 경우가 더러 있다. 가까운 거리는 자가운전을 할 수 있겠지만 한 시간 이상 장거리 소요되는 장거리 자가 운전은 돌이킬 수 없는 일이 발생할 수가 있다. 집에서 Pick Up을 나오라고 하든지 버스나 택시를 이용하여 출퇴근할 것을 권고한다.

6) 회사에서는 밤샘근무나 늦게까지 비행한 후 안전 귀가에 대한 것을 고려하지 않는다. 조종사 스스로가 이러한 상황을 극복해야 한다.

제5장

항공기 접근 절차

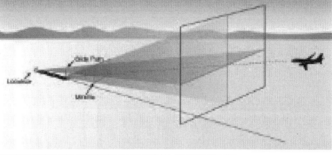

제1절
서론

    이 장(章)에서는 항공기가 목적지에 도달하여 안전하게 착륙하는 비행기법을 설명하려 한다. 민간항공기는 계기비행으로 접근하다가 최종에는 시계비행으로 전환하여 활주로를 육안으로 확인 후 착륙을 한다. 다만 정밀접근 중에서 CAT3 착륙은 시정치만 조건에 해당되면 활주로를 보지 못하고도 착륙 접지할 수가 있다. 하지만 접지 이후에는 역시 시계비행으로 전환해야 한다.

    착륙을 위하여 계기비행에 의하여 접근하는 방법은 비 정밀접근과 정밀접근이 있다. 그리고 기상이 좋아 계기 비행에서 시계비행으로 전환을 하여 조종사가 활주로를 보고 착륙을 하는 시계비행 착륙절차가 있다. 시계비행 착륙은 정밀, 비 정밀접근 완료 후 수행한다. 그리고 아예 처음부터 관제사의 *Radar Vector(관제비행)에 의하여 일정한 지점까지 유도를 해주고 조종사가 시각 참조물에 의지하여 착륙을 하는 방법도 많이 사용한다. 착륙을 위한 계기비행의 종류와 시계비행으로 전환을 하여 착륙하는 비행절차 종류는 다음과 같다.

    1. 정밀접근(Precision Approach Procedure): ILS, ILS/DME, ILS/PRM, PAR, **GLS

    2. 비 정밀접근

        1) Non-Precision Approach(NPA) Procedure: Vertical Guidance 없이 Lateral Guidance를 이용하는 계기접근 절차로 ASR, GPS, LDA, LDA/DME, SDF, LOC, LOC/DME, VOR, VOR/DME, RNAV(GPS or GNSS), RNAV(VOR/DME), NDB, NDB/DME 등이 이에 해당한다.

        2) Approach procedure with vertical guidance(APV): Lateral Guidance와 Vertical Guidance를 이용한다. 정밀접근절차의 수립요건은 충족되지 않는 계기접근절차이며 LDA, LDA/PRM, RNAV(GPS or GNSS), NAV(GPS)/PRM, RNAV(RNP)가 있다.

        3) VFR 접근절차: VISUAL, CIRCLING

---

* Radar Vector(관제비행): 레이더에 시현되는 항공기의 위치와 고도를 이용하여 접근 절차에 유도하는 관제.

** GLS(Gbas Landing System): GPS를 이용하여 접근하는 미래의 접근 형태. 최근 미국에서 시험운영하고 있다. 2025년 전 ICAO 회원국에서 이절차를 수행할 예정이다.

제2절

정밀계기 접근 절차

1. 개요

1) 정밀계기 접근은 PAR(Precision Approach Radar), ILS(Instrument Landing System), GLS로 대별된다. 2025년도에는 GBAS Landing System 접근이 본격적으로 시행될 예정이다. PAR 접근은 군용 항공기에서 많이 사용하고 있는 접근 절차로 항공기 착륙 최저치가 ILS CAT1과 같다. 관제용 레이더를 이용하여 관제사가 항공기의 거리, 방위, Vertical Guidance를 조종사에게 불러주어 조종사가 이 정보에 의하여 항공기를 직접 Control 하는 접근 방법이다. ILS는 거리정보가 나오는 접근과 거리정보가 없는 ILS 그리고 거리정보를 주는 DME 장비를 별도로 설치하여 참고하는 접근이 있다. 또한 ILS 와 GLS 접근은 활주로 시정치에 따라 CAT1, CAT2, CAT3로 나누어진다. 접근 Chart에 CAT 종류를 명시하고 있어 쉽게 구분할 수가 있다.

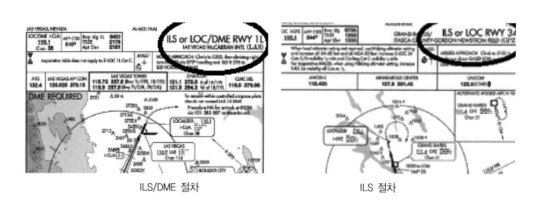

ILS/DME 절차   ILS 절차

2) 통상 ILS 절차는 거리정보를 주는 DME를 Glide Slop이나 Localizer와 연계 설치하여 접근 시 항공기에 거리, 방위, Glide Slope 정보가 나타나도록 되어 있다. 또한 어떤 ILS는 DME 장비를 별도로 설치하여 시현되는 거리 정보가 Glide Slope 장비로부터 항공기의 거리를 나타내지 못하고 더 멀거나 가까이 설치된 별도 DME 장비의 정보를 받아 참조할 수 있도록 설치되어 있다.

이때 접근과 Missed Approach 절차는 DME가 있어야 정확한 지점을 알 수 있기 때문에 DME가 필요하다고 "ILS DME 00 Approach"라고 명명하고 그리고 "DME Required"라고 Chart에 명시된다. 어떤 ILS는 거리정보가 없고 Outer Marker(OM)와 Middle Marker(MM), Inner Marker(IM)로 항공기 위치를 표시하기도 한다.

또한, ILS의 종류를 W,X,Y,Z로 나누어 ILS W, ILS Y, ILS X, ILS Z로 접근 차트에 표시하고 있다. W,X,Y,Z의 차이점은 한 활주로의 접근절차가 한 가지 이상 여러 가지가 있을 경우 알파벳으로 구분하며 주요차이는 접근 최저치가 다르고 IAF와 Missed Approach 절차가 다르다. 좀 더 구체적으로 설명을 하자면 다음과 같다.

(1) 동일 활주로에 2개 혹은 그 이상의 무선항법시설이 운용 중일 때

(2) 동일 활주로에 대해서 2개 혹은 그 이상의 Missed Approach(실패접근) 절차를 구분해야 할 필요가 있을 때

(3) 동일 무선항법보조시설을 활용하는 다른 접근절차가 상이한 항공기 범주를 위해서 제공될 때

(4) 2개 혹은 그 이상의 Arrival 절차가 공동 접근에 활용되거나 상이한 차트에 발행되었을 때

(5) 무선항법보조시설이 도착을 위해서 필수적일 때

(6) IAF가 다를 때

다음 그림에서 ILS 종류와 그 차이점을 볼 수가 있다. 두 접근 Z와 Y 절차의 차이점은 IAF가 다르다.

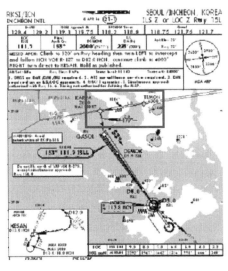

ICN ILS Z 15L

ICN ILS Y 15L

2. ILS Localizer와 Glide Slope의 입체적 구조

1) 개요

ILS 접근 절차를 설명하기에 앞서 간단하게 Localizer와 Glide Slope의 입체 기본 구조를 이해하고 접근을 한다면 좀 더 안전하고 확실한 비행조작을 할 수 있을 것이다. 아래 그림은 전형적인 ILS의 구조를 나타낸 것이다.

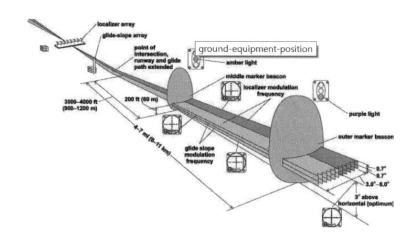

2) 장비의 구성

ILS는 다음 4가지의 장비로 구성되어 있다.

(1) VHF localizer transmitter (2) UHF glide slope transmitter

(3) Marker beacons (4) Approach lighting system

3) ILs Localizer와 Glide Slope의 Beam 폭은 다음 그림과 같다

ILS Needle Deflections

Full-glideslope deflection (up and down) equates to 1.4 degrees.

Full-localiser deflection (left and right) equates to 5 degrees.

(1) Localizer Beam은 중심에서 각기 좌우 원주각도 2.5도이며 0.5도가 1 Dot이기 때문에 총 5 Dot가 떨어져 있으며 2.5 Dot를 벗어났을 때 Full Deflection 되었다고 말한다.

(2) Glide Slope Beam 폭은 상하 모두 합하여 1.4도이며 중심선에서 각기 0.7도 폭이다. 0.7도 폭을 2 Dot라 하며 1 Dot는 0.35도이다.

4) Localizer

(1) 개요: Localizer 장비는 통상 활주로 반대 끝에 Transmitter가 설치되어 전방을 향하여 두 가지의 전파를 발송한다. 150HZ와 90HZ의 주파수를 활주로를 중심으로 직선으로 좌우로 동시에 방출하여 중복된 지역을 만들어 항공기가 이 지역으로 비행을 하여 정확히 활주로에 정대될 수 있도록 하였다. 좌우로 방출되는 주파수의 빔 폭은 3-6도나 통상 5도로 설정되어 있다. 방출되는 주파수의 신뢰성 있는 도달 거리는 18NM이다.

좌: 접근 활주로 반대편 끝단에 설치된 Localizer 송신 안테나(높이 6-20피트)
우: PFD에 나타나 있는 Localizer Dot

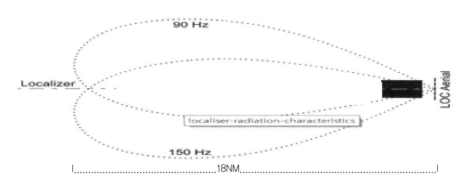

Localizer는 주파수가 다른 두 개의 빔을 동시에 송출한다.

(2) Capture: 두 개의 빔을 동시에 송출하여 중복되는 중심을 항공기가 비행하도록 하였다. 항공기가 중심을 벗어났을 경우 조종사가 인지하는 수신기에는 좌우로 이탈된 정도를 나타내어 조종사가 수정할 수 있도록 만들었다. 최근의 자동화 수신기는 정확히 두 빔의 중심만을 타고 계속 비행하도록 설계되었다. 이것을 "Localizer Capture"라고 한다. 항공기 비행계기에서는 벗어난 정도를 Deviation이라고 하며 Dot로 표시하고 있다. 만약 Localizer가 원주각도 0.5도 벗어났다면 1 Dot 벗어났다고 하고 한 쪽으로 2.5 Dot 이상 벗어났을 때 Full scale로 벗어났다고 표현을 한다. Localizer Capture는 2.5 Dot에서 이루어진다.

(3) Localizer Deviation

① 항공기가 10NM 거리에서 1 Dot 벗어났을 때 실제 거리는 얼마나 벗어났을까? 그리고 Outer Marker나 Middle Marker에서 1 Dot, 혹은 1/2 Dot 벗어났다면 항공기가 벗어난 거리는 얼마나 될까? 10NM 거리에서 I Dot 벗어났다면 실제 거리는 500피트가 되며, 통상 3.5-6NM에 설치되는 Outer Marker에서의 1 Dot 거리는 대략 175-300피트가 된다. Middle Marker가 활주로부터 1,300M(0.7NM) 거리에 있을 때 1 Dot는 215피트, Half Dot일 경우에는 108피트, 1/4 Dot면 54피트 (17M)가 이격된 것이다. 여기서 이 수치의 의미에 대하여 좀 더 논의를 해보자.

② Middle Marker 이후 활주로 끝으로부터 1,300미터(0.7NM)에 접근하여 1/4 Dot 이상이 벌어지면 활주로를 발견하여 조종사가 다시 활주로 중심으로 기동하기가 어렵다. 활주로 폭이 45미터인 경우 1/4 Dot 지점은 각기 중앙으로부터 좌우로 17미터이며 이 수치는 활주로 절반 폭에서 6미터나 한쪽으로 치우친 곳이고, 그리고 폭이 60미터 활주로인 경우에도 절반 폭인 30미터에서 그 절반보다 많은 17미터나 좌우로 치우친 지점에 착륙을 하게 된다.

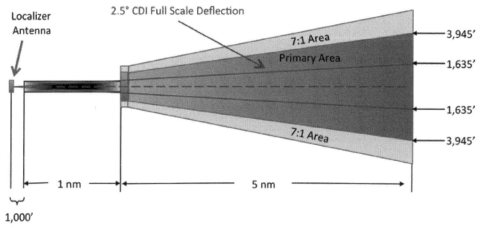

Localizer 거리와 폭

③ 만일 이 1/4 Dot가 Off 된 상태로 착륙한다면 측풍에 밀리거나 방향 유지를 잘못하여 활주로 이탈을 가져오는 대형사고 발생이 가능하기 때문에 1/4 Dot가 벗어나면 Stabilized Approach 절차에 의하여 Go-Around를 해야 한다.

(4) Manual Flight Loc Deviation 수정: 항공기가 10NM 떨어진 거리에서 속도 180 GAS, 45도 Intercept 각으로 접근을 한다면 약 14초 후에 Localizer가 Capture 될 것이다. 이 시간은 결코 긴 시간이 아니며 아차 하다가 선회시기를 놓치어 Overshoot 되어 Final상에서 *사행비행을 할 가능성이 높아진다. 따라서 Manual로 비행을 한다면 중심선에 다가올수록 접근 각을 줄이고 중심선으로 들어와서 localizer는 활주로에 접근할수록 예민해지기 때문에 Off 된 양만큼만 수정 조작을 해야 한다. 이것을 "Under The CDI"라 부른다. 즉 CDI가 Off 된 쪽의 앞쪽에 항공기 방향을 놓는 방법이다.

Course가 좌로 off 되어 있다.   Under the CDI

접근하는 공항의 외부 지형형태와 상황에 따라 언제라도 False Capture가 이루어질 가능성이 있기 때문에 가능한 한 LNAV Mode로 접근한 후에 IN Range에서 Localizer나 Approach Mode 선택을 권장한다. (세부절차 다음 절 참조) 한편, ILS는 각 공항에 할당된 ILS 주파수를 식별하기 위하여 식별문자를 전파에 실어서 내보낸다. 항공기 Audio Tone과 PFD에서 Code 문자로 식별할 수 있어 정확하게 Tuning이 되었는지 여부를 알 수 있다.

5) Glide slope

(1) 개요: Glide Slope도 아래 그림과 같이 두 가지의 전파를 송출하여 항공기가 이 주파수를 수신하여 강하하도록 설계하였다. 표준 강하각은 3도이며 2.5도에서부터 활주로 지형적인 위치상 3도보다 더 깊은 강하각으로 설정된 곳도 있다.

---

* 사행비행(蛇行飛行): 항로상에서 직진으로 비행하지 못하고 뱀처럼 이리 저리 왔다갔다 비행한다고 하여 붙어진 조종사 세계에서 사용하는 비행수정을 잘못한다는 의미의 용어.

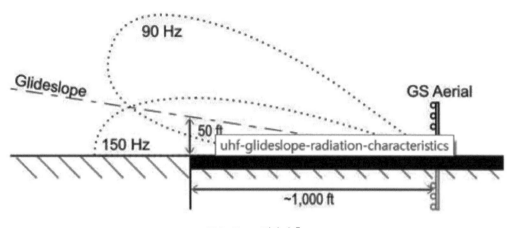

Glide Slope 전파 송출

Glide Slope 장비는 활주로 끝으로부터 750피트에서 1,250피트 그리고 활주로 옆 250-650피트 사이에 위치하고 있다. Glide Slope의 두께는 중심으로부터 상하 0.7도이며 여기서 절반인 0.35도를 1 Dot라고 한다. 그러니까 0.7도는 2 Dot이며 이 이상을 Full Deflection이라고 한다. Glide Slope 주파수의 유용거리는 10NM이다. 통상 Final Approach Fix가 4-7NM 사이에 있으므로 항공기가 FAF 도달하기 전에 Glide Slope을 Capture 하게 된다.

활주로 옆에 설치된 Glide Slope 송출기

Glide Slope Dot

(2) Glide Slope Deviation과 수정: 아래 그림은 각 지점에서 Glide Slope과 Localizer 1 Dot, 2 Dot 벗어났을 때의 고도를 보여주고 있다.

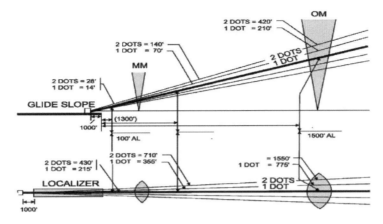

Glide Slope과 Localizer Deviation 거리와 고도 폭

① 위 그림을 보면 활주로부터 1,300(0.7NM)피트 떨어진 거리에서 Glide Slope 1 Dot는 14피트 2 Dot는 28피트다. 조종사가 Outer Marker에서 Glide Slope를 Capture를 하지 못하여 2 Dot가 높고 강하각을 1,200FPM으로 하여 Capture를 시도하였다면 Final 몇 마일 정도 몇 Ft에서 Glide Slope을 Capture 할 수 있을까? 3도 Glide Slope을 유지할 때 Outer Marker 통과 고도는 1,400피트이다. 항공기 속도를 140GAS로 할 때 1분간 비행거리는 2.3NM이고 강하고도는 1,200피트이다. 2Dot 높은 고도인 1,820피트에서 1,200피트를 강하하였기 때문에 1분 후에는 620피트에 도달하게 된다. Outer Marker에서 Glide Slope 안테나까지의 거리는 4.2NM이므로 정상적인 Glide를 유지할 때 1.9NM에서 고도가 633피트가 된다. 강하율 1,200fpm으로 강하할 때 620피트가 되기 때문에 겨우 Capture가 된다. 하지만 Stabilized Approach 조건에서는 1,000피트 이하에서는 1,000FPM 이하를 유지해야 하기 때문에 12,00FPM에서 1,000FPM으로 줄여서 강하를 한다면 Capture가 되지 않고 실제 고도도 1 Dot 이상 높기 때문에 착륙을 할 수가 없는 상황이 된다. 1,500FPM으로 초기에 강하하고 1,000피트에서 강하각을 1,000FPM으로 줄이더라도 같은 결과가 나온다.

② 이상과 같은 예를 들어서 보았듯이 Outer Marker나 FAF상에서 통과고도를 유지하지 못하면 Stabilized Approach가 되지 못할 가능성이 많아진다. 따라서 가능한 한 Glide Slope는 FAF 이전에 Capture를 하여야 하고 고도는 3도 Glide Slope보다 낮은 고도를 수평으로 유지하다가 Capture 할 것을 추천한다. 원래 Glide Slope은 밑에서 Capture 하도록 설계되어 있다.

③ 여기서 또 하나, 조종사가 생각해야 할 사안은 Over Runway 100피트, 혹은 50피트 (Threshold) 상공에 들어섰을 때 1 Dot가 높으면 실제 고도는 얼마나 높게 될까? 그림에서 100피트 고도에서 1 Dot, 2 Dot가 높으면 각기 14피트, 28피트가 높아진다. 50피트 고도에서 1 Dot, 2 Dot가

높을 경우 각기 실제 고도는 7피트와 14피트가 된다. 7피트 고도는 불과 2미터밖에 되지 않는다. 따라서 조종사는 1 Dot가 높다고 급작스러운 비행조작을 할 필요가 없다. 이럴 때는 현재의 강하율을 계속 유지하면서 Power를 일찍 줄이거나 조금 멀리 Touch Down 한다고 생각하고 정상적인 착륙 조작을 해도 된다. 하지만 낮아지면 실제 Glide Slope보다 더 밑에 있는 Landing Gear가 활주로 끝단에 지면보다 높이 설치된 LOC 시설(6-20피트)을 칠 수 있으므로 즉각 Pitch를 높여서 정상 강하각으로 유지하여야 할 것이다. 비정상적인 상황에 대한 세부 접근 절차는 다음 절에서 논의한다. 참고로 B-737/A-320의 TCH에서 Main Gear 높이는 34피트 RA이다.

6) 시정에 의한 계기 비행 절차 구분

활주로 시정에 따라 ILS 접근 절차를 아래와 같이 구분하여 수행하고 있다.

(1) Category 1: 최저로 강하 고도 200피트, Runway의 시정치는 최소 1,800ft(550m)

(2) Category II: 최저 Decision Height 100ft, Runway 시정치는 최소 1200ft.

(3) Category III A: 최저고도는 100피트 – 50피트, RVR(Runway Visual Range)은 600피트 (180m) 이상

(4) Category III B: 최저고도는 50ft 이하, Runway 시정치는 최소 150피트

(5) Category III C: Zero visibility

3. PAPI와 Glide Slope

1) PAPI(Precision Approach Path Indicator) 소개

(1) PAPI의 구조는 간단하다. 두 가지의 빛(White, Red)이 나오는 전등불을 활주로 옆에 나란히 9M 간격으로 각기 상이한 각도로 비추게 설치하여 조종사가 접근 시 불빛의 종류에 의하여 높고 낮음을 판단하게 만든 장치이다.

(2) PAPI의 기본 구조는 다음 그림과 같다.

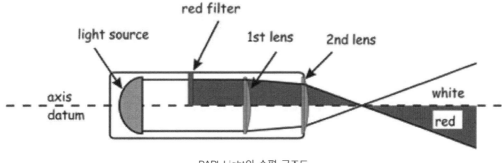

PAPI Light의 수평 구조도

LED Lights를 내부에 장착하고 불빛이 두 개의 렌즈를 통과하면서 수평 라인을 통과하여 굴절되어 비추게 만들었다. 통 윗부분에는 붉은 필터를 지나가게 하여 불빛이 붉은 빛으로 바뀌게 만들었다. 위의 그림은 수평을 비추게 되어 있지만 장치를 일정한 각도를 들어 올리게 되면 Glide Slope 강하각과 일치를 시키어 조종사가 참조할 수 있게 하였다.

(3) 통상 4개의 장치를 활주로 옆에 일정한 거리를 두고 설치한다.

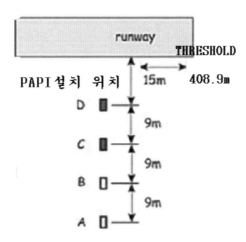

(4) 4개의 Papi는 다음과 같이 서로 다른 각도로 설치하여 설정된 강하각보다 낮은 강하각으로 강하하면 Red Light 높은 강하각으로 강하 시에는 White Light가 보이도록 하였다.

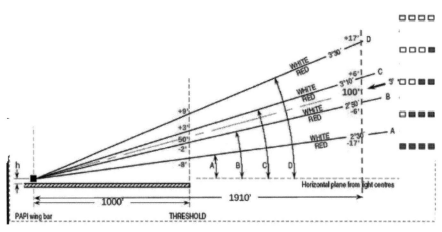

Papi 설치 위치와 네 개의 서로 다른 상향 각도

(5) 항공기가 Threshold hold를 PAPI가 지시하는 5가지 상황으로 통과하였을 때 통과고도는 삼각함수에 의하여 계산한 결과 다음과 같다.

    4white: tan3도 30분 = 88피트 이상, 1Red 3White: tan3도 10분 = 81피트

    2Red 2White: tan3도 = 52피트, 3Red 1White: tan2도 50분 = 49피트

    4Red: tan2도 30분 = 43피트 이하

① 각 영역별 고도 차이는 다음과 같다.

    C-D 영역 7피트   B-C 영역 7피트   B-A 영역 3피트

1Red 3White 영역부터 3Red 1White까지 정상 접근을 수행할 수 있는 영역의 고도 간격은 81-49=32피트(대략 9M)이다.

② 4Red와 4White 영역은 더 이상 높이를 측정할 수 없다. 즉 PAPI로는 얼마나 높아졌는지 혹은 낮아졌는지 측정할 수가 없다. Threshold에서 측정된 고도이기 때문에 Threshold Hold 훨씬 이전에 4RED가 되었다면 안전을 보장할 수가 없다. 만약 Final에 Localizer Antenna(통상 6-20피트)가 설치되어 있다면 안테나에 부딪힐 가능성도 있기 때문에 즉시 수평비행을 하거나 오히려 고도를 올라가야 한다. Landing Gear가 훨씬 밑에 있다는 것도 생각하여야 한다.

③ Threshold에서 4White와 정상 2RED 2White와의 고도 차이는 29피트 차이다. Threshold를 통과할 때 PAPI를 참조하여 막 4White로 변하였을 때 더 이상 Pitch가 들리지 않게 약간의 강하율만을 더 증가시키어 계속 강하하여 정상 착륙을 하는 것이 추천된다. 너무 높다고 Pitch를 과도하게 누르지 말고 서두르지 않아도 된다는 결과를 보여준다.

2) PAPI와 ILS Glide Slope과의 상관관계

(1) ILS Glide Slope Antenna는 PAPI 설치 위치와 조종사가 Cockpit에서 육안으로 PAPI를 보면서 강하하는 강하각을 고려하여 설치되어 있다. 위 두 가지 사유로 같은 3도 강하각이지만 두 장비가 같은 위치에 설치되어 있지 않는 것이 정상이다. 공항에 따라 두 장비의 설치위치가 달라져 조종사가 3도 GS으로 접근시 PAPI가 달라지게 보인다.

(2) PAPI와 Glide Slope Antenna 설치 위치가 달라지면 PAPI와 Glide Slope이 일치하지 않는다. 계기비행에서는 이러한 상황을 조종사에게 알려주기 위하여 "VGSI and ILS glide path not coincident."라는 용어로 조종사에게 Approach Chart를 통하여 알려주고 있다. 예를 들면 김해공항의 ILS 36R의 PAPI는 ILS와 Glide Slope이 일치하지 않는다.

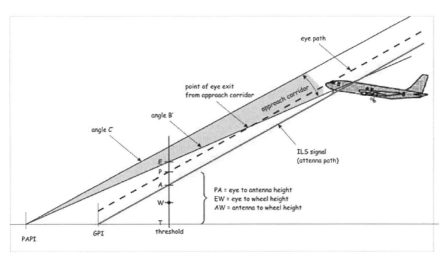

PAPI와 Glide Slope Antenna, 조종사의 시각접근과의 관계

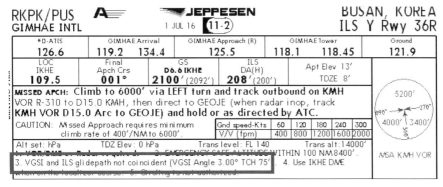

김해 ILS 36R 접근 Chart

ILS Glide Slope과 PAPI의 Angle이 같은 3도인데도 TCH 통과 고도가 ILS Glide Slope이 56피트 PAPI가 75피트이다. 두 강하 경로의 Threshold에서 고도 차이는 19피트로 GLide Slope 2.7 Dot가 높다. Stabilized 조건(±1Dot)으로 비추어 볼 때 반드시 Go-Around 해야 할 고도일 정도로 높다.

이렇게 PAPI 통과 고도가 높아지는 것은 PAPI 설치 위치가 Glide Slope Antenna 설치 위치의 특정한 거리보다 더 가까워졌다는 것을 의미한다. 만약 PAPI와 Glide Slope Antenna와의 거리가 멀어지면 이번에는 반대 현상이 발생하게 된다. 즉 PAPI 통과 고도가 낮아지게 된다.

3) VGSI and ILS Glide Path Not Coincident 상태하 착륙

(1) 김해 Rwy 36R처럼 Threshold 통과 고도가 높을 때 DH/A 200피트에서 PAPI 3도를 유지하게 되면 앞에서 살펴본 것처럼 높아진다. 따라서 조종사는 50피트 즉 B-737은 Flight Director가 사라질 때까지, A-320 항공기는 Threshold를 통과하고 Flare를 할 때까지 3도 강하각을 계속 유지하여야 한다. 그렇게 되면 Threshold에서 PAPI는 3RED가 된다. 이것이 정상 강하각을 유지하고 있는 것이니 PAPI에 맞추려 Pitch를 들어서는 안 된다.

(2) 이번에는 역으로 Papi 설치 위치가 Glide Slope 안테나와 가깝고 TCH(Threshold Crossing Height) 통과 고도가 높다면 Gide Slope을 유지하면 PAPI는 3 혹은 4White를 나타낼 것이다. 그렇지만 이때에도 PAPI 지시를 무시하고 끝까지 Glide Slope를 유지하고 착륙할 것을 추천한다.

(3) PAPI 참고 시 TCH 통과고도가 높은데 배풍이 있을 경우에는 Landing Distance와 Touch Down Point에 주의해야 한다. 특히 김해 비행장의 36R 배풍 착륙 시 높아지지 않게 50피트까지 GS를 맞추어 강하할 것을 적극 추천한다.

(4) 참고로 B-737, A-320 항공기로 대구공항에서 Glide Slope를 따라 접근 시 PAPI가 TCH 이하 고도에서 4white로 변한다. 그렇다고 Pitch를 눌러 강하하거나 Go-Around를 할 필요가 없다. 이와는 반대로 후쿠오카, 오사카간사이 공항의 PAPI는 3Red를 지시한다. Pitch를 들 필요는 없고 Glide Slope 3도를 계속 유지하여야 한다.

(5) B-747, A-380 같은 조종석 위치가 높은 항공기에서 조종사가 바라보는 시각은 정상보다 위에 있기 때문에 PAPI의 정상적인 위치(2Red, 2White)는 높게 보여 3White가 나올 것이다. 이번에는 반대로 항공기 기고가 낮은 소형항공기나 전투기는 이와 반대 현상이 일어나 3Red로 보일 것이다.

(6) 따라서 이처럼 PAPI만을 참고할 때 항공기 조종석 높이에 따라 보이는 Lights의 상태가 다르므로 TCH까지는 Glide Slope를 유지할 것을 추천한다.

4. ILS 접근 시 Localizer, Approach Mode Engage에 관한 고찰

1) ILS Signal이 Distortion(왜곡)되는 이유

(1) Side Lobe 발생 등 전파자체의 문제

(2) 송출되는 안테나 가까이 지상 차량이 접근할 경우

(3) 전자파의 상호간섭

(4) 안테나와 OM(Outer Marker) 사이에 체공하고 있는 항공기

(5) 계기 Error

(6) 건물이나 지형지물에 의한 전자파의 왜곡

(7) 비행장 상공에서 Holding 하는 항공기에 의한 전파간섭 (실험 결과 4,000피트로 Holding 하는 항공기에 의한 간섭이 False Capture가 많았음)

2) Localizer와 Glide Slope을 In Range 안에서 Capture 해야 하는 이유

(1) 전파가 미치지 못하는 In Range 밖에서는 False Capture 가능성 많다.

① 다음그림은 Localizer 주파수에 형성되는 전파의 실제 형태를 나타낸 것이다. 안테나에서 전파를 방출할 때는 주 주파수 외에 항시 Side Lobe라는 수반된 전파도 발송된다. 곧 Side lobe란 안테나에서 전파를 발생할 때 아래 그림과 같이 Main 주파수 이외에 주변에 부수적으로 형성되고 발생하는 전파이다.

② 두 개의 Main Beam이 교차하는 교차 중심선을 Capture 하여 비행하는 Localizer beam은 주변에 Side Lobe가 발생하여 False Capture 가능성이 있다.

③ In Range 밖 전파가 약한 지역에서는 주파수 속성이 유사한 전파가 존재할 경우 쉽게 False Capture 된다. 두 개의 주파수 빔이 교차하는 Beam 축 가까이에서 Capture 하여야 False Capture의 가능성이 낮아진다.

④ In Range 밖 중심선에서 많은 각이 형성되었을 때 Side lobe를 False Capture 할 가능성이 매우 높다. 통상 Beam 축의 8-12도 사이에서 False Capture가 많이 일어난다.

⑤ 결론적으로 False Capture의 원인은 Main 주파수를 Capture 못하고 Side Lobe나 이종(異種)의 주파수를 탐색하기 때문이다. 따라서 가능한 한 In range 그리고 축선 가까이 접근하여 Localizer를 Capture 해야 한다.

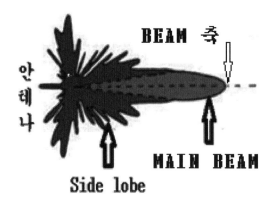
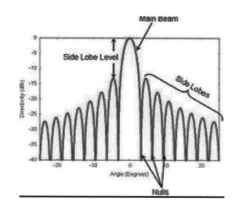

(2) GS Path보다 높은 고도에서 Glide Slope Capture 시 문제점

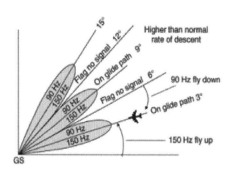
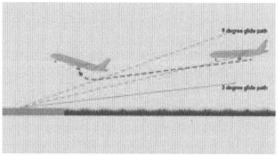

① Glide Slope False Capture는 여러 시험비행 결과 통상 Glide Slope 위인 6, 9, 12, 15도에서 일어난다는 사실이 밝혀졌다. 이 각도에서 Capture가 일어나면 급격한 강하를 한다. 이것은 GS 안테나에서도 Localizer와 유사한 두 개의 주파수 전파가 같이 송출되기 때문이다. 3도 경로 위에서 Capture 시 위 오른쪽 그림처럼 False Capture 가능성이 높아진다. 따라서 GS Capture는 가능한 한 3도 축선 밑에서 Capture 하여야 한다.

② 경로 위에서 Capture를 할 수도 있지만 False Capture 가능성 방지를 위하여 경로 아래 고도로 접근을 하여 GS를 Capture 하고 반드시 FAF 통과 고도를 Check 하여야 한다.

③ 실험 및 사고 조사결과 GS False Capture에 대한 경고는 조종사가 인지할 수가 없는 경우가 많다. 따라서 FAF 이후에도 거리에 따른 강하 통과고도와 속도에 의한 강하율을 Check 하여 False Capture에 대비하여야 한다. 그리고 높은 고도에서 Capture 할 경우에는 False Capture 가능성을 항시 염두에 두고 계기를 Monitor 하여 즉시 대처할 수 있는 준비를 해야 한다.

④ 또한 In Range 밖에서도 LOC와 동일한 현상이 발생한다. 결론적으로 In Range에서 GS 경로 밑에서 Capture를 시도해야 한다.

⑤ 모든 ILS가 GS 경로 밑에서 Capture 하기 위하여 접근 Charts에 낮은 고도로 수평이나 낮은 강하각으로 Capture 하도록 설계되고 도시되어 있다.

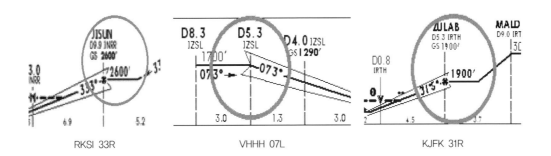

RKSI 33R   VHHH 07L   KJFK 31R

(3) GS, LOC Capture에 대한 기술 관련 자료

① Jeppesen Manual(RADIO DATA − GENERAl SECTION 1. NAVIGATION AIDS): 전파 도달 거리, In Range에 대한 정의가 명시되어 있고 특히 Loc의 유효거리는 안테나로부터 18NM이며 이 거리는 안테나로부터 거리이기 때문에 항공기 DME로부터 거리 판단을 해보면 실제 거리는 더 차이가 나고 있다. (통상 활주로 거리에서 DME가 위치한 거리를 감한 거리) 그리고 신뢰할 수 없는 신호가 IN Range 밖에서 감지될 수가 있다.

② Jeppesen Manual(RADIO DATA − GENERAL SECTION 1. NAVIGATION AIDS): GS In Range는 10NM이다. 하지만 시설의 위치에 따라 영역이 좀 더 연장될 수가 있다.

③ ICAO ANNEX 3.1.33 Coverage: Beam의 10도 전방에서는 25NM까지 가능하나 지형적 혹은 작동상의 제한이 있을 경우에는 18NM로 줄어든다. (지형적 혹은 작동상의 제한점이 있을 경우 False Capture 가능성이 있으니 조종사가 책임하에 Engage 하고 False Capture가 되었을 경우 대응하라.)

④ A−320 FCOM(PRO−NOR−SRP−01−70 P 14/34) LOCALIZER(LOC):BEAM CAPTURE: False Capture를 피하기 위하여 LOC를 너무 일찍 Arm 하지 말 것.

⑤ A−320 FCOM(PRO−NOR−SRP−01−70 P 14/34) NOTE: 어떤 ILS Sys'은 IN Range 밖에서 False Capture 될 수 있다.

※ 결론: False Capture 방지를 위하여 Localizer는 가능한 한 IN RANGE(18NM)에서, Glide slope도 In Range인 10NM 정도 거리에서 Glide slope Angle 밑에서 Capture 해야 한다.

3) ILS In Range 밖에서 ILS 접근 Clear가 났을 때 접근 방법

GPS와 FMC의 발달로 LNAV Mode로 정확하게 오차 내에서 ILS Final Course로 Inbound 할 수가 있다. 따라서 다음과 같은 절차를 수행한다.

① FAF나 그 이전의 Fix를 Direct로 하고 Final Course Inbound Heading을(A-320: +180도) FMC Inbound난에 입력 후 Execute(Insert)를 한다. 또 하나의 방법은 In Bound Heading 이전의 모든 Waypoint를 삭제하고 앞으로 비행할 Point만 남긴다. (Boeing 기종에서는 Extension 시킨다고 한다.)

② Radar Vector시 Intercept Heading이 되면 LNAV(A-320: NAV) Mode를 Engage 한다. 이 때 필요하다면 Final 접근 시 ILS Raw Data를 Monitor 한다.

③ LNAV Mode로 Final에 Roll Out 되고 IN Range가 되면 LOC를 ARM을 시킨다든가 Approach Mode를 Engage 한다. 이때 고도는 Fix에 명시된 고도로 CDFA 개념에 의하여 계속 강하를 하여 Loc가 Capture 되었어도 GS In Range 부근에서 GS이 Capture 되도록 고도를 강하한다.

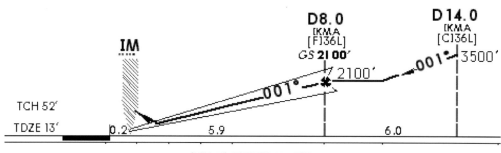

(접근 예) 김해공항 36L 접근

Ⓐ ATC에서 4,000피트로 강하 지시하고 25NM 이상에서 Clearance를 준다.

Ⓑ FMC에 Direct CI36L로 하고 181 Radial Inbound로(B-737은 001) 입력을 한 후에 Execute(Insert) 한다. Intercept Heading에 Roll out 하면 LNAV를 Engage 한다. (선회 중 LNAV Engage 를 하면 ATC에서 지시한 HDG에 Roll out 되지 않고 FMC가 계산한 Intercept HDG에 Roll out 한다.)

Ⓒ Final Course에 Inbound 되면 고도를 3,500피트로 강하한다.

Ⓓ 18NM에 접근하면 LOC나 APP' Mode를 Arm 시킨다. CI36L 지점에서 고도를 2,100 피트를 SET 하고 강하율을 500FPM으로 Set 하여 10NM 근처에서 GS 경로 밑에서부터 GS를 Capture를 수행한다.

4) ILS Glide Slope Out 절차

접근 도중 GS이 Out 될 경우 다음과 같은 상황이 될 수가 있으며 조종사는 즉각적인 조치를 취하여야 한다.

- OFF Flag가 계기상에 나타난다.
- 속도에 맞는 강하율이 일치하지 않거나 일정하지 않다.
- 어떠한 경고가 없을 수도 있다.

이와 같은 형상이 나타나면

- 즉시 V/S 혹은 FPA Mode로 전환한다.
- 더 이상 정상적인 강하가 불가능할 경우 Go-Around를 수행한다.
- 접근 전 GS Fail 시 절차를 브리핑에 포함한다. 포함될 내용은 Loc 접근 방법, MDA Set, 강하 FPM, 기상상태 등이다.

제3절

ILS 접근 일반 절차

1. 전형적인 ILS 수행 기본절차

아래 그림은 B-737, A-320/321 항공기의 전형적인 ILS 접근 절차 중 기본 주요 절차를 나타낸 것이다.

1) B-737 ILS Pattern

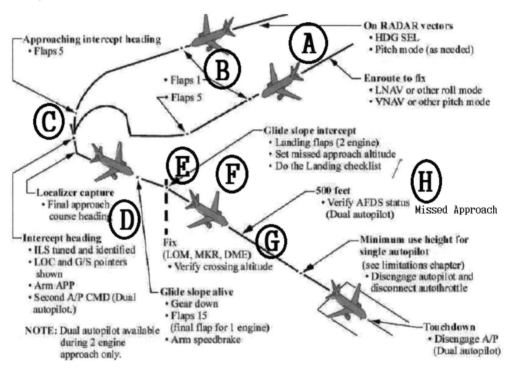

항공기가 활주로 접근거리에 따라 속도를 줄이고 Flaps을 내리며, ILS에 접근을 하면 Select 조건에 따라 Approach Mode를 선택하고 G/S, Localizer Indicator를 확인한다. 가능하다면 고도 강하를 조절하여 FAF 이전에 G/S, LOC를 Capture 하고 Landing Configuration을 완료한 후 안정된 상태에서 강하 착륙을 한다.

(1) Approach(220kts) ·························· Ⓐ

   ① HDG SEL(Radar Vector)

   ② LNAV(Procedual −Flap5 Approaching Fix)

   ③ VNAV must be deselected prior to approach

(2) Flaps 1(200kts) ·························· Ⓑ

(3) Intercept Heading(190kts) ·············· Ⓒ

   ① Flaps 5

   ② ILS Tuned & Identified

   ③ LOC & GS Pointers Displayed

   ④ Select VOR/LOC

(4) Localizer Capture ·························· Ⓓ

   ① Set Runway Heading

   ② Select Approach Mode When Cleared for Approach

(5) FAP(LOC, MKR, DME) ·············· Ⓔ

   ① Verify Crossing Altitude   ② Flags/No Flags(Check ILS Instrument)

   ③ Glide Slope Capture   ④ Set Missed approach altitude

(6) 4NM to Touch down ·················· Ⓕ

   ① Gear down   ② Flap 15(160kts)   ③ Arms Speed brake

   ④ Landing Checklist to Flaps(Vref+15): Landing Configuration complete

(7) Landing Flaps ·························· Ⓖ

   ① Complete landing Check list(Vref+wind correction)

   ② 1,000, 500ft: Check Stabilized

(8) Missed approach ·························· Ⓗ

   ① Push to TOGA Switch(Pitch Up 15도)   ② Go−Around Flaps 15

   ③ positive rate of climb: Gear up   ④ Lnav(HDG SEL)

⑤ Tune radio for Missd Approach　　⑥ Retract flaps on schedule

⑦ Auto Pilot engage　　⑧ After take off checklist

2) A-320 ILS Pattern: 몇 가지 기재취급만 다르고 B-737 패턴과 유사하다.

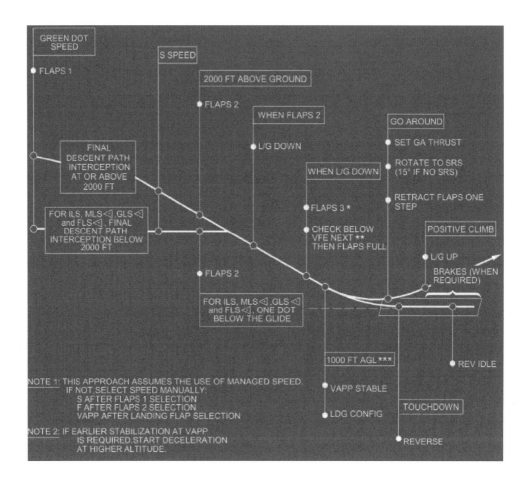

2. Arrival 절차에 의한 ILS 접근

1) 항로에서 IAF와 FAF로 접근 (세부 내용: 제4장 Energy Management 참조)

(1) ILS 접근을 수행하기 위하여 항로상에서 Feeder Route를 거쳐 IAF를 지나 Final에 진입하는 절차가 일반화되어 있다. 대부분의 공항은 항로에서 시작하여 계기 접근을 수행하는 접근 절차가 발행이 되어 있고 초기 ATC에 Contact을 할 때 조종사에게 접근 종류와 사용 활주로 방향 정보를 준다.

(2) 각 공항 접근 Charts에 Feeder와 Arrival Route를 지날 때 지켜야 할 고도와 속도가 명시되어 있고 또한 FMC에 입력이 되어 있다. 따라서 조종사는 접근 준비를 할 때에 제한 고도와 속도를 확인하고 지킬 수 있도록 계획하여야 한다.

(3) Approach Charts상에 명시된 고도, 속도 제한치가 FMC에 입력이 되어 있지 않다면 조종사가 수동으로 입력을 해야 한다.

(4) 항로로부터 강하 시기는 고도, 속도 제한치가 입력이 되면 FMC가 계산을 하여 강하지점을 나타내주므로 이것을 이용하여 강하하도록 한다.

(5) 항로에서 강하는 제4장 제3절 강하 및 접근(Energy management)을 참조한다.

(6) 감속과 Flap Down, 전방기와의 간격 유지도 제4장을 참조한다.

(7) 만약 전방기가 Heavy 항공기라면 10NM 이상의 거리를 계속 유지할 수 있는 속도를 유지할 것을 추천한다. 바람이 약하게 불거나 측풍이 없을 경우 전방기의 후류에 진입하면 소형 항공기는 뒤집어질 수가 있다.

(8) FAF로부터 거리가 많이 떨어져 있는 상태에서 ATC가 Flap Down 이하 속도로 줄이라고 지시할 때 Pattern을 통하여 항공기간의 간격 조절을 할 수 있다면 ATC에 요청하여 가능한 한 Flap을 UP 한 상태에서 비행을 하도록 한다.

(9) 이착륙 항공기가 많아 Holding 대기 중이라면 가능한 한 Flap Maneuvering Speed를 유지하여 연료 소모를 줄이도록 한다.

(10) At 혹은 Above 고도로 Way point를 통과하는 비행은 CDA(Continuous Decent Approach: 비 정밀접근 참조) 비행방법을 사용한다.

2) ILS 접근

(1) 가능하다면 LNAV를 이용하여 Final에 접근하고 Localizer는 18NM 정도에서 Select 하여 Localizer를 In Range에서 Capture 하도록 한다. 최근 항공기는 GPS가 정밀하게 항법을 수행하고 유도함으로써 LNAV로 비행을 할 때 ILS Final Course에 정확하게 항법을 할 수 있도록 해준다. 한 예로 LNAV에 의하여 Final Roll Out 한 후에 Localizer를 Engage 하면 Loc Capture를 위하여 항공기가 거의 움직이지 않는다. 그만큼 GPS가 정확하게 항공기를 유도하고 있음을 의미한다.

(2) FAF 도달 전에 Landing Configuration을 유지하고 FAF 이전에는 항공기가 안정된 상태에서 FAF를 통과하도록 한다. FAF 이전에 Step Down으로 되어 있는 고도 강하는 CDA 개념으로 강하를 추천하나 조종사가 비행하기 수월한 조작으로 수행을 하여도 무방하다. 다만 중간고도에서 ALT가 Capture 되면 다음 조작이 많아지고 복잡해지며 승객들의 안락함에 영향을 준다.

(3) FAF 도달 전에 여러 Step Down Fix가 있을 때 먼 거리 높은 고도에서 Glide Slope Capture를 시도하지 말고, In Range에 가까운 Fix 근처에서 Glide Slope Capture를 시도할 것을 추천한다. Step Down Fix가 많다는 것은 접근 지역에 장애물이 많고 False Capture의 가능성이 많음을 의미한다.

(4) ILS 접근 시 초기 접근 단계에서는 아예 LNAV와 VNAV를 이용하여 RNAV Mode를 사용하여 접근을 할 수도 있다. 이때 Approach select는 Loc In Range에 도달하면 수행한다. 다만 이때의 단점은 고도 강하가 Fix를 통과하면 강하하기 때문에 가파른 강하각을 가진 곳에서는 Auto Pilot는 고도 유지를 위하여 Pitch를 눌러 Idle 상태에서도 예기치 않은 속도 증가가 예상이 된다. (예를 들어 RKSS 14R, 32L/R 접근 시 FAF 고도 Set 후 VNAV로 강하 시 속도가 증가되어 Flaps을 Down 하고 고도 처리가 어렵다.)

3) Radar Vector ILS 접근

(1) 강하 접근

① ATC에 의하여 Radar Vector를 받아 ILS 접근을 할 경우에 FAF 접근 중 비행 Key Point는 고도와 속도 처리문제다.

② 참고로 Final Leg가 10NM일 때 항공기가 공항의 Abeam 위치에 있고 항공기의 고도는 7,000-7,500피트 속도를 250KIAS를 유지하고 있다면 정상적인 고도 속도를 유지하고 있는 것이라고 판단할 수가 있다. 이보다 높은 고도와 속도를 유지하고 있다면 Speed Brake를 사용하여 감속을 하거나 고도를 더 낮게 강하하여야 한다. Downwind 폭이 5NM 정도로 좁다면 Abeam에서 6,500피트 고도 유지를 추천한다. (예, 제주 Rwy 07 MAKET에서 Direct로 YUMIN을 비행 시 Abeam Point에서 6,500을 유지하여야 Stabilized APPR'가 가능하다.)

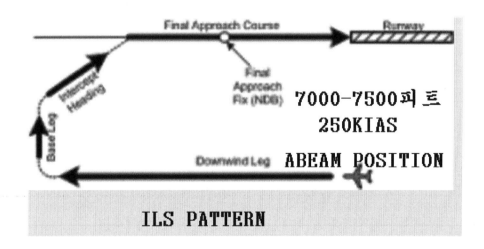

③ 고도 강하와 감속에 대한 특성은 제4장을 참조한다.

④ Landing Gear를 Down 하였을 경우 감속 효과는 통상 1NM당 20-30Kts가 감속된다. 고도 1,000피트당 3NM이 소요된다는 사실은 기본이지만 고도를 속도로 전환할 때 속도 30KIAS를 감속하려면 1,000피트를 강하하지 못한다.

(2) ILS Final Approach

① Approach Mode Select는 다음 네 가지가 충족될 경우에 수행한다.

Ⓐ ILS Identification이 되고　　　Ⓑ ATC Clear가 났을 경우
Ⓒ Intercept Heading이 되었을 때　　Ⓓ In Range가 되었거나 가까워 올 때

② 최소한 Final Turn 이전에 Waypoint Sequence를 순서 있게 정리를 해야 한다. "Extension" 이라고 부르는 이 절차는 접근을 위하여 Approach Mode나 Localizer Mode를 Select 하기 전에 이 작업이 이루어져야 한다. 두 가지 방법이 있다. 첫 번째 방법은 가야 할 Final상의 Waypoint을 Direct로 하고 Radial In Bound Heading에 Final Heading(A-320은 +180 하여)을 입력한다. 두 번째 방법은 가야 할 WayPoint를 Leg의 제일 앞 Top에 올려놓는 방법이다. 이렇게 하면 컴퓨터는 가야 할 Waypoint로부터의 거리 등 정보를 조종사에게 나타내준다.

③ Final Intercept를 하기 위하여 Roll out 되었을 경우 Glide Slope이 One Dot 위에서 이루어 졌다면 두 번째 Flap을 내려서 기종별 최적 Intercept 속도로 만들어 준다. 통상 170-200kts 정도의 속도로 Localizer를 Capture 한다.

④ ATC에서 고도를 내려주지 않거나 많은 속도로 접근하게 하여 속도를 줄이는 시기가 늦어 고도가 2 Dot 이상 높아졌거나 높아질 가능성이 있을 때 다음 절차에 의하여 고도, 속도를 처리한다.

Ⓐ ATC에 Extend Downwind Leg나 Final Leg 연장을 요구한다. 통상 2-3NM 정도 Leg를 연장하면 높은 고도나 속도 문제가 해결된다.

Ⓑ Leg를 연장해도 해결할 수 없을 경우 One Circling을 요구한다.

Ⓒ 조종사가 판단하여 높은 강하율로 강하 시 문제가 해결될 수가 있을 경우 기종별 절차를 수행한다.

ⓐ 고도가 높고 속도도 많을 경우: Landing Gear와 Speed Brake을 Down 하고 최초 Flap(Flap 1)을 내린 후 V/S나 FPA Mode를 사용하여 1.500FPM으로 강하한다. 이때 반드시 Localizer Capture 상태가 되어야 한다. 그런 다음 고도계의 고도는 현재 고도보다 높은 고도를 Set 해야 한다. 현재 고도보다 낮은 고도를 SET 하면 그 고도에 Level Off를 하기 때문이다. 만약 Missed Approach 고도가 현재 고도보다 높다면 그 고도를 Set 한다. Glide Slope이 밑에서 올라오면 Half 혹은 one Dot 전에서 강하율을 조절하면서 속도를 줄이고 남은 Flap을 Set 하여 Landing Configuration을 만든다.

ⓑ 고도가 높고 속도는 Maneuvering Speed일 경우: Flap 1을 내리고 Speed Brake를 사용하며 강하 1,500FPM을 Set 한다. 속도는 Flap1 속도로 줄이지 말고 Flap Maneuvering Speed -10-15KTS로 Set 하여 고도를 빨리 강하하도록 한다. 남은 거리를 판단하여 필요하다면 Landing Gear를 Down 하여 속도를 줄이면서 Glide Slope이 밑에서 올라오는 상황에 따라 Flap을 Down 한다.

ⓒ 위의 모든 조작은 1,000피트 이전에 종료되고 Landing Checklist까지 완료하여야 한다. 조종사가 판단하여 1,000피트 이전에 Stabilizer가 이루어지지 않았다면 Go-Around를 해야 한다. 많은 조종사들이 이러한 상황에서 Go-Around를 하지 않고 그대로 착륙해버리는 경우가 허다하다.

ⓓ 가능하면 높은 고도에서 Glide Slope를 Capture 하지 말 것을 권고한다. Unstabilized Approach를 만들어내는 지름길이다. 또한 이 상태가 되면 Flap Over Speed 가능성이 매우 높아진다.

ⓔ 참고로 Final 12NM 떨어진 지점에서 아래와 같이 Intercept Angle과 속도를 초과하면 Final을 Overshoot 하게 된다. 속도 220kts -47도, 속도 200kts -55도, 180kts -65도, 따라서 final intercept Angle이 위의 각도를 초과하면 ATC에 요구하여 Heading을 조절하여야 한다. 최적 Intercept 각도는 30도이다.

ⓕ ATC에서 Short Pattern으로 항공기를 유도하면서 고도를 강하시켜 주지 않을 경우 Localizer의 Course는 접근되고 있으나 Glide Slope Indicator가 수평자세계 밑에 있을 때 조종사는 즉시 고도강하를 요구하여서 FAF 고도로 계속 강하하여야 한다. 이때 고도가 높을 때의 절차 수행여부를 판단하고 결정한다.

ⓖ Approach Mode를 Select 할 때 Auto Pilot을 두 개 다 선택하여 Coupled Approach 상태를 만든다. ILS를 수행하는 동안에는 Auto Pilot을 두 개 모두 선택하여 작동시킬 수가 있다. 이것을 Coupled Approach라 한다. 두 개의 Auto Pilot이 협동하여 항공기를 정밀하게 Control 하게 된다. 하나의 Auto Pilot만으로 접근하는 것을 Single Channel Approach라 부르고 기종에 따라 다르지만 강하할 수 있는 최저고도가 두 개 작동 때보다 DH(DA)가 높아진다.

ⓗ ILS 접근 시 가장 문제가 되는 것은 High Speed와 높은 고도로 접근을 하는 것이다. 조종사는 이러한 상황을 만들지 않도록 유의하여야 하며, 본의 아니게 그러한 상황이 되었을 경우 이것을 수정할 능력을 갖추어야 한다. 이때 반드시 항공기 Auto Mode 사용에 관하여 알고 있어야 한다. 특히 ILS Approach Mode, Altitude Mode와의 관계를 잘 숙지하고 순간순간 달라지는 상황에 따라 변하는 Mode 사용에 대하여 숙달되어 있어야 한다.

ⓘ ILS 접근 시 또 다른 문제는 False Capture다. Glide Slope False Signal을 Capture 하여 따라가다 사고가 난 대표적인 항공기 대형사고가 1997년도에 일어난 괌 사고다. (※ 이 당시 Guam 공항의 ILS는 정비 중이었다. 하지만 괌 공항은 ILS G/S Signal은 계속 내보냈으며 VOR 접근 중인

조종사의 계기에 ILS Signal이 잡히자 조종사는 VOR 접근을 그만두고 ILS G/S False 신호를 따라가다 VOR이 있는 니미츠 산에 충돌한 사고이다.)

ⓙ 두 번째 문제가 위에서 예를 든 False Capture이다. False Capture를 피하기 위해서는 일단 NOTAM을 꼼꼼히 확인하고, Localizer나 Glide Slope In Range에서 Mode를 Select 할 것을 추천한다.

4) 여러 가지 ILS 접근 형태

(1) Straight –in Approach

항로로부터 Feeder Route를 거치거나 혹은 직접 IAF로 비행하여 항공기가 Final Course 방향으로 비행하여 ILS 접근을 수행하는 직진 접근절차다. 때로는 Straight in Landing과 혼용하지만 ATC에 의하여 특별한 용어로 사용된다. Straight In Landing Minimum은 일반적으로 Final Approach Course가 Rwy의 30도 이내로 되어 있거나 항공기가 Rwy에 기동을 하는 최소치가 요구되는 공항에서 사용된다. 접근 Course가 활주로에 적절하게 정대되어 있지 않거나 다른 활주로에 착륙을 해야 한다면 Circling 접근을 수행하여야 한다. Straight in Approach 관제용어는 "Cleared for Straight in ILS Rwy 00 APP'"이며 이 경우 Reverse Turn 등 어떠한 기동도 하지 말고 직진 접근하여 착륙하면 된다.

(2) Procedure Turn(PT)과 ARC Turn: Procedure Turn은 공항의 주변 여건에 의하여 항공기가 비행장 상공을 지나 IAF나 FAF로 비행하여 진입하는 접근 방식이다. Jeppesen Chart상에 NoPT(No procedure turn)가 명시되어 있으면 Procedure Turn(PT)을 하지 말고 Straight In Approach를 하면 된다. ARC Turn은 Final과 원주로 된 ARC로 연결되어 있다.

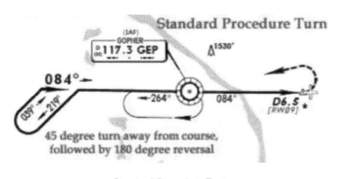

Standard Procedure Turn

Arc Turn

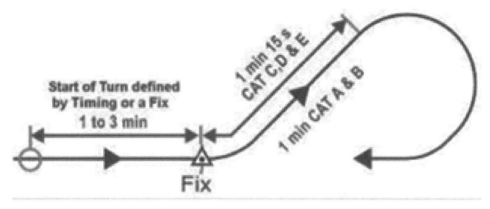

Standard Procedure Turn 비행 방법

(3) RNAV 지점을 설정하여 STAR 없이 직접 항로와 연결함.

5) Auto Approach and Autoland

(1) Auto landing은 ILS 정밀접근을 수행할 때만 가능하다. CAT 2.3 상태에서 Auto Landing을 수행하기 위해서는 조종사(기장, 부기장)는 별도 특수훈련을 받아 자격증을 획득하여야 되고 항공기도 꼭 작동되어야 할 장비가 있어야 된다. 항공기는 조종사에 의하여 실제 Auto Landing을 수행해보고 평가를 거쳐 가능 여부를 확인하여야 하며 국토부의 인가도 받아야 된다.

(2) ILS CAT I/II/III가 인가된 활주로와 Auto Approach가 가능한 활주로에서는 언제라도 Auto Approach와 Auto Landing을 실시할 수 있다. 다만, CAT 1보다 기상수치가 좋은 Ceiling 800FT, Visibility 2miles 이상일 경우는 지상차량이나 항공기로부터 ILS Critical Area에 대한 보호가 이루어지지 않는다. 이러한 경우 Approach 중 지상차량, 항공기 등에 의한 전파간섭으로 Approach Unreliable 상태가 발생 또는 기타 이유로 Manual Control이 필요 시 언제라도 Manual Flight로 변경하거나 Go-Around 하여야 한다.

(3) 조종사가 ATC에 Auto Approach와 Auto Landing을 실시한다고 통보하면 관제사는 지상차량이나 다른 항공기가 Critical Area에 있을 경우 이를 조종사에게 통보하여준다. 왜냐하면 GS, LOC Signal이 왜곡되어 항공기의 계기상에 Error나 False Capture를 일으키기 때문이다. 따라서 실제 기상이 CAT 1 이하 기상이 되면 지상차량이나 항공기가 Critical Area로 들어가지 못하게 막고 있다.

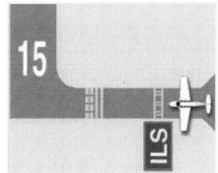

    (4) Auto Landing 절차는 각 기종별 절차에 의한다. 여기서 주목해야 할 것은 B-737 항공기는 Roll out 기능이 없다. Roll out 기능이 없다는 것은 항공기가 Auto 착륙을 한 후 Taxi Speed로 감속될 때까지 Run Way 중앙에 항공기를 계속 머무르게 할 수 있는 자동 기능이 없어 바람이나 혹은 항공기 Steering 상태에 따라 좌우로 이격될 가능성이 있다는 것을 의미한다. 따라서 B-737 항공기는 활주로 시정치를 정확하게 알고 Auto Landing을 해야 한다.

제4절

RADAR APPROACH

1. PAR(Precision Approach Radar)

1) 개요

기상이 시계 비행 상태가 되지 못하여 계기 비행을 하여 접근과 착륙을 수행하고자 할 경우, 활주로에 진입하는 항공기의 진입경로를 유도하기 위하여 관제사가 레이더 화면을 보고 조종사에게 최적 진입경로 비행을 라디오 주파수를 이용하여 구두로 지시한다. 이 접근은 ILS 장비를 갖추지 않은 항공기 또는 ILS나 VOR 장비가 고장 나고 기상이 VOR 기상치보다 낮은 경우에 이용된다. 주로 군용 비행장에 많이 쓰이며 일부 민간공항도 PAR 접근 Charts를 발간하여 사용하고 있다. 관제 레이더는 두 가지로 구분되어 있다. 수평관제와 수직관제 즉 접근 방향과 고도 강하에 대한 관제를 한다. 좀 더 구체적으로 설명을 하자면, Azimuth(360도 전 방향) Range(거리)를 관제하는 Radar로 거리는 40NM 이상, 고도는 20,000피트까지 Control 할 수 있으며 이것을 Airport Surveillance Radar(ASR)라고 한다. 또한 활주로와의 Azimuth 20도 이하, Elevation을 7도까지 그리고 10NM 이내까지 관제하는 PAR(Precision Approach Radar) 관제레이더를 운용하여 항공기를 수직, 수평으로 유도한다.

Final 이후 정밀 유도 없이 ASR만으로 항공기 접근 관제를 수행할 수도 있다. 레이더 관제사는 계기착륙장치의 지시기처럼 된 레이더 화면을 보고 조종사에게 최적 진입경로 비행을 지시한다. 따라서 지상관제 접근(GCA: Ground Control Approach)이라고 부르기도 한다. 이러한 방식의 착륙유도는 항공기에 통신 라디오 주파수와 Transponder만 있으면 관제를 할 수 있기 때문에 ILS 장비가 없는 일부 군용항공기가 많이 사용하고 있다. 하지만 최근에 군 공항도 ILS 장비가 설치되어 PAR은 예비 장비로 사용되는 추세이다. 민간항공기도 별도의 장비가 필요 없이 ILS 대신에 이용할 수 있어 ILS가 Out 되고 Ceiling이나 시정이 나쁠 경우에 유용한 접근이 될 수 있다.

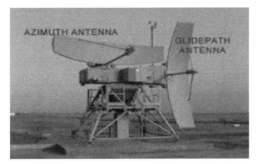
PAR Antenna

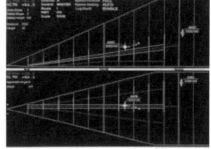
Radar Control Scope

2) PAR 접근준비

(1) 활주로와 Approach Course를 참조하기 위하여 Approach Arrival(DEP/ARR) Page에서 접근 활주로의 VFR Rwy를 선택한다.

(2) DA/DH Set(200+FE)

　　B-737: MINS Reference Selector에 Set 한다.

　　PERF Page --------- DA/DH를 입력한다. (A-320)

(3) RAD NAV Page ------------------- Complete

RAD NAV Page에 참조할 수 있는 항법시설(VOR/NDB)을 입력하고 EFIS control panel에 해당 VOR 또는 NDB를 선택한다. B-737은 Ref Nav Data에 착륙할 항공기의 Runway와 Airport Ident 입력을 확인한다.

(4) 참조공항 입력

　　B-737: Fix Page에 착륙할 공항을 입력하여 거리를 참조한다.

　　A-320: PROG Page ------- 착륙 활주로를 입력한다.

(5) 정밀 접근 일반 절차에 의거하여 기재 취급을 수행하고 준비를 한다.

3) 접근 방법, 절차

(1) 관제사가 Azimuth와 Glide Path에 관한 비행정보를 조종사에게 제공하여 항공기를 착륙활주로 연장선에 정대하도록 유도한다. 조종사는 관제사가 제공하는 Heading과 고도를 유지한다. 속도는 ILS 접근과 동일하게 감속 유지한다.

(2) Lost Communication Procedure: Downwind에 진입하면 관제사는 조종사가 Monitor 하는 Radio에 접근관제 중 Lost Communication 절차에 대하여 맹목 방송을 수행한다. 방송을 잘 듣고 이러한 상황이 발생하면 절차대로 수행을 하면 된다. ASR 관제에서는 15초, Final Approach에서는 5초

이상 통신이 끊어지면 아래와 같은 Lost Communications 절차를 수행하여야 한다.

　① Secondary 혹은 Tower Frequency로 통신을 시도한다.

　② 가능하면 Visual Flight Rule에 따라 비행한다.

　③ Non-radar Approach 절차를 따르거나 Lost Communication 절차가 있다면 따른다.

　(3) ATC는 다음과 같은 Lost Communication 절차를 조종사에게 송신한다.

　"IF NO TRANSMISSIONS ARE RECEIVED FOR(time interval: 예 5Sec) IN THE PATTERN OR FIVE/FIFTEEN SECS ON FINAL APPROACH, ATTEMPT CONTACT ON(frequency), AND PROCEED VFR. IF UNABLE PROCEED WITH(Nonradar approach), MAINTAIN(altitude) UNTIL ESTABLISHED ON/OVER FIX/NAVAID/APPROACH PROCEDURE."

　(4) ATC는 시정은 3Miles 이하일 경우 Ceiling은 Circling MDA나 1,000피트보다 낮을 때 조종사에게 기상을 통보한다.

　(5) Final 경로 진입 전까지는 ASR Controller에 의해 Radar로 유도되며 Final상에서는 Final Controller가 Azimuth와 Glide Path를 Control 한다.

　(6) 착륙을 위해 Manual Flight로 전환할 때까지 Autopilot을 사용한다.

　(7) HDG-V/S(TRK-FPA) Mode --------- Select

　HDG-V/S 또는 TRK-FPA Mode를 사용할 수 있으며 TRK-FPA Mode를 사용할 경우 최종접근 경로 진입 전 전환해야 한다.

　(8) 선회나 강하는 관제사가 지시하면 즉시 이루어져야 하며 Standard Rate Turn으로 이루어져야 하나 민간항공은 30도 이내의 Bank로 Auto Pilot을 사용하여 선회를 하여도 무방하다.

　(9) Final Course는 Touch Down Point로부터 약 8NM이다. Dog Leg는 Final Course로 전환하기 위한 Leg이다.

　(10) Landing configuration ------------- Complete

　① 통상 착륙 활주로 10NM 전에서 L/G를 Down 하고 Begin descent 시작 전까지 Landing Configuration과 Checklist를 완료한다.

　② Landing checklist는 Read & Response를 원칙으로 하나, ATC로부터 "Do Not Acknowledge Further Transmission" 지시 이후는 (기장의 ATC 관제사 Radio 수신을 위하여) PM이 모두 실시하고 완료 결과를 PF에게 Hand Signal로 보고한다.

　(11) 관제사는 강하 시작 10-20초 전에 "Approaching Glide Path Wheel Should Be Down"이라고 통보한다. 조종사는 곧 강하 시작을 예상하고 강하 지시가 있을 때 강하를 시작한다.

　(12) Descent ------ Initiate, Go-Around Altitude ..... Set

관제사의 "Begin Decent"라는 강하지시에 의거하여 초기 수평상태에서 3도 강하각으로 강하를 하고 이후 관제사의 연속된 지시에 의거 Azimuth와 Path를 Control 한다. B-737 항공기는 Begin Decent 전에 ALT Hold 상태를 만들어 놓고 고도계 고도는 Begin Decent 이후 Go-Around Altitude 고도를 Set 한다. 관제사의 Begin Decent에 따라 V/S Mode로 대략 3(2.5)도 강하각인 FPM을 유지하여 강하한다. 초기에는 강하각 100FPM을 더하여 유지하다가 "Slightly Above Glide Path" 관제가 나올 때 다시 3(2.5)도 FPM을 유지한다. (강하각은 Begin Decent 하기 전에 수평상태에서 유지된 자세계에서부터 강하 3(2.5)도를 의미한다. 예를 들어 수평 6도였다면 3도를 유지한다.)

A-320 항공기는 Alt 상태를 유지하고 Go-Around Altitude 고도를 Set 한다. 또한 Track FPA Mode를 사용하여 관제사의 Begin Decent 이전에 FPA에 3(2.5)도 강하각을 Set 하고 있다가 강하지시가 나면 FPA Switch를 Pull 한다. 섬세한 방위를 유지하고 강하각 Control을 하기 위해서는 B-737 항공기는 Heading, Track-FPA V/S Mode, A-320 항공기는 Track- FPA Mode를 사용한다.

(13) 관제사가 "Begin Descent" 시 강하각은 ±1° 이내로 조절하고 다음과 같이 강하각 유지 기준은 다음과 같다.

① 3° Glide Path인 경우, 대략 1/2 GAS × 10FPM이다.

② 2.5° Glide path = 1/2 GAS × 10 - 100FPM이다.

(14) Manual flight 시 Final Approach 단계에서 모든 선회는 선회할 만큼의 Bank(예: 5°선회 시 5° Bank)로 선회한다. 최대 Half Rate Turn(1.5°/sec: 140 knots는 약 11°bank, 160 knots는 약 12.5° bank)을 초과해서는 안 된다.

(15) 강하 중에 항공기가 정상 Glide path에서 벗어날 경우 관제사는 "Slightly" 또는 "Well"이라는 용어로 정보를 제공한다. FINAL 강하 시 HDG, V/S, TRK- FPA MODE를 사용하여 관제사의 지시에 따라 수정조작을 한다. "Slightly" 수정조작은 100FPM 이내 Azimuth는 1-2도 Heading으로 수정한다. "Well" 수정조작은 200-300FPM, Azimuth는 3도 정도의 Heading을 수정하다가 관제사가 다시 "Slightly"로 송신하면 수정량을 반으로 줄여준다. Auto Pilot을 이용하면 쉽게 이 수정조작을 수행할 수가 있다.

(16) 관제사가 항공기 수정조작을 위하여 사용하는 용어는 다음과 같다.

① Azimuth: HEADING 000, SLIGHTLY/WELL LEFT/RIGHT OF COURSE GOING LEFT/RIGHT OF COURSE, ON COURSE, LEFT/RIGHT OF COURSE

② Glide Path: SLIGHTLY/WELL ABOVE/BELOW GLIDE PATH, GOING ABOVE/BELOW GLIDE PATH, ABOVE/BELOW GLIDE PATH AND COMING DOWN/UP RAPIDLY/SLOWLY, ABOVE/BELOW GLIDE PATH AND HOLDING ON GLIDE PATH, 이외에 Correcting Slowly란

용어도 사용한다.

(17) 관제사는 Final에서 매 NM당 Touch Down Point로부터 남은 거리를 조종사에게 송신한다. "0 MILES FROM TOUCHDOWN"

(18) At DA/DH + 100FT -------- "ONE HUNDRED ABOVE" PM Call out

(19) At DA/DH --- "MINIMUM" PM이 Call Out 하면 기장은 "Landing or Go-Around(B-737)" "Continue or Go-Around Flaps(Airbus)"라고 Call out 하며 착륙 혹은 Go-Around를 수행한다.

(20) 항공기가 DH로 접근 중 관제사는 "AT DECISION HEIGHT"라고 송신하며 조종사는 고도계 또는 Radar 관제사가 지시하는 고도 중 먼저 도달하는 고도에 의해 결정한다. 시각 참조물이 보이지 않을 경우 Missed Approach를 수행한다.

(21) 조종사가 "Field 혹은 Rwy In Sight" Call을 하면 관제사는 "Proceed Visually" 혹은 "Missed Approach"라고 송신한다. 조종사는 활주로 시각 참조물을 이용하여 Manual Flight로 전환하여 착륙한다. PF는 Manual flight로 전환하고 PM이 FD를 Off 하고 Rwy Heading을 Set 한다.

① Autopilot -------------------- Disconnect

② Flight Director --- Off, Runway Heading Set

(22) 조종사는 Touch Down 혹은 다른 주파수를 지시할 때까지 현재 주파수를 유지한다. 관제사는 필요하다면 주파수 정보를 다음과 같이 준다.

"CONTACT(local ATC)(frequency as required) AFTER LANDING"

※ 참고로 동남아 지역에서 PAR/ASR 관제를 하는 공항은 다음과 같다.

광주, 김해, 대구, 사천, 청주 비행장, NAHA(ROAH, 오키나와), IWOTO(RJAW: 이오지마), RODN(KADENA, 가데나), RJAH(HAKURI: 일본 하쿠리)

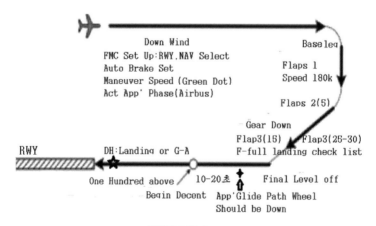

전형적 PAR Pattern

2. ASR

1) 개요

ASR은 비 정밀접근이지만 PAR과 밀접한 관제 형태이기 때문에 여기서 언급하기로 한다. ASR은 Airport Surveillance Radar로 관제사가 항공기의 Azimuth만을 Control 한다. 비 정밀계기 접근절차로 Glide Slope이 제공되지 않는다. 따라서 PAR 절차와 유사하나 Final상에서 고도 정보가 없는 것이 PAR과 다른 점이다.

2) 접근 준비

PAR과 동일하다. 접근 기상제한치가 PAR보다 높다.

3) 관제, 비행절차

(1) 관제사는 항공기의 Azimuth를 Missed Approach Point(MAP)까지 관제를 하며 조종사는 MDA까지 일정한 강하율로 강하해야 한다.

(2) 관제사는 조종사에게 Map이나 Landing Rwy Threshold까지 유도 정보를 지속적으로 그리고 강하 전에 강하고도를 송신한다. 조종사가 활주로나 항공등화 시설 등을 육안으로 식별할 때까지 항공기를 유도한다.

(3) 관제사는 강하를 하기 전에 강하 시작 거리를 알려준다.

"0 MILES FROM RUNWAY/AIRPORT. DESCEND TO YOUR MINIMUM DESCENT ALTITUDE."

(4) 관제사는 Radar Scope에 표시되는 항공기 표식을 보고 항공기의 비행 방향을 유추하여 송신을 하면서 항공기를 활주로 중심 연장선상으로 유도한다.

(5) Final 방위를 유도하는 관제사의 용어는 PAR과 동일하다.

(6) 조종사의 비행 조작도 PAR과 동일하다. 다만 Final에서 고도 강하 정보가 없기 때문에 활주로와의 거리에 따라 적절한 고도를 유지하는 것이 좋다. 강하 FPM은 항공기 속도에 따라 다르기 때문에 필요하다면 비 정밀접근의 항공기접근속도에 따른 강하율을 확인하여 참조하는 것이 좋다.

(7) 관제사가 "Begin Descent"를 방송하면 V/S, FPA Mode로 강하를 시작한다. 고도가 Set 된 MDA까지 강하하고 그 이후 절차는 PAR과 동일하다.

ASR Radar Scope

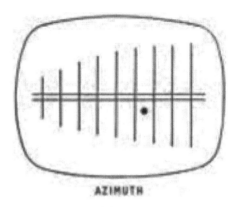

ASR 방위유도 Screen

제5절

ILS PRM 및 LDA PRM Approaches

1. 개요

한 공항에 두 개 이상의 접근 RWY가 있고 두 활주로간의 거리가 4,300피트 이상이 되었을 경우 두 활주로에서 동시에 ILS 접근이 가능하다. 이것을 Simultaneous Parallel ILS Approach라 부른다. 한편 4,300피트 거리가 떨어져 있지 않아도 PRM(Precision Runway Monitor)를 운영하여 IMC 상태에서 일정한 거리 이상 분리된 평행 활주로로 동시 접근을 가능하게 하였다. 현재 PRM을 사용하는 두 가지 계기 접근 절차는 아래와 같다.

2. ILS PRM(Precision Runway Monitor)

개별 활주로와 정대되어 있고 서로 평행한 두 개의 ILS로 이루어진다. ILS PRM은 두 개의 평행 활주로가 3,000feet 이상, 4300feet 미만의 분리된 곳에서 동시 계기 접근을 가능하게 한다.

3. ILS/PRM Approach를 수행하기 위한 절차는 다음과 같다.

1) 임무수행 전 ILS PRM/LDA PRM Approach 절차에 대한 교육을 받은 조종사만이 접근할 수 있다.

2) 접근 중 복수의 VHF 장비(접근, Tower 주파수)가 있어야 하고 조종사는 접근 중 Monitor 해야 한다. Breakout은 Tower Frequency를 통하여 전파된다.

3) ATC가 지시하는 결심고도(DA) 도달 전의 "회피기동(Break Out)"은 반드시 수동 비행(Manual Flight)으로 수행하여야 한다.

4) 조종사는 관제기구의 지시(Breakout) 또는 TCAS Alert에 대한 대응과 다른 항적에 의하여

실수로 침범한 (*Blundering이라 함) 항공기로부터의 회피를 위하여 즉각 조치를 하기 위한 준비를 하고 있어야 한다.

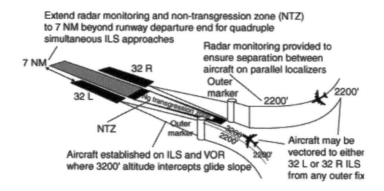

5) ILS PRM Approach가 운영 중일 때 접근 차트인 "Attention All Users Page"를 반드시 읽고 접근 전 ILS PRM에 대해 반드시 Briefing을 하여야 한다.

6) Breakout 지시는 다음과 같다.

"RADAR INDICATES YOU ARE DEVIATING LEFT (or RIGHT) OF THE LOCALIZER COURSE" "BREAK-OUT ALERT, (call sign), TURN LEFT (or RIGHT) IMMEDIATELY HEADING (3 digits), CLIMB TO (altitude)"

7) 항공기 기종에 무관하게 조종사는 Breakout 지시를 받고 8초 이내에 초당 3°의 선회율을 반드시 유지할 수 있어야 한다.

8) 다음 charts는 ILS PRM, LDA PRM 접근 절차의 예다.

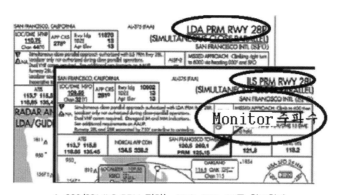

A-320/321 ILS PRM 절차는 PRO-SPO-85를 참조한다.

---

* Blundering: Localizer에 이미 진입한 항공기가 인접한 접근로상에 있는 다른 항공기를 향한 예상치 않은 선회를 하여 NTZ를 침범함.

9) ATC는 PRM Approach를 하는 동안 특별 PRM Radar를 사용하는 관제사를 운영한다. 이 관제사를 PRM 관제사(Final Monitor Controller)라고 부른다.

10) NTZ(No Transgression Zone: 진입 금지구역)란 다음과 같다.

① 최종 접근 코스 사이의 완충지대로 설정되어 있다.

② 최종 접근로로부터 동일 거리에 위치하며 2,000feet 폭으로 되어 있다.

③ NTZ은 PRM 관제사의 Display에 표시된다.

④ NTZ로 타 항공기가 들어가거나 접근하면 관제사가 진입금지 지시를 한다.

4. LDA PRM(SOIA: Simultaneous Offset Instrument Approach)

1개의 ILS와 1개의 Glide Slope 정보가 제공되는 LDA로 이루어진다. ILS는 해당 활주로와 정대되어 있으나, LDA는 평행 항적(Track)으로부터 Offset 되어 있다. 이 Offset는 750feet 이상, 3,000feet 미만의 분리된 평행 활주로에 동시 계기 접근을 가능하게 한다. Offset로 인하여 이 절차는 SOIA라 부른다.

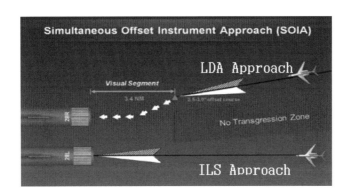

비 정밀접근 절차

1. 개요

1) 비 정밀접근은 단어 그자체로 해석이 된다. 정밀접근이 아니라는 의미이다. 비 정밀접근은 정밀접근이 제공하는 거리, 방향, 고도 정보를 정밀하게 제공하지 못하고 방향과 거리만 제공하고 고도 정보는 제공하지 못하는 접근 형태를 일컬어서 말한다. ICAO Annex 6에 다음과 같이 정의가 되어 있다. "A non-precision approach is an instrument approach and landing which utilizes lateral guidance but does not utilize vertical guidance."(비 정밀접근은 수직유도 없이 수평유도만으로 계기접근을 하여 착륙하는 절차이다.)

2) 비 정밀접근은 지상 장비인 Beacons과 항공기 탑재계기인 VOR, NDB, LOC와 때로는 DME 거리 정보 장비를 활용하여 조종사가 두 장비의 전파를 일치시키는 일이다. 방향유도는 접근 방향과 활주로에 대한 Radio Beacon의 To. From에 대한 방위로, LOC는 ILS 계기의 LOC Track의 상대적 위치를 나타내준다. 최근에는 기술의 발달로 RNAV(RNP) 절차가 발전되어 비 정밀접근인데 불구하고 강하경로를 제공할 수가 있어 비 정밀접근을 정밀접근에 준하여 수행하고 있다.

3) 비 정밀접근인 만큼 CFIT가 과거 비 정밀접근 도중에 많이 발생되었다. 발생 원인은 상황인식을 하지 못하고 FAF 이전에 강하하고, 정밀한 수직 강하를 하지 못하고 과도하거나 불규칙적인 강하를 하고, MDA와 FAF 중간 지점에서 수평비행을 하는 결과로 발생되었다. 이러한 지상충돌 사건 발생을 줄이기 위하여 ICAO에서는 *CDA/CDFA 절차를 만들어 시행하고 권장하고 있다. 그 일환으로 ① 비 정밀 계기접근도 정밀접근처럼 강하각을 명시하고 ② 속도에 따라 일정하게 강하하는 강하

---

* 비 정밀접근 시 CDA/CDFA를 사용하도록 ICAO에서 강력하게 권장을 하였다. JEPPESEN 회사에서도 "NEW POLICY CONCERNING THE GLOBAL APPLICATION OF AERODROME OPERATING MINIMUMS (AOM)"이란 "BRIEFING BULLETIN (JEP 15-A2: 31 JUL 15)"을 발간하여 조종사에게 공지하고 있으며 비 정밀접근 시 CDFA 접근 최저치란에 "CDFA"란 용어를 추가하여 조종사가 이를 적용하도록 권장하고 있다. (다음 쪽, ZSPD(푸동) VOR DME Rwy 17L 참조)

율(FPM) 표를 도시하였으며 ③ 활주로 접근 거리에 따라 유지하여야 할 고도를 명시하였다.

4) 컴퓨터의 발전으로 CDFA 조작은 FMC를 이용하여 일정한 속도로 일정한 강하각을 유지하여 강하를 하게 됨으로써 CFIT 발생 가능성을 줄일 수가 있게 되었다. 또한 비 정밀접근은 정밀접근보다 Auto Pilot을 덜 사용하지만 DA/H까지 Auto Pilot을 사용하여 강하함으로써 사고 발생의 가능성을 더욱 줄이고 있다.

2. 비 정밀접근 수행을 위하여 알아야 할 사항

1) 비 정밀접근 시 강하 방법

(1) Non Precision Approach에서 CFIT의 발생 가능성이 매우 높다는 것이 연구결과 밝혀졌다. 전통적으로 사용된 Non Precision Approach에서 Step Down 기술은 절차 자체가 확고하게 안정된 접근이 아니고 Error가 쉽게 발생되는 경향이 있어 권장되지 않는다. 조종사는 비 정밀접근 수행 중 강하 Path의 Control에 대하여 CFIT 결과를 초래하는 Error와 Risk를 줄여야 한다.

(2) 조종사들은 전형적으로 비 정밀접근을 수행할 때에 CDA/CDFA, Constant Angle Descent, Step Down descent 중 한 가지를 선택하여야 하며 이 중 CDA/CDFA 접근 기술이 선호되어야 한다. 즉 Workload를 줄이고 접근에서의 조종사 실수 가능성을 줄이기 위하여 비 정밀접근을 안전하게 해주는 CDA/CDFA 접근 방법을 사용하여야만 한다.

(3) Continuous Descent Approach(CDA)/Continue Decent Final

　　Approach(CDFA)

　　① CDA 강하는 접근 시 FAF 이전에 Fix 사이를 일정한 강하율로 강하를 수행하는 것을 말하며, CDFA는 FAF 이후 (FAF가 없는 곳은 Final Approach Segment에서) 일정한 강하각으로 Runway Threshold까지 혹은 Flare 할 때까지 중간에 level off 없이 강하하여 안정된 착륙을 하기 위하여 만들어진 하나의 강하접근 기술이다. CDA는 모든 접근에서 다 사용될 수가 있다.

　　② CDFA 기술은 Precision Approach 절차와 혹은 APVG(Approach Procedure with Vertical Guidance) 절차와 유사하게 Non Precision Approach Final Segment를 하나의 강하각으로 단순화하였다.

　　③ CDFA 기술은 조종사의 Situational Awareness를 개선시켰고 모든 Stabilized 접근 차트 간 행물들은 CDFA 기술을 사용하도록 하였다. 그리고 CDFA 접근 기술을 사용하지 않는 접근은 증가된 RVR, Visbility 요구치를 적용하도록 하였다. 접근에 사용될 때 "CDFA"라고 명시된다. (최근 중국의 모든 접근은 Final 강하각을 하나의 Angle만 있게 만들었고 CDFA라는 용어를 사용하고 있다.)

④ CDFA 기술은 항공기 탑재 장비를 이용하여 VNAV 유도장치나 혹은 Manual로 계산된 강하율 표에 의하여 비행을 하여 Level Off를 하지 말고 계속적인 강하를 한다. 강하율은 대략 Rwy Threshold에서 50피트나 혹은 항공기가 Flare 기동을 시작하는 지점까지 일정하게 강하하고 조절되어 있으며 이것에 맞추어 접근율이 설정되어 있다.

⑤ MDA/H에 도달하였는데 Visual Reference가 보이지 않으면 MDA/H 이하로 강하하는 것을 방지하기 위하여 즉시 MDA/H 이상으로 상승하여야 한다. 항공기는 MDA/H 근처 혹은 상공에서 수평비행(Level Flight)을 할 시간적 여유가 없다. Missed Approach를 할 때 어떠한 접근 형태이더라도 MAP'T가 되기 전에 선회를 하지 말아야 한다.

⑥ 이 접근의 경우 조종사가 MDA/H에 도달하면 Visual로 계속 착륙하거나 아니면 Missed Approach를 하든가 하나의 절차를 선택하여야 한다. CDFA 절차에서는 중간에 Level Off를 해서는 안 된다.

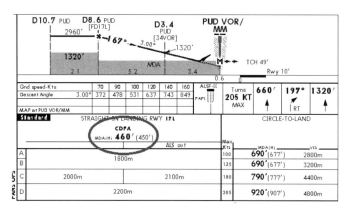

상하이 푸동공항의 VOR 접근 비정밀 접근이지만 CDFA로 강하를 하여 정밀접근
에 준하는 강하를 할 수 있고 Auto Pilot을 이용한 VNAV 접근도 가능하다.

⑦ VDA(Vertical Descent Angle)는 이전의 비 정밀 접근절차에서 제공할 수 없었던 FAF 또는 Step Down Fix로부터 Threshold까지 안정된 접근을 제공하기 위하여 설정되었다. 적정 각도는 3°이며 모든 접근절차는 이 3도 강하각에 근접되도록 수립된다. 조종사는 Approach Chart의 Conversion Table에서 설정된 강하각과 예상/실제 Ground Speed를 사용하여 Target 강하율을 결정할 수 있다.

⑧ CDFA가 접근 가능한 Charts에서 RNAV가 가능하면 착륙 접근 Minimum은 LNAV/VNAV Minima를 사용하고 LNAV만 적용 시 MDA/H를 적용한다.

⑨ LNAV/VNAV Minima를 사용할 때는 DA/DH를 적용하고 LNAV를 사용할 때는 MDA를 적용하여 각각 고도가 DA/DH나 MDA+50feet에서 시각 참조물을 확인하지 못하였다면 Missed

Approach를 수행하여야 한다.

⑩ 발간된 강하각이 VGSI(Visual Glide Slope Indicator: VASI or PAPI)와 상이할 때는 "VGSI and ILS Glide path not coincident"라고 명시가 된다. 이 항목에 대해서는 앞 절 PAPI에서 충분히 설명을 하였다.

⑪ CDFA 사용 시 이점은 다음과 같다.

Ⓐ 표준화되고 안정된 절차를 적용함으로써 안전을 기할 수가 있다.

Ⓑ 조종사의 상황인식을 증대시키고 Work Load를 감소시킨다.

Ⓒ 저고도에서 수평 비행시간을 줄여 연료절감과 소음 감소가 가능하다.

Ⓓ 정밀 접근과 유사한 강하를 하여 절차가 간소화된다.

Ⓔ Final에서 장애물 Clearance를 침범할 가능성을 줄인다.

(4) Constant Angle Decent(CAD)

① 두 번째 기술로써 FAF로부터 혹은 FAF가 없는 절차에서는 최적의 지점으로부터 일정한 강하율로 된 접근과 *Unbroken Angle이 된 접근에서 사용한다. 이 접근은 Vertical Descent Angle(VDA)이 설정되어 있으며 Visual 조건에 따라 Rwy Threshold에서 50피트까지 혹은 MDA/H까지 강하한다.

② Visual이 되면 항공기는 Level off 없이 계속 강하할 수 있다.

③ Visual이 되지 않으면 MDA/H에 Level off를 하고 Visual 조건이 될 때 계속 강하할 수가 있으며, Visual이 되지 않아 Missed Approach Point에 도달하면 Missed Approach를 수행한다.

④ Auto 강하 Mode를 사용할 수 없으며 V/S나 FPA Mode를 사용한다.

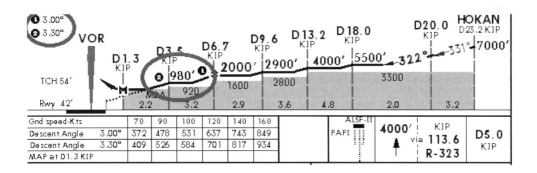

---

* Unbroken Angle: FAF로부터 MDA(H)까지 강하각이 하나 이상으로 되어 있지 않고 한 강하각으로만 강하할 수 있는 강하 Path를 가진 비 정밀접근 형태.

앞의 그림은 김포공항의 VOR Rwy 32R 접근 Charts의 일부 Profile이다. 이 그림에서 원으로 표시한 부분은 "UN Broken"이 되지 않은 접근절차를 보인 것이다. 개인적으로 "Broken Angle"이라고 표현을 해보고 싶다. Chart에는 두 개의 강하각(3도 3.3도)이 있고 KIP(김포) 3.5NM에 꺾어진 강하 Path가 있는 것을 볼 수가 있다. 이처럼 FAF로부터 강하 Path가 꺾어진 접근 형태에서 Constant Angle Decent는 불가능하다. 이러한 경우 조종사는 V/S 혹은 FPA Mode를 사용하여 강하하여야 한다.

(5) Stepdown Descent

① 3번째 기술은 가급적 빨리 MDA/H까지 강하하는 방법으로 강하각이 *15% 이내로 유지 가능할 때 사용한다. MAP't에서 혹은 전에서 Missed Approach를 수행하여야 한다. 이 강하법은 높은 강하율로 MDA/H까지 강하해야 하므로 장애물 최저고도에 유의하여야 한다.

② 이 강하방법은 고속 민항항공기에서는 추천하지 않는다. 왜냐하면 과거 착륙 접근 중 사고 조사 결과 사고의 많은 부분이 Stepdown Descent를 시도하여 과도한 강하각으로 강하를 하였기 때문이었다. 따라서 이 문제를 근본적으로 해결하기 위하여 CDFA 강하 방법이 채택되어 권장되고 있는 것이다.

③ 이 강하 방법은 저속 항공기에서는 사용될 수가 있다. 예를 들면 Final 속도 90kts일 경우 정상 강하율 3도일 경우 484 FPM으로, 두 배의 강하각으로 강하를 한다고 하여도 1,000FPM이 되지 않는 강하율이므로 조기에 MDA까지 도달하여 수평비행이 가능하기 때문에 이 강하방법을 이용할 수가 있다.

하지만 민간항공기는 IFR 상태에서 1,000피트 이하에서는 Stabilized 접근을 하여야 하고, 고속으로 움직이는 항공기라서 초기 강하율이 800~900FPM이고, 배풍이 불 경우에는 3도 강하각을 유지하려 해도 1,000FPM을 초과하기 때문에, 이 상태에서 여분의 강하각을 추가하면 강하각이 깊어져 MDA/H를 침범하여 강하한다든지 혹은 Minimum Altitude를 침범할 가능성이 있어 안전운항을 목표로 하고 있는 민간항공기에서 이 접근 강하방법은 추천되지 않는다.

2) Stabilized Approach를 하기 위한 강하율 설정

앞에서 살펴본 것처럼 CFIT 사고 분석 결과, FAF 이후에 일정한 강하율로 강하를 하지 않고 급격한 강하율로 강하를 한 것이 사고의 주된 원인으로 파악되었다. 이에 따라 사고방지를 위한 후속 조치로 Stabilized Approach를 수행하기 위하여 접근 차트에 다음과 같은 착륙보조 도표를 추가하였다. 비 정밀접근 시 반드시 이 도표를 이용하여 중간 Check를 해야 하고 오차가 있으면 수정하여야 한다.

---

* 강하각 3도는 약 5% 경사율이고 15%는 8.55도임. (제6장 참조)

(1) 속도에 따른 표준 강하율과 시간(예)

Gnd speed-Kts		70	90	100	120	140	160
GS	3.00°	377	484	538	646	753	861
VDA	3.10°	384	494	548	658	768	878
FAF to MAP	6.3	5:24	4:12	3:47	3:09	2:42	2:22

(예) GAS 140KTS 시 3도 GS일 경우 753 FPM, VDA 접근(비 정밀접근) 시에는 768 FPM을 유지하여야 한다. 시간은 FAF에서 MAP까지 2분 42초 소요된다.

Gnd speed –kts	120	140	160	180
Decent Angle (3.13)	665	775	886	997

(RKPK LOC 36L)

(2) 비 정밀접근 시 거리에 따라 유지해야 할 고도: 비 정밀접근 시 활주로에 설치된 DME에 따라 일정한 강하율로 강하를 하고 있는지 여부를 확인하는 기준이 된다. 만약 이보다 고도가 높거나 낮으면 적은 양으로 수정을 하여야 한다.

LOC (GS out)	MH DME	5.0	4.0	3.0	2.0	1.0
	ALTITUDE	2480'	2160'	1840'	1520'	1200'

Recommended Altitude Descent Table (예)

(3) VOR Approach 시 유지해야 할 거리별 고도와 강하각 (RKSS VOR 32L)

Gnd speed –kts		120	140	160	180
Decent Angle	3.00	637	743	849	955
Decent Angle	3.20	679	793	906	1018

(4) RNAV APP' 시 유지해야 할 거리별 고도와 강하각 (RKSS RNAV RW 32L)

Recommended ALT	Dist to THR	5.0	4.0	3.0	2.0
	ALT	1690	1370	1050	740

3) VDP(Visual Descent Point)

(1) 정의: 비 정밀접근 수행 중 계기접근으로 강하하여 조종사가 시각 참조물을 확인한 후 착륙을 할 때 MDA로부터 Touch Down Point까지 정상 강하를 하여 착륙을 할 수 있는 지점.

(2) 만약 VDP가 Charts에 발간되었다면 그것은 하나의 Waypoint로서 발간된 것이 아니다. 조종사는 VDP로부터 착륙지점까지의 거리에 따라서 정상적인 강하를 계획하여 착륙하여야 한다.

(3) VDP에서 조종사가 Unstabilized 조건하에서도 계속 착륙하려는 유혹을 억제하고, Final 강하 Path상에서 장애물에 충돌을 막기 위하여 FAA는 GPS를 바탕으로 VDP를 발간하기 시작하였다. 약자를 "V"라고 표시하는 VDP는 MDA에서 Touch Down Zone으로 3도의 안정된 강하각으로 강하하여 착륙할 수 있는 최후 지점이다. 하지만 모든 접근 Charts에 VDP가 명시되어 있지 않아 조종사는 착륙 이전에 VDP를 계산하여 접근을 수행하고 필요시 적용하여야 한다.

(4) MDA로부터 시계비행을 하여 착륙을 하기 위한 고도 조건은 VDP이전에 MDA가 이루어지고 시각 참조물을 보고 있어야 한다.

(5) VDP를 발간하지 않는 경우는 다음과 같다.

① 원격제어로 Altimeter Setting을 하는 공항(관제시설이 없는 공항)에서 MDA가 발간되었을 경우 VDP를 발간하지 않는다.

② Step Down Fix가 있는 바로 앞에 VDP를 만들지 않는다.

③ VDP가 MAP과 Rwy 중간에 있을 경우

④ DME 사용을 할 수 없을 경우

(6) 두 개의 Minimum이 있을 경우에는 낮은 것을 적용하여 VDP를 계산하여 적용하고 VDP에서 VGSI를 Insight 하였다면 이것을 이용하여 착륙한다.

(7) 강하각이 3도일 때 VDP를 계산하는 방법은 다음과 같으나 실제 비행하면서 적용하기에 복잡하므로 우측의 간소화된 공식을 사용한다.

$$VDP = \frac{MDA-(TZE-50)}{318} \qquad VDP = \frac{MDA-FE}{300}$$

위의 공식에서 VDP 거리는 MDA에 따라 달라진다. 즉 VDP는 MDA의 함수이다. (예) RKPK VOR DME 36L의 VDP, VDP(4NM) = [MDA(1220)-FE(13)] ÷ 300

(8) 위의 공식에 의거 VDP를 산출하여보면 대부분 MDA 지점이 VDP와 거의 일치한다. 이 의미는 MDA에 도달하여 시각 참조물을 보지 못하였을 경우 수평비행을 시도하지 말고 바로 Go-Around를 하라는 의미다.

4) Minimum의 적용

(1) DA(H)의 적용

① RNAV Approach Chart에 LNAV/VNAV Minimum이 발간된 경우

② Non-precision Approach Chart에 "Only authorized operators may use VNAV DA(H) in lieu of MDA(H)"라고 명기되어 있을 경우

(2) MDA(H)의 적용

① DA(H)가 적용되는 경우를 제외한 Non-precision Approach

② MDA로 된 최저치는 기종과 접근 종류에 관계없이 항상 항공기 강하 특성을 고려하여 MDA+50피트를 FMC에 입력하거나 계기에 Set 한다.

5) 비 정밀 Missed Approach Diagram 의미

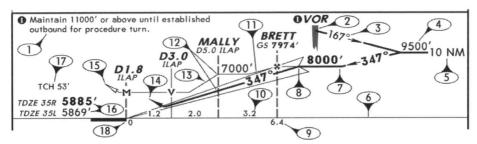

14 — Pull-up representing the DA/MDA or when reaching the descent limit along the GS/VDA.

15 — Pull-up arrow associated to a non-precision approach not using a CDFA technique.

14: GS(CDFA를 의미함)과 VDA에 따라 최저 강하고도까지 다다랐을 때나 혹은 DA/MDA에서 Pull Up을 하라는 의미

15: CDFA 기술을 사용하지 않는 비 정밀접근(Step Down Decent)에서 Missed Approach Point까지 수평비행을 한 후에 상승하라는 의미

※ 비 정밀접근 CDFA, Constant Angle Decent를 수행하는 접근 강하에서 Missed Approach Symbol은 Visual Cue를 보지 못하면 MDA에서 바로 Pull Up 하라는 의미이지 수평으로 Map't까지 비행 후 상승하라는 의미가 아님. 이때 수평으로 된 화살표는 Step Down 강하에서만 적용되는 조작이다.

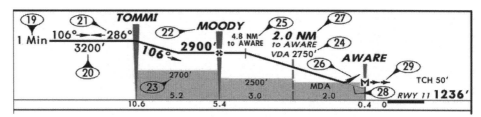

26 — Pull up along the VDA at the DA/MDA is depicted relative to the missed approach point.

26: Missed Approach Point에 관련되어 기술된 DA/MDA에서는 VDA에 따라 PULL UP 하라.

※ DA(H)/MDA 도달 시 시각 참조물이 없으면 VDA에 따라 즉시 Pull Up 하여야 한다.

6) Final Approach 추천 Roll Mode

구분	B-737	A-320
LOC APP'	VOR/LOC or LNAV	NAV, LOC
VOR, NDB APP'	LNAV, VOR/LOC, HDG SEL	NAV, HDG SEL
VNAV, GPS	LNAV	NAV

※ Auto Pilot은 적절한 Visual Reference가 확보될 때까지 사용한다.

3. RNAV 접근 절차

1) LNAV, VNAV란 무엇인가?

(1) LNAV와 VNAV는 비행유도 체계의 일부로 각각 Lateral Navigation, Vertical Navigation의 축약어이다. LNAV는 조종사가 컴퓨터의 Route나 Leg Page 그리고 FMC Departure/Arrival Page에 입력한 항로를 따라 비행하는 것을 말한다. 이때 항공기는 여러 가지 항법 장비(VOR, NDB, DME 등)와 GPS, IRS 위치를 참조하고, 컴퓨터가 자체 계산에 의하여 생성한 컴퓨터 좌표에 의하여 비행을 한다. 이 좌표를 FMC 좌표라고도 한다. 조종사는 이 항로를 따라 비행을 하려면 Auto Pilot Lateral Mode인 LNAV Mode로 자동 비행을 해야 한다.

(2) VNAV는 항공기 FMC에 입력된 각 Waypoint에 원하는 고도와 속도를 입력하고 항공기의 Auto Pilot Mode를 VNAV로 선택하면 자동항법 장치가 고도를 계산하여 강하나 상승을 하도록 만든 "고도 자동항법 장치"라고 말할 수 있겠다. 이러한 자동 비행은 접근 절차에도 사용될 수가 있어 항공기마다 자동비행장치를 이용하여 정밀하게 설계된 고도와 속도를 유지하고 LNAV를 이용하여 Waypoint로 비행한다. 그리고 VNAV나 Vertical Mode를 이용하여 설정된 최저고도까지 강하하여 활

주로를 본 후에 시계비행으로 전환하여 착륙할 수 있는 일종의 자동비행장치를 이용하는 비행의 한 형태이다. 이때 Auto Throttle 기능이 조종사가 임의 지점에 입력한 고도와 속도를 유지하게 해준다.

(3) 한편, VNAV는 이륙, 상승할 때에도 사용되어 특정한 지점에서 특정한 속도와 고도를 유지할 수가 있다. 이 절차는 이미 Departure 절차에 포함되어 있기도 하고 조종사가 고도 속도를 지정하여 별도로 입력하여 비행할 수도 있다.

만약에 조종사가 Auto Pilot을 사용하지 않고 Manual Flight를 한다고 하더라도 컴퓨터에서 산정한 LNAV, VNAV 정보는 계속적으로 Flight Director를 통하여 조종사에게 제공된다. 이때 조종사는 Flight Director만 따라가기만 하면 LNAV, VNAV 비행을 수행하게 되는 것이다. 최근에는 항법 시설과 컴퓨터의 발전으로 각 공항마다 RNAV 접근 차트를 발행하고 있다. 그리고 ILS나 VOR보다 RNAV 접근을 더 선호하여 수행하고 있으며, 현재는 RNAV GPS 접근 형태를 *WAAS와 LAAS의 개념으로 발전시키어 일부 공항에서 사용 중이다.

2) RNAV, RNAV Approach란 무엇인가?

(1) RNAV는 "Area Navigation"의 약어이다. 과거의 항법은 지상에 설치되어 있는 항법 보조장비(VOR, NDB 등) 상공을 연속 비행하는 방식을 사용하였다. 이때는 항법 장비를 따라가느라 목적지까지 직선비행을 하지 못하고 지그재그 비행을 하였다. 하지만 항공기에 소형화된 컴퓨터를 장착하여 사용하면서 지상의 한 Station으로부터 멀리 떨어진 지점에 가상의 Waypoint를 만들어 이 지점으로 직접 비행을 하여 출발지부터 목적지까지 거의 직선으로 비행하게 되었다.

(2) 최근에는 GPS가 사용되어 직선비행을 손쉽게 함으로써 RNAV 개념에 GPS 비행을 포함하게 되었다. 한편 RNAV는 항법뿐만 아니라 접근 착륙에서도 RNAV의 특성을 살려 활주로 접근 연장선 방향에 정확한 지점을 설정하여 일정한 고도를 유지하도록 하고 그 지점으로부터 일정한 지점의 최저 고도까지 최적의 강하각으로 강하하여 활주로를 육안 확인하여 착륙하도록 하였다. 좀 더 간단히 표현을 하자면 "RNAV=LNAV+VNAV"라고 할 수 있겠다. 여기서 우리가 주목하여야 할 것은 RNAV에서 사용되는 지점을 얼마나 정확하게 찾아가느냐하는 문제다. 따라서 항법오차를 설정하여 오차가 특정치 이내에 들어왔을 때에만 접근할 수 있도록 하였다. 오차 설정치를 **RNP(Required Navigation

---

* WAAS(Wide Area Augmentation System): GPS 신호를 송신하여 왜곡된 정보를 FILTERING 하여 깨끗한 GPS 정보를 재송신하는 지상에 설치된 장비, LAAS도 같은 개념임. 제6장 참조.
** RNP(Required Navigation Performance): 항공기가 정해진 공역 또는 항로운항에 필요한 항행 성능의 정확도를 표시하는 것으로 총 비행시간의 95% 동안 RNP 형식에 명시된 오차의 범위 내에서 운항하여야 하는 것을 말한다. 지정된 공역 내에서 운항에 필요한 항행 성능을 말한다.
ANP: 실제 나타난 항법장비의 오차를 말한다. 제6장 참조.

Performance)라고 하여 각 접근 종류마다 최대 오차 수치를 설정하여 항공기가 이 이상 오차를 보일 때 Boeing 항공기는 "UNABLE RNP", Airbus에서는 "GPS Primary Lost"라고 FMC에 경고가 나와 이 접근을 수행할 수 없음을 조종사가 인지토록 하였다.

(3) RNAV 접근을 하는데 이처럼 RNP가 조건이 되므로 접근 종류를 표현할 때 RNAV(RNP) 접근이라 하고 주로 GPS를 사용하여 오차를 산정하기 때문에 RNAV(GPS or *GNSS) Approach라고도 부른다. 항공기는 RNAV 항법에 사용될 위치 정보를 GPS 좌표, IRS 좌표, FMC 좌표, 항법장비 정보를 종합하여 현재의 정확한 항공기 위치를 산정한다. 이렇게 계산된 위치 정보를 ANP라 하고 컴퓨터는 RNP와 오차를 비교하여 특정한 제한치 이상 오차가 발생 시 경고를 하게 된다.

3) RNAV Approach 종류

(1) RNAV(RNP) Approach   (2) RNAV(GPS or GNSS) Approach

(3) RNAV(VOR/NDB/) Approach

4) RNAV, VNAV 접근 시 제한 사항

(1) 개요: 항공기의 RNAV, VNAV 기능을 모든 공항의 접근 차트에 다 사용 할 수 있는 것은 아니다. 기종별로 다음과 같은 제한 사항이 따른다. B-737과 A-320 항공기의 제한 사항의 원리는 거의 유사하다.

(2) A-320 항공기 RNAV, VNAV Approach 제한사항: 아래의 경우 VNAV Approach를 실시할 수 없다. 이러한 조건에서는 LNAV만 사용하고 Vertical Path 강하는 VS 혹은 FPA Mode를 사용하여야 한다.

① FMC에 VNAV Path Angle이 표시되지 않을 시 (세부 VOR RWY22)

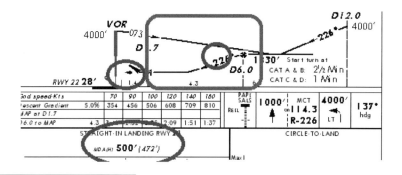

---

* GNSS(Global Navigation Satellite System): 미국의 GPS와 유사한 위성측위시스템을 유럽에서 GNSS라 부르며 러시아는 GLONASS라고 한다.

② VNAV Path가 TCH 약 50FT에서 종료되도록 설계되어 있지 않은 경우 Approach Chart Profile View에서 강하각이 아래 그림과 같이 FAF에서 TCH까지 점선으로 연장되어 있어야 한다. 다만 LNAV/VNAV 최저치와 MAP(MX 00)가 인가되어 있을 경우는 RNAV 접근이 가능하다. (RKPC RNAV RWY07)

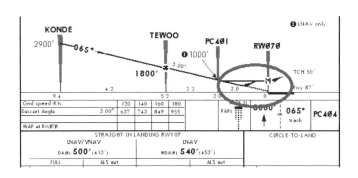

③ FMC LEG/F-Plan에 정밀 접근처럼 RWY와 TCH가 명시되어 있을 때 RNAV 접근 가능하다. (예) RPVM VOR RWY 04 .... 133/0070)

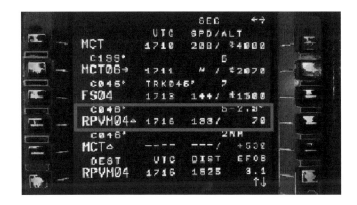

④ NAVAID Accuracy 범위 (ANP 0.3NM) 초과 시
⑤ OAT가 공항인가 최저치 이하 시 (미 설정 시 -15℃)
⑥ RNAV(GPS) Approach chart상에 "NAV ONLY" 표기 시
⑦ QFE를 사용하는 공항 접근 시

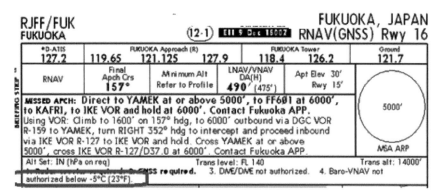

FUKUOKA RNAV Rwy 16 접근 온도는 섭씨 -5도

(3) B-737 VNAV 사용 시 주의 및 제한 사항

① Final Approach Path에 관한 사항은 다음과 같이 세 가지 조건 형태로 Navigation Database에 입력이 되어 있다.

Ⓐ VNAV를 수행하기 위해서는 Leg Page의 Final Approach 구간에 Glide Path가 나와 있어야 하고 Final Approach 구간은 VNAV 수행하기에 문제가 없어야 하며, Step Down 고도를 적용할 수 있어야 한다. 즉 두 개의 Angle을 가진다든가 하는 문제가 없어야 된다.

Ⓑ Glide Path가 없더라도 Runway(RWXX)와 Missed Approach인 MXxx가 나와 있어야 한다. 위의 두 Wappoint는 Threshold 통과고도 통상 50피트로 표시가 되어 있어야 한다. VNAV를 수행하기 위하여 있는 그대로 사용하고 Runway Crossing Height가 만약 50피트로 반영되어 있지 않으면 조종사가 4단위 숫자로 직접 입력할 수가 있다. (예 FE 40+50=0090)

Ⓒ VNAV 비행 방식은 이렇게 수정하여서 접근을 할 수 있지만 접근을 수행할 때 항시 Raw Data(VOR, NDB, DME, etc.)를 Monitor 해야 한다. 각각의 최저고도를 지켜야 하며 이때 Manual 방식으로 입력을 하였다면 DA(H)를 사용하지 말아야 한다. 이런 상황에서 접근 Chart는 MDA로 발간이 될 것이다.

② ILS approach에 나와 있는 Threshold Crossing Height를 LOC나 NDB 접근에서 사용할 수가 있다.

③ Runway 접근 끝단에 일치하는 Waypoint(RWXX, MX XX)가 없는 접근 즉 Rwy Threshold 이외의 지점에 Leg Page에서 Missed Approach Point가 있는 VOR 접근과 Circling 접근은 VNAV 접근을 수행하지 말아야 된다. 왜냐하면 정상적으로 Glide Path가 Runway에 일치하지 않기 때문이다.

④ VNAV는 다음특성을 가진 접근에서 사용가능하다.

Ⓐ LEG Page상에 Published GP angle이 Final Approach 구간에 나와 있어야 한다. 또한 UnBroken Final Leg이어야 한다. Final Angle이 나와 있지 않아도 일정하게 강하각이 설정되어 있으면 가능하다.

Ⓑ RWXX Waypoint가 Runway 끝 지점(Threshold)에 있어야 한다. 즉 강하각이 일정하게 Rwy Threshold 고도까지 연장되어 있고 FMC상에 입력되어 있어야 한다. FMC상에 고도가 입력이 되지 않을 때는 조종사가 입력을 할 수가 있다. 이때는 MDA 고도를 사용하여야 한다.

Ⓒ MAP가 접근 활주로 끝 부분에 있어야 한다. (예: MXxx)

Ⓓ 기타 QFE 사용 공항에서, RNP가 제한치 내에 있어야 하고, -15도 이하에서 사용해서는 안 된다.

(4) VNAV Approach 가능 접근 Chart (예)

B-737은 VNAV MODE, A-320은 APPR Mode를 사용하여 가능한 접근이다.

① LNAV/VNAV 인가 접근 (RKPC RNAV Rwy 07)

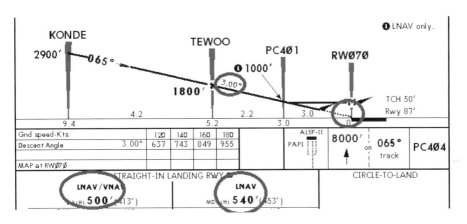

❶ TCH까지 일정한 강하각인 3도로 설계되어 있고 FMC상에도 3도가 FAF로부터 명시되어 있음.
❷ LNAV/VNAV 최저치가 발간되었음.
❸ FMGC상에 Rwy와 TCH가 나와 있음.

VNAV나 Approach 접근 Mode를 사용할 수 없을 경우 LNAV 최저치를 사용하여야 한다. 이때 최저치는 MDA+50피트가 된다.

② MDA로 인가된 공항 접근 (RPVM VOR RWY 04: 필리핀 세부 접근)

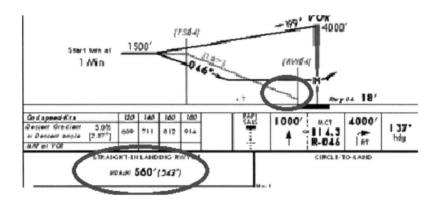

❶ FAF로부터 TCH까지 일정한 강하각으로 설계되어 있고
❷ FMC에 강하각과 Rwy 그리고 TCH 고도가 나와 있으며
❸ TCH까지 강하 경로가 연결되어 있음. 따라서 VNAV, Approach Mode 사용이 가능하다.

③ LNAV/VNAV가 인가되어 있고 MAP(MXxx)가 발간되었을 때 (예: 김해 RNAV 36L/R)

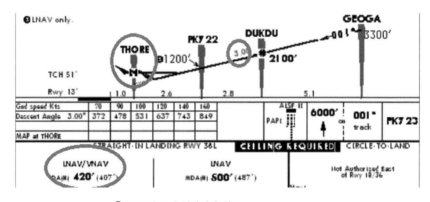

❶ LNAV/DA가 인가되어 있고
❷ MAP(MXxx)가 접근 활주로 끝 부분에 있을 때
❸ FAF로부터 3도 강하각이 Unbroken Angle임.

　　이런 접근은 A/P가 Engaged 된 상태에서 MAP를 통과하면 자동으로 Heading Mode와 V/S로 바뀐다. 또한 FAF 접근이 수평이 아닌 강하각으로 이루어져 있기 때문에 Tibol 통과 전에 두 번째 Flap을 Down 하여 속도를 줄이고 안정된 강하를 하면서 FAF 3NM 전에 Landing CONF'를 FAF 전에 완료한다.

　　(5) LNAV Approach만 가능한 접근(VNAV나 Approach Mode 사용이 불가하며 따라서 VNAV 접근 불가능하고 LNAV 접근으로만 가능하다.)

① (예 1) RKPK (김해) VOR 36L 접근

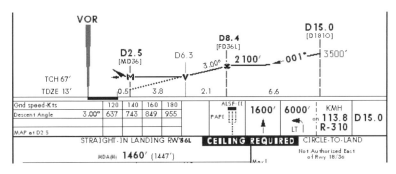

❶ 일정 강하 경로가 TCH까지 설계되어 있지 않고
❷ FMC상에 착륙할 Rwy와 TCH 고도가 없으며 LNAV/VNAV가 인가되지 않음.
❸ 도표상 FAF에서 TCH까지 점선으로 연장되어 있지 않음.

RKPK VOR 36L FMC Leg/Fplan

② (예 2) RPVM(세부) VOR RWY 22 접근

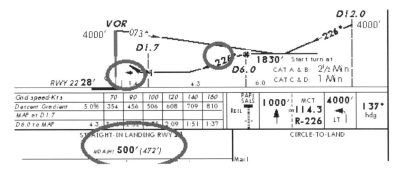

❶ 강하 ANGLE 표시가 없고 TCH까지 강하가 설계되어 있지 않음.
❷ FMC에 Rwy와 TCH 고도가 나와 있지 않고 LNAV/VNAV 미인가

RPVM RWY 22 FMC Leg/Fplan

5) RNAV(RNP) Approach

(1) 개요: RNAV(RNP) Approach는 LNAV 및 VNAV 기능을 이용하여 수행하는 PBN(제6장 참조) 접근절차의 한 종류이며 아래와 같은 특성을 가지고 있다.

① RNP 수치가 0.3NM 이하가 되어야 접근이 가능하다.

② Final Approach Fix(FAF) 또는 Final Approach Point 전후에 곡선비행 구간(Radius to Fix Legs)이 존재할 수 있다.

③ 항로 중심선을 기준으로 하여 수평으로 좌, 우 각각 RNP 값의 2배에 해당하는 보호구역을 설정하여 운영하고 있으며, RNAV(RNP) Approach를 수행하기 위하여 조종사와 항공기는 필요한 요구조건을 충족해야 한다.

④ Approach Chart에는 'RNAV(RNP)RWY XX'로 표기된다.

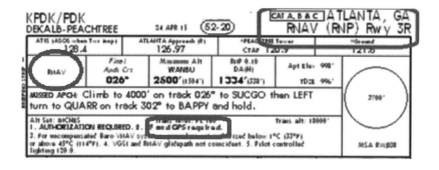

⑤ RNAV(RNP) Approach를 수행하기 위한 항공기의 요구 장비는 해기종 "Airborne Required Equipment"를 참조한다.

⑥ RNAV(RNP) Approach는 Auto Pilot 사용이 추천된다.

⑦ 조종사는 착륙접근 준비 시 해당 공항 도착 시각의 RNP Availability을 확인해야 한다. 세부 접근 절차는 7)항의 RNAV/RNP/VNAV/GPS Approach 준비 및 절차를 참조한다.

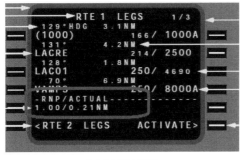

B-737 RNP/ANP · A-320 RNP/ANP

6) RNAV GPS(GNSS) Approach 종류와 일반사항

(1) GPS Overlay Approach

① 이 접근은 1990년대에 미국 FAA에서 VOR 등, 비 정밀접근에 사용되는 여러 장비대신 위치정보를 GPS 정보로 대체하여 접근을 수행하는 것으로 새로운 개념의 접근 형태로 만들어졌다. 이 접근 형태는 GPS 장비를 이용하여 기존의 VOR, VOR/DME, NDB 등의 Non-Precision Approach 를 가능하게 하는 절차다.

② GPS Overlay Approach는 기존의 Non Precision Approach와 동일한 개념의 절차이다. GPS Overlay Approach 시 VOR의 Radial로 표시된 Chart의 Track과 GPS 장비로 표시되는 비행 Track과는 약간 차이가 있을 수가 있다. 이것은 VOR Radial은 VOR Station의 Variation을 적용하고 GPS Operation 시에는 현 위치의 Local Magnetic Variation을 적용하여 나타내기 때문이다.

③ GPS Overlay Approach 시 접근 Chart가 "GPS"로 발간된 절차에서 Ground based Navaid(VOR 등)의 작동이나 Monitor는 필요하지 않다. 그러나 GPS를 사용하여 Approach를 계속할 수 없을 시 발간된 절차에 필요한 Ground Based Navaid는 작동하여야 하며, Ground based Navaid의 Raw Data를 Monitor 하고 Tolerance를 준수해야 한다. 예를 들면 RNAV(VOR/DME)가 이에 해당한다.

(2) GPS(GNSS) Stand-Alone Approach

① 이 접근 절차는 기존의 Approach와 Overlay 되지 않는 Non-Precision Approach로서, GPS 좌표로 이어진 여러 Waypoint를 거쳐 Final로 비행한다. 이 절차를 수행하기 위한 Waypoints는 Navigation Database에 입력되어 있어 조종사가 접근 종류를 선택하면 이 접근을 수행할 수 있다.

② 현재 WAAS 장비가 설치되어 있는 활주로에서는 RNAV(GPS)를 수행하고 있으며 설치가 되어 있지 않는 활주로에서는 RNAV(RNP)와 동일한 접근을 수행하고 있다. GPS Alone Approach chart는 대부분 "RNAV(GPS) RWY(XX)"의 형태로 발간된다. 일부는 "GPS RWY(XX)"의 형태로도 기술된다.

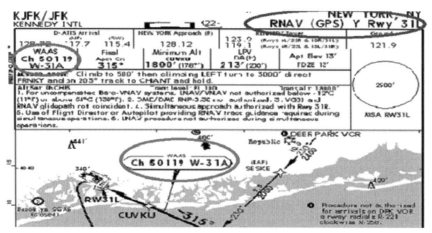

WAAS 장비를 이용한 RNAV(GPS) Approach

③ 일반적으로 각 Approach는 Initial Approach Waypoint(IAP), Intermediate Waypoint(IWP), Final Approach Waypoint(FAWP), Missed Approach Waypoint(MAWP), Missed Approach Holding Waypoint(MAHWP) 등을 포함한다. MAWP를 제외한 모든 Waypoint들은 다섯 자리 알파벳 이름으로 Code화되어 있다. Waypoint의 순서는 발간된 GPS Approach Chart에 있는 순서와 동일해야 한다. MAWP와 MAHWP는 항상 "FLY Over" (Over Flying을 해야 하는) Waypoint이다.

(3) GPS 접근을 수행하는 동안 어떠한 경우에도 발간된 계기 접근 절차의 Waypoint를 수정하거나, Manual로 어떠한 자료도 변경 입력해서는 안 된다. 접근 Chart와 ND에 도시된 정보상에 약간 차이점이 있을 수가 있다. 이것은 제작사의 좌표산정 절차와 GPS의 실제거리와 DME 정보간의 오차에서 생긴 것이다.

(4) GPS(GNSS) Approach 시 작동 장비는 해기종 절차에 의한다.

(5) 목적지 공항에 GPS Stand-alone Approach만으로 비행 계획이 될 경우 교체공항에는 반드시 GPS Approach 이외의 인가된 계기 접근절차가 있고 이용 가능하여야 한다.

(6) GPS 장비가 정상 작동되고 GPS에 의한 FMC Position Update가 이루어져야 하고, Radar Vector가 아니면 IAF에서부터 접근을 수행하여야 한다.

(7) 접근 시작 전 RNP Value(RNP 0.3)를 확인하여야 한다. 만약 자동으로 바뀌지 않는다면 수동으로 입력하여야 한다.

(8) 접근 중 아래의 경우 Missed Approach를 하여야 한다.

Boeing: "GPS" 또는 "UNABLE RNP" 혹은 "VERIFY POSITION"이 Display 될 때

Airbus: "GPS PRIMARY LOST" 또는 "NAV ACCUR DOWNGRAD" 혹은 "FM/GPS POS DISAGREE"가 Display 될 때

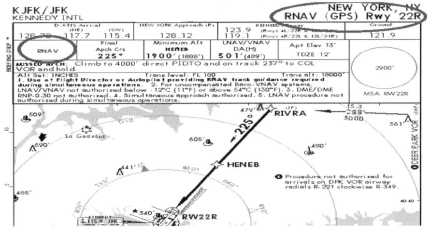

RNAV(GPS) Approach

(GPS Alone 접근이라고 하지만 FMC와 여러 항법장비에 의하여 항공기의 위치 정보를 최신화하기 때문에 사실상 RNP/ANP 접근과 동일하다고 말할 수 있겠다.)

7) RNAV/RNP/VNAV/GPS Approach 준비 및 절차

(1) NAV Accuracy Check: Approach Type별 RNP 값을 확인한다.

(2) FMC Set Up

① NAV Data: Approach chart와 FMC상의 NAV Data 일치 여부를 확인한다. VOR에는 Missed Approach 관련 자료를 입력한다.

② 입력된 FMC 자료를 확인한다.

Ⓐ Approach Course   Ⓑ Approach VNAV Angle

Ⓒ FAF에서 활주로 또는 MAP까지 거리

Ⓓ Final Course(FAF to Runway or MAP)상의 각 Waypoint에서의 제한고도(조종사에 의해 Waypoint 및 고도입력 금지)

③ Vref, VAPP Speed

B-737: Speed Bug Set

A-320: F-PLAN Page상의 FAF에 VAPP Speed를 입력한다.

(3) MINIMUM ALT(DA or MDA) Set

B-737: Mins의 Radio나 Baro에 Set

A-320: Performance Page의 Baro에 입력

① DA/DH 인가 시 DA/DH 고도 입력(LNAV/VNAV 인가수치 입력)

② MDA 인가 시 MDA+50 입력

(4) RNAV/VNAV, RNP, GPS 접근 기본절차를 확인한다.

① Minimum OAT 확인, 온도 보정 고도 수정치 Set

VNAV Approach를 위한 Minimum OAT는 -15℃와 Approach chart에 명시된 최소치 중 높은 온도를 적용한다. Cold Wx시 온도에 따라 고도 수정치를 더하여준다. 각 교범마다 온도에 의한 수정 고도를 수록하고 있지만 간단하게 계산하는 방법을 소개하면 다음과 같다. Standard 기온을 기준으로 하여 온도 10도가 내려감에 따라 4%를 더하여 주면 된다. 따라서 감소시키는 고도는 5도 -4%, 0도 -8%, -5도 12%, -10도 16%, -15도 20%이다. 예를 들어 -5도 시 고도 2,000피트면 수정치 12%인 240피트를 더하여 2240피트를 유지하면 된다. 이때 10단위는 올려서 2300피트가 최종 수정치이다. 이 수정치는 IAF부터 Missed Approach까지 더하여 FMC에 입력하여 수정해준다. 또 다른 공식으로 $4 \times \Delta \text{ISA} \times \text{Height(ft)} \div 1,000 = $ 대략 수정고도이다. 정밀, 비 정밀 모든 접근에서 온도보정을 수행 후 접근하여야 한다.

② Altitude Constraints(제한고도): FAF에서 활주로 또는 MAP 사이의 Database에 있는 고도를 조종사 임의로 변경하여 입력하지 않도록 한다.

③ Speed control: FMGS에 의해 산출된 Managed speed를 이용하고 A/THR 사용을 추천한다.

④ Autopilot: Auto Pilot은 DA/MDA 접근 중 시각 참조물 확인 후 착륙을 위해 Manual Flight로 전환 전까지 사용한다.

(5) RNAV / VNAV, RNP, GPS 비행 절차: 모든 비행 절차는 다음 두 가지를 제외하고는 ILS 비행 수행절차와 동일하다.

① 제외 사항

Ⓐ LNAV, VNAV 절차에 의하여 Waypoint로 비행을 하고 항공기 기능에 따라 각기 VNAV, LNAV 혹은 Managed NAV와 Approach Mode를 사용하여 접근을 한다.

Ⓑ Final Approach Fix 전에 FAF 고도에 Level Off를 하고, 모든 Landing Configuration과 기재취급을 완료할 것을 추천한다.

② IAF 도착 전: 접근인가 후 Final Approach Course로 진입 Heading이 되면 다음과 같이 Mode를 선택하고 확인한다.

B-737: VNAV, LNAV Select, Check FMA, VNAV, LNAV ARM

A-320: LNAV, Approach Mode Select, Check LNAV, APPR' ARM

③ IAF -FAF 전

Ⓐ FAF 고도 도달 전까지

B-737: VNAV PATH, VNAV ALT, SPD, V/S, (FPA) Mode로 강하, FAF 이후에는

VNAV Path로 비행을 한다.

A-320: NAV, DES 또는 FPA (or V/S) Mode로 강하하고, FAF 이후는 FINAL APPR' MODE에 의해 접근한다.

Ⓑ PM은 Step Down Fix 전 ALT CSTR 및 Fix 고도를 확인하고 Callout 한다. LNAV, VNAV가 Capture 되면 B-737은 VNAV Path, A-320은 FINAL APPR'가 FMA에 Displayed 되어야 한다.

ⓒ V/S, FPA Mode로 강하 시 Step down/CDA 절차를 따르고 FAF 고도에 Level off를 한다. 김해나 김포공항 같은 FAF 전에 강하하는 RNAV 절차는 두 번째 Flap인 F5(B-737), F2(A-320)를 FAF 5NM에서 Down 하고 연이어 Landing CONF'을 완료하여 항공기를 안정시킨다.

Ⓓ Raw Data Monitor: Final Course 진입 전 접근종류에 따라 Raw Data를 모니터하여 항공기가 올바른 코스로 접근하고 있는지 확인한다.

④ FAF를 통과 시 다음사항을 확인한다.

Ⓐ FAF 통과고도

PM: Passing Altitude 확인 후 통과고도를 Callout 한다.

PF: FAF(OM) 통과 고도와 Chart에 표시된 FAF(OM) 통과고도와 일치 여부를 확인한다.

Ⓑ PFD상의 FMA 상태(VNAV PATH, FINAL APPR')를 확인한다.

⑤ VDI(Vertical Deviation Indicator: 장비 장착 시)를 참조하여 정상 강하율로 강하하고 있는지 확인한다. B-737은 VNAV Path Indicator를 A-320은 VDEV or "brick" Scale을 확인하여 강하각을 유지한다.

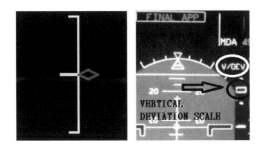

Brick Scale

⑥ Go-Around Altitude Set

B-737: FAF를 지나 고도를 강하하고 Go-Around Altitude보다 낮게 비행하게 (-300피트) 될 때

A-320: Go-Around 고도는 FAF에서 FINAL APP Mode가 Engage 된 상태를 확인한 후 Set 한다. (V/S, FPA 사용 시 ⑩번 항 참조)

⑦ AT ENTERED MINIMUM +100FT

　　ONE HUNDRED ABOVE .... MONITOR OR ANNOUNCE

⑧ AT ENTERED MINIMUM(DA or MDA + 50FT)

　　Ⓐ 활주로 시각 참조물 확인 시 Manual Flight로 전환하여 착륙한다.

　　Ⓑ 활주로 시각 참조물 미확인 시 DH/DA 또는 MDA+50FT에서 Missed Approach를 수행한다.

　　Ⓒ B-737: AUTO PILOT OFF, FD OFF Then On, Rwy Heading Set

　　　A-320: AUTO PILOT OFF, FD OFF, Set Rwy Track, BIRDS ON

※ A-320 항공기의 RNAV 절차는 APPR' Mode 사용 시 MAP 이전에 FD AS Required(FCOM)임. 즉 조종사 임의로 Off 해도 되고 안 해도 된다. FD를 Off 하지 않을 경우 FD를 계속 이용하여 접근이 가능하지만 GPS의 에러가 있는 경우에는 정확한 코스나 강하율로 유도를 하지 못한다. 따라서 MDA 이후 Auto Pilot을 off 하고 FD를 Off, Birds를 on 하고 Track을 Set 하며 이용한다. MAP이 설정되어 있는 경우(예: 김해 RNAV Rwy 36R)에는 Auto Pilot을 Off 하지 않을 경우 자동으로 HDG 과 VS Mode로 바뀌며 계속 비행을 하지만 활주로 축선 유도와 강하율, 조종 정보는 정확히 받지 못한다. 김포공항 RNAV 14R 같이 MAP가 없는 경우에는 FD Mode에서 HDG/VS Mode로 바뀌지는 않으나 역시 정밀하게 유도하지 못한다. 어느 상황이나 MAP 이전에 활주로를 육안 확인하면 FD- Off, Set BIRDS ON, Set Rwy Track을 추천한다.

⑨ Missed Approach 절차

　　Ⓐ DA/H로 인가되었을 경우 DA/H에서 Missed Approach를 수행한다.

　　Ⓑ MDA가 인가되었을 경우 Missed Approach 중 MDA 이하로 내려가지 않도록 MDA+50FT에서 Missed Approach를 수행한다.

⑩ A-320 항공기 LNAV, V/S(TRK-FPA) 절차

　　Ⓐ 감속을 하여 Green Dot Speed 유지하다가 Final Course에 Intercept Heading이 되었을 시 LNAV ARM하고 Flaps 1 Set(통상 IAF 직전), FMA Check

　　Ⓑ LNAV Capture 되면 TRK FPA Mode

　　Ⓒ FAF 5NM 전 Flaps 2, 3NM 전부터 Landing CONF' 수행

　　Ⓓ FAF 통과 고도 확인, 0.3NM 전 FPA 강하각 Set and Pull, 강하 확인, FAF 직전 0.3NM에서 Go-Around Altitude Set

　　Ⓔ Landing Check List 수행 및 강하각 조절, 중간 고도 Check

　　Ⓕ MDA + 100피트: "One Hundred Above" Call Out, Rwy In Sight 되었다면 Auto

Pilot Disconnect, FD Off, Set Rwy Track

      Ⓖ 활주로 미확인 시 절차는 위 ⑧⑨번 내용과 동일하다.

8) RNAV(VOR/DME), VOR/DME Approach

(1) 개요: RNAV(VOR/DME) 접근은 VOR/DME Approach와 동일하다. 다만 RNAV VOR/DME
는 접근할 때 Waypoint와 Waypoint로 비행은 RNAV에서 계산된 자료를 사용하여 ND와 LEG에 도
시된 지점으로 한다. Final에 진입하여 FAP 이후의 비행은 VOR를 따라가기 때문에 이때부터는
VOR/DME와 동일하다.

(2) RNAV 접근 시 접근해서는 안 되는 상황을 확인하여야 한다. 만약 접근이 불가능할 경우에
LOC 접근과 유사하게 LNAV만 사용하고 VNAV 접근은 하지 말고 V/S Mode나 FPA를 사용하여 접
근을 해야 된다.

(3) RNAV 접근이 아니라 수동으로 VOR 접근 시 필요한 CDI에 대하여 알아보자. CDI 1도는
Radial 각도 2도이다. Radial 10도일 경우 5 Dots로 그 이상을 VOR Full Deflection이라 한다. 항공기
가 1 Dot 좌우로 벗어났을 때 실제 거리는 얼마나 될까? VOR Station으로부터 거리가 1 NM일 때
1 Dot는 약 200피트이고 10NM에서는 2,000피트(약 0.3NM)이다.

통상 FAF가 있는 5NM에서는 1,000피트가 된다. **VOR Stabilized Approach Deviation 제한치는
2.5 Degree이다. 즉 1.25 Dot이고 Station으로부터 1NM 떨어져 있을 때 250피트(72M)가 벗어나 있
게 된다. 만약 활주로 Threshold가 VOR/DME로부터 0.5NM이 떨어져 있다면 실제 off 된 거리는
125(36M)피트가 되며 이 수치는 활주로가 60M 폭일 때 이미 활주로 밖에 위치하고 있는 것이다.**
통상 MDA가 활주로 Threshold에서 0.5~1NM 떨어져 있기 때문에 역시 이 정도 거리에서 Off 된
거리는 36~72미터가 된다. 이 거리에서 조종사가 활주로를 정대하여 착륙하려면 많은 거리가 소요되
어 무리하여 활주로 정대를 하여 착륙한다 하더라도 착륙 제한접지점(3,000피트 혹은 1/3지점)을 초
과하게 된다.

(4) 접근 절차

    ① 접근 준비

        Ⓐ 접근 시작 전 RNP Value(RNP: 0.5)가 충족되는지 확인한다.

        Ⓑ FMC Arrival에서 VOR 접근을 선택한다.

        Ⓒ LEG에서 접근 Chart와 비교하여 Waypoint 위치와 고도를 확인한다.

        Ⓓ FMC NAV에 VOR 주파수(예 KIP 113.6)와 접근 Course를 입력한다.

        Ⓔ EFIS Panel상에 있는 VOR/ADF 스위치를 VOR에 선택한다.

Ⓕ MDA를 Set 한다.

B-737: MINS의 Radio나 BARO에 MDA+50피트를 Set 한다.

A-320: Performance Page에 MDA+50피트를 입력한다.

Ⓖ Flight Path Monitor (회사 절차에 의한다.)

ⓐ B-737: VNAV, A-320: NAV-FPA or APP-NAV/FINAL일 경우

PF PM Side ND: B-737은 Map *VSD Mode, A-320은 ARC Mode

ⓑ B-737: V/S Mode, A-320 TRK-FPA일 경우

PF Side의 ND: MAP, PM Side의 ND: Map Center, ROSE VOR(A-320), 접근 중 오차가 있다고 판단될 경우 PF: VOR, PM: MAP Center.

② 강하 및 접근: RNAV/RNP, GPS 절차와 동일하다.

Ⓐ Step Down Fix 강하는 V/S Mode로 접근 시 CDA(Continuous Descent Approach) 방법으로 강하한다.

Ⓑ VNAV 접근을 할 경우 제한사항을 확인한다.

Ⓒ Non-Precision Approach 중 Inbound Track에 "Established" 되었을 때 강하를 시작할 수 있다. VOR APP 시에는 VOR CDI가 1 Dot(Radial 2도) 이내에 있을 때 강하할 수 있다. 따라서 조종사는 1 Dot로 들어 왔을 때 다음(Next) 고도를 Set 하고 계속 강하가 가능하다.

Ⓓ Final에 근접하면서

B-737: LNAV, VNAV를 선택하고 FMA를 확인한다.

A-320: Manage NAV과 APPR' Mode를 선택하고 ARM을 확인한다.

Ⓔ 고도 강하 추천 Mode는 다음과 같다.

B-737: VNAV, LVCH(Level Change), V/S(FPA)Mode, ASD Mode

A-320: Open Des, V/S Mode, APPR' Mode

---

* VSD: B-737 최신항공기에 장착된 Vertical Situation Display라고 하여 ND에 VNAV 접근 profile이 도식화된다. 비 정밀접근 시 3도 강하각을 표시해주어 일정한 강하가 가능하다. 접근 시 강하각 참조를 위하여 일시적으로 사용하거나 상승 중 지형지물에 대한 상황도 참고할 수 있다.

Ⓕ ARM이 되면 TRK FPA Mode 사용하여 접근 시 TRK FPA로 바꾼다.

Ⓖ FAF 전에 Level Off를 하고 Landing Configuration과 Landing Checklist를 완료한다.

Ⓗ FAF 통과 전·후에 기종별 시기에 맞추어 Go-Around 고도를 Set 한다.

Ⓘ FAF 통과하기 전 FMA Mode를 확인하고 FAF를 통과 시 고도를 Check 한다. 또한 FAF 통과하면서 실제 강하가 이루어지는지 여부를 확인한다. 만약 강하가 이루어지지 않으면 즉시 Manual Mode로 전환하여 Chart에 나와 있는 강하각에 +100FPM 혹은 0.2도를 더하여 강하를 하고 거리별 고도를 확인하여 정상고도가 이루어질 때 Chart에 있는 강하각으로 계속 강하를 한다. B-737 은 N-D의 VSD Mode(장착 시)를 간간이 확인하여 정상 각하각으로 강하를 하고 있는지 확인한다. 비정상적인 지시가 나오면 V/S, FPA Mode로 전환하거나 수정이 불가능하거나 정도가 심하면 Go-Around를 수행한다.

Ⓙ MDA에서의 절차는 다른 비 정밀접근 절차와 동일하다.

9) RNAV(NDB), NDB Approach

(1) 개요: NDB 접근은 무지향성 전파를 잡아 비행을 하기 때문에 지향성 전파보다 더 오차가 많다. 하지만 최근 위치정보 파악과 Display를 위한 발달된 기술덕분에 오차를 많이 줄일 수가 있어 NDB 접근도 VOR처럼 RNAV 접근도 가능하게 되었고, DME 장비를 추가로 설치하여 위치 정보가 없었던 NDB 접근에 활주로부터 항공기의 위치를 파악할 수가 있어 좀 더 정밀한 접근이 가능하게 되었다. NDB 장비는 미국에서는 철수하고 있지만 중국과 동남아시아 일부 공항에 서 아직도 사용되고 있다. 기본적으로 이 절차를 잘 알고 비행에 임하여야 한다.

(2) RNAV/LNAV NDB Approach 절차

① FMC Data 입력

Ⓐ Arrival에서 NDB 접근 및 활주로를 선택하고 Approach Chart와 비교하여 Waypoint 위치와 고도를 확인한다.

Ⓑ B-737: Aft Electronic Panel에 있는 NAV Frequency를 Set 한다.

A-320: NAV Data Page에 ADF 주파수를 입력한다.

② VOR/ADF Switch: EFIS Panel상에 있는 VOR/ADF Switch를 ADF에 선택한다.

③ IDENT: Check, ND 하부 좌우에 Ident과 Frequency가 나타난다. 필요하다면 Voice Ident 을 할 수가 있다.

④ PM은 EFIS의 ADF로 확인하여 NDB Needle이 Final Approach Course 5도 안에 들어오면 "FIVE DEGREES BEFORE"라고 Call out을 한다.

⑤ Approach Mode 사용: 아래의 Mode를 사용하면서 항시 FMA를 Check 하여 ARM과 Engage를 확인한다.

> B-737: RNAV NDB 수행 시(LNAV, VNAV)/
>
> LNAV 수행 시(LNAV, HEADING, V/S, FPA)
>
> A-320: RNAV NDB 수행 시(FINAL APPR')
>
> LNAV 수행 시(TRK-FPA or HDG-V/S)

⑥ Flight Path Monitor

Ⓐ ADF Needle을 모니터하여 정확한 경로유지 상태를 확인한다.

Ⓑ ND Mode(항공사 방침에 따른다.)

> B-737: VNAV 사용 시, PF: Map, PM: App → MAP CTR
>
> LNAV 사용 시, PF: App, PM: MAP CTR
>
> A-320: VNAV 사용 시, PF: ARC, PM: Rose Nav → ARC
>
> LNAV 사용 시, PF: ROSE NAV, PM. ARC

⑦ LNAV 경로 유지를 위해 NAV 또는 APP NAV를 이용하고, 오차 발생 시 즉시 HDG 또는 TRK Mode로 전환한다.

⑧ 강하는 DES, V/S, 또는 FPA Mode를 사용하며 PM은 각 Step Down Fix에 대한 고도를 확인하고 Standard Callout을 한다.

⑨ 3NM-5NM 전 FAF

Ⓐ 항공기 Engaged 된 접근 Vertical Mode를 최종 확인한다.

> B-737: VNAV PATH, VNAV ALT, ALT HOLD
>
> A-320: Final APPR', ALT, V/S, FPA

Ⓑ 고도는 가급적 FAF 3NM 전에 Level Off를 한다.

⑩ FAF 2-3NM 전에 Landing Configuration을 유지하고 Check List를 수행하며, 기종별로 필요한 기재 취급(예: Speed Brake ARM, Auto Brake Set 등)까지 완료한다. 또한 Vref를 Set 하고 (B-737) 접근 방법에 따라 다음과 같이 MDA/DA, Missed Approach 고도를 SET 한다. (고도가 100피트 단위가 아니고 십 단위(00)일 경우 밑의 100피트 단위를 MCP(FCU)에 SET 한다. (예: 250 ⇒ 200)

> B-737: FAF 고도에 Level Off 되면 MDA/DA를 SET 한다. Missed Approach 고도는 FAF 지나 고도가 FAF 고도 300피트 이하일 때 Set 한다. 또한 Landing Configuration을 완료하고 Final Speed를 Set 한다.

A-320: FAF 고도에 Level Off 되면 VNAV 사용 시 Missed Approach 고도를 SET 한다. V/S(FPA) Mode 사용 시 FAF 0.3NM 전에서 SET 하고 강하한다. (MDA/DA는 이미 FMC에 Set 완료되었고 Final Speed는 Performance에 입력된 속도를 Auto Thrust가 Control 한다.)

⑪ FAF

Ⓐ VNAV에 의하여 강하 여부와 FAF에서 다음 사항을 Check 한다.

B-737: VNAV Path가 FMA에 나오고 실제 강하하고 있는지 확인한다.

Crossing altitude. (PM should call published altitude)

고도계 Check: 두 개의 계기가 100feet 내에 있는지 여부

A-320: VNAV APPR' Mode가 "Final"로 바뀌고 강하여부 확인한다.

Ⓑ LNAV만으로 강하할 경우 Check 사항 및 조작

B-737: LNAV를 확인하고 MDA, DA Set 한 후 FAF 0.3NM 전에서 V/S Mode로 강하한다. Crossing ALT"와 고도계를 Check 한다.

A-320: Managed NAV를 확인하고 FAF 0.3NM 전에서 V/S(FPA) Mode로 강하한다.

⑫ 이후 절차는 다른 비 정밀접근과 동일하다. (세부는 항공사 절차에 따른다.)

(3) NDB/DME Approach

① 개요: NDB/DME 접근은 NDB 접근을 수행할 때 기존의 접근과는 약간 달리 별도로 설치된 DME 장비를 활용하여 VOR 접근처럼 Ⓐ 항공기가 활주로부터 얼마의 거리에 있느냐를 알 수가 있고 Ⓑ 그 거리에 따라 유지해야 할 고도를 Check 하여 일정한 강하각을 유지하여 MDA까지 강하할 수 있는 접근 중의 하나다. 조종사는 정밀과 VOR 접근이 불가능할 시 이 절차를 수행하여야 한다.

② 접근 절차: 앞의 RNAV/NDB 절차와 동일하나 다음 사항만 다르다. V/S(FMA) Mode 사용 시 강하속도에 따라 강하율 표를 참조하여 V/S(FPA)를 Set 하고 거리에 따라 참조 고도를 확인하여 강하율을 조절한다.

③ 아래 그림은 중국 장춘 공항의 Rwy 24 NDB/DME 절차로 Procedure Turn이나 RNAV를 이용하여 직접 Final Approach Course에 진입할 수 있다.

Ⓐ 일정한 강하각(3.03도)

Ⓑ TCH까지 강하율이 설계되어 있고

Ⓒ CDFA로 되어 있는 점

Ⓓ 온도가 -15도 이하이고

Ⓔ FMC에 Rwy와 TCH 고도가 나와 있다면 RNAV 접근도 가능하다.

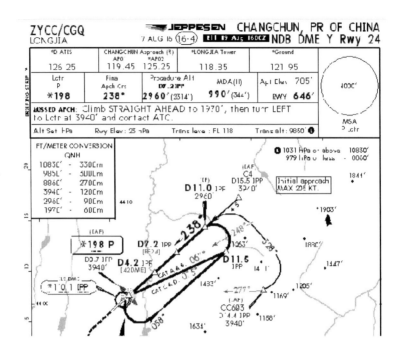

여러 가지 비 정밀접근 절차

1. LOC, LOC/DME Approach

1) 개요

이 접근은 ILS Glide Slope이 Out 되었을 경우에 많이 사용되며, 활주로 반대편에 세워진 안테나에서 송출되는 전파에 의하여 항공기가 유도된다.

2) 접근절차

(1) ILS나 RNAV 절차와 유사하다.

(2) Arrival Page에서 LOC 접근 및 활주로를 선택하고 Approach Chart와 비교하여 Waypoint 위치와 고도를 확인한다.

(3) Localizer Ident을 확인한다.

(4) 강하는 V/S, 또는 FPA Mode를 사용하며 PM은 각 Step Down Fix에 대한 고도를 확인하고 Standard Callout을 한다.

(5) LOC Capture 이전에 경로유지는 LNAV 혹은 Heading Mode에 의한다. LOC Capture 이후 오차가 발생 시 즉시 HDG 또는 TRK Mode로 전환한다.

(6) Localizer Intercepting Heading이 되고 Approach Clearance를 받고 In Range에 들어가면 LOC Mode를 선택하고 ARM을 확인한다.

(7) LNAV를 이용하여 Final Approach Course에 Inbound 할 경우엔
LNAV가 Capture 되었을 때 Localizer를 Engage 한다.

⑧ PM은 Raw Data의 CDI를 일시적으로 Monitor 하여 Localizer가 움직이기 시작하면 "Localizer Alive"라 Call out 한다.

⑨ Localizer가 Capture 되면 FMA를 확인하고 B-737은 Heading Bug를 Inbound Course로

Set 한다. (A-320은 자동 Tuning 및 Set 된다.)

⑩ 항공기 속도조절, 고도유지, Flap Down 절차는 다른 비 정밀접근 절차와 동일하다.

⑪ FAF 3NM 전 Landing Configuration과 Check List를 완료한다.

⑫ DME를 참고할 수 있을 경우에 다른 비 정밀접근처럼 활주로와의 거리를 참조하여 일정한 강하율로 강하할 수 있다. 강하 시 거리별 고도를 확인하여 강하각을 Control 하여준다.

⑬ FAF에서의 절차와 Go-Around 고도 Set, Path Monitor 방법, 강하 절차, MDA 절차, Go-Around 절차 등은 다른 비 정밀접근 절차와 동일하다.

2. LDA(Localizer Type Directional Aid) Approach

1) 개요

(1) LDA 접근은 localizer를 기본으로 하여 접근하는 계기비행 접근 절차이다. 이 LDA 접근은 지형적인 이유 그리고 다른 특별한 사유로 Localizer Antenna 방향이 활주로 진입방향과 직선으로 일치하지 못하고 방향이 틀어져 있는 Localizer를 이용하여 접근하는 형태의 계기 접근 절차를 일컫는다.

(2) 이러한 경우 LOC Antenna는 활주로 방향과 Off Set 될 것이고 활주로 접근 방향도 활주로 연장선에 놓여 있을 수가 없다. 여기서, Off Set 된 방향이 30도나 그 이하일 경우를 OFF Set Localizer 라고 부르고, 30도 이상일 경우에 Localizer Type Directional Aid(LDA)라고 한다.

(3) LDA는 접근할 때 방향 유지를 하는 보조로 사용되지만 단지 CAT1 접근만을 수행할 수 있다.

(4) LDA는 조종사가 시계비행으로 전환하여 안전하게 착륙할 수 있는 가까운 활주로 주변의 특정한 어느 지점까지 유도하는 데 목적이 있다. Final Approach Course가 활주로에 정대되어 있지 않기 때문에 ILS Approach와 비교하여 추가적인 비행기동(Maneuvering)이 필요하다.

(5) LDA에 사용되는 장비는 ILS 접근 시 사용되는 장비와 동일하다. 강하율과 좌우 Course도 정상적으로 설계가 되어 있다. LDA App'에도 Marker Beacon과 DME가 사용되고 있고 드물지만 Glide Slope도 장착되어 있는 경우도 있다. 이러한 App'는 Approach Chart에 "LDA/Glide Slope"이라고 명기되어 있다.

(6) Off Set가 30도보다 적을 경우 ST-in 최저치가 설정될 것이고 30도를 초과하면 Circling Minima가 설정된다.

2) 접근절차

(1) 모든 절차는 Localizer Approach와 동일하다.

(2) 일본 하네다 공항의 LDA W Rwy 22, 마카오의 LOC Y(Z) Rwy 16 App' 하와이 Honolulu의 LDA DME Rwy 26L가 대표적인 LDA 접근 형태이다.

(3) 하네다 LDA W Rwy 22는 도심의 소음으로 인하여 바다 방향에서 접근하여 짧게 육안비행으로 Final Turn을 하도록 만들었다. 또한 마카오 Rwy 16 방향은 정치적인 사유와 산악지형으로 Straight In 접근을 설정하지 못하였으며 LOC/DME 접근만 있다. 한편, 하와이 Honolulu에 있는 LDA DME Rwy 26L 접근은 동북쪽의 High Terrain으로 40도 정도 Off Set 되어 설정되어 있다.

(4) 위에서 소개한 대표적인 LDA 접근 Chart를 보자.

  ① 하네다(RJTT) LDA W Rwy 22: Off Set 55도
  ② 마카오(VMMC) Loc Y(Z) Rwy 16: Off Set 54도

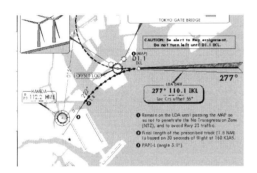 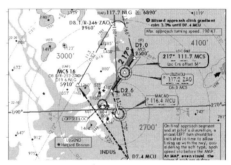

  ③ 하와이(PHNL) LDA DME Rwy 26 L: Rwy 26R는 45도 Rwy 22 L/R와는 82도가 Off Set 되어 있다.

3. Visual Approach

1) 개요

(1) Visual Approach(시계접근)는 계기비행규칙(IFR)하에서 시계기상조건(VMC)으로 접근을 수행하는 접근 형태이다.

(2) Tower에서 발행하는 Visual Approach Clearance는 조종사가 활주로까지 VMC를 유지하여 육안으로 구름 및 지형, 지물 회피에 대하여 책임지고 비행하는 것을 인가하는 것이다.

(3) Visual Approach를 수행하기 위하여 다음의 조건들이 충족되어야 한다.

① 기상은 Ceiling 1,000feet, Visibility 3miles 이상 보고되어야 한다.

② 활주로나 관제기관에서 지정한 선행 항공기 중 하나를 보고 있어야 한다.

③ 관제기관에 의해 Visual Approach가 인가되어야 한다.

2) Visual 접근 일반 사항

(1) Straight-In 또는 다른 형태의 Visual Approach를 수행할 때 가능하면 End of Runway로부터 3miles이 되는 지점에서 약 1,000feet HAT(Height above Terrain) 고도로 도달할 수 있도록 계획한다.

(2) Visual Approach 수행 시 Flight Path 유지와 공항과 착륙 활주로를 식별하는 데 도움이 되는 모든 적절한 계기와 Visual Reference를 사용한다.

(3) Visual Approach는 가능하다면 유효한 Glide Path Guidance(ILS Glide slope, VNAV, PAPI, VASI or HUD)를 따라 접근하여야 한다.

(4) Visual Approach 시 Auto Landing은 허용되지 않으며 500피트 HAT 이상에서는 Manual Flight를 수행하여야 한다. (A-320은 Final Roll out 전)

(5) 야간이나 부분적으로 시정이 나쁜 상태에서 접근 시 시각적 착각이 발생하여 불안전한 접근과 착륙이 이루어질 수 있음으로 유의하여야 한다.

(6) 필요하다면 Down Wind를 잡고 착륙 장주를 만들어 활주로를 계속 육안으로 확인하면서 착륙을 한다.

(7) Down Wind 폭은 2NM, 고도는 1,500피트 HAT(Height above Terrain)를 유지하나 Ceiling 에 따라 1,000피트 HAT까지 낮아질 수 있다.

(8) 최소 HAT 500피트에서 Stabilized Approach가 되어야 한다.

(9) Minimum 고도는 통상 Down Wind 고도인 1,500피트를 Set 하나 이것에 관한 정확한 교범의 내용이 없다. 따라서 개인적으로 Stabilized Approach 고도인 500+FE(Field Elevation)을 Set 하는 것이 타당하다고 생각된다. VFR 접근 Stabilized Approach 조건이 500피트 FE이기 때문이다.

3) Visual Approach 수행 방법은 다음 네 가지가 있다.

(1) Charted Visual Flight Procedures(CVFP)

(2) Typical Visual Pattern(Circuit)

(3) Visual Approach with No Glide Path Guidance

(4) RNAV/LNAV Visual Flight Procedures(RVFP)

4) Charted Visual Flight Procedures(CVFP)

(1) CVFP는 공항 주변 항공기의 소음감소 또는 안전하고 효율적인 항공기 운영을 위하여 Chart
에 해당 활주로로 접근 시 식별이 용이한 지형지물, 경로와 고도 등을 표기하여 발간된 Visual(Charted
Visual) 절차이다.

(2) 항공기는 계속해서 관제탑으로부터 Radar Service를 제공받아야 한다.

(3) VFR 조건을 유지할 수가 있어야 하고 발간된 CVFP 절차와 제한고도를 유지하여야 한다.

(4) 조종사는 발간된 Chart상의 지형지물이나 선행하는 항공기를 육안으로 확인할 수 있어야 하
고 선행항공기의 Wake Turbulence에 유의하여야 한다.

(5) Final에서는 유효한 Glide Path Guidance(ILS Glide slope, VNAV, PAPI, VASI or HUD)를
따라 접근하여야 한다.

(6) 다음은 대표적인 Charted Visual Flight Procedures(CVFP)인 San Francisco(KSFO) 절차이다.
Arrival에서 Menlo와 Final Course로 Radar Vector 되며 Final에서는 ILS Glide Path를 따라 강하하고
PAPI를 참조하여 착륙을 한다. 통상 도심소음 때문에 고도강하를 늦게 지시하며, 많은 속도로 접근을
하도록 관제를 유도하여 Final에 진입할 때는 G/S를 높은 고도에서 Capture를 하여야 할 경우가 자주
있다. 이런 사유로 Unstabilized Approach가 될 가능성이 매우 높다. 아시아나 B-777 항공기 사고는
고도가 높고 속도가 많은 상태에서 강하하고 속도를 감속하려 Auto THR을 Manual로 IDLe 한 후
THR/HOLD가 되었으나 Power를 넣지 않아 계속 속도가 감속되어 Stall에 진입하였다.

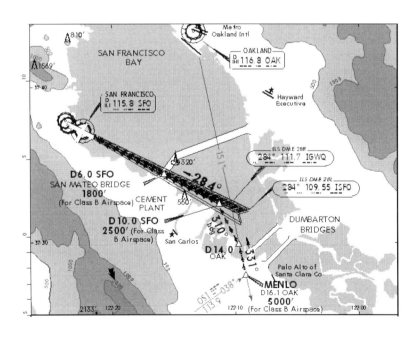

5) Typical Visual Pattern(Circuit)

(1) 다음 그림은 전형적인 Visual Pattern을 보여주고 있다. B-737, A-320 기종별 세부 접근 절차를 알아보자.

(2) Typical Visual Pattern(Circuit)

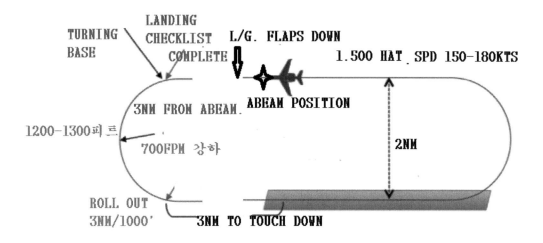

(3) B-737 Visual Approach(Visual Circuit) 절차

① Preparation

Ⓐ Arrival상에서 착륙하려는 VFR Rwy를 선택한다.

Ⓑ Navaid에서 참조점을 생성하거나 기존의 Waypoint를 Fix Page에 입력하여 참조점으로 활용한다. Down wind 2NM을 유지하기 위한 참조점을 입력한다. (항공사마다 좌표가 설정되어 있으니 그것을 이용하기 바람.)

Ⓒ Final 강하는 3도가 적당하며 참조점을 설정하여 비행할 것을 추천한다. (예 Final 3NM/1,000피트 지점을 Leg/F-plan Page에 입력한다.)

Ⓓ Go-Around를 위한 NAV Data를 Set 한다. VFR 장주이기 때문에 발간된 Go-Around 절차는 없지만 ILS, 혹은 VOR Go-Around 절차를 준하여 사용한다. 장주 진입 전 Flap Down을 하기 위하여 고도를 강하하고 감속한다.

② Down wind 진입 전·후

Ⓐ 활주로를 확인하고 장주 폭을 유지하며 바람방향을 고려하여 Heading Mode로 폭을 조절한다. (장주 폭은 측풍 10kts당 0.1NM을 가감한다.)

Ⓑ 항공기 속도를 감속시키고 첫 Flap을 Down 한다. (Flaps-1, Set Speed)

Ⓒ ATC에 "Rwy Insight" Call을 하고 Landing Clearance를 받는다.

Ⓓ 1,500+FE에 Level Off, FMA 확인 후 Go-Around Altitude를 Set 한다.

Ⓔ Abeam Position이 되기 전 Flaps 5(Flaps 2)를 Set 한다.

Ⓕ Both Flight Director를 Off 한다. FPV(Flight Path Vector)를 On 한다.

③ Abeam Position － Turning Base

Ⓐ 활주로 폭을 다시 확인하고 조절하며 Time Check 한다.

Ⓑ Landing Gear Down, Landing Flap, Set Vref Speed(B-737)

Ⓒ Landing Check List를 완료한다.

Ⓓ Final Turn 지점은 다음과 같이 시간을 Check 하여 수행한다. LNAV 이용 시 FMC에 입력된 Waypoint에서 자동선회 하도록 한다. (RNAV/LNAV Visual 절차 참조) Abeam of Threshold에서 Turning base까지 Time check는 60 SEC ± 바람수정을 한다. Final Turn 수행 지점은 150 GAS를 기준으로 배풍 10Kts가 불어 160 GAS라면 4Sec를 60초에서 가감을 한다. 예를 들어 배풍 20Kts(170GAS)면 52Sec에서 Turn을 한다. (150 GAS기준 정 배풍 10Kts당 ±4Sec: Circling Approach 참조)

Ⓔ Heading Mode로 바람에 따라서 무풍일 때 90도를 선회하고 좌 측풍 10kts당 3도를 더 선회하여 Crabbing을 한다.

④ Turning Base － Final Turn

Ⓐ Turning Base에서 Final 방향으로 Heading을 Set 하여 Turning 하면서 곧바로 Final Speed ÷2를 Set 하여 강하를 한다.

Ⓑ 90도를 선회하여 고도가 1,200-1,300피트를 유지하면 정상 강하를 한 것이다. 고도가 높거나 낮을 때 수정은 ±100FPM으로 한다.

Ⓒ 항공기가 안정이 되면 Auto Pilot와 Throttle을 Off 하여 Manual Flight로 비행한다. 필요시 Auto Throttle은 Final Turn 하기 전 안정이 되면 Off 한다. B-737은 Speed Intervention과 Reversion에 유의하고 Wind shear시 Manual 비행을 한다. 평소 Speed Reversion이 일어났을 경우 대처 법을 숙지하여야 한다.

Ⓓ Final 정대를 위하여 Over Shoot 혹은 Short 할 것인지 여부를 판단한다. 이때 Wind의 세기와 방향을 고려한다.

Ⓔ Final Roll Out 고도 900-1,000피트를 유지하기 위해 강하각을 조절한다.

⑤ Final - Touch Down

Ⓐ 측풍이 많을 경우 Final Over Shoot 되지 않도록 선회시기를 앞당겨 미리 선회하고 Overshoot 되었을 경우 정도에 따라서 다르지만 Bank 30도 이내에서 선회를 하되 Auto THR을 Off 하였을 경우 Power는 2-3% 이상 증가시켜야 한다.

Ⓑ Final Roll Out은 측풍에 따라 항공기 기수를 활주로 중앙과 활주로 변 사이로 수행한다. (측풍 30kts면 활주로 가장자리, 15-20kts면 활주로 1/4 지점)

Ⓒ Final에서 강하는 PAPI, FPV를 참조하여 수행한다.

Ⓓ PAPI에 의한 항공기 진입은 앞 절을 참조하기 바란다.

B-737 VISUAL PATTERN

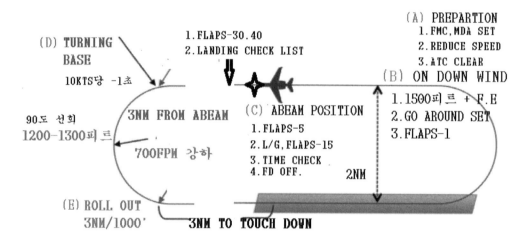

Ⓔ Roll Out 고도에 따라 강하각을 수정해준다. Final상에서의 과도한 수정은 금지되며 고도가 높을 경우 최대 1,000FPM, 낮을 경우에는 300-400FPM까지 줄여 수정해준다. PM은 강하율이 -1,000FPM이 넘어갈 때 즉시 조언을 한다.

Ⓕ Final 길이가 3NM인 이유: 일반적으로 민간항공에서의 Final 길이는 2-2.5NM이나 이 길이는 Bank 30도를 초과하지 말아야 하는 민간항공기의 특성상 Final에서 Tight 한 선회를 하여야 하고 바람에 의한 Final Overshoot가 자주 일어나 30도 이상 Bank가 들어갈 가능성이 대단히 많기 때문이다. 따라서 여유 있는 선회와 Final 길이를 갖고자 장주를 약간 길게 잡는 것이다.

⑥ GO-AROUND

Ⓐ Down wind 고도에 Level을 하면 Missed Approach ALT를 Set 한다. 고도는 별도로 명시되었거나 ILS Approach 절차에 명시된 고도를 사용한다.

Ⓑ Visual Approach는 Missed Approach Segment가 없다. 구름 속에 진입해서는 안 되며 ATC에서 Clearance를 받고 비행을 한다.

Ⓒ Go-Around 절차는 일반 비행절차와 동일하다.

(4) A-320 Visual Approach(Visual Circuit) 절차

① Preparation

Ⓐ Visual Approach(Circuit)을 위하여 ATC에 의해 Radar 유도가 예상시 PRIMARY F-PLAN에 계기 접근 절차와 SEC F-PLAN에 착륙 활주로를 입력한다.

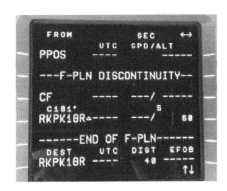

SEC F-PLAN
PPOS: Present Position
CF: Centralized Final Fix

Ⓑ ATC에 의해 Downwind로 진입 시 PRIMARY F-PLAN에 착륙 활주로와 Flight leg상에 임의의 Waypoint를 입력한다. 필요시 SEC F-PLAN을 준비한다.

Ⓒ Secondary FLT Plan의 Performance Page에 착륙 정보를 입력한다.

Ⓓ Navaid에서 참조점을 생성하거나 기존의 Waypoint를 Fix Page에 입력하여 참조점으로 활용한다. Down wind 폭을 유지하기 위한 참조점을 입력한다. MDA는 1,500FT(HAT) 또는 해당 공항의 지시된 고도를 입력한다.

Ⓔ ILS를 이용할 수 있다면 다음과 같이 진행하여 Final에서 참조한다.

BOTH ILS S/W --- On, GPWS GS S/W --- OFF

NAV에 ILS Frequency를 입력하고 PFD에 GS와 LOC IND'가 나오는지 확인한다.

Ⓕ Radar Vector가 시작되어 Down Wind에 가까워지면 PRIMARY F-PLAN Page에서 착륙 활주로를 변경시키거나, Secondary Flight Plan을 Active 시킨다. Touch Down Point로부터

25-30NM이 되면 Approach Phase를 Active 시키고 속도를 Green Dot Speed로 줄인다.

② Down wind 진입 전·후

Ⓐ 활주로 또는 시각 참조물을 육안 확인 시 ATC에 보고하고 Visual Approach 인가를 받는다.

Ⓑ 가능하다면 Managed Speed를 사용하고, Down Wind에 접근하면 Flaps-1으로 Down 하고 Level Off가 되면 Go-Around 고도를 Set 한다.

Ⓒ Visual approach 인가를 받은 후 HDG-V/S를 TRK-FPA Mode로 변경하고 Downwind 진입을 위한 선회기동을 실시한다.

Ⓓ Downwind 폭은 활주로 중심선으로부터 2NM을 기준으로 하고, 고도는 1,500FT + FE(HAT) 또는 접근공항의 지시된 고도를 유지한다.

Ⓔ Downwind Leg에 진입하면 FD를 Off 하고 FPV(Birds)를 참조하여 Downwind Track을 유지한다.

③ Abeam Position － Turning Base

Ⓐ Abeam Position 전에 Flaps-2로 내리고 Abeam에서 L/G Down, Flaps 3, Full로 Down 한다.

Ⓑ 활주로 폭을 다시 확인하고 조절하며 Time Check를 한다. Abeam of Threshold에서 Turning base까지 Time check는 60 SEC ± 바람수정을 한다. Final Turn 수행 지점은 150 GAS를 기준으로 배풍 10Kts가 불어 160 GAS라면 4Sec를 60초에서 가감을 한다. 예를 들어 배풍 20Kts (170GAS)면 52Sec에서 Turn을 한다. (150GAS기준 정 배풍 10Kts당 ±4Sec: Circling Approach 참조)

Ⓒ Landing Check List를 수행한다.

Ⓓ Track Mode로 90도를 선회한다.

④ Turning Base － Final Turn

Ⓐ Flight Mode는 TRK-FPA를 사용한다.

Ⓑ 강하각은 700FPM 혹은 3도로 강하하며 1,000FT(AFE) 이하에서는 최대 1,000fpm을 초과하지 않도록 한다. 90도 선회 시 고도가 1,200-1,300피트를 지시하면 정상 강하를 한 것이다. 고도가 높거나 낮을 때 수정은 ±0.2도 혹은 ±100FPM으로 한다.

Ⓒ Auto Pilot은 Turning Final 이전에는 반드시 Disengage 되어야 하며 Turning base에서 Auto Flight로 인하여 선회 혹은 강하가 지연될 경우 Manual flight로 전환하여 적절한 Flight path를 유지한다.

ⓓ Turning Final 이전에 Auto Pilot을 Off 할 때 Rwy Track을 Set 하도록 PM에게 지시한다. PF의 지시가 없을 경우 PM은 PF에게 조언하고 활주로 Rwy Track을 Set 한다.

ⓔ Final 정대를 위하여 Over Shoot 혹은 Short 할 것인지 여부를 판단한다. 이때 Wind의 세기와 방향을 고려한다.

⑤ Final － Touch Down

ⓐ 선회 내측풍이 많을 경우 Final Over Shoot 되지 않도록 선회시기를 앞 당겨 미리미리 선회하고 Overshoot 되었을 경우 정도에 따라서 다르지만 Bank 30도 이내에서 선회를 한다. 30도 이상 들어가 GPWS Call out이 나온다든가 FOQA에 나오지 않도록 한다.

ⓑ 측풍의 세기에 따라 항공기 기수를 활주로 중앙과 활주로 가장자리 사이로 Final Roll Out을 한다. (측풍 30kts면 활주로 가장자리, 15KTs면 가장자리와 중앙사이 1/2지점: 60미터 활주로 기준)

ⓒ Final에서 강하는 PAPI, FPV를 참조한다.

ⓓ PAPI에 의한 항공기 진입은 앞 절의 절차를 참조한다.

ⓔ Roll Out 고도에 따라 강하각을 수정해준다. Final상에서의 과도한 수정은 금지되며, 고도가 높을 경우 최대 1,000FPM 낮을 경우에는 300-400FPM까지 줄여 수정해준다. PM은 －1,000FPM이 넘어갈 때 즉시 조언을 한다.

ⓕ Final Approach Course상의 고도 500FT(AFE)에서는 반드시 Stabilized 조건을 유지해야 한다. PM은 500FT(AFE)에서 "Five Hundred"를 Call out 하고 PF는 Stabilized 조건이 되면 "Stabilized"를 Response 한다.

⑥ GO-AROUND

ⓐ Down wind 고도에 Level을 하면 Missed Approach ALT를 Set 한다. 고도는 별도로 명시되었거나 ILS Approach 절차에 명시된 고도를 사용한다.

ⓑ Visual 착륙 준비를 할 때 Go-Around를 위한 NAV Data를 Set 한다.

ⓒ Visual approach 중 시각 참조물 상실 시 또는 Unstabilized approach 상태 발생 시 즉시 Go-around를 실시해야 한다.

ⓓ VFR 장주이기 때문에 Missed Approach Segment가 없다. 초기에 ILS, 혹은 VOR Go-Around 절차를 준하여 사용하고 VFR을 유지하며 ATC Clearance를 받고 비행을 한다. Go-Around 절차는 일반 비행절차와 동일하다.

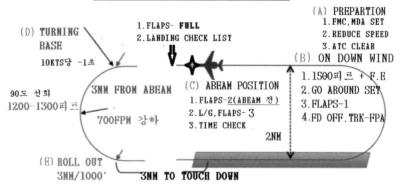

A-320/321 VISUAL PATTERN

(A) PREPARTION
1.FMC,MDA SET
2.REDUCE SPEED
3.ATC CLEAR

(D) TURNING BASE
10KTS당 -1초

1.FLAPS- **FULL**
2.LANDING CHECK LIST

(B) ON DOWN WIND
1.1500피트 + F.E
2.GO AROUND SET
3.FLAPS-1
4.FD OFF,TRK-FPA

90도 선회
1200-1300피트

3NM FROM ABEAM

(C) ABEAM POSITION
1.FLAPS-2(ABEAM 전)
2.L/G,FLAPS-3
3.TIME CHECK

700FPM 강하

2NM

(E) ROLL OUT
3NM/1000'

3NM TO TOUCH DOWN

6) Visual Approach with No Glide Path Guidance

(1) Visual Approach 시 Glide Path Guidance를 이용할 수 없는 경우에 아래 조건이 충족된다면 주간만 Visual Approach를 수행할 수 있다.

① 공항까지 거리정보(DME, FMC Distance)를 획득할 수 있어야 한다.

② 접근시작 전 기상이 Ceiling 2,000ft, Visibility 3SM 이상이어야 한다.

항공기가 접근치 기상 이하로 강하하고 접근하려면 조종사가 활주로를 Insight 할 때까지 Radar Vector가 선행되어야 한다.

(2) 야간에는 No Glide Path Guidance 상태에서 Visual Approach와 Circling Approach는 허용되지 않는다.

(3) 만일 상기 조건이 충족되지 않으면 즉시 Go-around 하여야 한다.

(4) Glide Path 정보가 없을 경우 다음 그림과 같이 거리에 따라 고도를 유지하고 3NM 이내에서는 PAPI를 참조하여 착륙을 한다.

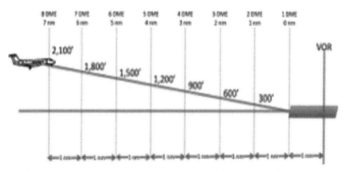

위 그림은 VOR이 활주로 끝단으로부터 1NM이 떨어져 있을 경우 DME 거리에 따라 유지해야 할 고도를 나타낸 것이다.

① 거리에 따라 유지해야 할 고도는 거리 × 300피트이다.

② 거리는 활주로 끝단으로부터 거리이기 때문에 만약 VOR DME를 사용한다면 활주로 끝단부터 VOR Station 거리를 감안해야 한다.

③ 접근 절차

Ⓐ FMC Arrival에 VFR Rwy를 선택한다. 필요시 FMC에 착륙에 필요한 참조점과 자료를 입력한다. (NAV Data에 별도의 참조점을 Final 3NM 지점과 고도 1,000FE/Vref를 입력한다.)

Ⓑ 거리에 따라 유지해야 할 고도로 강하하고 속도를 감속한다. 이때 DME를 참조하여 ILS 접근에 준하여 착륙 외장을 유지한다. LOC가 Capture 되었을 경우에만 GS에 따라 강하한다.

Ⓒ 통상 활주로부터 6NM 전에 모든 Landing Configuration을 유지하고 Landing Check List를 완료하며, Go-Around는 Visual 절차를 따른다.

7) RNAV/LNAV Visual Flight Procedures(RVFP)

(1) RVFP는 지정된 활주로의 Stabilized Visual Approach를 위하여 RNAV 장비를 활용하여 수행하는 Visual Approach 절차이다.

(2) 접근 Chart 제목은 "RNAV Visual Rwy 00"와 같이 표기된다. RNAV VISUAL 접근 절차에 의거 수행한다.

(3) 접근 CHART가 없는 Box형 Visual Pattern과 180도 선회하여 착륙하는 Circling, 혹은 김해 VOR-A Then Visual(Circling) 접근에서 LNAV를 이용한 접근이 가능하다.

(4) LNAV 참조점은 NAVAID를 이용하여 다음과 같이 생성하여 Leg Page나 F-plan에 입력하여 LNAV 비행을 한다. (B-737은 활주로 Touch Down 한 지점만 알면 Final 3NM 설정하고 이것을 중심으로 Abeam point 등을 만들어 활용한다. **마카오 공항 Rwy 16의 EOR(End of Rwy) 좌표는 N2209.6 E11335.2)**

(5) 다음은 **마카오(VMMC) 공항의 Visual(Circling) Pattern** 예이다.

① Landing Rwy를 선택하고 Leg Page나 F-plan에 입력하면 아래와 같은 Leg가 형성되고 ND에 도시된다.

Leg/F-plan

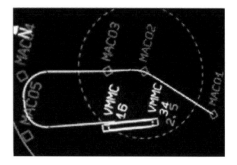

ND Display

② NAVAID에 다음과 같이 입력하여 Waypoint를 만든다.

Ⓐ DOWN WIND: MAC02........VMMC34/073/2

Ⓑ ABEAM PSN: MAC03........VMMC16/073/2

Ⓒ TURNING BASE: MAC04........MAC03/343/2.6

Ⓓ FINAL: MAC05........VMMC16/343/2.6

B-737은 위 Rwy16 지점을 NAVAID에 EOR16라 정의하고 이곳으로부터 다음과 같이 지점을 만든다. Final 지점 = MAC05(EOR16/343/2.6), Turning Base = MAC04(MAC05/073/2), ABEAM PSN = MAC03(EOR16/073/2), DOWN WIND = MAC02: (MAC03/253/2)

※ VMMC의 Final은 2.6NM로 한다. Loc16 Final 길이가 2.6NM이기 때문이다.

(6) 다음은 ILS 장비를 이용한 LNAV 절차를 예를 들어 설명해보겠다. **후쿠오카 Rwy 34는 전형적인 Visual** 접근을 하는 공항이다. 왜냐하면 ❶ Runway가 하나인 데 반하여 Traffic이 많고 ❷ Glide Slope 장비가 Taxi Way와 가까이 있어 Taxi 하는 항공기 때문에 전파방해를 받아 항공기가 ILS 34 접근을 할 때 GS에 영향을 주어 False Capture와 Error가 발생하기 때문이다. 따라서 기상이 VFR이고 Rwy 34일 경우 항시 Visual Approach를 수행한다. 또한 ILS 접근 기상이 기준치 이상이지만 VFR이 되지 않을 경우 RNAV 접근을 수행한다. 역시 GS Error 때문이다. 한국에서 항로를 따라가면 Rwy 34 Visual 접근을 수행하기 위하여 Radar Vector에 의하여 직접 Down wind로 유도된다. 다음 절차에 의하여 LNAV 접근을 수행한다. 조종사의 Load를 절반 이상 줄일 수 있는 비행절차이다.

① 접근 준비

Ⓐ Approach 준비와 Set, 접근 절차는 일반 Visual 절차와 동일하다.

Ⓑ Arrival Set up: Arrival Page에서 VFR Rwy 34나 ILS 절차를 선택하는 두 가지 방법이 있다. 어느 방법이든 FMC에 착륙 Rwy가 나와야 한다. 하지만 ILS GS를 활용한다면 FMC에서 ILS 34를 선택할 것을 추천한다.

ⓒ NAVAID에 새로운 Waypoint를 생성하여 Leg나 F-plan에 다음과 같은 순서로 입력한다. (**Rwy 34 EOR 좌표: N3334.5 E13027.5, B-737은 마카오와 동일하게 NAVAID에 생성하여 사용한다.**)

FUK01 = Down wind: RJFF16/247/2, FUK02 = Abeam: RJFF34/247/2

FUK03 = Turning Base: FUK02/157/3, FUKO4 = Final: RJFF34/157/3

RJFF R/W 34: 000/0030(이미 Arrival에서 선택하여 속도고도가 입력됨)

ⓓ ILS를 활용하기 위하여 ILS를 Tuning 한다. MCP(FCU) Panel에서 ILS S/W를 On 하고 PFD에 GS과 LOC Indicator가 나와 있는지 확인한다. 만약 나와 있지 않으면 NAV에 Frequency를 Set 하거나 직접 입력을 한다. 나오지 않는 이유는 Arrival에서 ILS 34를 Select 하지 않고 VFR Rwy34를 선택하였기 때문이다.

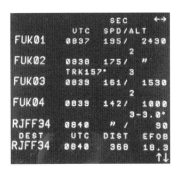

FMC

ND

ⓔ GPWS GS를 Off 한다. 강하 중 Glide Slope Warning이 나오는 것을 방지하기 위해서이다.

ⓕ Direct Down Wind로 비행하고 기종별 절차에 의하여 착륙절차를 진행한다. Down Wind에서 FD를 Off(B-737: Off then On) 시키고 LNAV Mode로 비행한다. 필요시 다음 Turning Heading을 Preset 해놓는다.

ⓖ Turning Base는 Auto Pilot에 의하여 선회비행을 하고 Vertical 강하는 V/S, FPA Mode를 사용하여 700FPM(-2.7도-3도)으로 강하한다.

ⓗ 90도 선회하면서 1,200-1,300피트를 유지하도록 강하각을 Control 한다.

ⓘ Final Turn 하기 전에 Auto Pilot을 Off 하여 Final이 Over 되지 않도록 한다. 이때 PM은 FD Off(B-737: Off then On) Rwy Heading(337도)을 Set 한다.

ⓙ 최종 선회를 하면서 Glide Slope과 LOC를 참조하여 바람에 따라 Final에 정대를 한다. GS와 거리를 참조하여 Roll out 하나 기본적으로 1,000피트+FE로 한다. B-737 PM은 ASD를

확인하여 3도 Glide Path를 확인한다. (장착 시)

    Ⓚ Final 강하는 Glide Slope과 PAPI를 참조한다. 이후 절차는 Visual 절차와 동일하다.

(7) 괌 공항 VISUAL 착륙

괌 공항의 ILS Rwy 06로 접근 착륙을 하려다보면 FAF와 IAF인 Obale와의 사이에 Thunder Storm이 형성되어 있는 경우가 있어 ILS 접근 Clearance를 취소하고 Visual Pattern으로 착륙을 하라는 관제지시를 하기도 한다. 조종사는 이럴 경우에 대비하여 A-320은 2nd Flight Plan에 다음과 같이 Pattern을 입력하고 앞에서 자세히 언급한 ILS LOC와 GS를 이용하면 아주 간편히 착륙접근을 할 수가 있다. Thunder Storm의 크기와 위치에 따라 달라지나 ATC에서 Visual 착륙을 허락하였을 때는 기상이 VFR 착륙이 가능하다는 것을 의미한다.

따라서 Final 3NM을 Final Roll out 지점으로 잡을 수가 있다. 물론 조종사 결심에 의거 이보다 작은 2NM 혹은 2.5NM로 잡을 수도 있다. B-737은 ILS가 선택된 LEG Page에 입력하거나, Divert 공항의 착륙 LEG에 입력을 하여 이용을 하면 된다. 통상 ATC는 NATSS에서 IAF인 Direct Obale로 준다. Obale로 가는 도중에 만약 Visual로 Clearance가 나면 WX Radar에 잡히는 Thunder Storm을 회피하여 아래와 같이 ILS 06L를 선택하고 LNAV Waypoint를 입력하여 비행을 하고 거리에 따라 고도강하와 Landing Configuration을 유지한다.

    ① Thunder Storm이 Obale를 중심으로 동남쪽으로 치우친 경우

      Ⓐ Waypoint NAV DATA 입력 (예: VREF가 140인 경우)

        ⓐ GUM03: OBALE/333/5 150/3,500

        ⓑ GUM02: GUM01/273/3 140/2,000

        ⓒ GUM01: PGUM06L/243/3 140/1,300

        ⓓ PGUM06 140/290

        ※ 괌 공항 Rwy 06L EOR 좌표: N1328.7 E14447.0

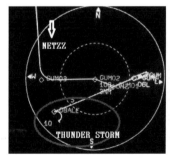 

Ⓑ GUM03를 통과하여 Roll out 하면서 Landing Configuration을 유지하고 GUM02까지는 Check List를 완료한다. 위에 명시된 고도를 지키되 특히 GUM02에서는 Visual Downwind 고도를 유지한다.

Ⓒ 후쿠오카 Visual 절차처럼 ILS를 ON 하고 참조, 이용한다.

② Thunder Storm이 Obale 서·북쪽 10NM 정도까지 있을 경우

Ⓐ Waypoint NAV DATA 입력(예 VREF가 140인 경우)

ⓐ GUM03: OBALE/333/15 180/5500,

ⓑ GUM02: GUM01/333/5 140/2600

ⓒ GUM01: PGUM06L/243/3 140/1300,

ⓓ PGUM06L(ILS) 140/290

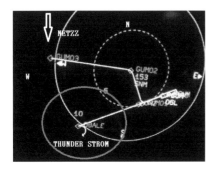 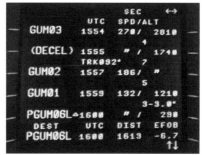

Ⓑ NATSS에서 Obale로 Direct로 오다가 기상 상황에 따라 Thunder Storm을 회피하면서 GUM02로 직접 비행을 할 수 있다. GUM02까지는 Landing Check list를 완료한다.

Ⓒ Final 구름 상태에 따라 거리와 Intercept 지점을 달리 설정할 수 있다.

③ Final 중간 Point인 HARLO나 혹은 MOBKE를 Direct Point 하여 최종 Final에서 고도 1,500피트를 유지하고 정상적인 ILS 접근을 하면 된다. 다만 Final 길이가 짧아지므로 Landing CONF'를 미리 완료한다.

4. Circling Approach

1) 개요

(1) Circling Approaching는 계기 접근을 수행하여 시계비행으로 전환을 한 뒤에 VFR 절차

에 의하여 180도 선회를 한다든가 기동을 수행한 후 반대편 혹은 다른 Rwy에 착륙을 수행하는 시계비행접근 형태이다.

(2) 선회 접근하는 동안 항공기는 시각기동 구역 내에 있어야 하고 시각 참조점을 지속적으로 보고 장애물과의 Clearance가 유지되어야 한다.

(3) 선회기동 거리는 항공기 Category에 따라 다르다.

① FAA Circling Radius (Jeppesen 참조)

A: 1.3NM, B: 1.5NM, C: 1.7NM, D: 2.3NM, E: 4.5NM

② ICAO Circling Radius (Jeppesen 참조): 기본적인 Radius는 FAA와 같으나 ICAO 절차는 고도에 따라 추가적인 거리를 설정하였다. 예를 들어 고도 1,000피트나 그 이하에서는 FAA Radius와 동일하나 고도 1,001-3,000피트 사이의 Radius는 A: 1.3NM, B: 1.8NM, C: 2.8NM, D: 3.7NM, E: 4.6NM이다.

(4) Circling은 활주로 진입 방향에 따라 여러 기동을 하여 착륙한다.

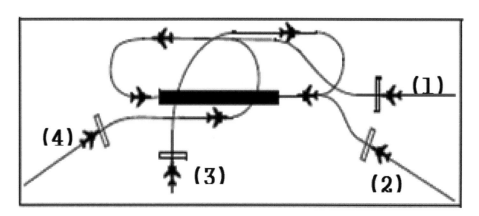

(1) 계기 접근 후 180도 선회를 하는 전형적인 Circling Pattern
(2) LDA 계기 접근하여 수행하는 Circling Pattern
(3) VFR 접근 후 Over Head 형태의 Circling Pattern
(4) LDA 계기 접근이나 Radar Vector 후 수행하는 Circling Pattern

(5) 선회 착륙경로의 Downwind, Base Leg 또는 Final Leg 중 어느 곳에서도 착륙 활주로의 Visual Profile(3° 시각접근 강하경로)에 도달될 때까지 MDA(H) 이하로 강하해서는 아니 된다.

(6) Circling Missed Approach: 만약 Circling 도중 Visual Reference를 상실하여 Missed Approach를 수행할 경우 Landing Runway를 향하여 상승 선회하여 Missed Approach Track에 Establish 될 수 있도록 한다. 이러한 Circling Maneuver는 Circling 도중 Visual Reference를 상실한 위치에 따라 여러 가지 방향으로의 Pattern이 있을 수 있다.

(7) Standard Call out은 항공사별 절차에 의거한다.

2) 전형적 Circling Pattern 접근 절차

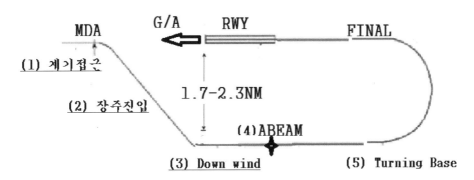

TYPICAL CIRCLING

(1) 계기접근

　① 접근 준비는 계기비행과 Visual 절차에 의하고 각각 계기 접근절차에 의거 접근을 수행한다. Leg/F-plan Page에 Verf(Vapp) 속도를 입력한다.

　② ILS, LOC, VOR, RNAV 등 가능한 한 계기비행으로 Final Course에 접근을 하며 Circling Approach Minimum까지 강하를 한다. Tower에서는 다음과 같이 접근 Clearance를 준다.

　"C/S Cleared to LOC Rwy 00 then Circle to Rwy 00, Report Rwy insight"

　(Circling을 하기 위한 초기접근은 계기 비행으로 B-737은 ILS 접근을 사용하지 않는다. 왜냐하면 아래와 같은 사유로 중간 고도에 Level Off를 할 수 없기 때문에 비 정밀접근을 사용해야 한다. ⓐ AFDS가 MCP에 Set 한 고도(Gilcling 고도)에 Level Off를 할 수가 없고　ⓑ APP' Mode에서 나가려면 GO-Around를 하거나　ⓒ A/P를 Disconnecting 하거나 FD를 Off 하여야 한다.

　A-320은 B-737과는 달리 ILS 접근 중 원하는 고도 100피트 전에서 Vertical Switch를 Push 하여 VS=Zero를 만들면 GS Mode에서 벗어나 Level Off 된다.

　③ Final 강하 시 B-737 항공기는 Circling MDA를 MCP에 Set 후 강하하고, Circling MDA에 ALT HOLD가 되면 Go-Around ALT를 Set 한다. A-320 항공기는 FMC에 Circling MDA를 Set 한 후 강하하고 FAF 고도에 Level Off가 되면 Go-Around ALT를 Set 한다. A-320 항공기는 Circling Approach Minimum +100피트에서 V/S를 Push 하여 Level Off 한다. 이때 MDA가 100피트 단위로 끝나지 않았다면 100피트 위 단위 고도를 Set 한다.

④ FAF를 통과할 때 다음과 같이 외장을 유지한다.

　　　B-737: Landing Gear Down Flap-15, A-320: Landing Ger Down Flap-3

(2) 장주진입

　　① MDA Point에서 Rwy나 시각 참조물을 보면 Down Wind로 통상 45도 선회 진입한다. "C/S Rwy Insight" "C/S Report Down wind"

　　　B-737: FD Off then on, Heading Mode로 Down wind로 선회한다.

　　　A-320: FD Off, TRK-FPA Mode, Activate 2nd F-plan, Clear PPos

　　② 장주 폭은 Category에 따라 1.7-2.3NM로 잡는다. 측풍 10kts당 ± 0.1NM을 가감하여 장주 폭을 조절한다.

　　　B-737: Fix나 Navaid에 입력한 지점과 실제 육안으로 확인하고 있는 비행경로를 참조하여 Down Wind에 Roll out 한다. Roll out 할 때 Heading은 Crabbing으로 하며 수정량은 10kts당 3도이다. 예를 들어 좌측풍이 10kts 불고 Down Wind Heading이 350도라면 347도에 Roll out 한다.

　　　A-320: Roll out 하여 30초를 비행하며 ND에 Display 되는 거리를 참조하여 장주 폭을 조절한다. 폭은 10kts당 1초를 가감한다. Track Mode로 비행하므로 자동 Crabbing이 된다. 따라서 곧바로 Down Wind Track을 Set 한다. 부기장은 2ND Flight Plan Active, Plan의 PPOS를 삭제(Clear)한다. 이렇게 하면 Rwy를 중심으로 현재 거리가 ND에 나온다.

　(3) On Down wind & Abeam Position

　　① "C/S On Down wind" 보고를 하고 Landing Configuration을 완료한 후 Landing Checklist를 수행한다. 통상 Landing Flap을 Turning Base 이후에 완료하게 되어 있지만 Downwind 이후 착륙에 집중하기 위하여 Turning Base 이전에 완료하여 안정된 상태하 착륙을 수행한다. B-737은 Abeam Point 전에 Turning Heading을 Preset 해놓는다.

　　② Time Check 준비를 한다. 이때 GAS와 TAS를 확인하면 현재 불고 있는 배풍의 세기를 알 수가 있다. ND에 입력한 참조점과 활주로와의 관계를 확인하여 Abeam Point로부터 Time Check를 수행한다. B-737 Abeam Point는 FIX page에 혹은 Navaid에 활주로 좌표를 입력한다.

　　③ 시간은 Final 거리에 따라 달라진다.

　　　Ⓐ Final 길이가 표준거리일 경우 시간은 장주고도÷100×3초이다. 예를 들어 Circling 장주고도가 1,000피트 HAA라면 1,000÷100×3초=30초이다. 이 시간은 Final 400-500피트 HAA 정도에 Roll Out 하는 장주고도이다.

　　　Ⓑ Final 길이가 3NM이고 Roll out 고도 1,000피트일 경우 일반적으로 장주고도는 1,500

HAA 피트를 유지하며 이때 비행시간은 45초가 된다. Final 길이를 3NM로 잡으면 Final 길이가 1NM-0.5NM이 더 길어졌으므로 15초를 더하여 1분을 비행한다. 고도가 낮아지면 시간이 짧아진다.

ⓒ Final 길이가 짧고 공항 특성이 있을 경우: 장주고도÷100×3초의 계산법에 의하여 시간을 정하고 여기에 배풍세기를 가감한 시간을 고려하여준다.

④ 위에서 정한 시간과 거리에 배풍이나 정풍 시간을 가감하여준다.

Ⓐ 기준 속도: GAS 150kts, TAS=IAS 140kts를 기준으로 한다. 왜냐하면 Category C와 D가 140kts를 기준으로 설정되어 있기 때문이며 배풍 10kts가 불어 GAS는 150kts가 되기 때문이다.

Ⓑ 배풍과 비행거리에 따라 즉 Final 혹은 Down Wind 고도와 거리에 따라 다음 표와 같이 가감하여준다.

구분		Final 거리와 시간			
		20초(1NM)	30초(1.5NM)	45초(2NM)	60초(3NM)
속도 GAS	140	+1.3	+2	+3	+4
	150	0	0	0	0
	160	-1.3	-2	-3	-4
	170	-2.6	-4	-6	-8
	180	-3.9	-6	-8	-12

예) 후쿠오카 Rwy 34에서 배풍이 20KTS가 불고 GAS가 160KTS이며, Final 길이를 3NM을 유지한다면 Abeam Position에서 60초-4초=56초를 비행 후 Turning Base를 한다.

⑤ 여기에서 특기해야 할 사항은 **LNAV를 이용하고 있다면 선회 시간 산정은 불필요하고 Auto Pilot에 의하여 선회하도록 한다. 왜냐하면 Auto Pilot에 의하여 Lead Turn이 되기 때문이다.**

⑥ Abeam Position에서 Time Check 수행하면서 필요시 강하할 수 있다.

(4) Turning Base

① Turning Base 지점을 보고하고 착륙 Clearance를 받는다. 이후 비행은 Visual 조작과 동일하다.

② 바람의 영향이 많을 경우 이를 감안하여 Pattern과 강하율을 조절한다.

③ B-737은 속도와 Power 조절에 매우 세심히 임해야 한다. 왜냐하면 Target Speed보다 -5KTS 이상 적을 경우 Minimum Airspeed Reversion이 일어나 Auto Throttle은 LVL CHG로 바뀌고 이미 Set 한 Go-Around 고도로 상승하려고 Power를 급하게 증가시키기 때문이다. 따라서 Turbulence 가 많고 Wind shear가 있을 경우에는 Manual Thrust 사용을 추천한다.

④ A-320과 FPV 장착 B-737 기종은 FPV를 참조하여 강하한다. FPV의 모형 항공기 Rudder 끝 부분을 수평 Bar에 대고 비행을 하면 3도 강하각이 유지된다.

⑤ PM은 FD off, Rwy Heading을 Set 한다. B-737은 FD Off then On

⑥ 90도 선회하였을 경우 반드시 고도를 Check 하여 강하율을 조절한다.

　90도 선회 시 유지하여야 할 고도 = (장주고도-Final 고도) ÷ 2

⑦ 1,000피트 AGL에서 "One Thound" Call out 한다.

⑧ Final Roll Out 하기 전에 Auto Pilot, A/T를 Disengage 한다.

(5) Final

① GS와 PAPI를 참조하여 강하하고, 모든 절차는 Visual과 동일하다.

② Final 500피트 HAA 전에 Roll out 하고 Stabilized Approach가 되어야 한다. 여기서 Stabilized Approach 상태는 Aligned With The Runway, Wings Level, Normal Glide Path를 유지하고 있어야 한다.

③ Auto Pilot을 사용하고 있다면 B-737은 500피트 HAA 이전에 A-320은 Final Turn 이전에 Disconnect 한다.

④ 500피트 HAA에서 "Five Hundred"라고 Call Out 한다.

(6) Missed Approach

① 선회접근 중 시각 참조물을 상실하였거나 Unstabilized Approach 상태가 발생하였을 경우 즉시 Missed Approach 하여야 한다.

② Circling 도중 Missed Approach는 Obstacle-Free Area 안에서 이루어져야 하며 즉시 상승이 되어야 한다. 최초의 선회는 착륙 활주로 방향으로 선회를 하고 Missed Approach Course에 Intercept 한다. 반드시 활주로 방향으로 상승 선회를 하여야 한다.

③ Missed Approach 절차는 계기접근 절차를 따르며, 관제사의 지시가 있으면 관제지시를 따른다.

④ FMC에 VFR 접근 Rwy를 선택할 때 Missed Approach 절차가 없어 나오지 않는다. 조종사가 Missed Approach 절차를 입력할 수가 있으며 참조점을 넣어 Missed Approach를 할 때에 비행 Track으로 참고할 수가 있다

⑤ Missed Approach를 수행할 절차가 없기 때문에 Selected Mode로 Missed Approach를 수행해야 한다.

⑥ Missed Approach 중 가장 중요한 것은 Pitch를 15도로 유지하고 Power를 TOGA로 증가시키며 즉시 Auto Pilot을 Engage 하여야 한다. 이때는 구름 속에 진입할 가능성이 많고 상승선회를 하기 때문에 조종사가 이상자세에 진입할 수가 있다. 따라서 끝까지 계기 비행을 수행하여야 한다.

⑦ 선회 중 Missed Approach

Ⓐ 선회 중 활주로 시각 참조물을 잃어버렸고 Auto Pilot이 Engaged 된 경우 즉시 Thrust를 TOGA로 증가시킨다. 만약 강하선회 중이라면 Pitch가 올라오고 있는지 확인하여야 한다.

Ⓑ Manual로 비행 시에는 Pitch를 15도로 올리고 PF는 FD를 따르기 위해 PM에게 Runway Heading 또는 Missed Approach Course를 Set 하도록 지시한다. 그리고 Auto Pilot을 즉시 Engage 하여 항공기를 안정시킨다. FD를 Off 하였기 때문에 항공기 종류에 따라 FD가 나올 수도 있고 나오지 않을 수도 있다. 나오든 나오지 않든 15도 Pitch를 유지하고 FD를 다시 On 해준다.

Ⓒ A-320 항공기는 선회 중 Thrust Lever를 TOGA에 선택하면 FD는 FCU에 선택한 Heading과 무관하게 GA TRK Mode가 Engaged 시점의 Track을 지시한다. 따라서 PF는 항공기 진행 방향과 FD가 상이하게 지시하기 때문에 운중 또는 저시정하에서 자세를 파악하는 데 어려움이 따를 수 있다.

Ⓓ 자세가 안정되면 AP을 Engage 하고, Heading 혹은 NAV Mode를 선택하여 발간된 Missed Approach 절차나 ATC 지시에 따라 절차를 수행한다.

5. 김해공항 RNAV/LNAV Circling Approach Rwy 18R/L

1) 개요

B-737과 A-320/321 항공기는 RNAV Visual APP'도 가능한 항공기이다. 따라서 김해 RWY 18R/L Circling APP'를 RNAV/LNAV 절차를 활용하여 안전착륙을 수행하기 위해 절차를 설정한 것이다. Ceiling이 1,700피트 HAA 이하일 때 사용한다. A-320/321 항공기는 LNAV(NAV) 절차를 추천한다.

2) 설정 목적

(1) 김해공항 시정 불량 시 18L/R Circling 장주의 정확한 지점을 설정하여 선회지점 혼동을 방지한다.

(2) 야간에 지점 확인이 애매할 경우 정확한 장주지점을 제공한다.

(3) Turning Base 지점 직전 혹은 이후까지 Auto Pilot을 이용하여 비행함으로써 조종사의 Load를 줄여 경로를 벗어나 GPWS가 울리거나, 18L와 18R의 혼동을 방지하고 Final에 정확히 Roll Out 하여 착륙하도록 한다.

(4) VOR -A/RNAV-B의 MDA가 1,700피트이고 Circling의 MDA는 1,100피트이므로 1,700피트 이하의 Ceiling 시 RNAV/LOC Circling 접근을 수행해야 한다.

3) 접근 절차

(1) RNAV/LNAV Circling 접근을 수행하기 위한 조건은 다음과 같다.

① RNAV/LNAV System에 의하여 항법을 하지만 반드시 지상 참조물과 장애물, 다른 항적을 육안으로 확인하고 있어야 한다.

② Way Point는 NAV' Database에 입력이 되고 사용될 수 있어야 한다.

(2) 요구 장비

① 1 FMC　　② 1 GPS　　③ DME to update　　④ 기타 필요장비

(3) 접근준비

① 추가적인 FMC Set up만 다르고 18L/R Circling Approach와 동일

② 추가적인 FMC Set up은 FIX Page와 Waypoint/New Waypoint Page를 활용하여 Fix에 Navaid 참조점과 Radial 거리 정보를 입력하여 사용한다. 그리고 Navigation Data에 Waypoint를 새롭게 정의하여 FMC에 입력하여 사용하면 아주 편리하다. 총 40개의 Waypoint를 정의하고 사용할 수 있어 정확한 좌표만 입력하면 이것을 참조하여 아주 쉽고 안전하게 비행을 할 수 있다.

Ⓐ Navaid에 다음과 같이 New Waypoint를 생성한다. (Rwy 18R인 경우)

Downwind Point(KMH01): RKPK36L/271/1.7 (장주폭 NM)

Abeam Point(KMH02): RKPK18R/271/1.7 (장주폭)

Turning Base(KMH03): KMH02/001/1.1 (배풍 10k 시 선회지점)

Final Rollout point(KMH04): RKPK18R/001/1.1

※ B-737 항공기는 다음과 같은 좌표를 입력하여 LNAV 비행을 하면 조종사 Load를 크게 줄일 수 있다. (장주 폭과 Final이 2NM이며 Turning Base 지점은 Lead Turn을 고려하여 최대 폭이다. 항공기 궤적이 2NM 이내로 이루어져야 한다.)

Downwind(KMH01): N3509.8 E12853.6,

Abeam(KMH02): N3511.5 E12853.5,

Turning Base(KMH03): N3511.4 E12853.4,

Final Rollout point(KMH04): Final 2NM

18R: N3513.5 E12855.9, 18L: N3513.4 E12856.0

RKPK EOR, 18R: N3511.6 E12856.1, 18L: N3511.6 E12856.2

Ⓑ Arrival에서 VFR Rwy 18R를 선택한 후에 B-737은 계기비행 Missed Approach 이후 Leg Page에, A-320은 Sec F-Plan에 입력한다.

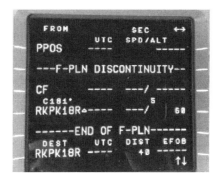

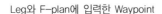

| Leg와 F-plan에 입력한 Waypoint | A-320의 Waypoint 입력 전 F-plan |

ⓒ A-320 항공기는 SEC F- PLAN 입력 전에 반드시 SEC F- PLAN의 Performance를 입력한다. 이때 입력하지 않으면 Direct Waypoint나 Clear PPOS(Present Position을 Clear하는 조작)를 할 때 다시 미 입력 상태로 뜬다.

ⓓ Descent 중 RNP 오차가 제한을 벗어난다든가 GPS Primary가 되지 않는다면 A/P를 Disengage 하고 지점을 참고하여 비행을 한다.

ⓔ Leg Page와 Sec F- Plan에 도시된 WayPoint를 확인한다.

ⓕ Fix Page에 Abeam, Turning Base를 입력하고 위치를 확인한다.

(4) LNAV 이용접근절차

① LOC나 VOR Final 1,100ft HAA에서 Downwind로 진입 시 Manual로 Heading을 ND상 Fix Page에 입력된 Downwind Point(315~350°)에 맞춘다. VFR 지형상으로는 낙동교 다리 우측에 Roll out 한다.

② B-737: LOC 접근시 1,100피트를 Set 하고 ALT Hold가 되면 G/A ALT*를 Set 한다. 선회 지점에서 HDG Mode로 Downwind에 Roll out 한다. Roll out 되면 Leg에 입력된 Down wind Point를 Direct로 올리고 LNAV로 비행한다.

A-320: Activate SEC F-Plan → Direct KMH 01(Down wind)을 한 후에 Nav가 Engage 된 것을 확인한다. 2ND F-Plan에 Landing DATA를 입력하지 않았다면 Performance Page가 뜰 수 있으며 이때 입력해도 무방하다.

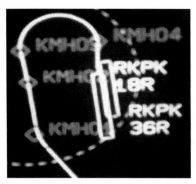

LNAV 4개의 지점을 입력한 Plan Mode ND Display

③ Auto Pilot로 비행하고 "On Down wind" Report를 한다. 이때 Track을 Monitor 하여 비정상 Pattern으로 갈 경우 즉시 Manual 비행한다.

④ Down wind Roll out 후 Landing Configuration을 완료하고 L/D Checklist를 완료한다. Down wind Roll out 시 측풍 10k당 0.1NM을 가감한다.

예) 김해 Down Wind에서 좌측풍 10k 시 폭은: 1.7 + 0.1 = 1.8NM

⑤ Down wind Leg에서 Wind와 GAS Check 하여 Abeam 위치에서 Time Check 시간을 결정한다.

⑥ Abeam Point 전 HDG Knob을 Pull 하여 Heading Mode로 Present Heading이나 Track Mode(001도)로 비행한다. 왜냐하면 Turning Base에서 A/P에 의한 Lead Point를 잡아 조기선회를 방지하기 위해서다.

⑦ GAS Check 결과 150k를 기준으로 다음과 같이 Abeam에서 Time Check 하여 Turning Base 시기를 판단하고 선회한다. 이 시간은 조종사의 Time Check 지점과 시계 누르는 행동에 따라 1-2초가 다를 수 있다. 따라서 항공기 위치(지점)도 동시에 참고하여 Turning을 하며 서두를 필요는 없다. B-737은 Lnav 비행과 선회를 하면 Time Check가 불필요하고 항공기 비행 Track을 Monitor 한다. Manual 비행 시에만 Check 한다. Auto로 비행 시 시간을 Check 하여 참조할 수도 있다.

GAS	140k	150k	160k	170k	180k
Time	21s	20s	19s	18s	16s

⑧ Time Check 결과와 기존에 입력된 FMC Way point와 비교하여 최종 Turning Point를 결정한다. Manual 비행 시 GAS 150k일 경우 KMH02로부터 1.1NM에서 선회하고 140k이면 1.2NM, 160k이면 1NM에서 선회한다. Auto Pilot로 비행 시 1.1NM 지점에서 항공기가 자동 선회하도록 한다. 선회지점이 많이 다를 경우 Auto Pilot을 Off 하고 즉시 Manual로 비행하여 수정한다.

⑨ Turning Base 조작요령은 두 가지가 있다.

Ⓐ A/P를 Engage 한 상태에서 Auto Turning 하도록 맡겨두고 항공기 궤적이 비정상적으로 될 경우만 즉시 Heading Knob을 Pull 하여 우로 죽 돌려놓고 V/S나 FPA를 사용하여 700FPM 혹은 2.7°로 강하한다. PM은 Turning Base 시기가 늦거나 빠르지 않도록 Time Check 결과를 조언하고, 활주로를 육안 확인하며 "Turning Base" 지점을 보고한다.

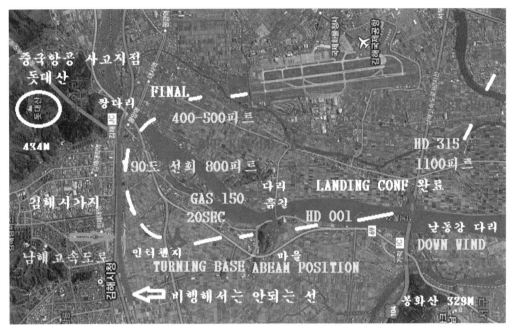

김해공항 Circling Approach 전도

Ⓑ 두 번째 방법은 Turning Base 직전에 Manual로 전환하여 Turning base 지점에서 선회하는 방법이며 항공기 자세계를 이용하여 강하 선회를 한다. 700FPM으로 강하하며 항공기가 90도 선회를 하면 고도를 Check 하여 높고 낮을 경우에 Pitch를 수정한다. 90선회 시 기준 고도는 750~800 피트이다.

Ⓒ LNAV 비행 시 90도 선회하면서 Auto Pilot을 Disconnect 하고 활주로 정대를 위하여 Bank 조절을 한다. PM은 활주로 PAPI의 현 상태를 조언해주며 강하율이 1,000FPM을 넘을 경우에 Call Out 한다. B-737은 Turning Base가 끝날 즈음에 A/THR을 Disconnect 한다.

⑨ Final Turn 조작은 Visual Pattern과 동일하다. 다만 Final Roll out Point를 참조하여 Overshoot 여부를 판단하고 고도는 400ft 정도에 Roll out 하도록 조절한다. 김해공항은 우측풍이 많이 불어 Final Over shoot 되지 않도록 유의한다. PM은 "Five Hundred" Call Out을 한다.

6. 김해공항 VOR −A & Circling Approach

1) 개요

(1) 김해공항은 Rwy 18R/L의 Final에 높은 산들이 있고 계기접근 시설이 없기 때문에 항상 VFR 접근만 가능하다. 그런데 지형적 특성에 의하여 봄부터 가을까지 오후 들어 바다 바람이 불어 수시로 활주로 방향이 바뀌고, 기상이 나빠질 때면 남풍이 강하게 불어 일중 활주로를 18R/L를 사용해야만 한다.

(2) 이러한 상황에서 항적이 관제능력을 벗어나자 VOR−A/RNAV 절차를 만들어 이착륙 항적을 분리함과 동시에 착륙간격을 좁혀 관제 용량을 증가시키었다.

(3) 군용항공기 이착륙도 동시에 이루어지기 때문에 MAP 이후에 Circling Minimum인 1,100피트로 고도 강하를 요청하여도 허락하지 않는다. 따라서 Abeam Point 이후에 1,700피트에서부터 강하하여 착륙해야 한다.

2) 접근 절차

(1) 일반 VOR 절차와 동일하게 접근을 한다.

(2) 통상 ARC Turn보다 Radar Vector에 의하여 R−225에 In Bound 된다.

(3) VOR−A도 비 정밀접근 중 하나이기 때문에 FAF 전에 모든 Landing Configuration과 Check List를 완료한다. MAP 이후에 활주로를 육안확인하면서 장주 Pattern을 유지하는 것이 무엇보다 중요하기 때문이다.

(4) FAF 이후부터 V/S, FPA Mode로 일정한 강하율로 강하하며 Missed Approach 고도 Set는 다음과 같다.

　① B−737: MCP Altitude를 MDA인 1,700피트에 Set 하고 강하하여 ALT Hold가 되면 Missed Approach ALT인 6,000피트를 Set 한다.

　② A−320: FAF 0.3NM 전에서 Missed Approach 고도인 6,000피트를 Set 하고 FPA로 일정하게 MAP이전에 도달할 수 있도록 강하한다.

(5) MAP에 접근하면서 Rwy를 육안확인토록 주력하고 "Rwy Insight" 보고를 하면 TWR에서 "Clear Circling 18R Approach, Report Turning Base"를 지시하며 접근을 허용한다.

(6) A−320 항공기는 강하고도가 1,800피트를 통과할 때 V/S Switch를 눌러 1,700피트에 Level Off 하도록 한다.

(7) MDA 1,700피트에서 강하 허락이 안 되었을 경우, 2.3NM 장주를 잡는다. FAF부터 1,100피

트로 강하가 승인되면 접근 인가가 난 후부터 강하를 하며, 이때 Down Wind 폭은 1.7NM을 잡도록 한다. 참고로 MA045 MDA Point로부터 Turning Base까지 직선거리는 총 4NM이다. 항공사와 기종에 따라 Down wind 폭을 Visual Pattern인 2NM로 동일하게 잡을 수도 있다. 2NM 폭을 유지하기 위한 좌표는 앞 절의 Circling 접근을 참조한다.

(8) Down Wind 진입 방법은 FMC에 입력한 지점을 Auto Flight로 비행하는 방법과, MDA 1NM 전에서 Heading이나 Track Mode로 Turning Base 지점으로 직접 가는 방법이다. Heading Mode 일 때는 측풍 10Kts당 3도를 수정해준다. 1.7NM 폭 장주 절차와 측배풍 수정, Time Check는 앞 절의 절차와 동일하다.

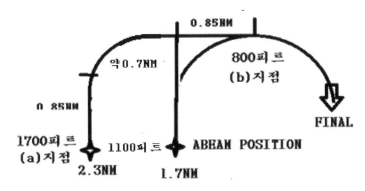

비행경로와 거리 산정(Safe Factor를 고려 최소 비행거리로 계산)

(9) MDA 이후 고도 강하가 허락이 안 될 경우 1.7NM 장주를 유지하면 고도를 처리할 시간적 공간적 여유가 없다. 따라서 장주 폭을 넓혀 고도 처리를 할 여유를 갖는 거리가 필요하다. 고도 900 피트(1,700 → 800피트)를 강하하기 위한 거리는 위 그림과 같이 대략 최소 총 2.4NM이다. 항공기 속도를 150GAS라고 한다면 2.4÷2.5NM×60Sec=57초가 소요된다. 따라서 Abeam Point부터 계속 1,000FPM으로 강하를 하면 Base(b지점)에서 800피트를 유지할 수가 있게 된다.

(10) 하지만 배풍을 고려하여 초기에 1,200~1300FPM(FPA 4.0-3.8도)으로 강하를 하고, 1,000 피트에 접근을 하면 700-800FPM(FPA 2.7-2.8도)으로 강하율을 줄여 고도를 강하하다가 위 그림 (b) 지점에서 800피트를 유지하면서 두 다리 우측으로 최종 선회한다. Auto Pilot을 사용하였다면 90도 선회 후 Disconnect 한다. 폭을 2NM로 할 때는 Abeam Position 1NM 전부터 800fpm으로 강하하고 90도 선회 완료 후 강하각을 조절한다.

(11) Turning Base 지점은 Abeam Position으로부터 배풍 세기에 따라 Circling Approach 절차와 동일하게 Time Check 하여 정한다. 따라서 Abeam Position을 지나면서 Time check와 강하를 동시에 수행한다.

(12) Auto Pilot은 계속 유지하면서 시간이 되면 Turning Base 지점에서 Heading이나 Track으로 091도 우선회를 한다. B-737은 우측풍이 심할 경우 10kts당 3도를 더 Crabbing으로 Roll out 한다. (예: 우측풍 10Kts 시 094도)

(13) 이후 비행절차는 Circling 절차와 동일하다.

(14) LNAV 비행절차에 의거 참고지점을 FMC에 입력하여 Auto Flight로 비행할 수가 있다.

　① FMC Way Point 입력 (B-737은 앞 절 Circling 접근 절차에 의거 2NM 폭을 유지하여 접근할 수 있다. 이때 강하는 Abeam 1NM 전부터 수행한다.)

　　Ⓐ Abeam(KMH01): RKPK18R/271/2.3

　　　Turning base(KMH02): KMH01/001/01

　　　Final Point(KMH03): RKPK18R/001/1

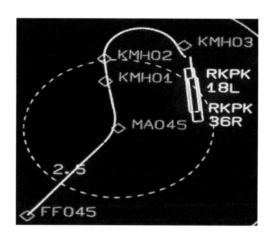

　　Ⓑ FIX에 위 두 지점을 입력 참조를 한다.

　② 입력 위치 및 사용 방법

　　Ⓐ Leg나 F-Plan Page에 선택된 Rwy 앞에 입력한다.

　　Ⓑ 활주로를 확인하고 있는 상태하 MDA에서 Direct KMH01을 한다.

　　Ⓒ B-737: Leg에서 Direct KMH01을 하고 LNAV를 Engage 한다.

　　　A-320: Direct KMH01을 하고 NAV를 확인한다. Way Point KMH02와 KMH03에 Over fly Symbol(B-737은 기능이 없음)을 입력한다.

③ Auto Pilot는 Final Turn 이전에 착륙이 확실시 될 때 Off 한다.

※ Test Flying 결과 A-320 항공기는 Turning Base 이후 Lnav를 정밀하게 따라갈 수가 없다. 따라서 Turning Base 이후에는 TRK(Heading) Mode를 사용할 것을 추천하고 Auto Pilot off는 HDG 이 091°, 도로 사이에 Roll out 되었을 때 한다. Pitch Control은 Abeam 이후 1,200-1,300FPM으로 강하를 하다가 1,100피트 통과시 700-800FPM(2.7-2.8도)으로 줄인다.

B-737은 앞 절의 Circling 2NM 절차 좌표를 입력하고 LNAV로 비행하며, Abeam 1NM 전부터 강하를 한다. 항공기 궤적은 Lead turn을 하여 2NM 안으로 비행해야 한다. 강하각은 VS Mode로 800FPM을 유지하다가 90도 Turning 하면 고도를 비교하여 강하율을 조정한다. Final Turn 이전에 Auto Pilot을 Off 하고 최종선회를 한다. 장주 폭이 2.3NM로 잡는다면 A-320 절차를 따른다.

(15) Missed Approach

① 계기접근 Final Course에서 Missed Approach 시 해당 계기접근절차에 발간된 Missed Approach 절차에 의하여 수행한다. 필요시 MSD APP' 절차를 FMC에 입력하여 참조한다.

② Circling Approach를 위하여 MAP 통과 이후 Missed Approach 할 다음 두 가지의 경우에 착륙활주로 쪽으로 상승선회 후 최초 계기접근절차에 명시된 Missed Approach 절차를 수행한다.

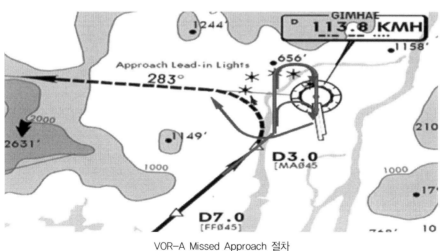

VOR-A Missed Approach 절차

Ⓐ Circling을 하기 위해 MAP 이후 장주방향으로 선회를 시작했을 경우

Ⓑ 시각 참조물을 상실하고 Unstabilized Approach가 되었을 경우

③ Missed Approach 중 Traffic 분리를 위해 관제사에 의해 Radar Vector를 받을 경우에 우선적으로 적용한다.

3) 김해공항 Circling Approach와 VOR-A 접근 시 공통과실

(1) 시정이 좋지 않을 경우 장주 지점 파악이 어렵다. 따라서 시계비행을 하더라도 주요 장주 지점을 FMC에 입력하여 참조할 것을 추천한다.

(2) LOC Then Circling 접근을 할 때 빠른 장주 진입으로 Down Wind 지점 좌측의 봉화산 (329M)에 근접하면 GPWS Terrain이 울릴 수가 있다.

(3) 장주 길이가 짧고 여러 가지 Check 사항이 많아 Time check가 늦어 Turning Base 지점을 지나칠 수가 있다. 남해고속도로와 평행하게 좌측에서 이어지는 국도의 인터체인지가 좌측 밑에 있을 때 선회를 하게 되면 늦지 않은 것이다. 남해고속도로에 근접하거나 지나서 인구 밀집지역인 김해시에 진입하였다면 Go-Around 할 것을 강력히 권고한다. 2002년 중국 민항사고의 주원인이기도 하다.

(4) 공항당국에서 접근 장주 Track에 Guide Light와 Guide 부판을 설치하였다. 만약 이 시설물을 볼 수 있다면 오른쪽 하단에 끼고 선회를 하면 안전한 궤적을 비행하게 된다.

(5) Final Turn이 늦어지고 장주가 조금만 넓다면 Roll out 하는 부근에서 GPWS가 울릴 수가 있다. (돗대산 지류)

(6) 통상 측풍이 Final 우측에서 불어 선회시기가 늦으면 Final Over Shoot가 되는 경향성을 보인다. 또한 18L/R Runway가 바로 인접되어 있어 시정이 불량할 경우에 착륙 활주로가 아닌 다른 Rwy에 착륙할 가능성도 매우 높다.

(7) 장주 진입 이후에 잠깐 동안이라도 구름에 진입하여 시각 참조물을 놓쳤다면 즉시 절차에 의거 Go-Around를 적극 추천한다. "조금 지나면 보이겠지"라는 생각은 이러한 융통성을 발휘할 수 없는 지형에서는 절대 금기시 되어야 한다.

(8) 2.3NM 장주 비행 시 지점 파악이 잘되지 않아 적절한 강하를 못하고 고도가 높아져 Go-Around 해야 할 경우가 발생한다. FMC에 Go-Around 절차를 입력할 것을 추천한다. (Rwy로 직진 상승 후 283 Radial로 Out Bound)

(9) 위에 열거한 사례 이외에도 Go-Around 할 때 TOGA Power를 넣지 않아 Stall 직전에 회복된 사례, 야간에 Circling을 하다가 Turning Base 지점을 너무 빨리하여 Short Final로 몇 번이나 Go-Around 한 사례, 아예 적절한 장주를 유지하지 못하고 여러 번 시도하다가 Divert 한 사례 등이 계속 발생하고 있다.

제6장

민간항공 사용 주요 운항용어

이 장에서는 민간항공에서 사용하고 있는 주요 비행용어와 조종사가 알아야 할 지식 그리고 조종사에 관한 기본 사항을 이해하기 쉽게 풀이 설명하여 수록하였다. 또한 실제 비행에서 발생되는 안전에 관련된 사항과 의문시되는 여러 비행 문제에 대한 설명도 곁들였다.

제1절
운항용어 정의 및 개념

1. 비행 분야 용어와 개념

1) PF/PM의 개념

PF(Pilot Flying)는 항공기 Automation을 어떻게 운용하고 있는가에 관계없이 항공기를 Monitor 하고 직접 조종을 하는 조종사를 일컫는다. 부기장이 항공기를 Control 하면 부기장이 PF가 된다. PM 은 Pilot Monitoring이라 하여 PF가 조종하는 조종행위를 Monitor 하고 조언을 수행하는 조종사를 말한다. 부기장이 PF가 되었을 때 기장은 PM 조종사가 된다. 한때 PM을 Pilot Not Flying(PNF)이라 부르기도 하였다.

2) 자동비행장치 운용

(1) 자동비행장치란 항공기를 조종하기 위하여 조종사가 Auto Pilot을 이용하여 항공기에 구비된 자동비행이 가능하게 하는 FMC, MCP(FCU), EFIS 등을 Control 하고 기타 항법 장비를 활용하여 자동으로 비행을 하도록 하는 자동비행 장치이다. 자동비행장치 운용 목적은 운항의 안전성을 증진시키고 조종사의 업무 Load를 감소시키며 운항 능력을 향상시키기 위한 것이다.

(2) 자동비행장치는 적절하게 사용하면 안전업무와 운항능력이 향상되지만, 그렇지 못할 경우에는 안전 운항 저해 요소가 될 수 있다.

(3) 자동비행장치에 지나치게 의존하게 되면 수동비행 기량 저하를 초래할 수 있다. 따라서 안전 운항을 달성하기 위하여 자동비행 장치를 적절하게 운용할 능력과 수동 비행 기량의 유지 그리고 적극적인 CRM 활용이 요구된다.

(4) 자동비행 장치를 최적으로 운용하기 위해서 조종사는 자동비행장치에 대하여 명확하게 이해하고 성능저하시의 절차도 잘 숙지하고 있어야 한다.

(5) 수동조작 기량 향상을 위해 Manual로 항공기를 조종할 수 있다.

(6) 자동비행 장치를 운용할 시 주의 사항은 다음과 같다.

① 자동비행 장치의 성능을 명확히 알고 운항 중 작동상태와 항공기 비행 경로를 항시 확인 인지하고 있어야 한다.

② 자동비행장치가 예상대로 정상 작동하지 않거나 의심이 되면 Auto Pilot의 Mode를 변경하거나 사용하지 말아야 한다.

③ 자동비행장치의 모든 Mode 입력과 변경을 지속적으로 확인하고 인지하고 있어야 하며, 외부 경계를 소홀히 해서는 안 된다.

④ 비정상 상황이 발생하여 수정 절차를 수행하는 동안 비행 Load를 감소시키기 위하여 자동 비행 장치 사용을 강력히 권고한다.

⑤ Terminal Area 내 항적이 혼잡시 자동비행장치 사용을 권고한다.

3) CRM이란 무엇인가?

(1) CRM(Crew Resource Management)은 원래 항공기내에 비정상 상황이 발생되었을 때 조종실 내 승무원 간의 협력을 증진시켜 원활히 문제를 해결하고자 조종사들이 지니고 있는 능력의 한계, 조직의 성과를 극대화하고 항공 안전과 직무 성과를 향상시키려는 것이다. 이를 위하여 의사소통, 의사 결정, 갈등 관리 그리고 인적 오류 관리에 대한 지식과 기술교육을 수행한다.

(2) 최근의 CRM은 조종사들의 협력만을 의미하는 것이 아니라 모든 자원(인적, 물적, 제도 적)을 효과적으로 활용하여 안전을 극대화하고 운항효율을 높이는 개념으로 변경되었다. 이것을 Joint CRM이라고 한다. 여기서 모든 자원이라 함은 Cabin Crew와 정비사, 조업사, Company 통제 실/센터 및 영업 담당, ATC 공항직원 등 비행에 관련된 모든 부서의 인적자원과 장비 등을 의미한다.

(3) Threat and Error Management(TEM): 새로운 개념의 CRM 기법이며 위협과 조종사의 실수를 관리하고 사고로 발전되는 것을 예방하는 안전관리기법이다. 즉 비행단계마다 안전저해요소 Threat를 설정 인식하고 여기서 발생할 수 있는 조종사의 Error를 방지하여 비행사고로 이어지는 일련의 사고의 연쇄성을 차단하려는 기법이다.

4) EDTO(Extended Diversion Time Operation)

회항시간 연장운항(EDTO)이라 함은 쌍발 항공기는 운항 중 1개의 Engine이 부작동 시에 무풍 및 표준대기 상태에서의 순항속도로 착륙 가능공항으로부터 60분을 초과하는 지점이 포함된 구간을 운항하는 것을 말한다. 그리고 삼발(엔진 3개) 이상의 승객을 운송하는 항공기는 모든 Engine이 작동

시에 무풍 및 표준 대기 상태에서 순항고도를 순항속도로 착륙 가능공항으로부터 180분을 초과하는 지점이 포함된 구간을 운항하는 것을 말한다.

2. 통신과 항로, 공역

1) 기내 통신 장비

항공기내에서 외부와 통화할 수 있는 장비는 다음과 같은 종류가 있다.

(1) VHF: 3개의 장비가 있으며 이중 하나는 ACARS 통화로 사용된다.

(2) HF: 2개의 HF 장비가 있으며 HF 구간인 대양에서 주로 사용한다.

(3) 위성통신: 장거리 항공기에 부착되어 위성 통신 전화 통화가 가능하다.

(대형항공기에는 객실에서 유료로 위성통신을 이용하여 직접 통화할 수가 있다.)

(4) CPDLC: 장거리 항공기의 HF와 병행하여 Data Link로 교신한다.

2) HF 통화방법

(1) HF 통화 방법은 종래 Jeppesen Manual에 명확히 나왔었으나 신규 개정판에는 이러한 절차가 VHF나 HF나 한 가지 형식으로 보고하게 되어 있다. HF 구간은 태평양, 필리핀 해역, 호주나 뉴질랜드 해역, North Polar 지역, 그리고 대서양이나 인도양을 횡단하는 항로상에서 주로 사용한다.

(2) HF 사용 요령

① HF Frequency를 Set 후 Radio Key를 한번 가볍게 Push 하면 삐 소리가 난다. 삐 소리가 그치면 그 이후에 사용해야 한다.

② 각 항공기마다 고유 지정된 4자리 알파벳을 사용하여 통신을 한다. 이 Code는 통상 Flight Plan과 항공기 계기판 앞에 명시되어 항공기가 통과하는 Route상의 각국 ATC에 통보되고 조종사가 참조할 수 있게 하였다. 이것을 SELCAL Code라 한다. 조종사는 각국의 *FIR을 통과할 때 반드시 ATC를 Contact 하여 입국 허락을 받아야 하며 SELCAL Code는 HF를 사용할 때 Call sign과 더불어 항공기를 식별하는 데 주요 수단으로 사용하고 있다.

---

* FIR(Fight information region, 비행 정보 구역): 국제민간항공기구(ICAO)가 항공 교통 관제를 위해 각 나라가 담당하는 공역을 나눈 것이다. 국가 간의 영역이나 영토 경계선이며 ATC간의 Radio 주파수 변경 지정 선을 말한다.

SELCAL Code BEDK

(3) HF REPORT(Sample)

　　P: San francisco, San francisco, C/S Position On 88(8870), 56(5628)

　　A: C/S This is San francisco Go Head.

　　P: C/S POSITION over Pakdo(present position) at 1340(Time) FL340

(Altitude: Feet 혹은 Meters) Estimated(Estimating) Natss(Next Point)

At 1410(Time) Ridll(next Point) Next, SELCAL BEDK(고유 Code) Go Ahead.

　　A: C/S Roger Pakdo at 1340, FL340 Estimated(Estimating) Natss At 1410, RidLL Next, Contact Gum Center 118.7 At Natss SELCAL check.

　　① San francisco ARINC에서 Read Back을 하고 나면, 조종사는 다르게 Read Back 한 부분을 수정해준다. ARINC에서 수정 인지를 하고 SELCAL Check 신호를 보낸다. SELCAL 신호는 "땅" 혹은 "뚜르르" 하고 소리가 나면서 HF 주파수 Radio Tuner에 Light가 점멸한다.

　　② 이때 조종사가 Mike Key를 한번 눌러주면 SELCAL 신호가 꺼지며 통화가 가능하다. 조종사는 "C/S SELCAL Check O.k Contact Gum center 118.7 At Natss."라고 Read Back 한다. 이렇게 하면 첫 통화가 끝나게 되고 Compulsory Report Point에서 계속 동일하게 보고를 한다. 통화 후 HF를 Off 하여도 SELCAL Check은 받을 수가 있다. 통상 Volume을 최소로 줄여 비행을 한다. 추가로 현 기상상황을 Report 할 수가 있다.

　　③ 조종사는 필요하다면 Severe Wx나 Turbulence 등 비행에 지장을 주는 기상 상태를 추가적으로 보고할 수가 있다. 온도나 바람, 잔여 연료는 특별한 경우를 제외하고 보고하지 않는다.

　　④ SELCAL은 초기 한번만 Check 하며 조종사가 HF를 Off 하고 있어도 ARINC에서 필요시 SELCAL을 하면 SELCAL이 울리고 그때 On을 하여 사용할 수도 있다. 이때 답변은 "Sanfrancisco C/S, SELCAL go Ahead"라고 한다.

3) PBN과 차세대 접근 형태

(1) PBN(Performance-Based Navigation: 성능기반 항법)

① 개요: PBN 항법의 개념을 이해하기 위해서는 다음 두 가지 Conventional, RNAV 항법과 비교 이해되어야 한다.

Ⓐ Conventional 항법은 항공기가 지상의 무선 항법 시설이 내보내는 직접신호를 따라 비행하는 항법이다. 이 경우 항로는 지상 항행 시설을 연결한 선으로 설정되어 지그재그 혹은 직각으로 항로가 설정된다.

Ⓑ RNAV(Area Navigation) 항법은 항공기가 지상의 무선 항법 시설이나 위성 항법 시설로부터의 유효 통달 범위 내에서 또는 탑재된 IRU 등의 운용 한계 내에서 자신의 위치를 확인하고 계획한 항로를 비행하는 항법이며 Monitoring(ANP)과 Alerting(RAIM)이 요구되는 RNP를 포함한다. 이때 항로는 지상에 설치된 항행 안전시설의 위치에 제한받지 않고 무선 신호 통달 범위 내에서 설정된다.

Ⓒ RNAV 항법의 한 종류로 PBN(Performance-based navigation) 항법이 있다. PBN 항법이라 함은 항공기의 RNAV 기능과 항법성능을 이용한 공역 운용개념이다. 계기접근 절차 또는 지정된 공역, ATS(Air Traffic Service) 항로를 운항하는 항공기가 갖추어야 하는 성능요건(Performance Requirement)을 기반으로 하는 지역항법(Area Navigation)을 말한다. 즉 항로, 터미널 지역 또는 접근 공역 등에서 항법의 신뢰성, 지속성 등의 정확성을 유지시켜주는 항공기성능 요구조건을 기반으로 하는 지역항법을 말하며 PBN의 유형 및 비행 단계별로 요구되는 정확도를 설정하여 운용한다.

② PBN 공역을 운항하기 위한 요건(Requirements for Operations in PBN Airspace)은 필요 항법장비의 하나 또는 조합을 이용하여 비행시간의 95%에 해당하는 시간 동안 항법장비의 오차가 이 수치의 이내에 있어야 된다.

구분	비행 상황			
	En-route oceanic/ remote	En-route continental,	Arrival	Departure
RNAV 10	10			
RNAV 5		5	5	
RNAV 2		2	2	2
RNAV 1		1	1	1
RNP 4	4			
RNP 1			1	1
	Approach			
	Initial	Intermediate	Final	Missed App'
RNAV(RNP)	1~0.1	1~0.1	0.3~0.1	0.3~0.1

운항기술기준의 오차 범위 8.1.11.17

③ PBN 항법을 수행하기 위해서는 각 공역마다 필요한 항법장비가 있어야 하고 오차는 요구되는 수준 내에 있어야 한다. 위 도표에서 보듯이 RNAV5, RNAV4 혹은 RNAV1은 각기 거리오차가 5.4.1 NM 범위 이상 일어나서는 안 되며 만약에 이 이상 오차가 발생하는 결함이 발생하였다면 Contingency 절차를 따라야 한다.

④ RNP10은 RNAV10과 같은 의미로 해양 또는 원격 지역공역에서 즉 횡적 기준이 50NM이고 종적 최소분리 거리가 50NM이 적용되는 공역에서 사용되며 오차가 10NM 이내에 있어야 한다.

⑤ 최근에는 RNP4를 항로상에서 적용하려고 추진 중이다. 현재 RNP 10으로 운영을 하여 항공기간 거리를 종축 횡적 거리 분리를 50NM을 유지하고 있지만 항적이 증가함에 따라 새로운 절차를 도입하여야 할 상황에 놓여있다. RNP4를 적용하려면 ADS 관제System(제3장 7절 TCAS 참조)에 항공기에는 CPDLC 장비를 장착하여야 한다. 이렇게 되면 종적·횡적 분리를 30NM로 줄일 수가 있어 항적을 60% 이상 증가시킬 수가 있게 된다. 이미 특정 공역은 이 절차를 시행 중에 있다.

(2) WAAS란 무엇인가?

① WAAS의 개념

Ⓐ WAAS는 항법 장비로 FAA에서 개발하였고 GPS를 좀 더 정확하게 결점이 없도록 가용성을 향상시키려는 목적으로 만들어졌다. 또한 현재 운용 중인 GPS 오차를 더욱 줄여 정밀항법까지 가능하도록 시도하는 새로운 개념의 GPS 운용개념이다. WAAS는 GPS의 유효거리 내에 있는 공항의 정밀 접근을 포함하여 모든 비행 단계에서 종전에 에러가 큰 GPS에서 이것을 현저하게 줄여서 정밀접근에서도 이용하려는 목적을 가지고 일종의 GPS 접근 형태로 만들어진 절차다.

Ⓑ WAAS는 지상에 설치된 기준 무선국이 위성에서 오는 신호를 잡아 정확한 자료를 산정하여 이 수정된 자료를 주 무선국으로 전파한다. 주 무선국은 수신된 편차 수정치를 WAAS 정지 위성으로 5초마다 혹은 5초 이내의 주기로 보낸다. 정지 위성은 수정된 메시지를 다시 지구상으로 내보낸다. 여기서 항공기에 수신기를 부착하여 지구상으로 내보내는 수정된 자료를 받아 이용하여 항법을 하거나 접근을 하는 형태가 WAAS 접근이다. 이때 WAAS가 GPS Receiver로 작동할 때는 이 수정치를 더 정밀하게 자신들의 위치를 산정하기 위하여 사용한다. ICAO는 이 체계를 Satellite-Based Augmentation System(SBAS)라고 한다.

Ⓒ 유럽과 아시아에서도 현재 SBAS를 구축하고 있다. 인도는 GPS Aided Geo Augmented Navigation(GAGAN)을, 유럽은 European Geostationary Navigation Overlay Service(EGNOS), 일본은 Japanese Multi-functional Satellite Augmentation System(MSAS) 등을 각자 설치하고 있으며 상업용인 Starfire(상업용으로 WAAS보다 더 정밀한 위치 정보를 줄 수 있는 GPS의 일종)와 Omnistar(지구촌을 8개 지역으로 나누어 구축하고 있는 SBAS)도 구축 중이다.

② WAAS의 요건: WAAS는 아래 세 가지 주요 스펙(사양)을 요구하고 있다.

  Ⓐ Accuracy(정밀도): WAAS의 위치 정밀도는 7.6미터(25피트: 횡적, 종적 측정치) 혹은 이보다 더 좋거나, 적어도 총 측정치 가운데 95% 이상이 제한치 내에 있어야 된다. 특정한 지점에서의 실제 측정치는 수평이 1m(3피트3인치) 수직으로 1.5M이었다. WAAS는 CAT1의 밀도인 수평 16m와 수직 4m를 충족하여 현재 CAT1의 기상 제한치까지 사용하고 있다.

  Ⓑ Integrity(완전성: 무결점): GPS 신호가 심각한 편차와 오차를 만들어 내는 허위 신호가 발생하였을 때 이것을 적절히 경고를 할 수 있는 능력이 WAAS에 있어야 한다. WAAS의 스펙은 GPS와 WAAS 항법장비의 완전무결함을 위하여 체계의 결점을 탐지해내고 그것을 6.2초 내에 사용자에게 알려주는 능력도 요구된다.

  Ⓒ Availability(가용성): 가용성은 항법체계가 정밀성과 완전성의 요구치를 충족하느냐 하지 않느냐 하는 개연성 즉 확률을 말한다. WAAS는 가용성을 Service 영역 내에서는 99.999%로 증가시키어 연간 5분 이내의 불용성만 있는 대부분의 시간이 가용하다는 것을 보여주고 그만큼 신뢰도를 높인 것이다.

③ WAAS Operation(운영): WAAS를 정상대로 작동하려면 일반적으로 3개 부분인 Ground Segment, Space Segment, User Segment로 나누어 운영하고 있다. 각 주요 부분의 기능과 역할을 살펴보자.

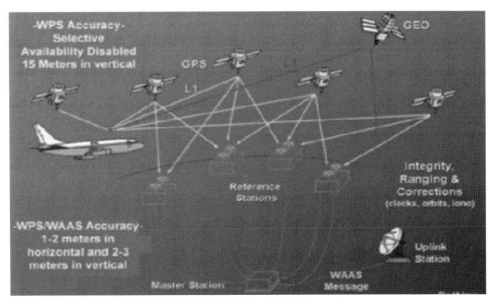

WAAS 체계도

Ⓐ Ground Segment(지상부분)

ⓐ 지상부분은 Wide-area Reference Stations(WRS: 광역 기준국)이 여러 개로 구성 되어 운영되고 있다. 여러 개의 정밀하게 평가되고 조사된 지상의 무선국은 GPS 신호 정보를 수집 하고 Monitor 하여 신호 정보를 정제한다. 그리고 정제된 신호를 여러 육지상에 설치되어 있는 통신 체계를 이용하여 세 개의 Wide area Master Stations(WMS: 광역 주 기지국)으로 보낸다. WRS에서 는 WAAS 정지 위성으로부터 오는 신호를 Monitor 하고 다른 기지국이 하는 것처럼 완전성에 대한 정보를 보내게 된다.

ⓑ WAAS는 서비스가 이루어지는 전 지역의 여러 지점에서 지연 수정치를 송신한다. 이 수정오차가 한번 생산이 되면 WMS는 이 오차 수정치를 한 쌍의 Ground Uplink Stations(GUS)에 보낸다. 그러면 GUS는 이 오차 수정치를 위성에 보내며 위성은 다시 사용자에게 재중계 송신한다. (WAAS 체계도 참조)

ⓒ 미국은 지상의 기지국을 2007년 10월에 총 38개를 설치 완료하였다. 미국 내에 20개, 알래스카 7개, 하와이 1개, 푸에르토리코 1개, 멕시코 5개, 캐나다에 4개를 설치하여 현재 시범 운영 중이다.

Ⓑ Space Segment(우주부분): 우주부분은 사용자의 수신을 위해 WAAS 주 기지국에 의 해 생성된 수정 메시지를 송출하는 여러 통신 위성으로 구성된다.

Ⓒ User Segment(사용자부분): 사용자부분은 보정한 자료를 수신하는 GPS와 WAAS Receiver를 일컫는다. 이것은 각각의 GPS 통신위성으로부터 자체의 위치와 현재시간을 방송하는 정보 를 수신한다. 또한 Space Segment(공간부분)로부터 수정된 자료를 수신한다. (WAAS Receiver: 별지 그림 10 참조)

④ WAAS의 장점: WAAS는 항공기에 장착된 수신기의 가격이 비싼 반면에 사용하기에는 매 우 쉽다. 그리고 아주 정밀한 위치를 설정하게 됨으로써 모든 항법의 문제점을 해결하였다. 지상과 공간에 설치된 기반시설장비는 상대적으로 제한되고 공항에 있을 필요도 없다. WAAS를 이용하여 공항에서 발간된 어떠한 절차라도 정밀 접근을 수행할 수가 있다. 이 의미는 모든 공항은 정밀접근을 설계할 수도 있으며 가격은 아주 저렴해질 것으로 예상한다. 현재 ILS는 활주로마다 두 개씩 갖추어야 한다. 하지만 WASS는 한 비행장에 하나의 지상 장비만 있으면 된다.

Wide area Master Stations

⑤ WAAS의 단점: 우주 기상의 영향을 받는다. 모든 위성시스템은 우주 기상과 우주 파편 위협의 영향을 받는다. 예를 들어, 극도로 크고 빠른 초고속 태양폭풍은 WAAS의 정지 위성 또는 GPS 위성을 비활성화시킬 수 있다. WAAS는 현재까지 CAT 2. 3 ILS 접근에 필요한 정확도를 구현할 수 없다. 따라서 WAAS가 유일한 해법이 아니어서 기존 ILS 장비를 유지 관리해야 되므로 LAAS (Local Area Augmentation System)라는 새로운 시스템을 창출하였다.

(3) SBAS(Satellite Based Augmentation System: 에스바스)란?

① SBAS란 GPS 오차를 1m 수준으로 보정해 주는 초정밀 위치정보 시스템을 일컫는다. 어떤 물체가 어디에 있는지를 알아내기 위해서는 위치측정 도구가 필요하다. WAAS와 같은 개념으로 항공 분야에서는 주로 항법을 하는 데 사용하려는 목적으로 GPS의 오차를 계속 줄이고 있으며 ICAO는 WAAS와 통합된 개념으로 SBAS라 부른다.

② GPS는 전리층과 대기층에 의한 전파신호의 지연요인으로 17~37미터까지 위치오차의 발생으로 정확하고 신뢰성 높은 위치정보를 필요로 하는 항공분야 등에서 GPS를 활용하는 데 한계가 있다. 따라서 GPS 한계를 넓히는 데 SBAS를 활용하게 되었다. SBAS는 GPS 신호오차를 보정하여 정지궤도 위성을 통해 1m 이내의 정확한 위치정보를 제공하는 위성기반 위치보정 항법시스템이다. **SBAS는 국제민간항공기구(ICAO)가 정한 국제표준시스템으로 2025년 항공용으로 전 세계적인 운용을 목표로 적용을 권고하고 있다.**

③ SBAS 시스템은 기본적으로 Ⓐ 기준국 Ⓑ 통합 운영국 Ⓒ 위성통신국/SBAS 위성으로 구성된다. 기준국에서는 자신의 위치를 정밀하게 알고 있는 전국 5개 기준국에서 GPS 신호(통상 8~10 개 위성 관측)를 수신하여, 각 GPS 위성의 오차 값을 실시간으로 계산하여 통합운영국으로 송신한다.

통합운영국은 기준국으로부터 수신된 GPS 신호를 가공하여 ICAO 표준에 부합하는 3차원 GPS 보정신호를 계산, 생성하여 위성통신국에 보낸다. 위성통신국/SBAS 위성은 보정신호를 정지궤도위성으로 보내서 전국으로 일괄 송신한다. 정지궤도위성은 35,800km 적도 상공에 위치하여 지구와 같이 자전함으로써 24시간 보정정보의 송·수신을 지속하며 항공기는 이 신호를 수신하여 비행을 하게 된다.

④ 미국은 WAAS를 2003년부터 운영개시 하였으며, 유럽도 EGNOS를 2009년도에, 일본은 MSAS를 2007년도에, 인도는 2015년부터 운영하고 있다. 이들 나라는 모두 SBAS를 개발하고 구축하여 운용하고 있는 중이다. 한편 러시아, 남미 등도 SBAS 개발을 추진 중에 있다. **한국의 국토교통부도 전 국토에 정밀 위치정보를 제공할 수 있는 위성기반 위치보정시스템인 SBAS를 개발하고 구축하는 사업을 2014년부터 추진하고 있다.**

(4) GBAS(Ground Based Augmentation System)와 LAAS(Local Area Augmentation System)

① 개요

Ⓐ WAAS나 SBAS는 수정된 위치 오차를 지상 Station에서 인공위성에 보내고 항공기는 인공위성에서 수정된 Signal을 받아 비행을 하게 된다. 그런데 Test 결과 이런 방식으로 할 때 WAAS나 SBAS는 오차를 줄이는 데 한계가 발생하였다. 즉 기상 시정 악화 시 여러 가지 제한 사항 때문에 항공기가 사용하게 될 시정치 이내로 오차를 줄일 수가 없게 된 것이다. 이것을 개선하기 위하여 위성에서 받던 위치정보를 VOR처럼 지상에 Station을 만들어 위성과 대화를 통하여 오차를 수정하고 수정된 위치 정보를 지상에서 직접 항공기로 보내는 방법을 선택하였으며 그 결과 현저하게 오차를 줄일 수가 있게 되었다. 이 방법을 GBAS 혹은 LAAS라 한다.

Ⓑ GBAS 혹은 LAAS는 GPS 신호의 실시간 차등 보정을 기반으로 한 전천후 항공기 착륙 시스템을 말한다. 공항 주변에 위치한 지역 기준 수신기(Local Reference Receivers)는 공항에 있는 중앙 수신기에 Data를 보낸다. 이 데이터는 보정 메시지를 공식화하는 데 사용되며 VHF Data Link를 통하여 사용자에게 전송된다. 항공기 수신기는 이 정보를 사용하여 GPS 신호를 수정하고 정밀접근 비행을 할 때에 표준 ILS 접근 형태를 계기상에 도시한다. FAA는 LAAS라는 용어 사용을 중단했으며 지상 기반 보정 시스템(Ground Based Augmentation System=GBAS)이라는 국제민간항공기구(ICAO) 용어로 통일하여 바꿨다.

Ⓒ GBAS는 GNSS(GPS) 위성을 모니터링하고 GBAS 스테이션 부근의 사용자에게 수정 메시지를 제공한다.모니터링을 통해 GBAS는 비정상적인 GPS 위성 동작을 감지하고 항공기 사용에 적합한 시간대에 사용자에게 경고도 한다. GBAS는 정밀 접근을 수행가능한 정밀도가 있고 GPS 신호에 대한 보정 신호도 제공한다.

Ⓓ 현재 GBAS 표준은 단일 GNSS 주파수만을 보정시키고 CAT 1.2 최저치를 지원한다.

이러한 GBAS 시스템을 GBAS 접근 서비스 유형 C(GAST-C)라고 한다. GAST-D 시스템의 요구 사항 초안(스펙)은 ICAO에서 검토 중인데 GAST-D 시스템은 Category-III Minima를 지원할 예정이다. 많은 연구기관에서 다중 주파수 GBAS에 대하여 연구를 수행하고 있고 연구방향은 GBAS에 대한 *갈릴레오 보정을 추가하려고 모색하고 있다.

ⓔ 국제민간항공기구(ICAO)의 표준 및 권장 관행(SARPS), 무선 주파수 항법에 관한 부속서 10에 명시된 항공 표준을 갖춘 지상 기반 보정 시스템(GBAS)은 GPS의 국제 표준 보정을 제공하여 정밀한 착륙이 되도록 지원한다. 이러한 표준 장비의 역사는 FAA는 LAAS(Local Area Augmentation System)를 표준 장비로 개발하기 위하여 여러 가지로 노력하였다. 현재의 국제 용어는 GBAS와 GBAS Landing System(GLS)으로 바뀌었지만 아직도 상당한 자료는 LAAS라는 단어로 참고를 하고 검색을 할 수 있다.

ⓕ GBAS는 위성에서 전파를 받지 않기 때문에 협역 보정 시스템이며, 주로 공항에 접근, 착륙, 이륙하는 항공기에 제공하여 정밀하고 안전한 공항 운용이 가능하게 한다. 지상국은 GPS 기준국 수신기와 안테나, 정보 처리 장치, VHF 데이터 방송 안테나로 구성된다. GBAS는 국제민간항공기구(ICAO: International Civil Aviation Organization)의 위성 보강 시스템의 국제 표준으로 지정되었다.

② 작동

ⓐ 지역 기준 수신기는 공항주변에서 정밀하게 측량한 지점에 설치되어 있다. 여러 GPS에서 수신된 신호는 GBAS(LAAS) 지상국의 위치를 계산하는 데 사용되며, 정확하게 측정된 위치와 비교된다. 이 데이터는 VHF 링크를 통하여 사용자에게 전송되는 보정메시지에 사용된다. 항공기 수신기는 이 정보를 사용하여 수신한 GPS 신호를 수정한다. 이 정보는 항공기의 접근과 착륙 목적으로 ILS와 유사하게 조종계기에 나타내는 데 사용한다.

ⓑ Honeywell 회사가 만든 CAT 1 시스템은 단일 공항을 둘러싸고 반경 23NM 내에서 정밀 접근 서비스를 제공한다. GBAS(LAAS)는 지역에 있는 GPS의 위협요소 즉 안전을 저해하는 요소를 WAAS보다 훨씬 더 명확하게 완화하므로 WAAS가 달성할 수 없는 높은 수준의 서비스를 제공한다. GBAS(LASS)의 VHF Up Link 신호는 현재 108-118MHz의 주파수 대역을 기존 ILS Localizer와 VOR 탐색 보조 장치와 공유하도록 예정되어 있다. GBAS(LAAS)는 단일 주파수 할당으로 전체 공항 서비스에 **TDMA(Time Division Multiple Access) 기술을 사용한다. 미래의 GBAS(LAAS)는 ILS 교체 장비로 혼잡한 VHF NAV 대역을 줄일 것이다.

---

* 갈릴레이 보정: 시간에 대한 개념과 측정에 진자이론을 접목시켜 시간의 오차를 줄이려는 시도.
** TDMA(Time Division Multiple Access)는 하나의 중계기를 매개로 하여 다수의 기지국이 다원 접속하여 동일 주파수대를 시간적으로 분할하여 신호가 겹치지 않도록 상호통신을 하는 시분할다중접속 방식을 말하며, 디지털 이동전화 통신에 사용되는 기술이다.

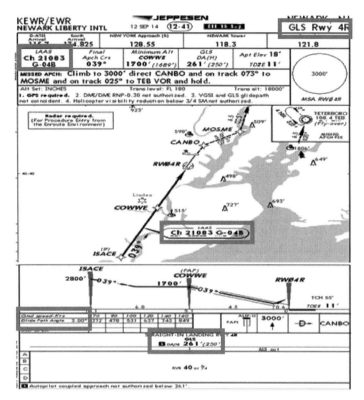

NEWARK Liberty GLS RWY 4R/CAT 1

③ 정밀도: 현재 CAT-1(GAST-c) GBAS는 정밀도가 수평 16m, 수직 4m로 목표에 달성하였다. 그리고 개발 추진 중인 GAST-D GBAS의 목표는 CAT-3 정밀 접근 능력을 제공하는 수리해야 할 것이다. CAT-3의 수평 및 수직 오류에 대한 최소 정밀도는 GBAS(LAAS)의 항공 시스템 최소성능 표준에 명시되어 있다. GBAS의 GAST-D는 항공기가 자동착륙장치를 사용하여 시정 ZERO인 상태에서 착륙이 가능하도록 할 계획이다. 최근 이 문제도 어느 정도 해결되어 CAT2까지 접근이 가능한 상태다.

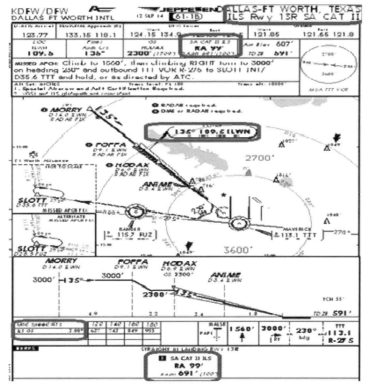

미국 댈러스에 설치된 GBAS(LAAS) CAT 2(SA CAT 2)

④ GBAS(LAAS)의 이점

　　Ⓐ GBAS(LAAS)의 가장 큰 장점 중 하나는 주요 공항에 하나의 장비를 설치하더라도 해당 지역 내의 여러 공항에서 정밀 접근을 수행하는 데 병행 사용이 가능하다는 것이다. 예를 들어, 시카고 오헤어(Chicago O'Hare) 공항에 12개의 활주로 끝단이 있고, 각각 별도의 ILS가 있는 경우, 총 12개의 ILS 시설을 단일 GBAS(LAAS) 시스템으로 교체할 수 있다. 이는 기존 ILS 장비의 유지 보수와 정비를 수행하는 데 드는 많은 비용을 절감하는 효과를 나타낸다.

　　Ⓑ 또 다른 이점은 GBAS(LAAS) 기술이 탑재된 항공기는 장애물을 피하기 위해 비행을 할 수 있거나 공항 주변 지역의 소음을 줄이기 위해 곡선 또는 복잡한 접근법을 사용할 수 있다. 이 기술은 유럽에서 흔히 볼 수 있는 구형 *MLS 접근법과 유사한 특성을 갖고 있다. 두 시스템 모두 전통적으로 WAAS와 ILS 접근에서 허용하지 않는 복잡한 접근법에 대한 시정 요구치를 낮추었다.

---

* MLS(microwave landing system: 초단파착륙유도장치): 마이크로파를 이용하여 착륙 또는 접근중인 항공기에 위치정보를 제공하는 정밀접근 및 착륙유도장치. 현재 사용되고 있는 ILS(계기착륙장치)에 비해 정밀도가 높고, 넓은 범위에 걸쳐 위치정보가 제공되기 때문에 복수의 진입코스를 자유롭게 선택하여 시가지나 장애물을 피하여 비행할 수 있다.

⑤ GBAS(LAAS)의 단점: 고의적이거나 우발적인 방해 신호 그리고 다중 경로로 인한 신호저하 등으로 인하여 정밀도가 감소하고 신호 감쇄가 예상된다.

4) 항로 공역

(1) 항공기 운영공역과 RNP, RNAV, PBN

① 항공기가 비행을 하기 위해서는 Terminal 구역(항공기 이착륙을 위한 공역)과 그 인접된 접근구역 그리고 여기에 연결된 국내항로와 타 국가와 연결된 국제 항로가 있다. 국제 항로 구간에는 특별히 태평양과 대서양, 인도양 등을 횡단하는 Ocean Route가 있으며 북극지방을 횡단하여 가장 가까운 항로로 비행하는 북극 항로 등이 있다.

② 항공기가 한 나라에서 다른 나라로 진입하면 (FIR이라 함: Flight Information Region) 조종사는 위치보고를 해야 하고 ATC 관제사는 여러 가지 수단을 동원하여 Radar로 항공기 위치를 탐지한 후 영공 통과를 허용한다. 항공기는 이미 출발 전에 Flight Plan을 해당 국가에 제출한 상태로 대략적인 FIR 통과시점과 항공기의 C/S, 기종 등을 이미 알고 있는 상태다. 모든 민항기는 영공통과 허락번호를 부여받아야 되고 Flight Plan의 요약 부분에 영공통과 허용번호가 기록되어 있다.

③ 국내 항로에 진입하여 목적지 공항 Terminal 공역으로 접근하면 ATC에서 항공기 이착륙 관제를 위하여 목적지 공항 관제소에 이양이 되고 이 관제소 관제하에 목적지에 착륙을 하게 된다.

④ 항공기가 국제공역과 국내공역 혹은 Terminal 지역에서 계기비행 접근을 하려면 항공기의 항법 오차가 한계치 내에 있어야 한다. 바로 이 한계치를 설정한 것이 RNP이며 이 RNP를 기준으로 공역 종류마다 좀 더 정밀한 성능을 요구하고 있다. 이것은 결국 RNAV 비행을 수행하기 위한 요구되는 성능으로 이것을 또한 PBN이라 한다.

⑤ 국제공역의 항로를 비행하기 위한 최소한의 항법을 RNP10이라고 하며, 항공기는 전체 비행 95% 결과의 오차가 10NM을 벗어나서는 안 되는 항법 장비를 갖추어야 비행을 할 수 있다. 하지만 터미널 지역은 복잡하고 항공기가 조밀하게 모이는 장소이므로 더 정밀한 항법장비를 요한다. 예를 들자면 5NM 이내의 오차만이 허용된다면 요구 성능은 PBN은 5NM이 되어 RNP5라고 말하며 이것을 지역항법(RNAV)에 사용하는 관계로 RNAV5라고 일컫는다.

⑥ 정밀계기 접근을 수행하기 위해서는 더욱 오차가 적어야 하고 1NM 혹은 0.3NM의 오차가 벗어나지 않아야 되기 때문에 PBN 즉 요구되는 성능은 RNP1 혹은 Basic RNP1 ±1NM, RNP APCH ±1~±0.3 NM, RNP AR APCH ±0.1~±0.3 NM로 표시하며 정밀계기 접근의 요구 성능은 더 정밀하다. 여기에서 조종사가 비행 중에 실제 오차를 Check 하는 것이 바로 ANP다.

(2) RVSM(Reduced Vertical Separation Minimum)

① 1960-80년도에는 같은 방향으로 항로를 비행할 때 항공기의 고도 분리가 4,000피트였다. 이 고도를 유지하게 되면 서로 정면으로 접근하는 항공기간의 분리는 2,000피트였다. 하지만 1990년도에 들어와서 항공 수요가 폭발적으로 불어나면서 온 지구상의 항로가 24시간 밤낮없이 조밀하게 비행을 하게 되고 항공지연이 일어나면서 공중충돌의 위험이 높아지게 되자, 결국 항공소요를 늘리고 공중충돌 방지를 위하여 항공기간의 분리 고도 기준을 좁히게 되었다. 이것을 RVSM이라 한다. 이 공역에서는 고도 FL290에서 FL410 사이의 항공기간 수직분리 기준을 1,000FT 단위로 축소하여 운영하고 있다.

② RVSM 공역에서 비행하려면 요구되는 항법장비가 있으며 조종사 절차가 Jeppesen에 명시되어 있고, 항로지도에도 RVSM이라 표시되어 있으며 조종사는 이 지역을 비행 전 RVSM 절차를 상세히 알고 수행하여야 한다.

(3) MNPS(Minimum Navigation Performance Specifications)

① 항공기간의 안전한 분리 유지 및 공역의 효율적 활용을 목적으로 설정한 공역에서 운항하기 위한 최소항행성능 요건을 말한다. RVSM과 같은 개념으로 만들어진 공역이며, 현재는 NAT OTS(North Atlantic (NAT) Organized Track System: 아래 참조)에서 운영하고 있다.

② MNPS 공역은 FL285-FL420까지의 고도 사이에 만들어졌다. 공역 내에서 항공기간 분리를 확실히 하기 위하여 설정되었고 MNPS 공역에서는 비행을 허락받은 항공기만이 가능하다. 현재 MNPS는 수평 분리를 적절하게 하지 못하였을 때 일어나는 공중 충돌 방지를 위한 것이 주 목적이다. 수평고도 분리는 60NM이 일반적이나 50.5NM인 경우도 있다.

③ 대부분 항공기 트랙은 지구의 좌표에 MNPS 내에서 혹은 위나 아래의 고도에서 좌표 1도나 60NM로 분리된다. 지구가 둥글고 완전한 평면이 아니라서 어느 부분의 공역분리는 좌표를 적용하다보면 60NM이 아닌 50.5NM이 될 수 있다.

④ 항공기간의 종축 최소 분리는 항공기 형태에 따라 달라지지만 항적의 분포도를 위하여 횡단하는 항공기간의 분리는 15분, 같은 트랙을 따라가는 항공기간의 거리는 10분으로 분리하고 있다. MNPS Airspace는 NAT(North Atlantic Track)에서 운용되고 있다.

(4) 태평양상의 비행항로

① 태평양상의 비행항로는 RVSM과 MNPS 절차를 적용하여 비행을 한다. 워낙 넓은 대양이므로 여러 부분으로 나누어 항로를 설정하였다.

② 여기에는 태평양 북쪽 Route인 NOPAC, 적도를 중심으로 한 CENPAC, 남태평양의

SOPAC, 하와이에서 연결되는 CEP(Central East pacific) Route가 있다. RNP10을 적용한다.

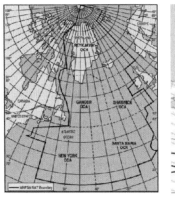
NAT(North Atlantic Track)

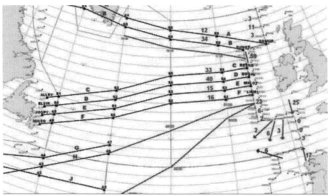
실제 비행 Route

※ 대서양과 태평양 횡단을 위한 항로는 항공관제기관에서 작성하며 항공사는 대양 횡단을 위하여 이것을 수신하여 비행계획을 한다.

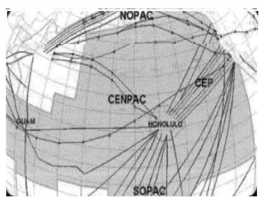
Pacific Ocean Route

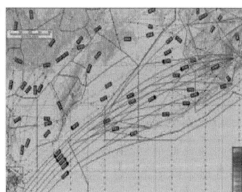
Nopac Route

(5) Polar Route

미국과 유럽, 한국에서 미국을 오갈 때 최소거리와 최소시간이 소요되는 항로는 북극지역을 통과하는 비행항로이다. 왜냐하면 지구가 둥글기 때문에 북반구에서 북극을 중심으로 최단거리 비행항로는 북극을 지나는 항로다.

Polar Routes

미국에서 한국에 올 때 이용하는 북극항로는 주로 Polar Route 3.4번을 이용하고 동 시베리아를 거쳐서 만주 흑룡강성 북부를 통하여 장춘, 대련을 거쳐 서해상으로 진입하는 항로가 있다. 또 다른 항로는 같은 Polar 3.4번을 이용하고 블라디보스토크와 북한 동해영역, 독도, 울릉도를 통하여 강릉상 공으로 진입하는 두 항로를 이용한다.

한국과 일본 지역 항로지도

3. 기상

1) RVV And RVR

(1) RVV와 RVR은 비행임무를 수행하는 동안에 매우 중요한 기상 수치이기 때문에 명확한 정의 를 이해하여야 한다.

(2) Runway Visibility Value(RVV)는 활주로에 특정한 기계를 설치하여 (Transmissometer) 눈에

보이는 가시거리를 측정한 수치이다. 이 특정 측정 장치는 활주로에 대한 시계 상태를 지속적으로 Mile로 제공해준다. 여기서 RVV는 Runway 전체의 시각거리를 제공해주는 것이 아니라 우시정에 의하여 제공해준다. 우시정이란 한 지점을 기준으로 하여 360도를 팔 방면으로 나누고 그중에서 다섯 지역의 시정이 지배적일 때 대표적인 시계를 나타낸다.

Transmissometer

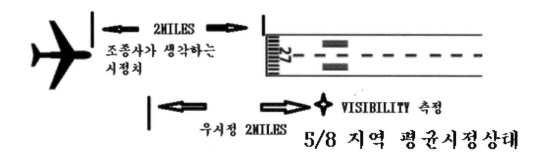

① 주목할 사항은 시정치는 조종사가 보는 활주로 접근 혹은 이륙 방향이나 지점에서 측정한 시정치가 아니고 Transmissometer 설치장소에서 측정한 우시정이다. 따라서 조종사의 위치에 따라 실제 시각거리가 현저히 줄어들 수가 있다. 예를 들어 VOR 접근 시정 제한치가 2Mile인데 관측된 기상치가 우시정 2Mile이라면 실제 활주로 끝단 2miles에서 활주로가 보이지 않을 수도 있다.

② 조종사가 접근을 할 때 시정치를 사용하면 때에 따라서는 MDA에 도달하여 활주로 식별이 되지 않을 수도 있다.

(3) Runway Visual Range(RVR)

① Runway Visual Range는 접근하는 활주로 끝에서부터 조종사가 위에서 내려다보는 수평거리를 측정한 계기의 관측수치이다. 이 시정치는 기본적으로 High Intensity Runway Lights나 어떤

목표물의 시각적 대조를 하여 측정한 수치 중에서 큰 수치를 선정하여 정한 것이다. RVR은 수평적인 시각거리이지 Final상에서 조종사가 보는 사선으로 내려다보는 시각치가 아니다.

② 이 시정치는 우시정치를 사용하는 Visibility와는 대조적으로 움직이는 비행기에서 조종사가 보아야 하는 시각거리를 나타낸 것이다. 또한 이 시정치는 Touch Down 지점 가까이 있는 Transmissometer에 의하여 측정된 수치로 단위는 Meter로 나타낸다.

③ RVR은 RVV와 같이 활주로 시정최소치를 설정하는 데 사용하며 활주로를 세 부분으로 나누어 조종사가 저시정 상태하에서 착륙시 시정치 기준을 제공한다.

Ⓐ Touchdown RVR: Runway Touchdown 지역에서 RVR 측정 장비에 의하여 측정한 시정치다.

Ⓑ Mid-RVR: 활주로 중간부분에 있는 장비에 의하여 측정된 시정치다.

Ⓒ Rollout RVR: Runway 끝 지역에서 측정한 수치이다.

| TOUCH DOWN RVR | MID RVR | ROLL OUT RVR |
(TDZ RVR)

④ 공항은 시정치가 떨어지면 RVR을 측정하여 조종사에게 제공한다. 조종사는 ATIS나 기타 경로로 목적지 공항의 시정치를 받게 되면 접근 Chart에 명시된 시정 제한치를 확인하여야 한다.

Ⓐ 만약 시정치가 제한치를 초과하게 되면 시정치가 더 낮은 접근을 선택하고 CAT 1 이하로 시정치가 낮아져 CAT 2.3 기상이 되면 조종사가 CAT 2.3 자격증이 있고 항공기도 가능하면 CAT 2.3 브리핑을 수행하고 착륙할 수가 있다.

Ⓑ 자격이 되지 않으면 Approach Ban 절차에 의거하여 접근하되 기상 회복이 되지 않으면 교체공항으로 Divert 하여야 한다.

⑤ RVR을 사용하는 접근 시정치의 예를 보면 다음과 같다.

접근 종류: ILS CAT I or PAR: 200ft DH

TDZ: RVR 550m or 1800ft, VIS 800m or 1/2 SM If reported

MID: RVR 150m or 500ft

Roll out: RVR 75m or 300ft, Use Mid if TDZ RVR is inoperative

2) Standard Take off Minima란 무엇인가?

(1) 국토부 운영 기준 C056(IFR 이륙 최저치: IFR Takeoff Minimums – All Airports)에 의하여 "모든 공항의 표준 이륙최저치(Standard Take off Minima)는 2 엔진 이하 항공기에 대해서는 시정 1SM 또는 주로 가시거리(RVR) 1,500m(5,000ft)로 정하고, 3 엔진 이상 항공기에 대해서는 시정 1/2SM 또는 RVR 750m(2,400ft)로 정한다"라고 정의가 명시되어 있다.

(2) 기상이 Standard Take off Minima 이하면 다음 여러 가지 조건에 의하여 요구 시정치가 달라지며 구체적 기상 수치는 기종별 절차에 의한다. 이 상태가 되면 *PIC 기장이 이륙을 한다든가 혹은 Standing Take off를 하여야 하는 조건이 있다.

① 항공기 기종　　② 활주로 Lights(CL, RL, RCLM, HIRL)
③ 주간, 야간　　④ 보고된 RVR 개수

3) Weather Radar 탐지 및 Tilt Control

(1) 탐지 능력: 기상레이더는 모든 것을 다 탐지해낼 수 있는 것이 아니라, 물방울이 있는 강수현상만을 탐지해낼 수가 있다. 강수 현상을 탐지해 낼 수 있는 크기와 탐지 능력은 물방울의 크기와 숫자, 그리고 물방울이 무엇으로 혼합되어 있고 구성이 어떻게 되어 있는가에 따라 달라진다. 물방울의 레이더 반사는 같은 크기의 얼음조각보다 다섯 배나 많은 반사파를 내보낸다. 레이더가 탐지해낼 수 있는 것은 다음과 같은 것이다.

① 강우(Rainfall)　　② 습기 있는 우박이나 Turbulence(Wet hail and wet turbulence)
③ 얼음 결정체, 마른 우박, 마른 강설(Ice crystals, dry hail and dry snow) 등이다. 하지만 이 세 가지 얼음 결정체는 레이더 반사율이 아주 적다.

레이더가 탐지를 못하는 것은 다음과 같다.

① 구름, 안개, 바람(Clouds, fog or wind)은 입자가 너무 작거나 강수현상이 없는 것은 탐지할 수가 없다.

② Clear air turbulence(no precipitation)

③ Windshear(no precipitation except in microburst)

④ Sandstorms

(2) 반사 정도(REFLECTIVITY): 강수현상의 반사정도는 강수현상의 강도(Intensity)뿐만 아니라 강수 형태에 따라 달라진다. 물방울이 포함된 강수의 반사 정도는 마른 강수현상과 아주 강한 반사파를

---

* PIC(Pilot in Command): 항공기 지휘조종사, 예를 들어 두 명의 기장이 있다면 두 명 중 한 명을 PIC로 선정하여 지휘하도록 한다.

형성한다. 예를 들어 마른 우박은 젖은 우박보다 반사정도가 아주 약하다. 아주 발달된 Thunderstorm의 제일 위에 있는 층에는 얼음 결정체가 포함되어 있는데 이 얼음결정체는 중간부분의 강수지역이나 젖은 우박, 젖은 눈이 내리는 지역보다 반사정도가 약하다.

(3) 레이더는 강수현상이 있는 구름이나 Thunderstorm을 입체적으로 탐지를 못한다. 따라서 조종사는 레이더 영상을 보면서 구름의 형태를 머릿속에 그려야 한다. 레이더 빔은 단지 강수현상 지역의 아주 일부분의 단면을 보여줄 뿐이다. 상하로 Tilt를 조절하여 입체적 영상을 머릿속에 만들어내고 회피하여야 한다.

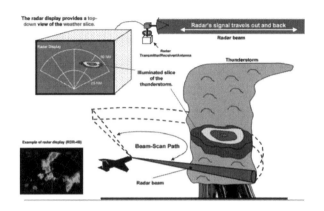

(4) 다음 그림은 레이더 반사파의 정도를 나타낸 것이다.

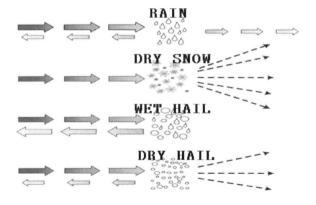

(5) 아래 그림은 Thunderstorm의 부분별 레이더 반사정도를 표기한 것이다.

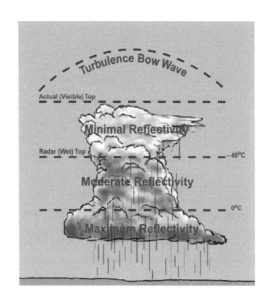

(6) 레이더의 색깔에 따라 반사 정도를 알 수가 있다.

Color	Condition	Rain Fall Rate
Black	Very light or no returns	Less than 0.7 m/hr
Green	Light returns	0.7 - 4 mm/hr
Yellow	Medium returns	4 - 12 mm/hr
Red	Strong returns	Greater than 12 mm/hr
Magenta	Turbulence	N/A

(7) 아래 그림은 Thunderstorm을 단편적으로 탐지한 레이더 영상이다.

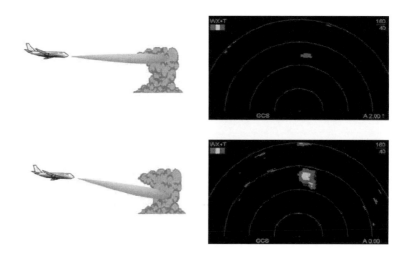

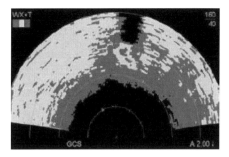

(8) 비행 중 넓은 지역에서 강도가 비교적 낮은 일반적인 강수가 있는 지역은 특별히 Turbulence 지역이 아니면 비행을 하여도 문제는 없다. 하지만 Thunderstorm 지역, 강한 Turbulence 지역, Squall Lines. Microburst, Windshear, Scalloped Edges, Finger, Hook, U-Shape 등은 절대 통과하려고 하지 말고 회피하여야 한다. 지금부터 꼭 회피를 해야만 하는 강수지역에 대하여 Radar 영상 판독 방법에 대하여 살펴보기로 한다.

① Thunderstorm

Ⓐ Thunderstorm의 입체 구성과 강수현상

ⓐ Thunderstorm의 전체를 강수현상의 형태에 따라 4단계로 구분을 할 수가 있고(아래 그림) 최상부 4단계 이상에서는 강한 Turbulence가 있다. 따라서 Thunderstorm 상공으로 상승을 하여 회피할 생각은 절대 해서는 안 된다.

ⓑ 3단계 지점은 레이더에 약하게 나타나거나 아예 검게 나타나 판독하기가 어렵다. 이곳은 얼어붙은 우박이 떨어지고 있는 곳으로 이 지역을 통과하다가는 우박세례를 당하게 되어 항공기에 심대한 영향을 미치게 된다.

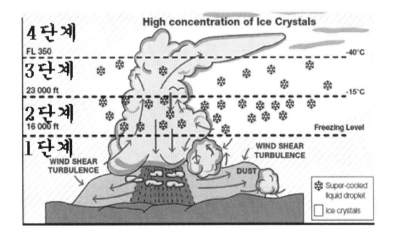

ⓒ 2단계 지역은 젖은 우박이 떨어지고 강수현상이 있는 곳으로 레이더에 가장 강하게 나타난다. Turbulence까지 있어 위험지역이다.

ⓓ 1단계 지역은 구름 밑 부분으로 Tornado 현상과 강한 Micro burst 그리고 Windshear와 Turbulence가 존재하기도 한다. 육안으로 보인다고 Thunderstorm 밑을 통과하려고 해서는 절대 안 된다.

Ⓑ Thunderstorm 탐지 영상 판독: 앞 그림에서 보았듯이 레이더 빔 폭은 겨우 3도로 수만 피트 밑에서부터 최고 상방고도까지의 탐색에 많은 제한이 뒤따른다. 따라서 조종사는 Tilt를 상하로 사용하여 Top 고도를 계산해내어 입체적으로 영상을 만들어내야 한다.

ⓐ Top 고도를 계산하는 방법은 다음과 같다.

$$\Delta h(\text{feet}) = D(\text{NM}) \times \text{Tilt(degrees)} \times 100$$

EX1) Cell at 40NM disappearing at less than 3 degrees down tilt

$$\Delta h(\text{feet}) = 40 \times 3 \times 100 = 12,000\text{ft}$$

EX2) 현 고도가 30M'이고 *Cell이 80NM에서 탐지되었고 UP Tilt가 3도면

$$\Delta h(\text{feet}) = 80 \times 3 \times 100 = 24,000\text{ft} + 30,000 = 54,000피트의 Top이다.$$

ⓑ Turbulence는 온도와 기압이 서로 다른 기단이 만날 때 발생한다. 이러한 기단이 만나면 Thunderstorm을 형성할 수 있다. Thunderstorm은 강우현상을 수반한다. Thunderstorm의 생성단계에서는 Radar Display상에 Echo가 나타나서 점차 커지고 차츰 뚜렷하게 나타난다. Echo Pattern을 극대화시키기 위하여 안테나를 조금씩 상하로 움직여서 확인하여야 한다.

ⓒ Thunderstorm의 성숙단계에서 Radar Echo는 강하고 선명하게 나타난다. 뚜렷한 Hail의 결빙은 이 단계의 초기에 발생한다. 소산단계에서는 강우지역이 가장 커지고 안테나 Tilt를 약간 하향으로 조절하면 가장 잘 나타난다.

ⓓ 아래 그림은 전형적인 Thunderstorm을 Radar로 잡은 영상이다. 가운데 두 곳의 짙은 부분이 성숙단계에 있는 강우를 동반하고 Turbulence가 강한 지역이다. 그리고 우측에 원으로 표시가 되어 있는 구역이 초기단계에서 성숙단계로 넘어 가고 있는 지역으로, 이 지역은 Radar 반사정도가 상대적으로 약하지만 강한 Hail이 존재할 가능성이 높은 지역이다. 이 지역의 Echo가 약하다고 성숙단계의 좌측 두 Cell과의 사이로 비행을 하여도 무방하다고 생각하고 그 사이로 진입을 시도하면 우박 세례를 맞을 가능성이 농후하다.

---

* Cell(Echo): 레이더에 잡히는 구름이나 CB 형태의 강수 대 (별지 그림 11 참조)

전형적 T.S

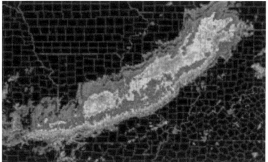

Squall Line

또한 두 중심 Storm 우측에 발달되는 성숙 단계의 Cell이 있는 반면 좌측에는 이러한 Cell이 없어지는 소산단계를 보이고 있으며 비교적 강한 강수현상이 있다고 판독된다. 따라서 당연히 Echo가 약한 좌측 지역으로 회피하여야 한다.

ⓔ Turbulence가 가장 심한 구역은 약하거나 강수현상이 없던 지역이 급격하게 심한 강수지역으로 변화하는 지역이다. 이런 강수량의 변화를 탐지하는 용어가 "Rain Gradient"이다. 강수량의 변화가 심할수록 "Rain Gradient"의 경사는 급하여지고 경사가 급할수록 수반되는 Turbulence는 더 강해진다.

ⓕ Storm Cell은 정적이거나 안정되어 있는 것은 아니지만 Storm Cell의 변화는 일정하다. 하나의 Thunderstorm이 한 시간 이상 지속되는 경우는 드물다. 그러나 Squall Line은 계속적으로 발생하고 소멸하는 많은 Storm Cell을 내포하고 있으므로 훨씬 장시간 지속된다.

ⓖ 한 개의 Cell이 Cumulous Cloud로 처음에는 직경 1Mile에 고도 15,000피트 정도이나 10분 이내에 직경 5Mile에 고도 6만 피트 이상 높게 발달할 수도 있으므로 지속적으로 Monitor하여 Storm 속으로 진입하지 말아야 한다.

ⓒ 여러 가지 Cell의 영상 판독

ⓐ 작은 Dry Hail은 Weather 회피비행을 위해 설계한 Radar에는 탐지되지 않는다. 그러나 Hail은 따뜻한 공기 가운데로 떨어지면 녹기 시작하고 표면에 엷은 액체막이 형성되어 Radar 반사가 발생한다. 안테나 Tilt를 약간 하향으로 조절하면 당시 비행고도 연장선에서는 탐지되지 않던 Dry Hail에서 비가내리고 있음을 볼 수 있다. (아래 그림) 강우현상이 비행고도의 연장선에서는 나타나지 않다가 비행 고도 아래쪽에서 나타날 때 항공기는 Hail이 있는 지역으로 비행을 하게 된다. 저고도에서 비행 시는 그 반대의 경우가 발생한다. 즉 빠른 속도로 발달하고 있는 Storm Cell에서 Heavy Rain의 빗방울이 아직 상승기류를 통과해서 비행고도까지 도달하지 못하고 있을 때 Radar가 그 아래

쪽을 탐색하고 있을 경우이다. 안테나를 규칙적으로 상향 또는 하향으로 조절하면 전체적인 기상 상태를 알아볼 수가 있다.

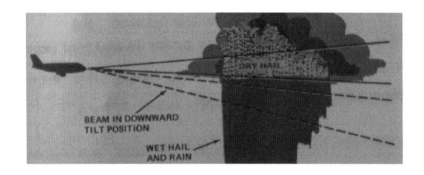

ⓑ Thunderstorm의 형성 모양에 따라 Finger, Hook, U-Shape, Scalloped Edge로 나눌 수가 있다. Finger는 손가락 모양, Hook는 갈고리 모양, U-Shape은 글자 U자 형태, Scalloped Edges는 조개관자 형상을 말한다.

ⓒ Finger와 Hook 형태의 Cell에는 Storm의 본체에서 발생하는 강한 회오리바람이 있으며 일반적으로 그 회오리바람은 Hail을 수반하고 있다. U-Shape 형태 역시 빈번하게 회오리바람이 있고 강한 반사가 있는 넓은 강우지역에 가려져 있으며 아예 반사파가 없는 Dry Hail 구역도 있다. 각 Cell의 울퉁 불퉁하고 반사파가 적은 지역은 Dry Hail이 있을 가능성이 매우 높은 지역이다.

ⓓ 색깔이 등고선처럼 가파르게 근접된 지역은 강한 Turbulence가 있는 지역(Rain Gradient)이며, 빠르게 형상이 변화하는 Cell은 강한 Hail과 강한 수직기류가 존재하고 기상 변화가 심하게 이루어지고 있는 지역이다. (여러 가지 Cell 형태: 별지 그림 12 참조)

(9) Tilt Control

① Range Select: Thunderstorm을 회피하기 위하여 효과적으로 Radar를 사용하기 위해서 ND의 거리는 PF: 80NM, PM: 160NM을 선택한다.

② Tilt Adjust

Ⓐ 가장 뚜렷하고 두드러진 Echo를 탐지하기 위하여 Storm의 생성과 성숙 과정을 Monitor 하고 Tilt를 지속적으로 조절하여 Cell의 전체 모습을 파악한다.

Ⓑ 특히 전방 원거리에서 탐지된 Cell은 지속적으로 주시하여 160NM 안에 들어오면 Tilt를 상하로 조절하여 Cell의 높이도 파악하는 것이 중요하다.

Ⓒ 고도를 변경할 때 Over Scanning이나 Under Scanning을 방지하기 위하여 안테나 Tilt를 주기적으로 바꾸어주어야 한다.

Ⓓ Range를 바꿀 때는 Tilt를 조절하여야 한다.

Ⓔ Echo와 Ground Return을 구분하기는 참으로 어렵다. 너무나 빠른 안테나 Tilt의 변경은 Cell의 형상과 반사되는 색깔을 바꾸기도 하고 갑자기 사라지게 만들기도 한다.

Ⓕ 만약 저고도 Level에서 Red area가 발견된다면 안테나 Tilt는 수직지역을 탐색하기 위하여 Scan 강도를 줄여야 한다.

Ⓖ 고고도에서 Green, Yellow 지역 바로 앞이나 면전에서 혹은 Red Cell 위에서는 강한 Turbulence가 있으니 적절히 회피하여야 한다.

Ⓗ 더 나은 기상 탐지를 위하여 안테나 Tilt는 Lower Level로 놓아야 한다. 예를 들자면 Freezing Level보다 물방울이 존재하여 탐지가 잘되는 Level에 초점이 맞추어져야 한다.

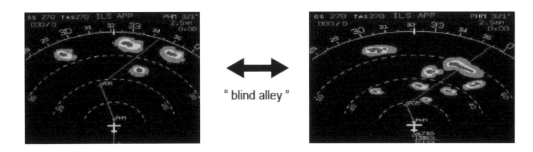

" blind alley "

Ⓘ Tilt를 상하로 움직여 Cell의 Top 고도를 알아내고 Cell을 4등분으로 대략 나누어 Cell 형태를 분석하고 바람 방향을 알아내어 Cell의 진행 방향과 성숙단계에 있는지 어느 부분이 소멸단계에 있는지 알아내어 회피 방향을 결정한다.

Ⓙ 규모가 큰 Storm을 피하기 위하여 40NM 전에는 회피를 결심해야 한다.

Ⓚ Storm 회피를 위하여 Course를 변경하여야 하고 이때 반드시 먼 거리와 가까운 거리 Range를 Set 해야 한다. 이렇게 함으로써 소위 "Blind Alley" Effect를 방지할 수가 있는 것이다. "Blind Alley" Effect란 Cell 사이로 회피기동을 하였으나 앞에 있는 Cell로 인하여 그 뒤에 존재하는 Cell을 발견하지 못하고 Storm 속으로 진입하게 되는 것을 말한다.

Recommended Over Water Tilt Settings

Altitude (feet)	40 NM	80 NM	160 NM
40,000	-7°	-3°	-2°
35,000	-6°	-2°	-1°
30,000	-4°	-1°	0°
25,000	-3°	-1°	0°
20,000	-2°	0°	+1°

ⓛ Tilt는 이륙할 때 4도 UP을 Set 하고 5,000피트 상승할 때마다 0.5도를 내려준다. 강하할 때는 역순으로 해주고 10M' 이하에서는 UP 4도를 Set 해준다. 고고도에서 순항 중에는 Range에 따라 아래 도표와 같이 Set 해준다. 통상 Ground Cluster가 Scope 앞부분에 약간 나오도록 Set 한다.

4) Thunderstorm 회피

(1) 일반적 절차

① Radar Scope에 탐색된 Thunderstorm은 작은 Cell(Eeho)이라고 가볍게 여겨서는 절대 안 되며 항상 이를 회피하여야 한다.

② Thunderstorm이 있다면 이착륙을 해서는 안 된다. Thunderstorm이 토네이도를 동반할 때는 역풍이나 돌풍이 있어 항공기가 조난당할 수 있다.

③ 강한 Thunderstorm의 아래나 사이로 비행하려 해서는 안 된다. 난기류와 돌풍은 매우 위험하기 때문이다.

④ 육안으로 확인된 것을 근거로 Thunderstorm의 규모를 판단해서는 안 된다. 왜냐하면 항공기 Radar에 모든 것이 다 나타나지 않기 때문이다.

⑤ 강한 Radar Echo를 발산하는 Thunderstorm의 경우에는 최소 20NM을 우회하여야 한다.

⑥ 비행할 지역의 6/10 이상이 Thunderstorm으로 덮여 있을 경우에는 아예 그 지역을 멀리 우회하여 비행하여야 한다.

⑦ 강렬한 뇌우가 빈번히 발생하고 있다면 강한 Thunderstorm이 있다.

⑧ 육안과 레이더에 의해 측정된 Thunderstorm의 높이가 35,000FT 이상일 경우에는 매우 위험한 것으로 아예 멀리 우회하여 비행해야 한다.

(2) 비행단계별 회피절차

① Departure or Arrival

Ⓐ 규모가 큰 Thunderstorm이 공항에 접근할 경우 다른 방향으로 이륙, 접근을 하거나 아예 지연시켜야 한다. 공항지역에서는 Thunderstorm으로부터 적어도 3NM 이상을 회피하여 비행하여야 한다. ATC가 이착륙을 허용한다고 하더라도 조종사 판단에 의하여 이륙을 지연하거나 접근을 보류할 수 있다. ATC가 이착륙을 허용한다고 하더라도 조종사 판단에 의하여 이륙을 지연하거나 접근을 보류할 수 있다.

Ⓑ Thunderstorm에 앞서 나타나는 돌풍전선은 강풍과 강한 수직 및 수평 돌풍을 내포하고 있어 가까운 낮은 고도에도 위험을 초래할 수가 있다. 돌풍전선에 진입하면 관제탑에서 보고해주는 풍향/풍속과 Altimeter Setting이 전혀 다를 수가 있다.

ⓒ Microburst 또한 Thunderstorm과 동시에 발생한다. 직경이 2NM 이하의 Microburst는 강렬하고 금방 없어지는 하강기류로 지상 150ft 이내에서 때때로 60Knots를 초과하는 수평 바람을 유발하기도 한다. 상대적으로 작은 직경으로 인하여 공항 풍속계나 저고도 돌풍경고장치가 적시에 Microburst의 활동을 감지하지 못할 수도 있다. 이러한 기상에 절대 진입하지 말아야 한다.

② 순항(En-route)

Ⓐ Thunderstorm 상공비행

ⓐ Thunderstorm 최상부로부터 최소한 5,000ft 이상의 분리가 확보되지 않는 한 상공 비행을 해서는 안 되며 가급적 구름 사이로 우회한다.

ⓑ 폭풍을 동반한 구름을 감지하기 위하여 기상레이더의 안테나 각도를 아래쪽(-1도 ~ 0.5도)으로 유지하여야 한다. 폭풍을 동반한 구름은 보통 산재한 구름들 속에 있으므로 육안으로 쉽게 찾아내기 힘들다는 것을 알고 있어야 한다. 세부적인 작동 절차는 해기종 절차에 의한다.

Ⓑ 수평적 회피

ⓐ 빙점보다 높은 고도에서는 과냉각된 비나 우박이 기상레이더에 약하게 감지될 수 있으므로 Thunderstorm의 강도를 잘못 해석할 수 있다. Thunderstorm과 연관된 약한 Echo라도 아래 기준으로 회피해야 한다.

ⓑ Altitude Lateral avoidance

Top 고도	20,000ft	25,000ft	30,000ft
회피거리	10 NM	15 NM	20 NM

ⓒ Thunderstorm 근접비행: 권고된 회피거리 이상 유지하지 못하였을 경우, 아래와 같은 주의사항을 지켜야 한다.

ⓐ 연속된 Thunderstorm과 같은 방향으로 비행해야 할 경우, 풍상(Storm이 움직이는 방향의 반대) 쪽의 경로가 가장 안전하다. Thunderstorm 외부에서는 어느 방향이든 강한 난기류와 우박을 조우할 수 있지만 보통 풍하 쪽에서 만날 수 있는 난기류와 우박이 더 강렬하다.

ⓑ 모루형상(Anvil)의 구름 밑으로 비행해서는 안 된다. Thunderstorm 구름의 풍하 쪽에서 주로 우박을 조우하게 되며, 이 우박은 모루형상의 구름이나 Thunderstorm 구름의 밑 부분에서 심하게 발생한다. 우박은 아주 큰 Thunderstorm의 풍하 쪽 20NM까지 조우할 수 있다.

ⓒ 폭풍구름의 풍하 쪽 Cirrus(권운)나 Cirrostratus(권층운) 층을 회피해야 한다. 이 같은 구름은 적란운(Cumulonimbus) 최상부에 의해 형성될 수 있으며 우박을 품고 있을 수 있다. 이 때 기상레이더에 감지되는 Echo는 아주 미미하거나 없을 수 있다.

ⓓ ATC의 요구에 의해 위험한 상황으로 비행해야 할 경우 항로를 변경하거나 회피하여야 한다.

ⓔ Thunderstorm 주변에서 갑작스러운 Moderate 혹은 Severe Turbulence를 만날 수 있다.

Cirrus

Cirrostratus

Cumulonimbus

Ⓓ Thunderstorm 통과

ⓐ Thunderstorm을 통과해야 하는 상황에 놓였을 경우에는 다음 지침에 따라 난기류와 우박을 동반한 최악의 지역에 들어가는 것을 피하여야 한다.

ⓑ 기상레이더를 이용하여 강수현상이 가장 적은 지역을 찾아 비교적 직진경로로 비행한다. 갈고리, 손가락, 또는 조개관자 형상의 Echo는 심한 난기류와 우박의 징후로서 회오리바람이 있을 수도 있으므로 반드시 회피해야 한다.

ⓒ 운항 중 Heading을 바꿔야 한다면 Thunderstorm Line과 수직경로로 통과해야 한다. 일단 구름 속에 들어왔다면, 방향을 선회하지 말고 직진하는 것이 가장 빠르게 위험지역을 벗어나는 방법이다. 보통 심한 난기류에서 선회를 시도하다가 더 위험한 상황을 초래할 수 있으며, 이 같은 선회기동은 항공기에 무리를 줄 수 있다.

ⓓ 강한 난기류 바람 속에서는 기압의 변화로 1,000ft의 고도오차가 발생할 수 있다. 이 상태에서는 Gyro에 의한 비행계기만이 정확하게 지시한다.

ⓔ 0°C 등온선 고도는 회피해야 한다. 심한 난기류와 낙뢰는 결빙고도(Freezing Level)에서 빈번하게 발생한다.

ⓕ 과밀한 수분으로 인해 다량의 수분이 엔진으로 유입되고 이로 인해 엔진의 부작동이나 구조적 결함이 발생할 수도 있으므로, 이러한 경우에는 Thrust 변화를 최소화하여야 하고 Ignition Switch를 On 한다.

ⓖ Thunderstorm 지역에 접근하게 되면, Seatbelt를 메고, 기타 집기 등을 단단히 고정한다.

ⓗ 객실에 Seatbelt sign을 주고, 모든 승객들이 Seatbelt를 단단히 매었는지, 서비스용 Cart나 Galley의 컨테이너와 같은 느슨하기 쉬운 장비들은 고정되었는지 확인한다. 특히 대형기종의 경우 항공기 후미 쪽 난기류가 조종석보다 심하게 감지됨을 명심해야 한다.

ⓘ 조종사는 조종임무에 집중하여 항공기 자세를 유지하여야 하며, PM은 계속적으로 비행계기를 Monitor 하고 조언한다.

ⓙ 지형지물 회피를 감안하여 통과 높이를 선택해야 한다. 난기류, 돌풍, 국지기압변화 등으로 안전한 비행경로를 유지하기가 쉽지 않을 수도 있다.

ⓚ 해당 기종 FCOM의 Turbulence 내에서의 비행속도를 유지하고 기종 절차에 의거 비행한다.

ⓛ Autopilot을 이용하여 비행하여야 한다. 자동비행장치는 수동비행에 비해 구조적 부하를 줄여주고 요동을 적게 한다. 불필요하고 잦은 Thrust 변동을 방지하기 위해 Auto Thrust는 Disconnect 해야 한다.

ⓜ Anti-icing Equipment의 작동을 점검하고, Anti-icing Equipment를 기종별 FCOM에 따라 작동하여야 한다. Icing은 고도를 막론하고 매우 빠르게 발생할 수 있다.

ⓝ Heavy Rain, Hail, Windshear/Microburst 절차를 적용한다.

ⓞ 낙뢰 암순응 적응을 위해 조종석 조명을 최대 밝기로 조절한다.

ⓟ 가장 안전한 비행경로 선정을 위해 Weather Radar를 계속적으로 Monitor 해야 한다. 현재 비행고도 외에 다른 고도의 Thunderstorm 활동을 감지하기 위해 때때로 WX Radar 안테나 각도를 상하로 조절한다.

5) Hail(우박) Strike 회피 및 조치

(1) 성숙기에 해당되는 적란운의 상승기류는 구름의 모루(Anvil) 부분까지도 우박을 상승시킬 수 있다. 더 이상의 상승력이 없는 Hail은 지면을 향하여 낙하하기 시작한다. 이 시점의 우박은 항공기에 손상을 줄 수가 있다. 따라서 우박이나 Storm으로 인하여 항공기가 피해를 받지 않도록 PIREP과 Weather Radar 등을 적절히 사용하여 예상된 우박 지역을 회피하여야 한다.

(2) 우박은 항공기의 조종석 Windshield나 Radar Dome, 날개의 Leading Edge 부분에 순간적으로 막대한 손상을 입히게 된다. 또한 항공기 엔진 Intake를 통해 유입되어 Fan Blade와 Compressor에 손상을 주게 된다.

(3) 모루(Anvil) 구름의 하단으로 통과하지 말아야 한다. 항로상 적란운을 회피할 시는 풍상 쪽으로 실시하고 모루(Anvil)의 반대편으로 회피해야 한다.

(4) 기상레이더상에 우박을 함유하는 Thunderstorm은 일반적으로 U자 또는 갈고리의 형태로 나타나기 때문에 적란운 주변을 비행 또는 회피할 때 Echo 형태에 대한 적절한 분석이 필수적이다.

(5) Hail Strike를 당하였을 경우, 항공기 내에서는 Hail Strike로 인한 손상 정도를 잘 알 수는 없다. 그러나 Flight Control 계통, 항법장비 그리고 Weather Radar 등을 점검하여 이상 유무를 확인한다.

(6) 지상에서 이륙을 위해 Taxi 중 항공기가 Hail Strike로 인하여 심한 손상과 감항성(비행운항 가능성)에 관련이 있다고 의심이 되면 Ramp로 Return 하여 항공기 외부점검을 실시한다.

6) Wake Turbulence

(1) 운항 중인 모든 항공기는 Wing에서 나오는 서로 반대로 회전하는 두 개의 소용돌이 때문에 Wake Turbulence가 생긴다. Large, Heavy, Wide-Bodied Jet Aircraft로부터 생성되는 Wake Turbulence는 Wing Tip Fence가 장착되어 있더라도 Takeoff, Initial Climb, Final Approach and Landing 하는 동안 뒤따르는 항공기에 심각한 위험을 일으킬 수 있다.

(2) 최소 분리기준은 항공기의 무게에 따라 달라지며 Heavy는 5NM Light는 3NM이다. 하지만 바람의 방향에 따라서 달라질 수가 있다.

(3) 도착하는 항공기간의 분리는 다음과 같다.

　① Heavy 항공기 뒤의 Medium 항공기: 2분

　② Medium 또는 Heavy 항공기 뒤의 Light 항공기: 3분

(4) Heavy 항공기 뒤의 이륙항공기는 2분을 분리한다.

7) QNH/QFE Operation in QFE Airport

(1) 개요

　① Altimeter Setting은 hPa 또는 Mb로 그리고 현재 러시아에서는 MM로 보고된다. MM로 Altimeter Setting을 사용하는 공항에서 hPa과 Mb를 요구할 수 있다. 만약 어떠한 이유로 인하여 MM

로 발부되고 hPa을 사용할 수 없을 때에는 Pressure (hPa/mb) Conversion Table (Airway Manual — Table & Codes)을 이용하여 변환한다.

② QFE 사용 공항에서는 FL(Flight Level)은 Meter로 사용한다. 항공기에 QFE Mode가 있을 경우에는 QFE 고도를 Set 하여 비행을 하면 된다. QFE Operation을 할 수 없는 항공기로 QFE Operation을 해서는 안 된다.

③ Transition Level / Altitude 이하에서도 "Flight Level" 용어가 사용된다면 Altimeter는 QNE 즉 "Standard Altimeter"(1013hPa/ 29.92 inHg)를 Set 하여야 한다. 주로 중국에서 "On Standard"라는 용어를 사용하여 지시한다.

(예) "C/S Descend and Maintain 4,000M On standard"

④ Transition Level/Altitude 이하에서 관제사가 지시하거나 관제사에게 보고하는 고도는 QFE Height(Meters)이다.

⑤ QFE Altimeter의 QNH 전환: QFE Altimeter만 제공되는 공항에서는 QFE를 QNH로 전환하여 사용할 수 있다. QNH 수치와 QNH Operation을 요구하여 수행할 수 있다.

QNH Altimeter(hPa)=QFE Altimeter(hPa) + Airport Elevation(hPa)

⑥ QFE Operation 공항에서 QNH를 사용하여 비행하려면 공항의 표고를 더하여 만든 별도의 고도 참고표가 있어야 한다.

⑦ A-320 항공기 중 QFE Operation이 되지 않을 경우 QFE를 Set 하고 비행해서는 안 된다. (SUP PRO-NOR-SUP-NAV P 2/2 참조)

QFE USE FOR AIRCRAFT NOT EQUIPPED WITH QFE OPTION(A-320)

The crew should not use QFE on aircraft with a "QNH only" pin programming (incorrect profile computation of the managed vertical modes CLB , DES and FINAL APPR, possible false GPWS warnings in mountainous areas).

(2) QFE Operation

① 접근 시 고려사항

Ⓐ QFE를 사용하는 공항에서는 QFE Operation을 원칙으로 한다. 하지만 특정회사는 GPWS 경고가 자주 나오기 때문에 아예 QNH만을 사용한다. ATC에서는 QFE와 QNH의 두 가지 Altimeter 수치를 불러준다.

Ⓑ QFE BARO를 Setting 시 Managed Vertical Mode를 사용할 수 없다. Vertical/Lateral Navigation은 Selected mode를 사용한다.

B-737: VNAV PATH 등을 사용하지 말고 LVL CHG나 V/S Mode를 Roll은 HDG Mode를 사용한다. 접근 전 APPROACH REF에서 QFE를 선택한다.

A-320: CLB, DES, Mode를 사용하지 말고 Open DES나 FPA, V/S Mode를 사용한다. Roll은 Lnav Mode를 사용한다.

ⓒ RNAV인 FINAL APPR'(A-320)와 ASD(B-737) Mode를 사용할 수 없다. B-737은 FMC의 VNAV 고도는 QFE를 참조로 하고 있지 않으므로 항법에 Raw Data를 사용하고, 접근 시 FMC/CDU의 APPR' REF page에서 QFE를 선택한다.

ⓓ MCP(FCU)에 Set 하는 BARO와 FMC에 입력된 고도가 서로 달라 EGPWS Logic에 혼란이 야기되고, EGPWS에 입력된 Pinprogram의 지형탐색 능력도 한계가 있어 EGPWS를 사용할 수 없으므로 EGPWS(TERR S/W)를 Off 혹은 Inhibited 시킨다. EGPW를 Off에 놓아도 기본적인 GPWS Warning 다섯 가지는 계속 나온다.

ⓔ 통상 접근 차트에는 QNH, QFE 고도가 다음과 같이 명기되어 있어 접근할 시 MCP(FCU)에 Set 할 때 참조할 수가 있다.

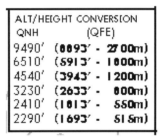

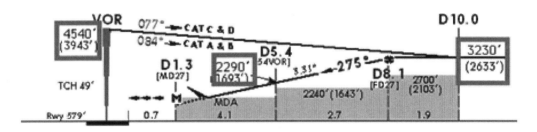

ⓕ MCP(FCU)에 고도를 Set 하는 방법은 세 가지가 있다.

ⓐ 항공기에 QFE를 Set 하는 기능이 있을 경우는 고도를 관제사가 불러주는 고도를 그대로 SET 하면 된다. 접근 시 QFE 고도 즉 접근 Charts상의 괄호 안에 명시된 고도를 Set 하면 된다. 항공기가 착륙을 하면 고도계는 "0" Zero를 지시한다. (예: 위 공항 차트에서는 두 번째 명시된

고도 8,893, 5.913, 3,943 등이다.)

ⓑ QFE 기능이 없어 QNH를 Set 하고 비행을 할 경우: ATC에 "Request QNH Operation"이라고 ATC에 요청하고 허락을 하면 QNH 고도를 Set 하여 비행할 수 있다. ATC가 지시한 QFE 고도(Meter)를 Feet로 환산 후 Airport Elevation을 더한 고도를 Altitude Window에 Set 하여야 한다. ATC가 QNH Altimeter를 제공하였을지라도 Transition Level/Altitude 이하의 지시고도는 QFE Height(Meter)이다. 따라서 조종사는 반드시 지시고도(Meter)를 Feet로 환산한 후 Airport Elevation을 더한 QNH Feet 고도를 Set 하여야 한다. 위 그림 차트의 고도에서 좌측에 있는 QNH 고도 그리고 오른쪽 차트에 있는 괄호가 없는 고도를 Set 하고 비행하면 된다. 착륙 후 고도는 FE가 된다.

ⓒ QFE 기능이 없는 항공기로 QFE를 EFIS BARO에 Set 하고, 고도를 QFE 고도(Meter) 혹은 QNH 고도를 Set 하는 방법이 있다. 항공사 절차에 따른다.

Ⓖ Minimum은

B-737: QFE 고도를 Set 하고 접근 시는 DH/MDH를 Set 한다.

A-320: QFE Set 가능 항공기와 기능이 없는 항공기로 구분하여 DA, MDA를 Set 한다. (PRO-NOR-SUP-NAV P 2/2 참조)

Ⓗ Minimum Safe Altitude(MSA): Chart에 표기된 MSA는 QNH, QFE Altimetry와 상관없이 Mean Sea Level 기준이다.

Ⓙ QFE 고도를 Set 할 경우 계기 접근 중에 FMC 자료에 있는 고도는 QNH로 계산된 고도로 실제 PFD에 시현되고 MCP(FCU)에 Set 하는 고도는 QFE이기 때문에 고도가 상이할 수 있다. QNH 고도를 사용할 때에도 FMC Waypoint에 입력된 고도를 확인하고 새로운 고도를 입력해주어야 한다.

Ⓘ B-737은 LAND ALT Indicator를 Zero에 Set 한다.

② Departure

Ⓐ 이륙 성능 산출: 이륙 성능 산출 시에는 해당 공항의 QFE를 QNH로 전환하여 사용하여야 한다. (Airport Analysis Charts are based on QNH.)

Ⓑ 출발 시 고도계는 QNH 고도를 Set 한다.: 인가된 QFE Height(Meter)를 Feet로 환산 후 Airport Elevation을 더하여 고도를 Altitude Window MCP(FCU)에 Set 한다. B-737은 FMC/CDU의 APPROACH REF page에서 QFE를 선택하고 QNH 고도를 Set 한다.

Ⓒ EFIS Control panel에 QFE Baro를 Set 하고 양쪽 PFD 고도계 창에서 지시고도를 확인한다. QFE로 Set 할 경우에 Altitude Range가 Set 범위를 넘어가면 QNH를 Set 하고 QNH 절차로 비행한다.

ⓓ STBY 고도계는 QNH를 Set 하고 공항표고와 일치 여부를 확인한다.

ⓔ PERF' TAKEOFF Page에 THR Reduction 고도와 Acceleration 고도는 QNH를 기준하여 입력한다. (예: 공항 표고 500FT일 경우에 THR Reduction, Acceleration 고도 입력)

ⓐ THR RED 고도 1,500FT → THR RED 고도 2,000FT

ⓑ ACC 고도 3,000FT일 경우 → ACC ALT: 3,500FT

ⓕ EGPWS(TERR' S/W)를 Off 혹은 Inhibited 시킨다. (Engine 시동 후 수행하나 항공사 정책에 따른다.)

ⓖ ATC Clearance에서 받은 제한 고도를 MCP(FCU: QNH고도)에 Set 한다.

ⓗ 이륙 후 THR Reduction / Acceleration Altitude 절차: PM은 PFD상의 고도계 창에 나타난 THR Reduction 고도와 ACC Altitude에서 각각 "THR RED ALT" 혹은 "ACC ALT"라고 Standard callout을 한다. PF는 답변을 하고 Power를 변경하거나 항공기를 Monitor 하여 Mode 변경을 Callout 한다.

ⓘ 400피트 이상이 되면 B-737 항공기는 HDG SEL을 하고, ACC ALT에서 LVL CHG(B-737), OPEN CLB(A-320) Mode로 변경한다. B-737은 Transition 고도까지 LNAV/VNAV를 사용할 수 없다. A-320은 NAV Mode만 사용한다.

ⓙ Transition Altitude에서 Barometric을 STD(QNE)에 Set 후, Vertical/ lateral Mode를 원하는 Mode로 바꾸고 EGPWS(TERR SWITCH)를 ON 한다.

ⓚ 연길공항 접근 시 QFE Operation을 할 수 없는 항공기는 QNH를 Set 하고 비행할 것과 EGPWS Off를 추천한다. 고도는 Field Elevation을 더한 고도를 Set 한다. 이착륙 시 EGPWS(Terrain S/W)를 Off나 Inhibited 시킨다. 이때 EGPWS 기능만 없어지고 나머지 기본 5가지 Mode 기능은 계속 작동된다.

※ 다음은 QFE를 사용하는 연길공항의 VOR 절차다. 조종사가 주의해야 할 사항은 Altimeter 수치를 무엇으로 Set 하고 어떤 고도를 Set 하는가를 명확하게 하여야 한다. hPa Altimeter Setting을 in Hg Altimeter Setting 함으로써 항공기가 장애물과의 고도분리를 상실하는 위험한 결과를 초래할 수 있다. 예를 들면, QNH 992hPa를 29.92inHg로 Set 한다면 항공기는 대략 600feet 정도 지시고도보다 낮아진다.

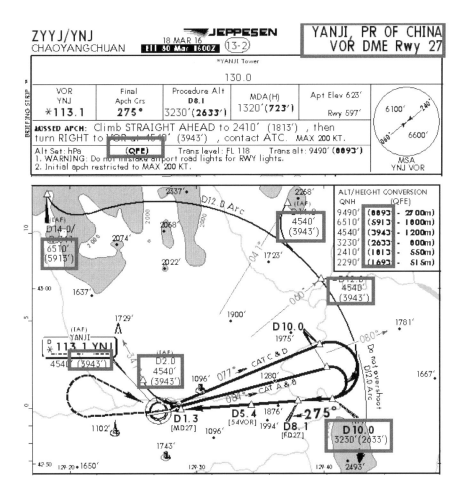

4. 정비 분야

1) MEL/CDL Minimum Equipment List(MEL)

(1) 개요

① 항공기 결함이 발생하였을 경우 즉각 수리하고 운항하는 것이 원칙이지만 수리 부품이 제대로 확보가 되지 않고 정비가 어려울 경우 현재 항공기의 상태로 운항을 할 수 있느냐 없느냐의 문제에 직면하게 된다. 이에 따라 수만 가지의 부품으로 구성된 항공기가 어떠한 부품은 고장 난 상태로 운항을 해도 되고 어떠한 경우에는 운항해서는 안 된다는 판단 기준을 명시한 책이다.

② MEL은 Minimum Equipment List의 약어로 민용 항공기는 원칙적으로 주요 장비나 부품에 대해서 항시 2-3개의 동일한 계통이나 보조 혹은 예비 계통을 안전운항을 위하여 구비하고 있다. 만

약 하나의 계통이 부작동 될 경우 나머지 계통이 대신 작동하거나 예비계통이 작동을 하는데, 나머지 계통으로 작동을 하여 비행을 할 수 있는지 없는지의 기준을 명시하고 있다. CDL은 Configuration Deviation List의 약어로 항공기 외형 상태에서 일부 부품이 탈락되었을 때 계속비행이 가능한지 어떠한지를 명시한 책이다.

③ MEL/CDL은 항공기 장비나 계통에 결함이 발생하였을 경우 출발이 가능한지 어떤지를 결정하는 기준도서이며 결함 사항 수리가 불가능한 경우에는 MEL/CDL을 적용하여 출발시킬 수 있다. MEL/CDL에서 조건부 비행 가능하다고 명시되어 있으면 Defer(다음 절 참조) 조치를 하고 난 뒤 출발 가능하다.

④ 다음 경우는 항공기가 비행을 해서는 안 되는 No-Dispatch 항목이다. 항공 분야에서는 비행운항을 허용하는 것을 Dispatch라는 영어를 사용하고, 이것을 담당하는 전문직 요원을 Dispatcher 라고 한다.

Ⓐ 특별히 MEL에 언급되지 않지만 *감항성에 관련된 항목이나 구성품

Ⓑ Dispatch를 위해 작동되어야 한다고 MEL/CDL에 명시된 주요 항목

⑤ 항공기가 시동 후 이륙하려는 중 결함이 발생하였을 경우 조종사는 어떻게 행동하여야 할까? 바로 이 기준을 설정하여주는 것이 MEL 적용 시점이다. MEL을 적용하는 운항 결정은 이륙하기 위하여 추력을 증가시키는 시점까지이다. 이륙을 하려고 Power를 증가시켰을 때 결함이 발생하여 이륙이 포기되더라도 MEL이 적용된다. 그리고 이륙 도중 Reject Take off 시 Ramp로 Return 하여 정비를 하고 다시 MEL를 적용하여 운항이 가능한지 여부를 판단해야 한다.

⑥ 비행 중 MEL 이외에 추가적으로 고장이 발생 시 비행안전 유지와 비행 계속 여부를 모든 관계인들이 판단하여야 하며 부작동 상태에서 무한정한 비행을 계속 시켜서는 안 되며 지정된 장소와 시기에 결함을 해소하고 비행에 임해야 한다.

⑦ 항공기의 특정 부분에 결함이 발생하여 결함 부분에 빨간색의 Placard가 부착되어 있거나 부작동 상태에 있는 System을 사용해서는 안 된다.

---

* 감항성: 항공기가 운항할 수 있는 조건 즉 항공기나 그 관련 부품이 비행 조건하에서 성능, 비행성, 진동, 지상 특성, 강도, 구조 등을 고려할 때 정상적인 성능과 안전성 및 신뢰성이 있는지 여부를 말한다. 즉 부품이 Out 되었을 경우 더 이상 비행을 못하고 비상착륙을 해야 되는 긴급 상황을 감항성이 없다고 말한다.

| MEL/CDL | Placard |

(2) 항공기 출발 여부의 결정

　　① 운항 관련자(조종사, 통제실/센터, 운항관리, 정비 등)는 항공기 결함 발생 시 운항가능 여부를 상호 협의하여야 한다.

　　② 결함 사항이 당해 기종 MEL/CDL 기준을 충족하고 제반 여건을 고려 시 안전운항이 확보될 수 있다고 판단될 경우에만 출발할 수 있다.

　　③ 기장(PIC)은 정비규정이나 MEL/CDL의 기준을 충족하였더라도 다음과 같은 제반 조건을 고려하여 해당 결함에 대한 수정조치를 요구할 수 있다.

　　　　Ⓐ 출발지, 항로, 경유지 및 목적 공항 기상

　　　　Ⓑ 다수 고장 또는 중복 고장으로 운항 중 과도한 업무량이 요구될 시

　　　　Ⓒ 장거리 운항 시 승객의 편의에 지대한 영향을 미칠 것으로 판단 시

　　　　Ⓓ 기타 안전운항에 미치는 영향이 클 것이라고 판단 시

　　④ Door Closed 이후 결함 발생 시 MEL/CDL 운용허용기준을 만족 시킨다면 운항지연 방지를 위하여 탑재용 항공일지의 조치사항에 대한 기록은 도착지점에서 할 수 있다. MEL에 조치사항이 없거나 "O" Procedure만 있으며 조종사가 조종석에서 절차를 수행할 수가 있을 때 계속 비행을 하고 MEL은 도착 지점에서 Out을 시키어 Log에 기록하면 된다.

(3) MEL/CDL에 대한 기장의 책임

　　① 비행계획서에 명시된 어떠한 *정비이월(Defer)된 사항이라도 관련된 제한 사항을 확인하기 위해 MEL을 반드시 확인하여야 한다. MEL/CDL 사항을 고려하여 비행계획서가 작성이 되었다 하더라도 MEL/CDL을 확인하여 다음 사항을 Check 해야 한다.

　　　　Ⓐ 운항 가능 여부

　　　　Ⓑ Penalty: 연료 추가 탑재 등 해당 System이 부작동 시 해야 될 조치

---

* 정비이월: 부품 교환을 장장할 수 없고 정비 능력이 되지 못하여 수리 정비를 연기함. (다음 절 참조)

ⓒ 조종사가 수행하여야 할 비행 전 조치사항

ⓓ 동일 System의 나머지 작동 System이 Out 되었을 경우 조종사 조치

② 조종사는 항공기에 도착하여 Log Book 등 Defer 상황을 확인해야 한다.

Ⓐ Placard 부착된 것을 확인한다. Ⓑ MEL TAG를 확인한다.

ⓒ 정비사 조치사항(M Procedure) 수행 여부를 확인한다. 매 비행 시마다 수행하였는지 여부를 확인하여야 하며 이것은 매우 중요사항이다.

ⓓ 조종사 조치 사항(O Procedure)을 수행한다. 비행 전 혹은 비행 중 매 비행 시 반드시 수행하여야 한다.

③ 비행 전에 "M" Procedure 미 수행 운항사례: 매 비행시 M Procedure를 수행하여야 하나 수행하지 않은 사례로 수억 원의 벌과금을 물게 되었음.

※ 다음 예는 Air Conditioning Pack에 관한 A-320 MEL Sample이다. 각 항목에 대한 해석이다. (B-737도 동일 혹은 유사하다.)

① 수리해야 할 기간을 말한다. 즉 이 항목은 정비이월을 하였을 때 수리 기간을 말한다. "C" 항목은 10일 이내에 수리가 되어야 하는 정비 유예 기간이다. (세부기간은 Defer: 정비이월 참조)

② 두 개가 있으며 반드시 하나가 작동되어야 한다.

③ "O" Procedure를 수행해야 한다. 정비가 필요시 "M" 자가 기록되어 있다.

④ 비행하려면 이 항목들을 고려해야 한다.

⑤ 조종사가 수행해야 할 "O" Procedure다.

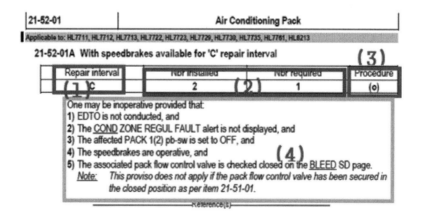

```
(o) Refer to OpsProc 21-52-01A Air Conditioning Pack (FL Limitation in MEL Items)
    Applicable to: HL7711, HL7712, HL7713, HL7722, HL7723, HL7729, HL7730, HL7735, HL7761, HL8213

DURING COCKPIT PREPARATION
ECON FLOW pb-sw .................................................................................................. Off

IN FLIGHT                           (5)

• If BLOWER pb-sw and EXTRACT pb-sw are set to OVRD:

  - The cabin altitude may reach about 9 700 ft, and
  - The CAB PR EXCESS CAB ALT alert may be displayed on the EWD
```

※ 다음 MEL은 No Dispatch의 예이다. (A-320) B-737과 다른 민간항공기도 유사하다. Passenger Address System은 하나가 반드시 작동되어야 한다. No dispatch라고 명시되어 있지 않지만 "Must Be Operative"라는 조건은 No Dispatch를 의미한다.

23-31-01	Passenger Address System

Applicable to: ALL

23-31-01A

Repair interval	Nbr installed	Nbr required	Procedure
	1	1	

Must be operative.

Note: 1. In the case of partial failure of the passenger address system, refer to the item(s) of the affected system(s).
2. Total failure of the passenger address system (indicated by the COM CIDS 1+2 FAULT alert displayed on the EWD) is not permitted.

2) 정비이월

(1) 개요: 정비이월(Defer)은 특정한 계통 및 항공기 구성요소가 작동하지 않거나 또는 결함이 있지만, 감항성에 직접적인 영향을 미치지 않을 경우 정비이월 절차에 따라 결함 수정일이 연기되어 부작동 되는 System과 항목의 Control Switch, Indicator, Warning Light 및 Circuit Breaker 등에 Inoperative Sticker와 탑재용 항공일지 표지에 Placard를 부착하여 조종사에게 부작동 되는 System을 미리 알려주어 결함을 Monitor 하도록 하고 비행을 계속시키는 데 목적이 있다. 이렇게 정비이월을 하는 사유는 다음 두 가지이다.

① 부품을 교환하려는데 부품이 없고 조달하는 데 시간이 소요된다.

② 부품은 있지만 부품을 수급하는 데 시간이 걸릴 경우 그리고 정비 능력이 없거나 항공기 운항시간이 되어 시간이 없을 경우.

(2) 정비이월은 아래와 같이 3가지로 구분된다.

① MEL/CDL의 허용기준에 의한 정비이월

② MEL/CDL 이외 항목 중 감항성에 지장이 없는 비 필수장치(NEF: Nonessential Equipment & Furnishings) List에 의한 정비이월

(예) 화물 탑재 관련 장치 또는 승객 편의 장치 등

③ 정비교범(SRM: Structural Repair Manual, AMM: Aircraft Maintenance Manual)에서 정한 허용 한계를 근거로 한 정비이월

(예) 연료, Hydraulic 등의 누출, Window의 미세 균열 또는 타이어 마모 등

(3) 정비 이월의 책임

모든 정비요원은 항공기에 결함이 있을 경우 관련 MEL/CDL, NEF List 또는 기타 Manual에 따라 조치하고 필요 시 Defer Placard를 부착하여야 하며 정비확인자는 조종사(PIC)에게 이를 통보하여야 한다.

(4) Defer Placard 사용 절차

① Defer Placard의 목적은 부작동 되는 System/장비 또는 부근에 있는 계기, Switch, C/B 또는 Warning Light 등에 "INOPERATIVE" Tab(Sticker)을 부착하고 탑재용 항공일지 표지에 Placard를 부착하여 조종사와 객실승무원에게 부작동 되는 장비를 알려 주의를 주기 위함이다.

② Placard의 아래 부분 Tab은 부작동 하는 계기, Switch, C/B 또는 Warning Light 등의 적절한 장소에 부착한다.

③ 계기의 경우는 유리에, Switch, Light 및 C/B의 경우는 아래에 부착한다.

④ 탑재용 항공일지의 표지를 교환할 경우 또는 Placard의 상태가 불량할 경우는 새 것으로 교환하여야 한다.

⑤ 탑재용 항공일지와 정비이월 양식에 이월된 결함이 완전히 Release 된 후 Placard를 제거하여야 한다.

Inoperative Sticker

탑재용 항공일지

(5) 정비 이월의 수리 시한

① A: MEL/CDL Remarks난에 명시된 기간   ② B: 연속되는 3일(72hrs)

③ C: 연속되는 10일(240hrs)   ④ D: 연속되는 120일(2880hrs)

(6) Crew Defer Procedure

① 항공기 Door Close 이후부터 이륙하기 위하여 추력을 증가시키는 시점 사이에 결함 발생 시 운항승무원이 적용하는 절차이며 MEL의 "After Door Close"난에 "Crew Defer"로 표기된다.

② MEL의 "O" Procedure는 이륙 전에 수행한다.

③ "O" Procedure에 "FLIGHT PLANNING RESTRICTIONS"이 있을 경우 운항관리사와 협의하여 운항을 결정한다. 단 운항관리사와 통신이 가능하지 않는 경우, 해당편이 "Flight Planning Restrictions"를 충족 시 운항 관리사와 협의 없이도 운항을 계속할 수 있다.

④ 항공기 조종실에 비치된 Defer Placard를 부착한다.

⑤ Defer Placard 아래 부분의 "INOPERATIVE" Tab(Sticker)만을 떼어내어 부작동 하는 계기, Switch와 Light 등의 적절한 장소에 부착한다.

⑥ 다음 Station에서 적절한 조치가 이루어질 수 있도록 가용 통신망(ACARS 또 Company Radio 혹은 SATCOM 등)을 이용하여 운항관리사에게 Defer 내용을 통보한다.

⑦ Logbook에 결함사항과 함께 MEL에 따른 Crew Defer Procedure 수행 사실을 기록한다.

⑧ Dispatch에 영향을 미치는 항공기 결함 사항은 운항관리사에게 조기에 통보하여 지연의 가능성을 감소시키도록 한다.

⑨ 항공기가 교체될 경우 다른 항공기로 이동하기 전에 통보한다.

⑩ 운항 중이라면 가능한 한 빨리 통보한다. 비행이 종료되는 경우 항공기를 떠나기 전에 통보한다.

⑪ ACARS를 이용하여 통제실/센터와 정비에 통보할 수 있다.

5. 항공기 관련 사항

1) Black Box란?

(1) 개요

① 1960년 호주의 퀸즐랜드에서 원인불명의 충돌 사고가 발생한 후, 호주는 세계 최초로 모든 항공기에 비행기록장치의 장착을 의무화하였다. 모든 여객기에는 두 개의 비행기록 장치가 장착되어

있으며 둘 다 비행기 꼬리 부분에 있다. 이것을 편의상 일반 사람들이 Black Box라 부르고 있다.

② 두 개의 블랙박스는 각각 조종실 음성 녹음기(CVR: Cockpit Voice Recorder)와 비행자료 기록기(FDR: Flight Data Recorder)로 분류된다. 이 기록 장치들은 조종실과의 무선 통신 내용에서부터 비행속도, 고도, 엔진 온도에 이르기까지 모든 사항을 기록한다. 기록 장치를 보호하는 외부는 티타늄 같은 강한 금속으로 만들어져 큰 충격을 견뎌낼 수 있도록 고안되어 일그러지지 않고 불에 타지도 않아 사고지역에서 찾아내기만 하면 사고 원인을 쉽사리 밝힐 수가 있다.

③ 요즈음은 전자분야의 발전으로 비행경로기록장치(Digital FDR)와 조종실음성녹음장치(CVR)의 두 가지가 장착되어 있어 조종사 숨소리까지 녹음하고 비행 상황을 녹화한다. 이 장치는 대략 크기가 15cm×50cm, 무게 11kg의 두꺼운 강철로 된 상자 안에 들어 있다. 비행기록 장치의 색상은 밝은 오렌지색이다.

④ DFDR은 비행 중의 고도, 대기속도, 기수, 방위, 엔진의 추력상황 등 각종 비행 정보를 25시간동안 기록하게 되며, 1973년 9월부터 대형기에 장착이 의무화되었다. DFDR은 컴퓨터용 자기 테이프에 수록된 데이터를 서로 조합해 분석하는 고도의 기술이 필요하다. 이를 분석할 수 있는 국가는 미국, 일본, 러시아 등 5개국 정도에 불과하며, 1개월 이상의 시간이 소요된다. 조종실내의 대화나 관제기관과의 교신내용이 최종 30분간 녹음되는 CVR은 기장, 부기장 등 조종실 내부의 모든 대화를 4개 채널로 분리, 기록된다.

(2) 아래 그림은 B-737 CVR. FDR 관련 Switch와 A-320 CVR. FDR S/W이다. B-737 CVR. FDR(좌. 중)은 두 개의 System이 각기 분리되어 있고, A-320의 CVR. FDR(우측)은 두 개의 장비가 하나의 S/w로 작동되도록 합쳐져 있다.

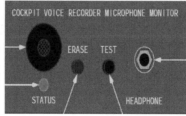
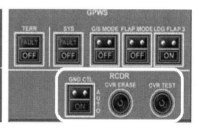

B-737 FDR   B-737 CVR   A-320 CVR/FDR

(3) 다음 그림은 항공기 꼬리부분에 장착되어 있는 CVR과 FDR의 사진이다.

Flight data recorder

Cockpit voice recorder

Longer base

Smaller power supply unit

항공기에 장착되는 실제 FDR과 CVR

2) FOQA(Flight Operational Quality Assurance)란?

(1) FOQA는 조종사가 비행 시작부터 비행 후까지 전 과정이 담겨진 비행 자료 기록 장치 (FDRD: Flight Data Recording Device)의 자료를 통하여 비행 자료를 분석하여 조작의 표준화, 잠재적 불안전 요소를 파악하는 업무다.

(2) 목적은 안전운항 목표를 달성하기 위한 것으로 FOQA Program에서 분석된 자료는 사고 예방과 비행 안전 개선을 위해 관련 부서로 제공되며, 이러한 자료를 토대로 문제점을 도출하고 적절한 수정조치를 취한다.

(3) FOQA 자료는 운항승무원 개인의 인사 자료로 사용할 수 없다고 국토교통부의 법령에 명시되어 있다.

(4) 분석된 자료는 개인에게도 통보되어 개인의 조작을 시정할 수 있는 자료로 활용하게 하며 필요하다면 별도의 훈련을 받기도 한다.

(5) FOQA는 사고 예방정비를 위한 자료로도 사용된다.

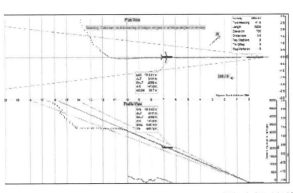
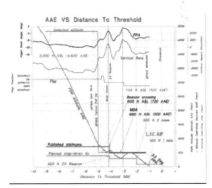

FOQA: 비행 결과를 분석한 자료

6. Contingency

1) Drift Down이란?

(1) 개요

① Drift Down이란 다발 항공기의 한 엔진이 Failure 되어 항공기가 현재 유지하고 있는 고도, 속도를 유지 못할 경우에 지속 가능한 최대 Thrust로 최소의 강하율을 유지하여 강하하는 것을 말한다. 모든 엔진이 작동될 때 항공기의 최적 순항고도는 항공기 자중에 따라 그리고 표준대기 상태에 비하여 얼마나 기온 변화가 있는가에 따라 달라진다.

② 대부분 항공기의 최적 순항고도는 한 엔진이 부작동 시(One Engine Inoperative: OEI)의 순항가능고도보다는 항시 높다.

③ 일반적인 Drift Down 절차는 작동하고 있는 엔진의 Thrust를 최대로 증가시키고 이때 발생하는 Yawing 현상을 Rudder로 막아주면서 Thrust 감소를 막기 위하여 Auto thrust(A/T) system을 Off 하거나 필요하다면 항공기 자세 유지를 위하여 Auto Pilot을 Disconnect 한다. 이때 항공기가 수평을 유지할 수 있는 가장 높은 고도까지 강하하고 시간이 허락하는 한 Checklist를 수행하고 Emergency를 선포한다.

④ OEI Service Ceiling의 정의는 다음과 같다. 한 엔진이 부작동 된 상태로 유지할 수 있는 고도보다 높은 고도에서 한 엔진이 Failure 되었을 때 잔여 엔진의 Thrust로 OEI Speed를 유지하면서 수평비행을 유지할 수 있는 고도이다.

(2) Drift Down을 할 때 상황에 따라 강하 속도와 강하하는 고도가 달라진다. 이것을 Drift Down Strategies라 한다. Drift Down 하는 방법은 아래와 같은 몇 가지가 있다. 주로 Airbus에서 사용한다.

① Standard Strategy: EDTO가 아닌 비행에서 항공기의 무게에 따라 달라지는 최대거리를 갈 수 있는 고도로 강하를 하여 최대거리를 갈 수 있는 속도로 비행한다. 최대시간을 비행할 수 있고 연료는 최소로 소모된다.

② Obstacle Strategy: EDTO가 아닌 비행에서 항로 중간에 장애물이 있을 경우 사용한다. 장애물을 회피할 때까지는 Min maneuvering speed로 비행을 하고 장애물을 회피 후에는 Standard Strategy로 비행을 한다.

③ Fixed Strategy: 이 방법은 조종사가 속도를 일정하게 선택하여 Set 하고 비행을 하는 방법으로 EDTO에서 사용한다. 속도는 Cruise나 강하할 때도 같은 속도를 유지한다. 이때는 연료 소모를 고려하지 않고 최소의 시간에 최대한 빨리 Divert 공항에 도달할 수 있는 개념이다.

※ 항공기 유지 속도는 기종별 *Windmill engine relight in-flight Envelope 이내에서 항상

Relight가 가능한 속도를 선택하여야 한다.

(3) A-320 Drift Down Procedure

① Good Engine TH LVR: CL ⇨ MCT   ② A/THR ⇨ Disconnect

③ Speed set ⇨ M.82   ④ Pull HDG ⇨ Set HDG

⑤ ALT Set ⇨ ENG Out Max Alt   ⑥ ECAM ACTION

(4) B-737 Drift down Procedure

① 항로상에서 비행 중 엔진이 Failure 될 경우 Auto Throttle을 Disconnect 하고 작동하고 있는 엔진을 FMC CRZ Page에서 *CON 위치에 놓는다. 그리고 Failed 된 Engine에 나오는 ENG out을 선택한다. 이때 Execute는 하지 말아야 한다. 왜냐하면 FMC는 Engine out CRZ PAGE만 Display 되고 다른 FMC page는 계산하지 않기 때문이다. 이렇게 하면 MOD ENG OUT CRZ(ENG OUT CRZ)가 FMC Page에 나타난다. Single Engine이 되면 Rudder를 사용하여 항공기가 경사지는 것을 막아주고 수평을 유지하여야 한다.

② FMC는 한 엔진이 Failed 된 상태에서 최적 고도, 최대 고도 그리고 Engine out Target Speed를 계산하여 Display 한다. 연료가 소모됨에 따라 이 고도와 속도는 계속 Update 한다.

③ 조종사는 Max 고도와 Engine out Speed를 MCP에 Set 하고 LVL CHG를 Engage 한다. 만약 Engine out Speed와 MCT Power가 유지되면 항공기는 MAX 고도에 Level off 될 것이다.

---

* Windmill engine relight in-flight envelope: 비행 도중 어느 엔진이 Fail 되었지만 Fail 된 엔진에 Damage가 없으면, 재시동을 할 수 있는 조건으로 항공기 고도와 속도, 엔진 회전 상태의 역학 관계를 도시하여 재시동 가능여부를 나타낸 성능 표시자료임.

* CON (Continous): 항공기 Throttle의 한 위치로 항공기가 무리 없이 최대 Power로 계속 작동할 수 있는 Thrust Lever의 한 가지 위치.

④ Engine Out Page를 참조한 뒤에 Erase를 선택하면 CRZ Page가 다시 나타나게 된다. 항공기가 목표고도에 수평이 되고 MCT를 유지하면 항공기 속도는 Single Engine Long Range Cruise Speed로 증속이 된다. 새로운 Cruise 고도와 속도를 ECON CRZ Page에 Update 하게 되면 ETA와 TOD가 달라진다.

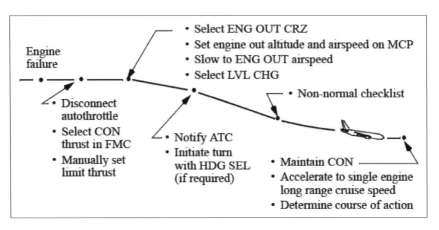

B-737 Drift Down Procedure

2) 송수신 Fail 시 절차

(1) 비행 중 송·수신이 Fail 되었을 경우 지정된 주파수로 ATC나 ALINC와 Contact 하는 데 실패 시 예비주파수로 통화를 시도해보고 되지 않을 경우 비행하고 있는 항로(Route) 지도에서 적합한 다른 주파수를 찾아내어 통화를 시도해본다. 만약 이 시도가 실패하면, 같은 주파수로 비행하고 있는 다른 항공기와 통화를 시도한다.

(2) 어느 하나의 통신망 내에서 운항하는 항공기는 인근 항공기로부터의 호출에 대비하여 계속 VHF Frequency를 경청해야 한다. (121.5, 123.45MHZ)

(3) 지정된 주파수상에서 "Transmitting Blind" 용어를 사용하여 통신할 Message를 두 번 전송해야 하며 필요 시 수신처를 포함시킨다.

(4) HF 통신권 내에서 모든 HF 송신기가 고장 난 경우: 마지막에 지시된 HF Primary 주파수 및 121.5MHz를 Monitor 하고 상대 송신국의 지시가 있을 경우를 제외하고는 VHF 통신권에 달할 때까지 비행을 계속한다. 그동안 121.5MHz 또는 VHF Air-to-Air 주파수를 사용하여 부근을 비행 중인 다른 항공기와의 교신을 시도한다.

(5) HF 통신권 내에서 모든 HF 수신기가 고장 난 경우: 사용 중인 주파수를 통해 계획된 시간 또는 위치에서 "Transmitting Blind Due To Receiver Failure"라는 문구를 포함하여 위치보고를 반복하

여 실시한다. 121.5MHz 또는 VHF Air-to-Air 주파수를 사용하여 인근을 비행 중인 다른 항공기와 교신을 시도하며 VHF 통신권까지 비행을 실시한다.

(6) VHF 통신권 내에서 모든 VHF 송신기가 고장 난 경우: VHF 통신권 내에서 모든 VHF 송신기가 고장일 때는 가장 가까운 ATC의 통상 사용 주파수와 121.5MHz를 Monitor 하고 HF를 이용하여 교신을 시도한다. HF에 의한 통신이 불가능한 경우 마지막으로 보고한 ETA에 맞춰 계기 접근을 시작할 수 있도록 마지막 인가된 고도와 항로로 비행을 계속한다.

(7) VHF 통신권 내에서 모든 VHF 수신기가 고장 난 경우: 사용 중인 주파수를 통해 계획된 시간 또는 위치에서 "Transmitting Blind Due To Receiver Failure"라는 문구를 포함하여 위치보고를 반복하여 실시한다. HF로 교신을 계속 시도하며 비행한다.

(8) 항법용 장비를 제외한 모든 통신장비가 고장인 경우: Airway Manual "Emergency"의 Communication 편을 참조한다.

(9) Transponder Code: Communication Failure가 발생한 경우 Transponder Code 7600을 Set 한다.

(10) SATCOM, ACARS, CPDLC 기능이 있는 항공기들은 이러한 수단을 이용하여 해당 ATC 기관, 회사의 통제실/센터 등에 교신을 시도한다.

(11) 각 공항마다 송수신 Fail 절차가 별도 마련되어 있다. 조종사는 이 절차를 잘 알고 실제 상황 시 수행하여야 한다.

3) 항공기 납치 발생 시 조치

항공기가 납치되었다면 인명과 재산에 심각한 위협을 주는 상황이 발생한 것이다. 지금까지의 사례를 보면 정치적인 이유로 납치를 하였다면 결과는 유혈 사태가 일어나 항시 여러 승객과 승무원들이 희생되고 항공기는 파손되는 결과로 이어지는 경우가 많았다. 조종사들이 알아야 할 사실은 납치자들은 결코 투항을 하지 않는다는 과거의 사례이다. 따라서 조종사는 여하한 이유라도 상황이 종료되어 승객이 다 풀려나가고 안전이 해결되기 전까지는 절대 조종석을 이탈하거나 조종실 문을 열어주어서는 안 된다.

(1) 조종사는 항공기가 지상에 있을 때 납치 위협 시 다음과 같이 조치한다.

① 조종사는 모든 외부와의 통신 수단을 열어놓고 해당 공항지점 또는 비행통제실/센터와 긴밀하게 통화를 해야 한다. 공항지점에서 승객과 승무원의 하기를 통보받은 경우 하기 조치하고 해당 공항지점의 지시에 따른다.

② 만약 위협정보가 들어온 수준이고 신빙성이 낮아 해당 공항지점 또는 비행통제실/센터로부터 승무원의 하기 및 기내 점검이 불필요함을 통보받은 경우 기장은 사무장에게 "항공기 보안 점검

Checklist'에 의하여 기내 보안 점검 실시 후 운항을 계속 할 수 있다. 이때 기장은 기내 안내방송을 하여 승객이 안심을 하도록 하고 점검에 협조하도록 해야 한다.

(2) 지상에서 납치 발생 시

① 사무장이나 객실로부터 항공기 납치 사실을 인터폰을 통하여 보고받은 기장은 즉시 Transponder Code를 7500 Set 하고 ATC와 비행통제실/센터에 기내 상황을 통보한다.

② 기내 상황 통보 시 가능하다면 상세히 아래 내용을 포함한다.

Ⓐ 범인 현황(국적 혹은 항공기 좌석 번호, 성별 및 범인 수: 대부분 국적을 알 수 없기 때문에 항공기 좌석번호를 정확히 확인하여 통보한다. 이미 탑승객 명단에 개인 신상 정보가 있기 때문이다.)

Ⓑ 위협 무기 현황(권총, 기관총 수류탄 혹은 칼 등)

Ⓒ 범죄자 요구사항(돈 요구인지 혹은 정치적 망명 흥정인지, 특정 범죄자들의 석방 요구인지. 어디로 가자는 요구인지)

Ⓓ 범행 내용(범행 방법, 피해 상황: 승객 혹은 승무원 인질 여부, 부상이나 사망자, 기내 파손 여부 등)

Ⓔ 기타 정보(승객동향, 항공기 방향, 예상 목적지 및 도착시간, 기상, 연료, 기장 의견 등)

③ 만약 지상 주기를 계속한다면 ATC에서 지정하는 장소에 주기한다.

④ 객실에서의 대응은 필요 시 사무장에게 일임하며 대응 전 가능하면 사전에 기장과 협의를 한다. 기장은 이러한 상황을 ATC와 비행통제실/센터 혹은 정부 관련자와 협의하여 객실 승무원의 행동을 지시할 수도 있다.

⑤ 기장은 지상에서 조종실 상황을 감청할 수 있는 장치를 작동시킨다. 일부 대형항공기는 "Emergency Monitoring 위치"에 놓거나, 없을 경우 "Interphone" 위치에 놓아 모든 통화를 외부에서 감청할 수 있게 한다.

⑥ 범인과의 교섭은 관계기관(정부기관, 국가 안전처 요원 등)의 주도로 이루어지게 하며 기장 개인적인 판단을 할 경우 이들과 협의하여 수행한다.

(3) 비행 중

① 납치 위협 시

Ⓐ 사무장 또는 지상으로부터 납치 위협정보를 보고받은 기장은 사무장을 통하여 전 객실 승무원에게 납치 위협정보를 전파하고 기내 위협정보 해당자에 대해 확인, 감시하도록 지시한다.

ⓑ 사무장에게 "항공기 보안 점검 Checklist"에 의거 기내 점검을 지시하고 관련 의심 물질이 있는지 파악하도록 하며, Seat Belt Sign을 On 한다.

ⓒ 사무장으로부터 납치 위협정보를 보고받았을 경우 해당 내용을 비행통제실/센터와 ATC에 통보한다.

ⓓ 비행통제실/센터와 협의하여 적절한 공항으로 비상착륙을 준비하고 ATC에 현 상황을 통보한다. 비행통제실/센터와 통화 불가능시 기장은 여러 여건(거리, 연료, 지상 지원, 정치적 상황 등)을 고려하여 비상착륙 공항을 결정하고 ATC에 현 상황과 비상착륙을 통보한다. ATC와도 비상착륙 공항에 대하여 협의할 수도 있다.

ⓔ 공중 피랍이 확실하다고 생각되거나 비상착륙 결정 시 Transponder Code 7500을 Set 하고 비행통제실/센터와 ATC에 통보한다.

ⓕ 이후의 절차는 앞 절의 지상에서 피랍되었을 경우 절차((B) 납치 발생 시)와 동일하다. 납치 발생 시 추가로 다음 절의 피랍 절차에 의거한다.

4) 피랍(Hi-jacking)

(1) 개요

① 항공기 납치는 여러 상황이 상이하기 때문에 조종사가 일률적으로 적용할 일정한 대응 지침은 없으나 승객, 승무원, 항공기 및 해당 국가 주요시설의 안전 확보가 가장 우선적으로 고려 되어야 한다.

② 어떠한 상황이라도 Hi-jacker나 비인가자의 조종실 출입은 저지시켜야 한다. 기장은 현재 의 상황에서 모든 규정, 정책 및 지침에 따라 가장 적절한 판단을 하여 대응방법을 모색하여야 한다.

(2) 피랍 발생 시 조치사항

① 상황발생 시 보고와 전파는 다음과 같이 수행한다.

ⓐ 객실승무원은 인터폰으로 기내 상황을 즉시 기장에게 보고한다. 조종석에 직접 들 어오려는 행동은 피한다. 인터폰으로 보고를 하기가 어려울 경우 비상벨 또는 인터폰을 이용하여 보고한다.

ⓑ 객실로부터 항공기 납치사건 발생을 통보받은 기장은 즉시 Transponder Code 7500을 발신하고 기내상황을 Company Radio, VHF/HF 무선통신 장치 또는 SATCOM을 ATC에 먼저 보고하 고 이어서 회사 비행통제실/센터에 보고한다.

ⓒ 회사의 비행통제실/센터와의 통화는 해외나 무선 통달 거리 밖에 있을 때 통화가 불가 능하다. 따라서 이때는 SATCOM이나 HF Phone Patch, ACARS를 이용하거나 개인 전화를 이용하여

통화할 수 있다. 비행통제실/센터 전화번호는 FOM의 Communication에 명시되어 있다.

ⓓ 기내 상황 보고가 불가능한 상황에서는 상황에 적절한 신호 또는 ATC와 조종실 간 비상연락방법을 적용한다.

② 피랍이 되었을 경우 다음과 같이 대응할 수 있다.

Ⓐ 기장은 승객이나 객실에 있는 Crew 등의 협력을 받아 Hi-jacker를 제압하는 것을 포함하여 객실 내 상황에 대한 대응을 사무장에게 위임한다.

Ⓑ 폭발물에 대응하기 위하여 가능하다면 항공기 고도를 낮추어 객실 여압이 없는 상태로 강하를 고려한다. 그러나 조기에 강하하거나 너무 낮은 고도로 강하할 경우 대체공항까지의 필요 연료량이 부족할 수 있으니 주의한다.

Ⓒ ATC 혹은 가능하다면 회사통제실/센터와 협의하여 적절한 공항으로 비상착륙 준비를 한다.

③ 조종사의 최후기동(Maneuver)

Ⓐ 항공기나 조종실의 안전에 직접적인 위협이 발생될 때에는 Unusual Pitch Maneuver를 고려할 수 있다. 항공기 제한사항을 초래하지 않는 기동으로 즉 급격한 Roll, Yaw, Pitch Maneuver를 수행하여 범죄자들의 행동을 부자유스럽게 하여 승무원이나 승객의 협조로 납치자를 제압하는 데 도움을 줄 수가 있다.

④ 착륙과 착륙 후 조치

Ⓐ Hi-jacking과 관련된 모든 징후를 가장 중대한 Emergency로 간주하여 가능한 한 가장 가까운 Suitable Airport에 착륙한다.

Ⓑ 기장은 상황이 허락하는 한 기내의 상황에 대하여 관계기관에 전달해야 한다. 범인과의 교섭 등은 착륙한 국가관계기관의 주도하에 수행하게 한다. 때에 따라서는 기장이 범인과의 교섭의 중심이 될 수 있다. 착륙 후 조치는 앞 절의 절차와 동일하다.

⑤ 무력 사용

Ⓐ 기장은 Hi-jacker의 범행을 지연 또는 단념시키는 것이 불가능하다고 판단될 경우 관계기관의 무력 사용을 건의할 수 있다. 이때 승객의 최소 희생과 항공기의 최소 파손을 고려해야 한다.

Ⓑ 무력 사용에 대한 최종 결정 권한은 관계 기관에 있다. 무력 사용은 최후의 수단으로 긴급하고 급박한 상황에서만 고려되어야 한다.

제2절
항공운항 자료

1. 서론

실제 비행 임무를 수행할 때에 조종사는 여러 가지 상황에 직면하게 된다. 모든 것을 다 알면 어려운 일이 없겠지만 굉장히 많은 항공 지식과 정보와 절차를 다 알기 쉽지는 않다. 평소에 비행 중 조종사가 궁금해 하면서도 실제 적용해야 될 사안을 이해하기 쉽도록 풀이하여 수록하였다.

2. 계기비행 관련 사항

1) 계기비행 Final 접근 시 최저 강하 FPM은 얼마인가?

(1) 국토교통부고시 제2015-410호 "항공 교통관제절차"에 아래와 같이 항공기 최저 강하율에 대하여 명시를 하고 있다.

(2) 4-5-7 고도 정보(Altitude Information): 항공교통관제기관이 상승 또는 강하에 대한 제한사항을 발부하지 않은 경우, 조종사는 비행허가를 받아 응답하자마자 상승 또는 강하를 시작하여야 한다. 지정고도의 1,000피트 전까지는 항공기의 성능에 맞는 적정 상승·강하율로 비행하고, 다음은 지정고도에 도달할 때까지 500~1,500FPM률로 상승 또는 강하하여야 한다. 조종사가 최소한 500FPM의 비율로 상승 또는 강하할 수 없을 때, 항공교통관제기관에 통보하여야 한다.

(3) AIM 4-4-9 VFR/IFR Flights: Descend or climb at an optimum rate consistent with the operating characteristics of the aircraft to 1,000feet above or below the assigned altitude, and then attempt to descend or climb at a rate of between 500 and 1,500fpm until the assigned altitude is reached. If at anytime the pilot is unable to climb or descend at a rate of at least 500feet a minute, advise ATC. If it is necessary to level off at an intermediate altitude during climb or descent, advise ATC, except when leveling off at 10,000feet MSL on descent, or 2,500feet above airport elevation

(prior to entering a Class B, Class C, or Class D surface area), when required for speed reduction.

(4) 상기 절차는 항공기가 항로상에서 유지해야 될 강하나 상승률을 일컫는다. 왜냐하면 상승이나 강하 중 상승 혹은 강하율이 적어 예상된 고도 분리가 되지 않을 가능성이 있기 때문이다. 그러나 접근 중에는 이 절차가 적용되지 않는다. ILS나 RNAV, VOR과 같은 접근을 수행할 때에는 이미 항적 분리가 되어 있기 때문에 500fpm 이상을 유지해야 한다는 강하율에 대한 제한치가 적용되지 않는다. 따라서 Final 접근 중 최저 강하율은 조종사가 임의로 선택할 수가 있다.

2) 비 정밀접근 시 최저고도 Set

(1) 제5장의 비 정밀접근을 수행할 때 최저고도 Set에 대한 절차는 다음과 같다.

① 비 정밀접근에서는 대부분 MDA를 사용한다. MDA는 정의에 의하여 절대 항공기가 MDA 고도 밑으로 내려가면 안 되는 최저 고도이다. 이렇게 설정한 이유는 비 정밀접근이기 때문에 지점오차가 정밀접근보다 상대적으로 높아 주변 지형을 반영하여 이 고도 아래로 내려가면 안전에 문제가 생길 가능성이 많기 때문이다. 반면 DA는 강하타성을 허용하여 DA 고도 이하로 내려가도 된다.

② MDA는 절대 침범해서는 안 되는 고도이기 때문에 항공기가 이 고도에 도달하여 Missed Approach를 하게 되면 항공기 강하타성에 의하여 MDA 고도 이하로 내려가게 된다. 따라서 이것을 방지하기 위하여 강하타성으로 일어나는 고도를 더하여 MDA를 Set 하는 것이다. 통상 모든 항공기가 50피트 이내에서 상승자세가 이루어지기 때문에 50피트를 더한다. 실제 3도 강하각 정도에서 강하타성으로 인한 고도 손실은 A-320이나 B-737은 35피트 정도가 된다.

③ 최근 RNAV 접근이 새롭게 등장하여 Chart에 DA와 MDA가 동시에 명시되어 있다. 이 의미는 RNAV 접근 즉 VNAV 접근이 가능할 때 DA를 사용하고, VNAV가 되지 않고 LNAV만 가능하다면 MDA를 적용하여야 한다. MDA를 적용할 때는 Chart에 나온 MDA에 항시 50피트를 더한다.

3) Landing Clearance 받아야 할 시점

(1) Landing Clearance를 받아야 할 시점에 대해서 특별히 명시된 것은 없고 착륙 항공기간의 최소 간격유지에 관한 규정은 있다. 착륙 허가는 최소한 착륙 항공기가 Threshold를 통과하여 Touch Down 전에는 발부되어야 한다. 따라서 조종사는 착륙 허가가 나올 때까지 착륙을 위하여 계속 접근을 하되 착륙 허가가 없으면 착륙해서는 안 되고 Go-Around 수행준비를 한다. 관제사는 규정에 의거 착륙 허가를 할 것이며 만약 착륙 허가가 없으면 조종사가 요구를 해야 한다.

(2) Landing Clearance에 관한 규정은 다음과 같다. (국토교통부고시 제2015-410호 "항공 교통관제절차), 3-10-5, 착륙 허가(Landing Clearance).

3-10-6 예측 분리(Anticipating Separation)

3-10-3 동일 활주로상에서의 분리기준(Same Runway Separation)

4) 상승각과 상승률

(1) 조종사가 이륙이나 상승 시 최저 상승률을 유지해야 하는 경우가 많다. 이때 상승률은 보통 Climb Gradient(%)로 나타내어 계량화하기가 어렵다. 조종사는 계기를 통하여 상승각과 상승률(FPM)로 인지를 하고 있기 때문에 Gradient를 상승각이나 FPM으로 인지하는 것이 필요하다. 하지만 FPM은 항공기 속도에 따라 달라지기 때문에 대단히 가변적이라 계산하기도 어렵다. 여기에서 간단히 계산하는 방법을 알아보자.

(2) 상승각 1도는 상승률 몇 %인가?: 1%는 0.57도이다. 예를 들어 상승률 3%라면 3×0.57=1.71도이다. 10%면 약 5.7도이며 이것은 대략적인 수치이다. 정확한 것은 Tangent 공식에 의하여 구할 수가 있다.

(3) 상승률 계산: 상승률은 속도에 따라 달라진다. 특히 항공기가 증속되는 단계에서는 가변적이라 계산하기 어렵지만 다음 공식에 의하여 얻어진다.

Climb rate(fpm) = Climb gradient(%) × Airspeed(kts)

여기서 1% Gradient는 1NM에 60피트이고 속도는 Ground Speed이다.

예를 들어 속도 220Kts일 때 5.5% 상승률은 얼마나 될까?

상승률 = 5.5 × 220 = 1210fpm이 된다.

(4) 통상 접하게 되는 최저 Go-Around 상승률 2.5%는 위의 공식에 의거 쉽게 구할 수가 있다. 예를 들어 Go-Around 할 때 평균 속도 180Kts라고 한다면 (Go-Around 시 속도 140kts, Gear up 하여 220kts까지 증속 시) 초기 fpm은 350fpm이고 평균 상승률은 180×2.5%=450fpm이며 220kts에서는 550fpm이 된다. 이때 상승각은 2.5×0.57=1.43도가 된다.

(5) 이번에는 NM당 상승률에 의한 상승률을 계산해보자. 구하는 공식은 다음과 같다.

NM당 상승 고도 ÷ 60 = Climb gradient

예를 들어 600피트 상승을 NM당 해야 된다면 600÷60=10%의 상승률이 된다. 즉 10%의 상승률은 10×0.57=5.7도의 상승각이 된다.

5) P-RNAV와 B-RNAV는 무엇인가?

(1) P-RNAV란 정밀 지역항법(Precision-Area Navigation)이라고 번역할 수 있겠다. P-RNAV는 유럽 터미널 공역에서 사용하는 RNAV의 일종이다. 이것은 기본 RNAV에서 자연스럽게 발생하여

만들어졌고 1998년 4월 유럽 공역에서 필수 RNAV가 되었다. P-RNAV 비행 궤적의 유지 정확도는 RNP1(±1NM)이다. ICAO에서 통일한 RNP1과 동일하다.

(2) 항공기 P-RNAV 장비는 Database에 저장된 Waypoint를 연속시키는 방법으로 항공기가 원하는 비행경로를 자동으로 결정한다. P-RNAV 절차는 RNAV가 가능한 항공기에 특수한 설계를 하여 만들었다. P-RNAV 절차는 여러 항공기 유형에 사용될 것이며 부적합하였던 RNAV 절차를 대체하게 될 것이다.

(3) P-RNAV는 Final Approach와 Missed Approach를 제외한 모든 비행 단계에서 RNAV 기능을 제공한다. P-RNAV는 조종사와 항공운항서비스 제공업체의 필요를 충족시키며, 터미널 공역에 있는 복잡한 항로를 단순화하여 정의를 할 수 있게 하였다. P-RNAV는 기존의 항로를 짧게 혹은 Direct Route로 간결하게 직접 연결하여 단순화하였다.

(4) B-RNAV

① B-RNAV(Basic Area Navigation-RNAV)란 기본 지역 항법이라 번역할 수 있다. B-RNAV은 유럽의 민간항공회의(ECAC: European Civil Aviation Conference)에서 RNAV를 수행하기 위하여 제일 먼저 실현되었다.

② 2008년 이래로 유럽에서 사용된 B-RNAV와 중동 지역의 RNP5는 대륙 항로 상공에서 RNAV 응용으로 대체 사용되고 있다. 미국에서는 RNAV2가 대륙 공역에서 운용되고 있다. B-RNAV는 유럽 공역에서 최소한의 항공기 성능으로 항로상에서 항적분리가 달성될 수 있도록 도입되었다. B-RNAV는 비행시간의 95% 이상에 대해 ±5NM의 궤도 유지 정확도를 유지해야 한다. 즉 정확도의 요구치가 RNP5와 동일하여 RNAV5라고 말할 수가 있다. 이 수준의 탐색 정확도는 DME/DME GPS 또는 VOR/DME를 사용하여 얻을 수 있다.

(5) 아래 그림은 RNAV와 P-NNAV, B-RNAV와의 상호관계를 나타낸다.

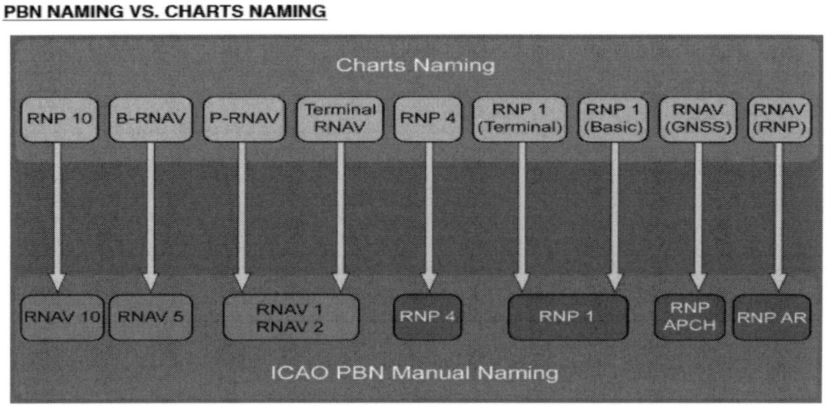

PBN NAMING VS. CHARTS NAMING

6) 교체공항은 Flight Plan에 명시된 것만 사용해야 하는가?

(1) 기상이 가변적이어서 조종사가 판단하여 Flight plan에 명시된 공항을 사용할 수 없을 때에는 회사의 통제실/센터와 협의하여 바꿀 수가 있다.

(2) 이 경우 Dispatcher는 변경된 교체공항을 관련 국가에 통보하여야 한다. 그리고 아무런 사전 계약이 없는 공항을 선정할 수도 없다. 회사에서 해당공항과 적절한 사전 협의가 있어야 가능하다. 이 경우 국토교통부 운영기준(OPSPEC C-070)에 의하여 반드시 여기에 등록된 공항으로만 변경이 가능하다.

7) TAS. Wind Calculation Rules of Thumb

(1) 비행 혹은 연구 중 갑자기 TAS와 Wind Aloft를 계산할 필요가 있다면 다음과 같은 방법을 적용하여 대략적으로 산출하여 적용할 수가 있다.

(2) TAS 계산

Rule Of Thumb: TAS = IAS + (2%) IAS × altitude/1,000

Example Altitude = 6,000' MSL

Indicated Airspeed = 100KIAS 2% × 6 = 12 knots

100 KTS + 12kts = 112 KTAS

(3) Cross wind 계산

Rule Of Thumb: [(Angle to Runway = Wind Direction - Rwy Heading)+20] ÷ 100× wind aloft

Example ①: Runway 16, Wind 130도 20 kts, Angle to Runway = 30도(30+20) ÷ 100 × 20K = 10kts

Example ②: Runway 25, Wind 310도, 30 KTS, Angle to Runway = 60도(60+20) ÷ 100 × 30K = 24kts

(4) Head Wind / Tail Wind 계산 Rule Of Thumb

Rule Of Thumb: [90 - (Angle to Runway = Wind Direction - Rwy Heading)] + 20 ÷ 100 × wind aloft

더 간단한 식은 (110 - Angle to Runway) ÷ 100 × wind aloft

Example①: Runway = 25, Wind = 310 deg 35kts, Angle to Runway = 60(90-60+20) ÷ 100 × 35 = 18kts 혹은 (110-60) ÷ 100 × 35 = 18kts

Example②: Runway = 16, Wind = 140 deg 29kts, Angle to Runway = 20(90-20+20)

$\div$ 100 $\times$ 29 = 27kts 혹은 (110-20) $\div$ 100 $\times$ 29 = 27kts

Example③: Runway = 25, Wind = 320 deg 35kts, Angle to Runway = 70(90-70+20)

$\div$ 100 $\times$ 35=14kts 혹은 (110-70) $\div$ 100 $\times$ 35 = 14kts

(5) 섭씨와 화씨: 전환 공식에 의하여 변경 시 복잡하여 계산이 잘되지 않는다.

다음과 같은 방법으로 간단히 산출하면 거의 근사치를 구할 수가 있다.

섭씨 온도 $\times$ 2 + 32 - 온도별 Factor = 화씨온도

온도별 Factor는 섭씨 -4-0도 0, 0-10도 -1, 11-20도 -3, 20-24도 -4, 25-29도 -5, 30-35도 -6, 예를 들어 섭씨 16도면 16×2+32-3=61도, 25도면 25×2+32-4=78도, 32도면 64+32-5=81도, 7도면 14+32-1=45도이다.

8) 비행에 필요한 여러 가지 수치계산 · 공식

(1) 원주각도 1도에 대한 거리 계산법: 원래 원주거리는 $2\pi R$이며 특정 각도의 원주 크기는 2π R×원주각도÷360이다. 하지만 위 공식을 사용하면 계산이 복잡해지기 때문에 다음과 같은 방법으로 구한다. 원주각도 1도의 원주 크기는 60NM에 대한 1NM로 정의한다. 즉 거리 60NM에서 1NM 크기이다. 예를 들면 거리 30NM일 때 1도 각도는 1/2NM이 된다. 거리가 90NM에서 1도 각도는 1.5NM이 된다. 다음 비례식에서 구한다. X:60=구하는 거리:1, 구하는 거리는 =X÷60이다.

(2) 초당 거리 계산: 항공기 초당 비행 거리는 1KTS일 때 1.69피트이다. 만약 GAS가 150KTS일 때 초당 비행거리는 150×1.69=253.5피트가 된다. 이때 비행거리 계산은 항시 GAS를 사용하여야 한다.

(3) 선회반경 계산: 계기 비행에서 선회반경=Mach Number -1이다. 만약 항공기가 Mach Number4로 비행 시 선회반경은 4-1=3이며 항공기는 ARC 비행을 한다든지 90도 Inbound Heading 시 3NM 전에서 선회를 하면 IN Out bound Course에 Roll out 할 수가 있다. 그런데 저고도 200KTS 이하에서는 Mach Number를 정확히 알 수가 없기 때문에 GAS로부터 직접 계산을 한다. Mach Number=GAS÷60, 예를 들어 180GAS는 Mach Number 3이다. 따라서 선회 반경은 3-1=2이며 90도 Inbound일 때 2NM 전에서 선회를 하면 된다. 이때 Inbound Heading이 각 30도 혹은 45도면 2÷(90÷30)≒0.7NM, 2÷(90÷45)=1NM에서 선회를 하면 정확히 In Out Bound를 할 수가 있다.

(4) 기타 계산에 사용되는 수치

① Sine 30도 = Cosine 60도 = 1/2, Sine 60도 = Cosine30도 = $\sqrt{3}/2$ ≒ 0.85

② Sine 45도 = Cosine 45도 = $1/\sqrt{2}$≒0.7   TAN 45 = 1

③ INM = 6,060' ≒ 6,000피트 = 1853미터

④ 1해리마일(1SM) = 1600미터(기상에서 사용)

2. 비정상 상황 관련 절차

1) RVSM 공역에서 고도계 이상 발생 시 절차

(1) RVSM 공역 내에서 비행 중일 때 조종사는 장비 결함 또는 기상 상태 악화로 계획된 고도 유지가 불가능할 경우 그리고 두 개의 고도계가 200피트 이상 차이가 발생하였을 경우 즉시 ATC에 통보하여야 한다.

(2) 고도계 차이는 Loss of Redundancy에 해당하여 ATC에 보고하고 RVSM 공역 내에서 ATC가 Radar Contact을 하고 있을 경우에는 Radar 유도를 받으며 계속 비행할 수가 있으나 Radar 구간이 아닌 경우 다음과 같은 Contingency 절차를 수행한다.

(3) Contingency 절차 (Jeppesen 절차 참고)

① 121.5MHz (보조수단으로 Inter-Pilot Air-to-Air VHF 주파수 사용)으로 필요 시 "MAYDAY"나 "PAN PAN" 용어를 사용하여 현재 위치, 비행고도와 의도를 방송한다.

② 항공기 등화를 최대한 이용하여 인접한 항공기에 경고한다.

③ 긴급 상황을 가능한 한 빨리 ATC에 통보해야 하며 허가된 고도나 항로로부터 벗어나기 전에 ATC의 Clearance를 요청해야 한다.

④ 해양공역 비행 중 항공기 System 고장 또는 비정상 상황으로 Diversion, Turn Back 등이 필요할 경우 요청한 ATC Clearance를 적시에 받지 못하였고 타 항공기와 조우를 피하기 위한 즉각적인 조치가 필요한 경우 일반적인 고도 회피 기준은 아래와 같다. 회피기동 방법은 각 국가와 FIR에 따라 약간씩 달라진다. 조종사는 비행 전 회피방법에 대하여 숙지하고 있어야 한다.

⑤ 항로 교차 또는 인접 항로를 횡단하는 Diversion 등이 예상되면 Route Offset을 유지하면서 RVSM 공역 밖으로 신속히 강하 또는 상승하여 500ft 이탈된 고도를 유지한다. 그러나 강하 또는 상승이 불가하거나 불필요하다고 판단되면 새로운 ATC Clearance를 받을 때까지 상기 절차를 수행한다.

2) 해양공역 비행 중 Weather Deviation이 필요한 경우 Radio 상태가 비정상일 경우 절차

(1) 해양공역 비행 중 Weather Deviation이 필요한데 Radio 상태가 좋지 않거나 아예 Contact이 되지 않는 비정상일 경우 조종사는 어떠한 절차를 따라야 할까? 특히 태평양 해양 비행 중 HF 구간에서 이러한 상황이 간간이 발생하곤 한다.

(2) 이러한 상황에 조우하게 되면 다음과 같은 절차를 수행한다.

① Deviation 거리가 10NM 이내: 현 고도 유지

② Deviation 거리가 10NM 초과 시

Route Track	Deviations > 10nm	Level Change
EAST 000~179° (Magnetic)	LEFT	Descend 300ft
	RIGHT	Climb 300ft
WEST 180~359° (Magnetic)	LEFT	Climb 300ft
	RIGHT	Descend 300ft

③ 조종사는 Contingency 수행 시 다음사항을 준수한다.

Ⓐ TCAS로 주위 Traffic을 감시하고, 121.5MHZ(Inter-Pilot Air-to-Air VHF 주파수 사용)와 항공등화를 이용하여 다른 항공기에 경고한다.

Ⓑ ATC Clearance를 받을 때까지 Offset 한 항로나 고도를 계속 유지하면서 비행한다. 가능한 한 빨리 ATC Clearance를 받도록 시도한다.

Ⓒ Contingency 상황별 조치 사항은 Jeppesen "RVSM"을 참조한다.

Ⓓ 해양공역이 아닌 북미 또는 유럽 등 내륙공역(CTA) 내에서 Contingency 절차는 Engine 고장 또는 여압 계통 고장과 같이 새로운 ATC Clearance를 받을 시간적 여유가 없는 부득이한 경우를 제외하고 반드시 새로운 ATC Clearance를 받은 후에 항로 또는 고도를 변경하여야 한다.

3) 해양공역에서 Wake Voltex 절차

① 해양공역 내에서 장거리 항법장비의 정확도가 증가함에 따라 앞서가는 항공기에서 발생할 수 있는 Wake Vortex를 피하고, 비행 중 Turbulence나 비정상 상황에서 고도 이탈에 따른 공중 충돌 위험을 줄이기 위한 절차이다.

② Wake Voltex를 피하기 위하여 다음 절차에 따라 비행한다.

Ⓐ Automatic Offset Program이 없는 항공기는 항로 중심으로 비행한다.

Ⓑ Automatic Offset Program이 있는 항공기는 항로 중심이나 항로 중심에서 우측으로 1NM 또는 2NM을 Offset 하여 비행한다.

Ⓒ 좌측 Offset은 허용되지 않으며 Offset 시 2NM을 초과할 수 없다.

Ⓓ 해양공역 시작 지점에서 Offset을 시작하며 해양공역이 끝나는 지점에서 종료한다. 필요시 Wake Turbulence를 피하기 위해 123.45MHZ를 통하여 인접 항공기와 협조한다. Offset 시 ATC Clearance를 받거나 통보할 필요는 없다.

Ⓔ Position Report 시 Off 지점이 아닌 Route상의 Position을 보고한다.

4) 비상탈출 시 기장이 탈출방향을 꼭 지정해야 하는가?

(1) 엔진 Fire로 기장이 승객의 비상탈출 방향을 지시할 때 실제 불이 난 방향으로 지시하여 매우 혼란을 자초하였던 사례에서 교훈을 얻어 암암리에 조종사 사이에서는 탈출방향을 지시하지 않는 경향으로 바뀌었다.

(2) 하지만 아직도 특정 항공사에서는 이러한 절차가 바뀌지 않고 그대로 이어져 나오고 있다. 그래서 탈출지시도 다음과 같이 수행하는 것으로 명기되어 있다.

"(좌/우 측으로) 탈출하십시오!, 탈출하십시오!"

"This is Captain, Evacuate! Evacuate!" (to the left/right)

(3) 최근의 경향은 기장이 탈출하는 방향을 정하는 것보다 Cabin Crew가 항공기 밖의 상황 파악을 더 정확히 할 수 있기 때문에 Cabin의 결심에 일임하는 것이 좋다고 의견이 모아졌다. 따라서 기장은 단순히 탈출지시만 신속하게 내리면 된다. 탈출지시는 신속하고 정확한 판단하에 이루어져야 한다.

3. 지상 작동관련 사항

1) Ramp in 시 항공기 Light 사용

(1) Ramp In 하는 항공기의 외부 Lights를 어떻게 운용(ON, Off)하라는 관련 근거는 아직 찾아볼 수가 없다.

(2) 통상 항공기 유도사를 인지하게 되면 Lights를 Off 하고 있지만 유도사를 인지하여 Lights를 off 하는 시기가 여러 가지다.

(3) Lights를 운영하는 목적은 Taxi를 위한 것도 있지만 외부 물체와 충돌을 방지하기 위한 것이다. 따라서 유도사의 시야가 방해를 받지 않는다면 가능한 한 늦게 off 하는 것이 좋다.

(4) 짙은 안개가 끼어 Boarding Bridge나 유도사가 보이지 않는다고 외부 Lights를 끄지 않고 Ramp In 하다가 정지선을 통과하여 대기실 벽을 들이받는 사고도 있었다. 이런 경우에는 적당한 지점에서 엔진을 끄고 Towing을 권장한다.

2) 활주로 횡단 시 Strobe Light 사용

(1) 활주로 횡단 시 Strobe Light를 켜는 이유는 항공기의 위치를 여러 다른 항공기의 조종사에게 혹은 주변에서 작업하는 사람 그리고 작업 차량에 알려주기 위한 것이다.

(2) Strobe Light에 관련된 규정은 다음과 같다.

① FAR 91-209 (b)   ② AIM 4-3-23 f

③ 운항기술기준 8.1.11.12 항공기 등불의 사용(Use of Aircraft Lights)

(3) 상기 명시된 관련 근거에 의하면 꼭 On 하라는 지침은 없고 조종사 판단에 의하여 작동할 수가 있다.

3) 지상에서 Transponder 운용

(1) 지상에서 Transponder를 어떠한 상태에 놓아야 하는가에 대하여 조종사들이 혼란스러워하고 있다. 일반적으로 Transponder 운영절차는 이륙직전에 ON이나 정상작동위치에 두며 Landing Roll 후에는 신속히 OFF나 St-By 위치에 둔다. (Transponder에 관련된 AIM 내용, AIM-1-19 a 3)

(2) 하지만 *ASDE(Airport Surface Detection Equipment)를 운영하는 공항에서는 Push Back 전에 On을 하며 착륙 시에는 Ramp In 후에 OFF 하도록 하고 있다. 이때 지상에서 Transponder Selector 위치는 On을 하고 Taxi 하도록 하여야 한다.

(3) 이러한 절차가 있는 것은 ASR에 불필요한 정보 시현으로 인한 간섭과 비행 중인 항공기에 대하여 불필요한 TA 정보를 시현시키지 않으려는 의도이다.

4) 개인 헤드셋(Head Set) 사용기준

(1) 개인의 귀를 보호하기 위하여 개별적으로 구입한 헤드셋을 사용하고 있다. 항공기에 원래 장착된 헤드셋을 사용해야 하지만 개인적으로 구입한 제품을 사용할 때는 반드시 FAA나 JAA의 허가된 제품이어야 한다.

(2) FAR 32.303과 21.305에 의거하여 FAA 인가 기준을 충족하여야 한다. 또한 Headset And Speaker인 경우 FAA의 TSO(Technical Standard Order) -C57A 기준에 따라야 한다. 즉 FAA 인가 품목이 아니면 사용할 수가 없다.

(3) 조종사는 개인적으로 헤드셋을 구입할 경우 FAA 인가 여부를 확인하여야 한다. 개인적으로 사용 후 항공기에 원래 부착된 헤드셋을 처음 위치에 꽂아두는 것은 조종사 상호간의 예의다.

(4) 운항기준: 7.3.1.4 승무원 인터폰 장비(Crew member Interphone System)

---

* ASDE(Airport Surface Detection Equipment): 비행장의 활주로나 유도로, 비행장 내의 지표면에서 정지 또는 이동하고 있는 모든 항공기나 차량 등의 형상, 위치 및 이동 상황 등을 탐지하여 비행장 내에서의 모든 지상 교통관제를 하기 위하여 사용되는 레이더.

4. NOTAM 관련사항

1) Flight Plan에서 사용되고 있는 SR이란 무엇인가?

(1) SR은 Shear Rate의 약어로 순항고도를 중심으로 2,000피트 위, 아래 바람의 변화 값을 나타낸다. 곧 SR 수치가 증가할수록 Vertical Shear가 강해짐을 의미한다.

(2) SR 값은 속도의 함수로 다음과 같은 공식에서 산출해낸다.

Wind shear는 $v / v_o = (h / h_o)^a$로 나타낸다.

v = the velocity at height h (m/s), v_o = the velocity at height h_o(m/s)

a = the wind shear exponent

(3) SR 수치에 따라 아래와 같이 Turbulence 정도를 표현한다.

01 to 04 = Light Turbulence, 05 to 09 = Moderate turbulence

10 and Above = Severe Turbulence

2) RVR 미 보고 시 절차

(1) 어떤 공항은 RVR만으로 착륙 최저치가 정해져 있는 경우가 있다. 만약 공항에서 RVR을 사용하지 못하고 Visibility만 주어진다면 이 시정치를 이용하여야 한다. 이러한 공항에서 Visibility는 우시정(Prevailing Visibility)으로 보고된다.

(2) Visibility를 RVR로 Conversion 하여 사용하면 된다. High Intensity Approach and Runway Lighting(HIALS, HIRL)일 경우에는 Visibility를 RVR로 전환할 수 있는 조건이 양호하여 Factor (Day×1.5, Night×2.0)가 크고 그 이외 경우에는 같거나 적용이 안 되는 경우도 있다. 이러한 전환은 CAT1 정밀 접근과 비 정밀 접근에만 적용된다.

(3) 다음은 OPSPECS C051에 명시된 시정 변환치이다.

Available Lighting	Day	Night
High Intensity Approach and Runway Lighting (HIALS and HIRL)	1.5	2.0
Any type of Approach / Runway Light other than above	1.0	1.5
No Approach / Runway Lighting	1.0	N/A

Equivalent RVR = (reported prevailing visibility) X Factor

3) CMV, POB, PCN이란 무엇인가?

(1) CMV란 Converted Meteorological Visibility의 약어로 RVR을 사용할 수 없을 경우 Visibility

를 RVR로 바꾸어 사용해야 하는 시정치를 말한다. 일부 공항에서 CMV란 용어를 사용하고 있으며, 위에서 언급한 RVR 부작동 시 절차에 의하여 RVR을 계산 후 사용하면 된다.

(2) POB란 Passengers On Board의 약어로 항공기에 타고 있는 승객의 총 인원수를 말한다.

① 어떤 공항은 항시 POB를 요구하는 공항이 있고 아예 POB를 통보하라고 Jeppesen에 명시되어 있기도 하다. POB에 관하여 통과하는 국가의 ATC에 항공기 전체 좌석수와 관련된 정보가 Flight Plan으로 제공되고 있으나 POB를 보고해야 하는 특별한 규정은 없다.

② 만약 어떤 공항에 착륙하거나 착륙 전에 POB를 물어본다면 승무원 수에 승객수를 합하여 답변을 해주면 된다.

(3) PCN이란 Pavement Classification Number란 NOTAM에 가끔 명시되는 용어로 활주로 강도를 일컫는다.

① 활주로 강도를 표시하는 방법은 여러 가지가 있으나 민간공항에 대해서는 범세계적으로 PCN 수치를 사용하고 있으며 특정기종의 특정 활주로에 대한 강도 제한 운항 중량은 항공기별로 정하여 사용한다.

② 항공기별 중량 운항 제한치 산정은 PCN과 ACN 수치를 사용하여 보간법으로 산출을 한다.

③ 여기서 ACN이란 Aircraft Classification Number의 약자로 활주로 포장면에 대해 항공기가 미치는 영향의 정도를 표시한 수치 즉 항공기가 운항하기 위해 요구되는 PCN을 의미한다. 여기서 ACN 수치는 ICAO Annex 14에서 찾을 수가 있다.

④ 조종사는 NOTAM에 PCN 수치가 나오면 활주로 강도를 나타낸 것으로 이해하고 만약 이착륙에 활주로 강도가 문제가 되었을 때 Dispatcher가 조언을 할 것이다. 이에 대한 언급이 없다면 질문을 하여 확실한 이해 상태에서 비행임무를 수행하여야 한다.

조종사, 조종사 지망생, 하늘을 사랑하시는 여러분!

우리 항공업계는 과거 수십 년 동안 여러 우여곡절을 거치면서도 괄목한 성장과 발전을 하고 있으며, 항공업계의 앞날은 보랏빛 창창한 장도에 접어들었다고 진단하고 싶습니다. 이러한 시점에서 조종사의 비행생활과 길을 제시하고 전문적인 비행기술 그리고 기법을 기록한 민항조종사의 비행지침서가 최초로 발간되어 안전운항에 크게 기여할 것으로 생각됩니다. 특히 안전문제가 제일 많이 불거지고 있는 Visual, Circling 접근절차, Energy Management, 기법, 미래의 새로운 항법/접근 체제를 완벽하게 해설하여 수록하였습니다.

숙달된 기장이라도 꼭 한 번은 정독해보고 자신의 비행 철학에 대하여 재정립해보는 계기가 되기를 바랍니다. 또한 비행을 시작하거나 경험을 쌓고 있는 조종사들도 상시 비행참고서로 활용을 하도록 권장하고 싶습니다. 아무쪼록 비행 기초부터 최신 비행 절차를 수록한 이 비행 Guide를 통하여 조종사들은 개인의 안전운항 목표가 성공적으로 달성되기를 기원하며, 비행현장에서 조종사 여러분과 같이 호흡하고 비행 임무를 수행하고 있는 같은 기장으로서 적극 추천합니다.

참고
문헌

1. Federal Aviation Regulations (FAR, 2016)

2. Aeronautical Information Manual (AIM, 1992)

3. Instrument commercial(guided flight discovery) (Jeppeson, 2006)

4. Instrument Procedures Handbook (FAA, 2016)

5. B-737 FCOM (Boeing, 2017)

6. B-737 FCTM (Boeing, 2017)

7. A-320/321 FCOM (Airbus, 2017)

8. A-320/321 FCTM (Airbus, 2017)

9. Airline Pilot Operation Manual (Airline, 2017)

10. Airline Operation Manual (Airline, 2017)

11. B-737, A-320/321 AFM (Aviation Manufacturer, 2017)

12. 항공법규 (국토부, 2017)

13. 국제 항공법 (공군본부, 1995)

14. 국제 민간 항공협약 및 부록 (ICAO, 1996)

15. Aviation Weather 1.2 (KAL, 1996)

16. 공중항법 (KAL, 1988)

17. Jet 항공기 특성 (KAL, 1996)

18. 운항학 개론 (이강희, 비행연구원, 2014)

19. GNSS/GPS, 계기비행 (이강희, 비행연구원, 2009)

19. 항공 우주학 개론 (KAL, 1970)

20. RADAR Principle (Peyton Z. Peebles, 2007)

21. 운항 기술기준 (국토부, 2017)

사진 출처: 구글, Jeppesen manual, 해기종 FCOM

지은이 **송기준**

공군사관학교 졸업
전투기 조종사
전투비행 대대장
합동참모본부/공군본부 근무
대한항공 근무
현재 에어부산 항공사 근무
에어버스 기장
수필가, 시인
문학지『윌더니스』(현)운영위원장
장편소설『검은 개나리』(전 4권) 외 수필, 시 다수 지음.

민간항공조종사 운항입문지침서

발행일 2017년 10월 20일
지은이 송기준 **발행인** 이성모
발행처 도서출판 동인 / 서울시 종로구 혜화로 3길 5 118호
등 록 1-1599호
전 화 (02)765-7145 **팩스** (02)765-7165
이메일 dongin60@chol.com

ISBN 978-89-5506-775-0 **정가** 32,000원